高等学校水利学科教学指导委员会组织编审

高等学校水利学科专业规范核心课程教材·农业水利工程

工程水文及水利计算

陈元芳 钟平安 李国芳 王 栋 合 编

华家鹏 董增川 主 审

U0217589

中国水利水电出版社

www.waterpub.com.cn

内 容 提 要

本书是教育部高等学校水利学科教学指导委员会推荐使用的教材,也是江苏省高等学校精品立项教材。

本书阐述了工程水文及水利计算的基本原理和方法,包括:径流形成过程,水文信息采集与处理,流域产汇流计算,水文预报,水文统计,设计年径流和年输沙量计算,设计洪水(包含可能最大洪水)和排涝水文计算;径流调节计算,灌溉计算,水能计算和防洪计算等内容。

本书为高等学校农业水利工程专业通用教材,也可供其他水利类及相关专业师生和水利(水务)工程技术人员参考。

图书在版编目 (CIP) 数据

工程水文及水利计算/陈元芳等编 . —北京:中国水利水电出版社,2013.6 (2016.8 重印)
高等学校水利学科专业规范核心课程教材 . 农业水利工程
ISBN 978 - 7 - 5170 - 0985 - 6

Ⅰ.①工… Ⅱ.①陈… Ⅲ.①工程水文学-高等学校-教材②水利计算-高等学校-教材 Ⅳ.①TV12②TV214

中国版本图书馆 CIP 数据核字(2013)第 142506 号

书　　名	高等学校水利学科专业规范核心课程教材·农业水利工程 **工程水文及水利计算**	
作　　者	陈元芳　钟平安　李国芳　王栋　合编 华家鹏　董增川　主审	
出版发行	中国水利水电出版社 (北京市海淀区玉渊潭南路 1 号 D 座　100038) 网址:www. waterpub. com. cn E - mail: sales@waterpub. com. cn 电话:(010) 68367658 (营销中心)	
经　　售	北京科水图书销售中心(零售) 电话:(010) 88383994、63202643、68545874 全国各地新华书店和相关出版物销售网点	
排　　版	中国水利水电出版社微机排版中心	
印　　刷	北京市北中印刷厂	
规　　格	175mm×245mm　16 开本　23.25 印张　536 千字	
版　　次	2013 年 6 月第 1 版　2016 年 8 月第 2 次印刷	
印　　数	3001—6000 册	
定　　价	**46.00 元**	

总　前　言

　　随着我国水利事业与高等教育事业的快速发展以及教育教学改革的不断深入，水利高等教育也得到很大的发展与提高。与 1999 年相比，水利学科专业的办学点增加了将近一倍，每年的招生人数增加了将近两倍。通过专业目录调整与面向新世纪的教育教学改革，在水利学科专业的适应面有很大拓宽的同时，水利学科专业的建设也面临着新形势与新任务。

　　在教育部高教司的领导与组织下，从 2003 年到 2005 年，各学科教学指导委员会开展了本学科专业发展战略研究与制定专业规范的工作。在水利部人教司的支持下，水利学科教学指导委员会也组织课题组于 2005 年底完成了相关的研究工作，制定了水文与水资源工程、水利水电工程、港口航道与海岸工程以及农业水利工程四个专业规范。这些专业规范较好地总结与体现了近些年来水利学科专业教育教学改革的成果，并能较好地适用不同地区、不同类型高校举办水利学科专业的共性需求与个性特色。为了便于各水利学科专业点参照专业规范组织教学，经水利学科教学指导委员会与中国水利水电出版社共同策划，决定组织编写出版"高等学校水利学科专业规范核心课程教材"。

　　核心课程是指该课程所包括的专业教育知识单元和知识点，是本专业的每个学生都必须学习、掌握的，或在一组课程中必须选择几门课程学习、掌握的，因而，核心课程教材质量对于保证水利学科各专业的教学质量具有重要的意义。为此，我们不仅提出了坚持"质量第一"的原则，还通过专业教学组讨论、提出，专家咨询组审议、遴选，相关院、系认定等步骤，对核心课程教材选题及其主编、主审和教材编写大纲进行了严格把关。为了把本套教材组织好、编著好、出版好、使用好，我们还成立了高等学校水利学科专业规范核心课程教材编审委员会以及各专业教材编审分委员会，对教材编纂与使用的全过程进行组织、把关和监督。充分依靠各学科专家发挥咨询、评审、决策等作用。

本套教材第一批共规划 52 种，其中水文与水资源工程专业 17 种，水利水电工程专业 17 种，农业水利工程专业 18 种，计划在 2009 年年底之前全部出齐。尽管已有许多人为本套教材作出了许多努力，付出了许多心血，但是，由于专业规范还在修订完善之中，参照专业规范组织教学还需要通过实践不断总结提高，加之，在新形势下如何组织好教材建设还缺乏经验，因此，这套教材一定会有各种不足与缺点，恳请使用这套教材的师生提出宝贵意见。本套教材还将出版配套的立体化教材，以利于教、便于学，更希望师生们对此提出建议。

高等学校水利学科教学指导委员会

中国水利水电出版社

2008 年 4 月

前　言

《工程水文及水利计算》是在教育部高等学校水利学科教学指导委员会的指导下，由河海大学组织编写，并被确定为高等学校水利学科农业水利工程专业规范核心课程教材。

本书从满足农业水利工程及其相关专业对《工程水文及水利计算》课程的教学要求出发，在河海大学詹道江、徐向阳、陈元芳主编的《工程水文学》及鲁子林主编的《水利计算》教材基础上，根据新形势下教学、生产的要求和水文学新进展撰写而成。

本书较为全面地介绍了水文科学的基础知识；阐明了水文现象的物理过程和统计规律，深入剖析了当前采用的计算方法。本书针对课程特点，对于工程水文学和水利计算两部分内容，既有整体表述，又相对集中分别介绍，采用由水文现象逐步深入到分析计算的阐述方式。即先综述课程的重要性、内容和性质，再介绍工程水文内容：径流形成过程→水文信息采集与处理→流域产汇流计算→水文预报→水文统计→设计年径流→设计洪水→排涝水文计算。在此基础上介绍水利计算内容：径流调节计算→灌溉计算→水能计算→防洪计算，符合学生的普遍认知规律。

随着我国高等教育教学改革的深入，大部分高校农业水利工程及相关专业的《工程水文及水利计算》课程已经缩减至3学分左右。为此，本书对专业性、探索性、研究性过强的章节进行了删减，如删去了水文模型、水污染及水质模型、库群优化计算和水利经济计算等内容。同时，对一些章节次序进行了调整，使得全书语言表达顺畅、确切，物理概念清晰，公式推导严谨而简明，与农业水利工程专业教学计划联系更为紧密，其深度和广度较为适合于当前该专业普通高等教育的水平。但具体课堂教学内容，不同高校可根据实际教学需要做适当增减。为了方便起见，我们在本书目录中还用"＊"标出一些章节，若因教学课时所限，这些章节内容可不作为课堂教学内容，供课外阅读。

本书继承了过去版本教材紧密联系我国水文实际的优点，适量吸收了国内外水文学研究的新成果，加强了对相关新理念、新技术、新方法的阐述。同时，依据新规范修订了相应水文水利计算的内容及要求。

本书由多年从事《工程水文及水利计算》课程教学工作的老师承担编写任务，依据近年来各校教学实践调整了部分内容，使特色更加明显，更为适合农业水利工程及其相关专业《工程水文及水利计算》课程的教学要求。本书由河海大学水文水资源学院陈元芳、钟平安、李国芳，南京大学地球科学与工程学院水科学系王栋联合主持编写，河海大学华家鹏、董增川主审。各章编写人员如下：第1章由陈元芳、钟平安、王栋编写；第2章由李国芳编写；第3章由谢悦波编写；第4章由李国芳、石朋编写；第5章由瞿思敏编写；第6章由王栋、陈元芳、王远坤编写；第7章由谭炳卿、王栋编写；第8章由刘俊、王军编写；第9章由陈元芳、李国芳编写；第10章由刘俊编写；第11章由钟平安、万新宇编写；第12章由钟平安、任黎编写；第13章由钟平安、王建群编写；第14章由陆宝宏编写。

本书编写过程中，得到了教育部水利学科教学指导委员会原主任、河海大学原校长姜弘道，中国水利水电出版社原总编辑王国仪、教育出版分社武丽丽主任，河海大学教务处和水文水资源学院领导的关心和支持，研究生孙阳、魏龙亮参与全书文字编辑处理。在编写过程还参阅了有关教材和专著，部分已在参考文献中列出，编者谨向他们一并表示衷心感谢。

书中错误之处请函告：江苏省南京市西康路1号河海大学水文水资源学院陈元芳，邮编210098，或发邮件Email：19870056@hhu.edu.cn。

编　者

2013 年 1 月

目 录

第1章

绪　论

1.1　水资源开发利用及防洪减灾在国民经济中的地位与作用

水是生命之源、生产之要、生态之基。水资源具有多种功能，如饮用、灌溉、养殖、航运、发电、生态、景观等。

一般情况下，水资源是指陆地上每年能够得到恢复和补充并可供人们利用的淡水，是陆地上由大气降水补给的各种地表和地下淡水水体的动态水。

全球多年平均年降水量约 800mm，而我国多年平均年降水量仅 650mm，水资源总量约 2.8 万亿 m³。与世界其他国家相比，我国水资源总量仅次于巴西、俄罗斯、加拿大、美国和印尼，居世界第六位。但由于人口众多，我国人均水资源占有量约为 2100m³，仅为世界人均占有量的 28%。同时，我国水资源时空分布十分不均，空间分布的趋势是由东南向西北递减。长江流域及其以南地区国土面积占全国的 36.5%，水资源量却占全国的 81%，人均水资源量约为全国平均值的 1.6 倍；长江流域以北地区的人均水资源占有量约为全国平均值的 1/5。我国水资源在年内年际也存在分布不均状况，大部分地区年内汛期连续 4 个月最大降水量占全年的 70% 以上，连续丰水或连续枯水年也较为常见。这些特点使得我国水资源短缺严重、开发利用难度大、洪涝灾害频繁，十分不利于经济社会的发展。

洪涝灾害历来是我国最严重的自然灾害之一，据不完全统计，公元前 206 年至 1949 年的 2155 年间，我国共发生可查考的洪灾 1092 次，平均每两年发生一次。自春秋战国到新中国成立前的 2000 多年中，黄河决口泛滥 1590 次，重大改道 26 次，涉及范围北抵天津，南达江淮，纵横 28 万 km²；长江发生特大洪水 200 余次，平均每 10 年一次。自 1949 年后，经过 60 余年的江河治理，主要江河常遇洪水基本得到控制，洪灾发生频次显著下降。但是由于人口剧增、水土资源的不合理开发、经济发展和江河自然演变，又产生了许多新的问题，遇到特大洪水，灾害依然十分严重。据统计，1950～2000 年全国因洪涝灾害累计受灾 47800 万 hm²，倒塌房屋 1.1 亿间，死亡 26.3 万人。随着我国经济的迅速发展，20 世纪 90 年代由于水灾造成经济损失显著增加，年平均直接经济损失 1214 亿元，约占同期 GDP 的 2.3%，远远高于西方发达国家的水平。

干旱引起水资源短缺会造成工农业减产，影响人们正常生活。我国是一个水资源严重不足的国家，水资源时空分布不均造成干旱灾害的频发，是对我国工农业生产影响最严重的自然灾害。据不完全统计，从公元前 206 年到 1949 年的 2155 年间，我国发生过较大的旱灾 1056 次，平均每两年就发生一次大旱。新中国成立后，政府十分重视抗旱工作，修建了大量的蓄水、引水和提水等工程，使旱灾的发生得到了某种程度上的控制。但由于经济发展、人口增长等原因，致使干旱灾害仍不时发生，并有进一步加重的趋势，平均每年受旱面积 2150 万亩左右，损失粮食 100 亿～150 亿 kg。中国城市缺水现象也很严重，在现有的 600 多座城市中，400 多座城市缺水，其中 110 多座严重缺水，在一般年份，日缺水量 1000 多万 m^3。遇到干旱和连续干旱年份，城市供水问题更为严峻。由于人口的增长，到 2030 年我国人均水资源占有量将降至 1700～1800 m^3，需水量接近水资源可开发利用量，缺水问题将更加突出。

水环境恶化是人类社会对水资源的过度开发利用、缺乏有效保护造成的后果。随着农业发展、工业化程度的提高、城市化进程的加快和人口的不断增加，人类产生的大量废污水排入河流、湖泊和海洋，造成水体的污染，使得水资源的质量不能满足人类生活和生产的要求，影响了水体为人类服务的各种功能。我国水土流失也很严重，全国水土流失面积达 367 万 km^2，每年流失的泥沙约 50 亿 t。水环境的污染加剧了我国水资源短缺的矛盾，对我国正在实施的可持续发展战略带来严重的负面影响。

近 20 年来，在气候变化和人类活动的共同影响下，我国水资源数量也发生了一定的变化。对比 1980～2000 年系列与 1956～1979 年系列，就全国而言，降水量变化不大；南方地区水资源总量增加约 4%，北方部分地区水资源量减少明显，其中以黄河、淮河、海河和辽河区最为显著，4 个区合计降水量减少 6%，水资源总量减少 12%。一方面，水资源数量在减少；另一方面，水资源需求却在增加，这更加剧了水资源的供需矛盾。1949 年我国总用（取）水量仅 1031 亿 m^3，人均用水量 187 m^3，到 1980 年达 4408 亿 m^3，人均用水量 449 m^3；1980～2000 年，全国总用水量始终在增长，2000 年全国总用水量为 5628 亿 m^3，现阶段仍处于增长趋势，2012 年全国总用水量已突破 6000 亿 m^3。

总之，目前我国面临的水资源短缺、洪涝灾害频繁和水生态环境恶化已经成为国家经济社会发展主要的制约因素，以水资源的可持续利用支撑经济社会可持续发展成为大家的共识。2011 年，党中央专门就水利发展与改革颁发中央一号文件，并召开了最高层次的中央水利工作会议。2012 年，国务院颁发《关于实行最严格水资源管理制度的意见》的三号文件，特别提出了"三条红线"（加强水资源开发利用控制红线管理，加强用水效率控制红线管理，加强水功能区限制纳污红线管理）。这些充分说明水资源开发利用和防洪减灾在国民经济发展中具有十分重要的战略地位。

为了解决水资源供需矛盾、减轻水灾害，我国开展了以防洪减灾和水资源综合利用为主要目标的大规模水利工程建设，取得了巨大成就。自新中国成立至 2009 年，我国已建成水库 8.7 万多座，总库容超过 7000 亿 m^3，其中，大型水库超过 544 座，总库容达 5506 亿 m^3，中型水库超过 3259 座，总库容 921 亿 m^3。截至 2011 年底全国水利普查最新数据，已建水库 97246 座，总库容 8104.1 亿 m^3，在建水库 756 座，总库容 1219.0

亿 m³；已建各类堤防 27 万余 km，其中主要堤防 7.7 万 km，开辟临时分蓄洪区约 100 处，可分蓄洪水 1000 多亿 m³，大多数流域已形成了包括堤防、水库、分蓄洪工程、河道整治工程的防洪工程体系。

此外，水资源开发可以提供能源资源和内河航运资源。水能是重要的能源资源，据不完全统计，目前全世界水电装机容量约 8 亿 kW，提供着全球约 20％的电力需求。我国的水能资源蕴藏量位居世界第一位，理论蕴藏量 6.76 亿 kW，技术可开发容量 4.93 亿 kW，约占世界总量的 1/6。我国水能资源特点是西多东少，大部集中于西部和中部。在全国可开发水能资源中，东部的华东、东北、华北三大区共占仅 6.8％，中南 5 地区占 15.5％，西北地区占 9.9％，西南地区占 67.8％，其中，除西藏外，四川、云南、贵州三省水能资源占全国的 50.7％。2006 年我国共实现水电发电量 3783 亿 kW·h，占全部发电量的比例为 13.7％。与发达国家相比，我国的水力资源开发利用程度不高，现状水能开发率仅 30％左右，大大低于发达国家 50％～70％的水平。因此，在一个相当长的时期内，我国水能资源开发利用的潜力巨大。

综上所述，水资源开发利用和防洪减灾对于国家经济社会发展的影响重大，是必须今后长期坚持发展的战略任务。

1.2   工程水文及水利计算的任务

1.2.1   工程水文学的任务

人们为了充分利用水资源和防治水灾害，建造了大量的涉水工程，包括流域水利水电工程、农业水利工程、给水排水工程、交通运输工程、水资源保护工程、水土保持工程、水环境治理工程等。

工程水文学是针对涉水工程的性质和需求，将水文学的基本理论和方法应用于工程建设、管理的一门技术学科。在涉水工程的兴建到运用过程中，一般都要经历规划设计、施工建设及管理运营三个阶段（图 1-1），每个阶段都需要定量预估未来的水文情势。由于各阶段的任务不同，对水文情势的预估各有侧重点。

规划设计阶段工程水文学的主要任务是为确定工程的规模对未来水文情势作预估。对于防洪排涝工程，需要预估未来的汛期洪水状况，如果对洪水估计过大，会使工程设计规模过大，造成工程投资上的浪费；如果对洪水估计偏小，会使得工程的防洪标准降低，可能导致工程失事，造成工程本身和下游人民生命财产的巨大损失。对于水资源利用与保护工程，则需要预估未来丰、平、枯的年、月径流过程，尤其是枯季来水过程，如果对来水量估计发生偏差，同样会造成工程规模的不合理，不能经济有效地利用和保护有限的水资源，也是一种浪费。工程水文学依据基本水文气象及流域特性资料，分析当地的水文规律，根据工程的特性和规划设计要求，预测和预估未来工程使用期限的水文情势，提供用于确定工程规模的设计洪水或设计径流。

施工建设阶段工程水文学的任务是为规划设计的工程付诸实施进行施工期水文情势预估。施工场地滨水临河，处于施工建设期间的工程相对比较脆弱，容易遭受洪水

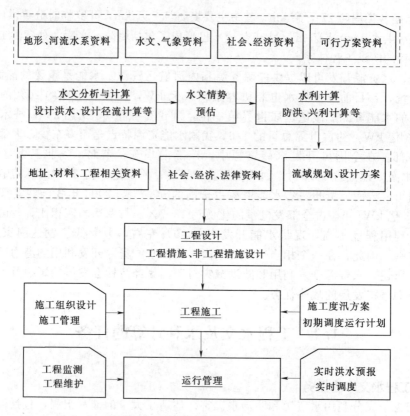

图 1-1 流域综合开发规划设计、施工与运行工作流程图

的侵袭。此外，施工建设阶段常需要兴建围堰、导流隧洞和明渠等一些临时性水工建筑物，要求确定临时性水工建筑物规模尺寸。工程水文学可以预估用于临时性水工建筑物设计洪水，并为施工期的防洪安全提供短期洪水预报。

管理运行阶段工程水文学的主要任务在于使建成的工程充分发挥效能提供未来水文情势预估。在这一阶段，工程水文学主要是通过水文预报，预报来水量大小和过程，以便进行合理的调度，充分发挥工程效益。例如，对于水库工程，在正确的洪水预报指导下通过合理调度，可以在大洪水来临之前预腾出一部分兴利库容拦蓄洪水，更好地保障水库及其下游的安全；在洪水结束之前及时拦蓄尾部洪水，以增加发电、灌溉效益；再如，对于水资源利用和保护工程，需要根据预测和预报的枯季水情，通过合理的水利调度，以保证水资源数量和质量。此外，随着工程运用期间水文资料的不断积累，还要经常地复核和修正原来预估的水文情势数据，改进调度方案或对工程实行扩建、改建，使得工程更好地为经济社会发展服务。

近年来，随着经济社会的发展和观念的进步，我国正在由传统的工程水利向现代水利、可持续发展水利转变。在加强水利水电工程、农业水利工程规划建设的基础上，水资源保护、水环境整治、水土保持、城市水务等新兴涉水工程得到更多的重视，也使得工程水文学得到更为广泛的运用。

1.2.2 水利计算的任务

水利计算的任务是拟定并选择经济合理和安全可靠的工程设计方案、规划设计参数和调度运行方式。

规划设计阶段水利计算的主要任务是在工程水文分析所取得设计洪水和设计年月径流等成果的基础上，合理地确定工程措施的规模。

施工阶段水利计算的任务在于确定围堰、引水隧洞或渠道等临时性建筑物的规模和尺寸；确定水利工程枢纽的初期运行计划和调度方案；再结合短期的（例如几天甚至几小时）水文预报，实时进行施工安排和组织调度。

管理运用阶段水利计算的主要任务在于充分发挥已建水利措施的作用，根据未来一定时期内的来水情况，确定最经济合理的调度运用方案。根据水文分析计算获得未来长期内可能出现的平均情势，再考虑到水文预报所提供的较短期内的实时预报，通过水利计算拟定出实时的最佳调度运用方案，保证获得最大的社会和经济效益。

1.3 水文现象基本规律及其主要研究方法

1.3.1 水文现象的基本规律

水文现象是一种自然现象，它的发生和发展往往既具有必然性一面，也具有偶然性一面。

水文现象包含的必然性是由于造成水文过程的某些因素具有确定性规律，即人们可以认知的成因规律。例如，河流具有以年为周期的丰枯水周期，融雪补给型河流流量变化则以日为周期，其基本原因是地球公转和自转的周期性变化所造成；流域内的暴雨会造成下游河流的洪水过程，洪水量的大小与暴雨总量和强度存在着因果关系；一些水文特征值会随地理位置而变化，这主要是由于海陆位置、地形地貌、气象条件所确定。因此，水文现象具有确定性规律和地理分布规律。

水文现象包含的偶然性则是来源于成因规律尚未被人们认识的众多因素，而水文随机现象是具有统计规律的。例如，河流某断面各年最大洪峰流量或最高洪水位的大小和出现时间是不定的，但通过长期观测资料可以发现，其多年平均值则是一个趋于稳定的数值，大洪水和小洪水的出现几率是相对稳定的。

1.3.2 工程水文学的主要研究方法

正是由于水文现象具有确定性规律、地理分布规律和统计规律，工程水文学的主要研究方法相应地分为成因分析法、地理综合法和数理统计法。

成因分析法根据水文过程形成的机理，定量分析水文现象与其影响因素之间的成因关系，并建立相应的数学物理方程。例如，根据实测降雨、蒸发、河道流量资料，建立降雨量和径流量之间的定量关系，称为降雨径流关系；在水文资料整编中，建立水位—流量关系；在河流洪水短期预报中，根据降雨过程预报某一地点河流断面出现的洪水过程等。应该说明的是，由于水文现象的复杂性，成因分析法需要在对天然水文过程进行概化的基础上，建立概念性或经验性的水文分析方法和计算模式，与实际结果相比，计算成果是存在一定误差的，只要误差在允许范围内，计算成果就是合理和可行的。

　　地理综合法依据水文现象所具有的地区性和地带性分布特征，综合气候、地质、地貌、土壤、植被等自然地理要素，分析水文要素的地理分布规律，利用已有的水文资料建立地区性经验公式，绘制水文特征等值线图。地理综合法较为简易，主要应用于无资料中小流域的水文特征值的分析计算。地理综合法具有明显的经验性，计算误差相对较大，对成果的可靠性和合理性需作更深入分析。

　　数理统计法以概率论和统计学为基础，通过分析大量历史资料，揭示水文现象的统计规律，从概率的角度定量预估设计地点未来可能的水文情势。例如，运用频率分析方法，求得水文要素的概率分布，从而得出工程规划设计所需要的水文设计值；运用数理统计法，可以针对两个或多个变量之间的统计关系，采用相关分析途径，建立设计变量与参证变量之间的相关关系，以插补展延水文系列。根据概率论及数理统计学知识，数理统计法得出的结果总是存在抽样误差的，其大小主要取决于所采用水文系列样本的长度。然而，大部分地区人类进行水文观测的时间很短，容易造成水文统计结果抽样误差相对较大，对规划设计的涉水工程安全性构成影响。因此，工程水文学很重视各种降低水文统计参数抽样误差的研究，并对工程安全影响进行分析和补偿。

　　在工程水文学中，由于影响水文过程的因素是非常复杂的，成因分析法和数理统计法往往不能截然分开，需结合使用，才能较好地描述水文过程，有效地减少计算成果的误差。在实际情况下，即使是认识到水文现象的成因规律，往往也是定性的认识，不能从确定性途径建立相应的数学物理方程，需要根据实测资料借助于统计学途径建立相关关系。同样，要采用数理统计法建立设计变量与参证变量之间的相关关系，必须采用成因分析方法选择合适的参证变量，才能使得所建立的相关关系具备可靠性和有效性。因此，认真地学习、了解和掌握水文过程的成因规律、地理分布规律和统计规律，掌握工程水文学各研究方法的特性，才能较好地解决工程实际问题。

1.3.3　水利计算的主要研究方法

　　水利计算常用的研究方法可分为两类：一类是基于水量平衡原理的调节计算方法，另一类是采用概率预估的思想方法。按照研究的对象和重点，调节计算可分为洪水调节和枯水调节，洪水调节主要解决防洪问题，枯水调节重点解决兴利问题。调节计算过程中必须兼顾工程或规划方案的经济性、安全性和可靠性要求，在研究方法上有传统方法与近代系统分析方法之分。

　　对于综合利用水利工程，传统调节计算方法在处理多目标问题时往往选择一个主要目标，例如发电为主、灌溉为主、城镇供水为主等，其他次要目标在兴利调节过程中则简化处理，例如对于水量不大但很重要的部门需水，可选择来水扣除的方法处理（百分之百地满足）。

　　兴利调节计算，需要供需两方面的信息，径流系列（来水）资料由水文计算提供，需水量必须结合国民经济、社会和生态环境保护规模与发展状况确定，需水量常需要一定预见性，采用数学方法预测。

　　灌溉、城镇供水等只要求水利工程在特定的时间提供特定数量的水量，属于水量调节的范畴。水量调节计算方法可分为时历法和数理统计法两大类。

时历法是先调节计算后频率统计的方法，首先根据实测流量过程逐年逐时段进行调节计算，然后将各年调节后的水利要素值（如调节流量、水位或库容等）绘制成频率曲线，最后根据设计保证率得出设计参数。

数理统计法是先频率统计后调节计算的方法。首先对原始流量系列进行数理统计分析，将其概化为几个统计特征值，然后再通过数学分析法或图解法进行调节计算，求得设计保证率与水利要素值之间的关系。

水电站水能计算属于水能调节的范畴。水能调节计算比水量调节计算复杂，水能的大小同时受到水量与水头两个因素的共同影响，水能开发的效益还与开发方式以及设备的效率等密切相关。

洪水调节本质上属于水量调节，与兴利水量调节相比，有两点差别：一是计算时段变小，洪水调节时段一般以小时为量级；二是在特定的时段调节计算时必须考虑泄流能力的影响，具体求解方法以水量平衡计算和试算为基础，与兴利计算基本相同。

目前水资源的利用越来越趋向多单元、多目标发展，规模、范围日益增大。但水资源又不能无限制地满足需求，许多矛盾需要协调，需要整体、综合地考虑。现代意义的水资源规划与管理，必然牵涉到社会和环境问题，故已经不是作为纯粹工程性质的所谓技术科学的一部分，而是在一定程度上从工程技术的水平过渡和提高到了环境规划的水平。因此现代意义的水资源的开发、利用或水利系统的规划、设计和管理运用，其内容、意义、目标都比传统更为广泛。

随着大型水利系统的形成，水质、土地资源、环境质量等问题越来越重要。因此，规划水利系统时不仅要着眼于工程和水利经济效益，还要考虑对社会和环境的影响，在决策时应充分顾及或协调各方面的合理要求和意见，因而应用系统分析的方法来研究水资源成为水资源开发利用课题的新方向。

1.4　工程水文及水利计算的主要内容及特点

工程水文及水利计算课程主要内容如下：

（1）水文循环及径流形成。重点介绍水文循环及水量平衡、河流和流域以及降水、下渗、蒸散发、径流等水文循环重要环节的基本概念、原理和规律。水文循环及径流形成是水文预报、水文分析与计算和水利计算的重要基础。

（2）水文信息采集与处理（常称水文测验）。描述关于降水、蒸发、下渗、水位、流量、泥沙、水质、河道等项目的观测、调查及资料整编、检索的方法。水文测验可为水文分析、计算、预报及研究提供水文、气象、水质、水系等基础资料。

（3）降雨径流关系分析。揭示流域径流的形成规律，定量分析流域降雨量、土壤含水量、径流量之间及降雨过程与流量过程之间的关系，描述流域产流与汇流计算的常用方法及数学模型。流域降雨径流关系分析是水文预报和水文计算的重要基础，也可以直接应用于涉水工程的有关分析计算。

（4）水文预报。重点介绍洪峰流量、洪水位及洪水过程的短期预报方法。短期洪水预报为涉水工程的施工和管理提供即将发生的洪水水情，以便提前制定防御措施，减少可能的灾害损失。在枯水预报部分，介绍未来的枯水径流过程预测方法，为水资源利用、水生态环境保护提供水情依据。

（5）水文分析与计算。揭示水文现象的成因规律与统计规律，研究水文要素与地理因素之间的联系及时空分布特征，论述各种资料条件下预估未来水文情势的方法和途径。水文分析与计算为涉水工程的规划、设计和施工提供水文依据。

（6）水利计算。以上述工程水文计算分析成果为基础，结合工程所在流域或区域经济社会发展等情况，需要开展相关水利计算，其主要内容包括：年月径流调节计算以及径流调节原理在灌溉、发电和防洪工程中的应用。

本课程整体内容组成及逻辑关系大致如图 1-2 所示。

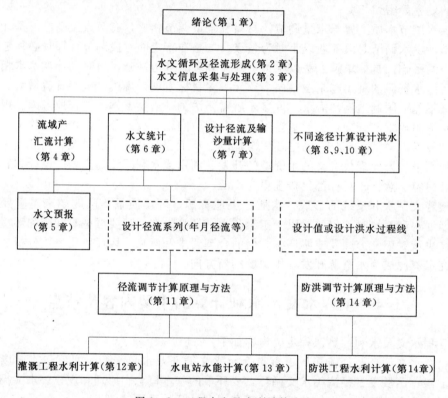

图 1-2　工程水文及水利计算内容

工程水文及水利计算课程的主要特点如下：

（1）涉及面广。它涵盖气象学、地理学、水文学、统计学及社会经济学等内容，因此，教学时应善于把握内容主线与框架，抓住主要矛盾和问题，要注意弄清不同章节内容之间的逻辑联系。

（2）实践性强。该课程的深入理解，不仅需要很好的数理基础，还需要通过实践包括实习、实验和课程设计等教学环节，增加感性认识，方可较为深入地去理解其中的内涵。

第 **2** 章

流域径流形成过程

2.1 水文循环现象

自然界的水在太阳能的驱动下，不断地从水面、陆面和植物的茎叶面蒸发或散发，以水汽的形式进入大气圈并随气流飘移，在适当的条件下凝结，以降水的形式降落到地球表面。到达地球表面的降水，一部分通过地面渗入地下；一部分形成地面径流流入江河再汇入海洋；还有一部分通过蒸发和散发重新逸散到大气圈。渗入地下的那部分水，或者成为土壤水，再经由蒸发和散发逸散到大气圈；或者以地下水形式排入江河最终也汇入海洋。水的这种不断蒸发、输送、凝结、降落、产流、汇流的往复循环过程称为水文循环，又称水分循环，如图 2-1 所示。

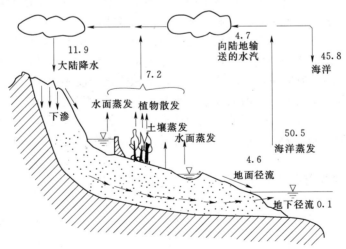

图 2-1　水文循环示意图（图中数字为全球多年平均值，单位：万 km³）

水文循环可分为大循环和小循环。从海洋表面蒸发的水汽，被气流输送到大陆上空，冷凝成降水后落到陆面，除其中一部分重新蒸发又回到大气圈外，大部分则从地面和地下汇入河流重返大海，这种海陆间的水分循环称为大循环。海洋表面蒸发的水汽，其中一部分在海洋上空冷凝，直接降落到海洋上，或陆地表面蒸发的水汽，冷凝后又降落到陆地上，这种局部的水文循环称为小循环。一般为区别这两种小循环，前者叫做海洋小循环，后者叫做内陆小循环。

地球系统中的水之所以发生水文循环现象，原因之一是水在常温下就能实现液态、气态和固态的"三态"相互转化而不发生化学变化，这是水文循环发生的内因；原因之二是太阳辐射和地心引力为水文循环的发生提供了强大的动力条件，这是水文循环发生的外因。

水文循环是自然界最重要、最活跃的物质循环之一。正是由于水文循环的存在，才使得水资源和水能资源具有再生性。水文循环的途径及循环的强弱，决定了地球上水资源的地区分布及时程变化。

2.2　河　流　与　流　域

2.2.1　河流

2.2.1.1　河流的形成和分段

降落到地面的雨水，扣除下渗、蒸发等损失外，在重力作用下沿着一定的方向和路径流动，这种水流称为地面径流。地面径流长期侵蚀地面，冲成沟壑，形成溪流，最后汇集成河流。河流流经的谷地称为河谷，河谷底部有水流的部分称为河床或河槽。面向下游，左边的河岸称为左岸，右边的河岸称为右岸。河流是水文循环的一条主要路径，它是和人类关系最为密切的水体之一。

一条河流沿水流方向，自上而下可分为河源、上游、中游、下游和河口五段。河源是河流的发源地，多为泉水、溪涧、冰川、湖泊或沼泽。上游紧接河源，多处于深山峡谷中，坡陡流急，河谷下切强烈，常有急滩或瀑布。中游河段坡度渐缓，河槽变宽，两岸常有滩地，冲淤变化不明显，河床较稳定。下游是河流的最下段，一般处于平原区，河槽宽阔，河床坡度和流速都较小，淤积明显，浅滩和河湾较多。河口是河流的终点，即河流注入海洋或内陆湖泊的地方。这一段因流速骤减，泥沙大量淤积，往往形成三角洲。注入海洋的河流，称为外流河，如长江、黄河等；注入内陆湖泊或消失于沙漠中的河流，称为内流河或内陆河，如新疆的塔里木河和青海的格尔木河等。

2.2.1.2　河流基本特征

1. 河流长度

自河源沿主河道至河口的距离称为河流长度，简称河长，记为 L，以 km 计。可在适当比例尺的地形图上量得。

2. 河流断面

（1）横断面。垂直水流方向的剖面称为横断面，简称断面，其一般形状如图 2-2 所示。断面内自由水面高出某一水准基面的高程称为水位。枯水期水流所占部分为基本河床，或称为主槽。洪水泛滥所及部分为洪水河床，或称为滩地。只有主槽而无滩地的断面称为单式断面,有主槽又有滩地的断面称为复式断面。河流横断面能表明河床的横向变化。断面内通过水流的部分称为过水断面,其面积称为过水断面面积,记为 A,以 m^2 计,它的大小随断面形状和水位而变。

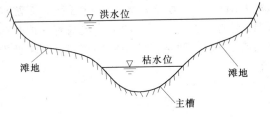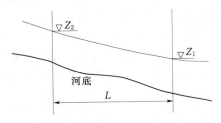

图 2-2　河流横断面示意图　　　　　图 2-3　河段纵断面示意图

(2) 纵断面。河槽中沿水流方向各断面最大水深点的连线,称为中泓线。沿中泓线的剖面称为河流的纵断面,如图 2-3 为某河段纵断面图。河流纵断面能反映河床的沿程变化。

3. 河道纵比降

任一河段两端的高差 ΔZ 称为落差,单位河长的落差称为河道纵比降,简称比降。当河段纵断面近于直线时,其计算公式为

$$J = \frac{Z_2 - Z_1}{L} = \frac{\Delta Z}{L} \tag{2-1}$$

式中　　J——河段的比降,以小数或千分数计;

Z_2、Z_1——河段上、下断面水位或河底高程,m;

L——河段长度,m。

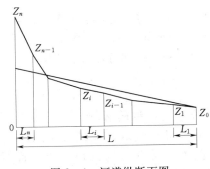

图 2-4　河道纵断面图

工程中常用的比降有水面比降和河底比降。水面比降随水位的变化而变化,河底比降则较稳定。河流沿程各河段的比降都不相同,一般自上游向下游逐渐变小。当河底高程沿程变化时,可在地形图上自下断面至上断面读取沿程各河底高程变化点的高程及相邻两高程点的间距,作河段纵断面图,从下断面河底处作一斜线至上断面,使斜线以下的面积与原河底线以下面积相等,如图 2-4 所示,该斜线的坡度即为河道河底的平均比降,其计算公式为

$$J = \frac{(Z_0 + Z_1)L_1 + (Z_1 + Z_2)L_2 + \cdots + (Z_{n-1} + Z_n)L_n - 2Z_0 L}{L^2} \tag{2-2}$$

式中　　Z_0,Z_1,$\cdots$,Z_n——从下游到上游沿程各点的河底高程,m;

L_0,L_1,$\cdots$,L_n——相邻两高程点间的距离,m;

L——河段全长,m。

2.2.2 水系

河流的溪涧、小沟、支流、干流和湖泊等构成的脉络相连的系统称为水系，也称河系，如图2-5所示。水系中直接流入海洋或湖泊的河流称为干流，流入干流的称为支流。为了区别干支流，常用斯特拉勒（Strahler）河流分级法进行分级。该法定义从河源出发的河流为一级河流；两条同级别的河流汇合而成的河流的级别比原来高一级；两条不同级别的河流汇合而成的河流的级别为两条河流中级别较高者。依此类推至干流，干流是水系中最高级别的河流。

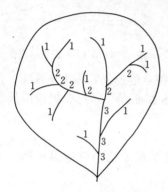

图2-5 流域与水系示意图
1，2，3—河流的级别

（a）闭合流域　　（b）非闭合流域

图2-6 闭合与非闭合流域
——地面分水线；------地下分水线

2.2.3 流域

2.2.3.1 基本概念

1. 分水线

当地形向两侧倾斜，使雨水分别汇集到两条河流中去，这一地形上的脊线起着分水的作用，称为分水线。分水线有地面分水线和地下分水线之分，如图2-6所示。地面分水线将地面水流分开流向相邻的两条河流，地下分水线则将含水层中的地下水流分开流向相邻的两条河流。

2. 流域

汇集地面和地下水的区域称为流域，也就是分水线包围的区域。当地面分水线和地下分水线相重合，称为闭合流域，否则为不闭合流域，如图2-6所示。在实际工作中，除了岩溶即喀斯特（Karst）地区外，对一般的流域，当地面分水线和地下分水线不重合的面积只占流域总集水面积的较小比例时，多按闭合流域考虑。

流域是相对应于河流某一出口断面的，当不指明断面时，流域即指河口断面以上区域。

2.2.3.2 流域基本特征

1. 流域面积

流域分水线包围区域的平面投影面积，称为流域面积，记为 F，以 km^2 计。可在适当比例尺的地形图上勾绘出流域分水线，量算出流域面积。

2. 河网密度

流域内河流干支流的总长度与流域面积的比值称为河网密度，以 km/km^2 计。

3. 流域长度和平均宽度

流域的长度也称为流域的轴长。以流域出口断面为圆心，向河源方向作一组不同半径的圆弧，在每条弧与流域分水线相交的两点处作弦线，各条弦线中点的连线的长度即为流域的长度，以 km 计。流域面积与流域长度的比值称为流域的平均宽度，以 km 计。

4. 流域形状系数

流域平均宽度与流域长度的比值称为流域形状系数。流域形状系数影响着径流过程线和洪峰。流域形状系数小，流域接近于狭长型，流域内水流集中较慢；流域形状系数接近 1 时，则流域接近于正方形，水流集中较快，易形成洪水。

5. 流域平均高程和平均坡度

由于流域内地面高低不平，故高程和坡度都是空间位置的函数。以面积为权重，将不同高程加权平均得到的高程称为流域平均高程；而以面积为权重，将不同坡度加权平均得到的坡度称为流域平均坡度。计算流域平均高程和坡度的方法之一是格点法，该方法将流域地形图划分为 100 个以上的正方格，依次定出每个方格交叉点上的高程以及与等高线正交方向的坡度，取其平均值即为流域的平均高度和平均坡度。

6. 流域的自然地理特征

(1) 流域的地理位置。流域的地理位置以流域所处的经纬度表示，它可以反映流域所处的气候带，说明流域距离海洋的远近，反映水文循环的强弱。

(2) 流域的气候特征。流域的气候特征包括降水、蒸发、湿度、气温、气压、风等要素，它们是河流形成和发展的主要影响因素，也是决定流域水文特征的重要因素。

(3) 流域的下垫面条件。下垫面是指流域的地形地貌、地质构造、土壤和岩石性质、植被、湖泊、沼泽等情况。这些要素以及上述河流特征、流域特征都反映了每一水系的具体条件，并影响径流形成的规律。

(4) 人类活动类型和程度。在天然情况下，水文循环中的水量、水质在时间和地区上的分布满足不了人类生产、生活和防灾的需求。为了解决这一矛盾，长期以来人类采取了许多措施，如兴修水利、植树造林、水土保持、城市化等来满足人类的需要。人类的这些活动，在一定程度上改变了流域原始的下垫面条件从而引起水文特征的变化。

2.3 降　　水

2.3.1 降水的成因与分类
2.3.1.1 降水的成因

降水是指液态或固态水汽凝结物从云中降落到地面的现象，包括雨、雪、霰、雹、露、霜等。

从海洋、河湖、水库、潮湿土壤及植物叶面等蒸发出来的水汽进入大气后，由于分子本身的扩散和气流的传输作用分散于大气中。假设在近地面有一团湿热的未饱和空气，在某种外力作用下上升，上升高度越高，周围的气压越低。因此，在上升的过程中，这团空气的体积就会膨胀，在与外界没有发生热量交换（即绝热）的条件下，体积膨胀的结果必然导致气团温度下降，这种现象称为动力冷却。当气团继续上升到一定高度，温度降到其露点温度时，这团空气就达到饱和状态，再上升就会过饱和而发生凝结形成云滴。云滴在上升的过程中不断凝聚，相互碰撞，合并增大。一旦云滴不能被上升的气流所顶托时，在重力作用下降落到地面形成降水。因此，水汽、上升运动和冷却凝结是形成降水的三个因素。

2.3.1.2　降水的分类

降水是水文循环中最活跃的因子。我国大部分地区一年内降水以雨水为主，雪等其他降水仅占少部分，故以下重点讨论降雨。按照空气抬升形成动力冷却的原因，通常把降雨分为对流雨、地形雨、锋面雨和气旋雨四种类型。

1. 对流雨

因地表局部受热，气温向上递减率过大，大气稳定性降低，下层空气因受热密度变小而上升，上层空气因温度低密度较大而下沉，形成热力对流运动，如图2-7所示。暖湿空气在上升过程中，因高空气压降低，体积膨胀导致气团温度降低形成动力冷却，水汽凝结形成垂直发展的积状云而致雨。积状云内部气流上升强烈，云中水汽量大，因此产生的降雨强度大、历时短。由于气流在上升处形成云，下沉处不会形成云，造成云块之间有空隙，呈孤立分散状态，因而雨区较小。

陆地

图2-7　对流雨形成
示意图

2. 地形雨

空气在运移过程中，遇山脉的阻挡，气流被迫沿迎风坡上升，由于动力冷却而成云致雨称为地形雨。此外，山脉的形状对降雨也有影响，如喇叭口、马蹄形地形，若它们的开口朝向气流来向，则易使气流辐合上升，产生较大降雨，如图2-8所示。地形雨的降雨特性，因空气本身温湿特性、移动速度以及地形特点而异，差别较大。

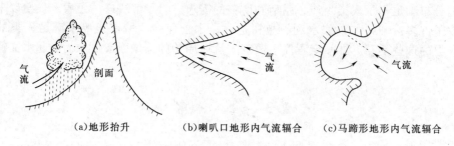

(a)地形抬升　　　　(b)喇叭口地形内气流辐合　　　(c)马蹄形地形内气流辐合

图2-8　地形对气流的影响示意图

3. 锋面雨

对流层中，在水平方向上温度、湿度比较均匀的大块空气，称为气团。气团的水平范围从几百公里到几千公里，垂直高度几公里，有时可达对流层顶。气团按其热力性质可分为冷气团和暖气团。在对流层中，气团在不断地移动着，并随着下垫面条件的改变，性质也随之改变。当两个温湿特性不同的气团相遇时，在其接触面由于性质不同来不及混合而形成一个不连续面，称为锋面。所谓不连续面实际上是一个过渡带，所以又称为锋区。锋面与地面的交线称为锋线，习惯上把锋线简称为锋。锋的长度从几百公里到几千公里不等；伸展高度，低的离地 1～2km，高的可达 10km 以上。由于冷暖空气密度不同，暖空气总是位于冷空气上方。在地转偏向力的作用下，锋面总是向冷空气一侧倾斜，冷气团总是揳入暖气团下部，暖空气沿锋面上升。由于锋面两侧温度、湿度、气压等气象要素有明显的差别，所以锋面附近常伴有云、雨、大风等天气现象。由锋面活动产生的降雨统称锋面雨。锋面随冷暖气团的移动而移动，若按运动学的观点分类，锋面可分为冷锋、暖锋和静止锋。

（1）冷锋。冷气团起主导作用，推动锋面向暖气团一侧移动，这种锋称为冷锋，如图 2-9（a）所示。根据移动的快慢，冷锋又分为两类：移动慢的称为第一型冷锋或缓行冷锋；移动快的称为第二型冷锋或急行冷锋。这两种冷锋的天气有明显的差异，缓行冷锋锋面坡度小，约为 1/100，移动缓慢，锋后冷空气迫使暖空气沿锋面稳定滑升，雨区出现在锋后，多为稳定性降雨，雨区约在 300km 以内。急行冷锋坡度大，约为 1/40～1/80，锋后冷空气移动快，迫使暖空气产生强烈的上升运动。因此，急行冷锋过境时，往往乌云翻滚，狂风大作，电闪雷鸣，大雨倾盆。降雨强度大，历时较短，雨区窄，一般仅数 10km。

（2）暖锋。暖气团起主导作用，推动锋面向冷气团一侧移动，这种锋称为暖锋。暖锋锋面坡度约为 1/50，暖空气沿锋面缓慢爬升，在上升过程中形成动力冷却，水汽凝结致雨，如图 2-9（b）所示。暖锋的雨区出现在锋线前，宽度常在 300～

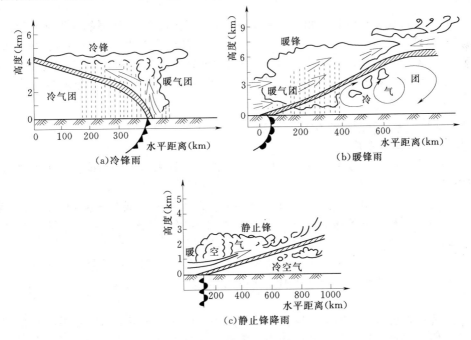

图 2-9 锋面类型示意图

400km，沿锋线分布较广。降雨强度不大，但历时较长。在夏季，当暖气团不稳定时，也可出现积雨云和雷阵雨天气。

（3）静止锋。冷暖气团势均力敌，在某一地区停滞少动或来回摆动的锋称为准静止锋，简称静止锋，如图 2-9（c）所示。静止锋坡度小，约为 1/200，有时甚至小到 1/300，沿锋面上滑的暖空气可以一直延伸到距地面锋线很远的地方，所以云雨区范围很广。降雨强度小，但持续时间长，可达十天半月，甚至一个月。

4. 气旋雨

气旋是中心气压低于四周的大气旋涡。在北半球，气旋内的气流作逆时针旋转，向低压中心辐合，引起大规模上升运动，水汽因动力冷却而致雨，称为气旋雨。若按热力性质，气旋可分为温带气旋和热带气旋两类，相应产生的降水称为温带气旋雨和热带气旋雨。

（1）温带气旋。温带地区的气旋大多由锋面波动产生，称为锋面气旋，如图 2-10 所示。自气旋中心向前伸展出一条暖锋，向后伸展出一条冷锋，冷暖锋之间是暖气团，以北是冷气团。气旋是气流辐合上升系统，锋面上气流上升更为强烈，往往产生云雨现象，甚至造成暴雨、雷雨、大风天气。

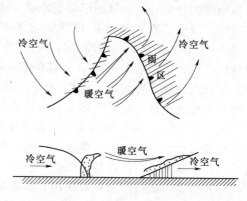

图 2-10　锋面气旋模式

（2）热带气旋。热带气旋指发生在低纬度海洋上的强大而深厚的气旋性旋涡。气象部门根据热带气旋地面中心附近风力的大小，将其分为四类：近中心最大风力 6～8 级为热带低压，8～9 级为热带风暴，10～11 级为强热带风暴，大于 12 级为台风。台风由于气流抬升剧烈，水汽供应充分，常发展成为浓厚的云区，降水多为阵性暴雨，强度很大，分布不均。

2.3.2　降水要素及其时空变化表示方法

2.3.2.1　降水基本要素

如前所述，降水的主要形式是降雨，故以降雨为例来引入下列描述降水现象的基本物理量：

（1）降雨量。降雨量是一定时段内降落到地面上某一点或某一面积上的总雨量，前者称为点降雨量，后者称为面降雨量。降雨量常用深度表示，以 mm 计，故又称为降雨深。

（2）降雨历时。一次降雨过程中从某一时刻到另一时刻经历的降雨时间称为降雨历时，特别地，从降雨开始至结束所经历的时间称为次降雨历时，一般以 min、h 或 d 计。

（3）降雨强度。单位时间的降雨量称为降雨强度，一般以 mm/min 或 mm/h 计。

（4）降雨面积。降雨笼罩范围的水平投影面积称为降雨面积，一般以 km² 计。

（5）降雨中心。降雨中心是指降雨量最大的局部区域。

2.3.2.2 降雨时空变化表示方法

1. 降雨量过程线

从降雨开始至各时刻的降雨量累积值随时间的变化过程线称为累积降雨量过程线，一般以 $p(t)$ 表示。降雨强度与相应时间之间的关系称为降雨强度过程线，一般以 $\bar{i}(t)$ 或 $i(t)$ 表示。其中 $\bar{i}(t)$ 表示时段平均降雨强度与相应时段之间的关系，而 $i(t)$ 表示瞬时降雨强度与相应时间之间的关系。图 2-11（a）为累积降雨量过程线，图 2-11（b）为该场降雨的 1h 时段平均降雨强度过程线。

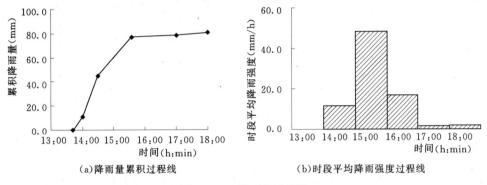

(a)降雨量累积过程线　　　　　　(b)时段平均降雨强度过程线

图 2-11　降雨量过程线

2. 降雨量等值线图

降雨量等值线图与等高线地形图相似。一个区域内一般设有若干个雨量站，将每个雨量站观测所得的同一时段的时段降雨量或一次降雨的降雨量点绘在各自的测站位置上，然后按降雨量相同的原则连成光滑线，这样的光滑连接线称为等雨量线。图 2-12 所示为海南岛 1962 年 8 月 10 日一次降雨的等雨量线图。

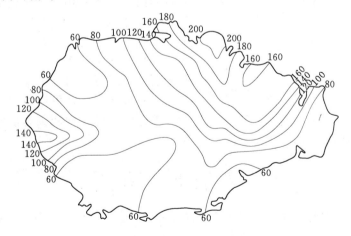

图 2-12　降雨量等值线图

3. 降雨特性综合曲线

除了上述只能表示降雨量时间变化或降雨量空间变化的一些方法外，还有一些综合性表示降雨特性的方法，称此为降雨特性综合曲线。常见的有下列 3 种。

（1）降雨强度—历时关系曲线。对一次降雨过程，统计计算其不同历时的最大时段平均降雨强度，然后点绘最大时段平均降雨强度与相应历时的关系，所得的曲线称为降雨强度与历时关系曲线。这条曲线是一条随历时增加而递减的曲线，如图 2-13 所示。

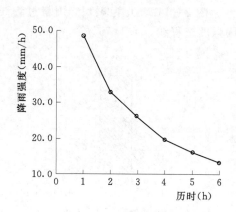

图 2-13　降雨强度—历时关系曲线

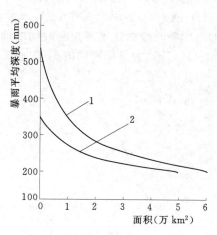

图 2-14　降雨深—面积关系曲线
1—暴雨 1；2—暴雨 2

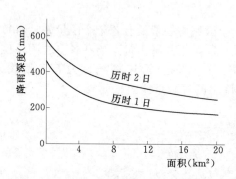

图 2-15　降雨深—面积—历时关系曲线

（2）降雨深—面积关系曲线。在一定历时降雨量的等雨量线图上，从暴雨中心开始，分别计算每一条等雨量所包围的面积及该面积的平均降雨深。点绘这两者之间的关系，所得的曲线称为降雨深—面积关系曲线，如图 2-14 所示，它是一条随着面积增加而递减的曲线。

（3）降雨深—面积—历时关系曲线。如果分别对不同历时的等雨量线图点绘降雨深与面积关系曲线，则可以得到一组以历时为参变数的降雨深与面积关系曲线，此曲线簇称为降雨深与面积和历时关系曲线，简称时—面—深曲线，如图 2-15 所示。

2.4　下　　渗

地表土层为多孔介质，它能吸收、储存和向任意方向输送水分。降雨落到地表之后，一部分渗入土壤中，另一部分形成地表水。渗入土层的雨水，一部分被土壤吸收成为土壤水，而后通过蒸发或植物散发直接返回大气；另一部分渗入地下补给地下水，再以地下水的形式汇入河流。下渗和土壤水的运动是径流形成的重要环节，它们的变化直接影响径流的形成过程。

2.4.1　包气带和饱和带

在流域上沿深度方向取一剖面，如图 2 - 16 所示。以地下水面为界，将土层划分为两个不同的土壤含水带。在地下水面以下，土壤处于饱和含水状态，是土壤颗粒和水分组成的二相系统，称为饱和带或饱水带；地下水面以上，土壤含水量未达到饱和，是土壤颗粒、水分和空气组成的三相系统，称为包气带或非饱和带。

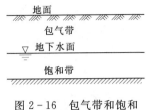

图 2 - 16　包气带和饱和带示意图

2.4.2　土壤水

水文学中常把储存于包气带中的水称为土壤水，而将饱和带中的水称为地下水。包气带的上界直接与大气接触，它既是大气降水的承受面，又是土壤蒸散发的逸出面。因此，包气带是土壤水分变化剧烈的土壤带，它把降雨、下渗、蒸发、径流等水文要素在径流形成过程中联系起来。土壤含水量的大小直接影响到下渗、蒸发的大小，并决定了降水量中产生径流的比例，包括产生地面径流、壤中流和地下径流的比例。因此，研究土壤水的运动和变化，对认识水文现象有重要意义。

2.4.2.1　土壤水作用力

土壤中的水分主要受到分子力、毛管力和重力的作用。

土壤颗粒表面的分子对水分子的吸引力称为分子力。根据万有引力定律，分子力是与土壤固体颗粒分子和水分子之间的距离平方成反比的。因此，紧挨着土壤颗粒表面的水分子受到的分子力非常大，但至几个水分子厚度处，就会迅速减小，而至几十个水分子厚度处，分子力就几乎不起作用了。由土壤中毛管现象引起的力称为毛管力。土壤中水分受到的地心引力称为重力，其作用方向总是指向地心，近似地可认为垂直向下。

2.4.2.2　土壤水分存在形式

土壤水是指吸附于土壤颗粒和存在于土壤孔隙中的水分。当水分进入土壤后，在分子力、毛管力和重力的作用下，形成不同类型的土壤水。

1. 吸湿水

土粒表面的分子对水分子的吸引力称为分子力。由分子力所吸附的水分子称为吸湿水。吸湿水被紧紧地束缚在土粒表面，不能流动也不能被植物吸收。

2. 薄膜水

当具有吸湿水包围层的土壤颗粒与液态水接触时，土壤颗粒分子仍可以吸附一定的水分子，可形成包裹在土壤颗粒外围的水膜。这种由土粒剩余分子力所吸附在吸湿水层外的水膜称为薄膜水。薄膜水所受到的分子引力较吸湿水为小，能从水膜厚（分子引力小）的土粒向水膜薄（分子引力大）的土粒缓慢移动。

3. 毛管水

土壤孔隙中由毛管力所持有的水分称为毛管水。毛管水又分为支持毛管水和毛管悬着水。

支持毛管水是指地下水面以上由毛管力所支持的沿毛管上升而存在于土壤孔隙中的水分，又称为毛管上升水，如图 2 - 17 所示。由于土壤孔隙大小分布不均匀，毛管

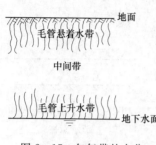

图 2-17　包气带的水分
带示意图

水上升高度也不相同。孔隙越细，毛管水上升高度越大。

在土壤孔隙中，由于毛管孔径不同，毛管力的大小就不同。如果向上的毛管力大于向下的毛管力，其合力就能支持一部分水分悬吊于孔隙之中而不与地下水面接触，该部分水分称为毛管悬着水，如图 2-17 所示。

4. 重力水

当土壤含水量超过土壤颗粒分子力和毛管力作用范围而不能被土壤所保持时，在重力作用下沿着土壤孔隙流动，这部分水称为重力水。重力水能传递压力，在任何方向只要有静水压力差存在，就会产生水流运动。渗入土中的重力水，当到达不透水层时，就会聚集使一定厚度的土层饱和形成饱和带。如果重力水到达地下水面，补充了地下水会使地下水面升高。

2.4.2.3　土壤含水量和水分常数

土壤中的水分与周围介质中的水分不断地发生交换，土壤内部的水分也时刻处于运动之中。这种水分的交换和变化不仅受到土壤物理性质的制约，还受到降水、下渗、蒸散发及其他水分运动的影响。为了描述土壤水分随时间和空间的动态变化，通常用土壤含水量来定量表示其大小，并用某些特征条件下的土壤含水量来反映它们的变化特性。这些特征土壤含水量称为土壤水分常数，它们是土壤水分的形态和性质发生明显变化时土壤含水量的特征值。

1. 土壤含水量（率）

土壤中含水程度的大小可用土壤质量含水率、土壤容积含水率来表示。其中，土块中水的质量与固体颗粒质量的比值称为质量含水量率，旧称重量含水率；土块中水的容积与总容积的比值称为容积含水率。严格地讲，土壤含水率只是一个相对比值的概念，而不是指土壤含水的绝对数量（体积或深度），所以土壤含水率与土壤含水量是两个不同的概念，但在许多技术文献中，常把含水率称为含水量。在工程水文学中，为了便于同降雨量、径流深及蒸发量进行比较和计算，常将某个土层中所含的水量折合为相应面积上的水层深度来表示土壤含水量，以 mm 计。

2. 土壤水分常数

水文学中常用的土壤水分常数有：

（1）最大吸湿量。在饱和空气中，土壤能够吸附的最大水汽量称为最大吸湿量。它表示土壤吸附气态水的能力。

（2）最大分子持水量。由土壤颗粒分子力所吸附的水分的最大量称为最大分子持水量。此时，薄膜水厚度达到最大。

（3）凋萎含水量。植物根系无法从土壤中吸收水分，开始凋萎，即开始枯死时的土壤含水量称为凋萎含水量，或称为凋萎系数。植物根系的吸力约为 15 个大气压，所以，当土壤对水分的吸力等于 15 个大气压时的土壤含水量就是凋萎含水量。显然，只有大于凋萎含水量的水分才是能参加植物水分交换的有效含水量。

（4）毛管断裂含水量。毛管悬着水的连续状态完全断裂时的含水量称为毛管断裂含水量。当土壤含水量大于此值时，悬着水就能向土壤水分的消失点或消失面运动（被植物吸收或蒸发）。低于此值时，连续供水状态遭到破坏，这时，土壤中只有吸湿水和薄膜水，水分交换将以薄膜水和水汽的形式进行。

（5）田间持水量。田间持水量指土壤所能保持的最大毛管悬着水量，即土壤颗粒所能保持水分的最大值。当土壤含水量超过这一限度时，多余的水分不能被土壤所保持，将以自由重力水的形式向下渗透。田间持水量是划分土壤持水量和向下渗透量的重要依据。

（6）饱和含水量。饱和含水量指土壤中所有孔隙都被水充满时的土壤含水量。它取决于土壤孔隙的大小。介于田间持水量和饱和含水量之间的水量，就是在重力作用下向下运动的自由重力水。

2.4.3　下渗

下渗是指降落到地面的雨水从地表渗入土壤中的运动过程。下渗不仅直接决定了地面径流的大小，同时也影响土壤水分的增长，以及壤中流和地下径流的形成。因此，分析下渗的物理过程和规律，对认识径流形成的物理机制有重要意义。

2.4.3.1　下渗的物理过程

当雨水持续不断地落在干燥的土层表面时，雨水将从包气带上界不断地渗入土壤中。渗入土中的水分，在分子力、毛管力和重力的作用下产生运动。按水分所受的力和运动特征，下渗可分为渗润、渗漏、渗透三个阶段。

（1）渗润阶段。下渗的水分主要受分子力的作用，被土壤颗粒吸收而成薄膜水。若土壤十分干燥，这一阶段十分明显。当土壤含水量达到最大分子持水量时，分子力不再起作用，这一阶段结束。

（2）渗漏阶段。下渗水分主要在毛管力和重力的作用下，沿土壤孔隙向下作不稳定流动，并逐步充填土壤孔隙直至饱和，此时毛管力消失。

（3）渗透阶段。当土壤孔隙充满水达到饱和时，水分在重力作用下呈稳定流动。

一般可将渗润和渗漏两个阶段合并统称渗漏阶段。渗漏阶段属于非饱和水流运动，而渗透阶段则属于饱和水流的稳定运动。在实际下渗过程中，各阶段并无明显的分界，它们是相互交错进行的。

2.4.3.2　下渗率和下渗能力

下渗现象的定量表示是下渗率。单位时间内渗入单位面积土壤中的水量称为下渗率或下渗强度，记为 f，以 mm/min 或 mm/h 计。在充分供水条件下的下渗率称为下渗能力。通常用下渗率或下渗能力随时间的变化过程来定量描述土壤的下渗规律。实验表明，干燥土壤在充分供水条件下，下渗率随时间呈递减变化，称为下渗能力曲线，简称下渗曲线，以 $f_p - t$ 表示，如图 2-18 所示。图中 f_0 为初始下渗率，最初阶段，下渗的水分被土壤颗粒吸收、充填土壤孔隙，初始下渗率很大。随时间的增长和下渗水量的增加，土壤含水量逐渐增大，下渗率随之逐

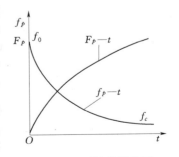

图 2-18　下渗曲线和下渗累积曲线

渐递减。当土壤孔隙都充满水，下渗趋于稳定，此时的下渗率称为稳定下渗率，记为 f_c。下渗的水量用累积下渗量表示，记为 F，以 mm 计。显然，下渗曲线的积分曲线反映了累积下渗量随时间的变化过程，故称为下渗累积曲线（图 2-18），用 F_p—t 表示。下渗累积曲线上任一点处切线的斜率即为该时刻的下渗率，即有

$$F_p(t) = \int_0^t f_p(t)\,\mathrm{d}t \qquad 或 \qquad f_p(t) = \frac{\mathrm{d}F_p(t)}{\mathrm{d}t} \qquad (2-3)$$

式中　f_p——下渗能力，mm/min 或 mm/h；

　　　F_p——按下渗能力下渗自开始至 t 时刻渗入土壤的总水量，mm。

　　上述下渗曲线的变化规律，可用数学公式来表示，如霍顿（Horton）公式。霍顿根据均质单元土柱的下渗实验资料，认为当降雨持续进行时，下渗率逐渐减小，下渗过程是一个消退的过程，消退的速率与剩余量成正比，下渗率最终趋于稳定下渗率 f_c。设 t 时刻的下渗率为 $f_p(t)$，该时刻的剩余量为 $f_p(t) - f_c$，消退速率为 $\dfrac{\mathrm{d}f_p(t)}{\mathrm{d}t}$。

由于在下渗过程中，$f_p(t)$ 随时间减小，所以 $\dfrac{\mathrm{d}f_p(t)}{\mathrm{d}t}$ 为负值。根据霍顿的假定，有

$$\begin{cases} \dfrac{\mathrm{d}f_p(t)}{\mathrm{d}t} = -\beta[f_p(t) - f_c] \\ f(0) = f_0 \end{cases} \qquad (2-4)$$

式中　β——与土壤物理性质有关的系数，$\beta > 0$。

　　解上述微分方程，得

$$f_p(t) = f_c + (f_0 - f_c)e^{-\beta t} \qquad (2-5)$$

式中　f_0、f_c 和 β——与土壤性质有关，需根据实测资料或实验资料分析确定。

2.4.3.3　天然条件下的下渗

　　天然条件下的下渗过程要比前面讨论的供水充分、土壤均质、土壤层面水平等条件下的下渗过程复杂得多。

　　1. 下渗与降雨强度的关系

　　在天然条件下，供水即为降雨。降雨强度一般随时间不断变化，且常出现间歇。因此，在天然条件下，不可能保证在降雨期间都能按下渗能力下渗。根据下渗能力的概念，在降雨期间，若降雨强度 i 小于当时的下渗能力 f_p，则下渗率 f 将等于降雨强度 i；只有当降雨强度 i 不小于当时的下渗能力 f_p 时，下渗率 f 才会等于下渗能力 f_p。降雨强度变化情况下的下渗过程较为复杂，下面仅讨论降雨强度不变情况下均质土壤的下渗过程。

　　如图 2-19 所示。当降雨强度 i 不大于稳定下渗率 f_c 时，下渗过程与降雨强度过程重叠（图 2-19 中 A 线）。当 i 大于 f_c 而小于初始下渗能力 f_0 时，下渗过程先与降雨强度过程重叠，直到 t_p 时刻（图 2-19 中 B 线）；t_p 时刻以后，下渗过程与下渗容量过程一致（图 2-19 中 C 线）；只有当 $i \geqslant f_0$ 时，下渗过程才与下渗能力过程一致（图 2-19 中 D 线）。

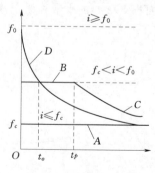

图 2-19　雨强不变时的下渗过程

2．下渗的空间分布

对一个流域而言，其下渗过程又要比单点复杂得多。首先，流域中土壤的性质在空间上分布不均匀，沿垂向分布也常呈现非均匀结构，即使同类土壤，其地表坡度、植被、土地开发利用程度也有差异；其次，降雨开始时流域内土壤含水量空间分布也不同，即起始下渗率分布也不同；再者，一场降雨在空间和时间上分布不均匀；最后，流域内各处地下水位高低不一。上述这些因素，导致了流域的下渗在空间上分布是不均匀的。因此，一个流域的实际下渗过程是十分复杂的，在实际工作中多采用概化的方法来描述下渗的空间分布。

2.4.4　地下水

在降雨和下渗过程中，土壤在分子力的作用下首先吸附水分形成吸湿水和薄膜水，然后在毛管力的作用下形成毛管悬着水。土壤中的毛管水在毛管力的作用下可作垂直运动，当到达田间持水量，过剩的水分将在重力作用下沿孔隙向下渗透，形成地表以下各种状态的水。

2.4.4.1　地下水的分类

广义的地下水指埋藏在地表以下各种状态的水。若以地下水埋藏条件为划分依据，地下水可分为包气带水、潜水和承压水三种基本类型。

1．包气带水

包气带水是指埋藏于地表以下、地下水面以上包气带中的水分，即土壤水。包括吸湿水、薄膜水、毛管水、重力水等。

2．潜水

潜水是指埋藏于饱和带中，处于土层中第一个不透水层上，具有自由水面的地下水，水文学中称为浅层地下水。

3．承压水

承压水是指埋藏于饱和带中，处于两个不透水层之间，具有压力水头的地下水，水文学中称为深层地下水。

2.4.4.2　地下水的特征

1．潜水

潜水具有自由水面，通过包气带与大气连通。潜水面与地面之间的距离为潜水埋藏的深度，潜水面与第一个不透水层层顶之间的间距称为潜水含水层厚度。潜水埋藏的深度及储量取决于地质、地貌、土壤、气候等条件，一般山区潜水埋藏较深，平原区埋藏较浅。

潜水补给的主要来源是大气降水和地表水，干旱地区还可能有凝结水补给。当大河下游水位高于潜水位时，河水也可能成为潜水的补给源。干旱地区冲积、洪积平原中的潜水，主要靠山前河流补给，河水通过透水性强的河床垂直下渗大量补给潜水，有时水量较小的溪流甚至可全部潜入地下。潜水排泄有侧向和垂向两种方式，侧向排泄是指潜水在重力作用下沿水力坡度方向补给河流或其他水体，或者露出地表成为泉水；垂向排泄主要指潜水蒸发。

2．承压水

承压水的主要特点是处于两个不透水层之间，具有压力水头，一般不直接受气象、水文因素的影响，具有动态变化较稳定的特点。承压水的水质不易遭受污染，水量较稳定，是河川枯水期水量的主要来源。

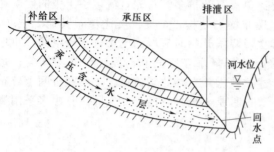

图 2-20　承压含水层补给与排泄示意图

承压水含水层按水文地质特征分为三个组成部分：补给区、承压区和排泄区，如图 2-20 所示。含水层出露于地表较高的部分为补给区，直接承受大气降水和地表水的补给。另一部分含水层位置较低，出露地表，为排泄区。在这两区之间的含水层为承压区，该区是指含水层被其上的岩石隔水层覆盖的区段，其主要特征是承受静水压力，具有压力水头。承压含水层的储量主要与承压区分布的范围、含水层的厚度和透水性、补给区大小及补给量的多少有关。

2.5　蒸　散　发

蒸散发是水文循环中自降水到达地面后由液态或固态转化为水汽返回大气的过程。陆地上一年的降水约 60% 通过蒸散发返回大气，由此可见蒸散发是水文循环的重要环节。而对径流形成来说，蒸散发则是一种损失。

蒸散发是发生在具有水分子的物体表面上的一种分子运动现象。具有水分子的物体表面称为蒸发面。蒸发面为水面时，发生在这一蒸发面上的蒸发称为水面蒸发；蒸发面为土壤表面时称为土壤蒸发；蒸发面是植物茎叶则称为植物散发。流域上不同蒸发面的蒸发和散发总称为流域蒸散发，也叫流域总蒸发。

蒸发量用蒸发面上蒸发的水层深度来表示，记为 E，以 mm 计。蒸发面通常分为充分供水和不充分供水两种情况。在充分供水条件下，某一蒸发面的蒸发量，就是在同一气候条件下可能达到的最大蒸发量，称为可能最大蒸发量或蒸发能力，记为 E_m。一般情况下，蒸发面上的蒸发量只能不大于蒸发能力。

2.5.1　水面蒸发

水面蒸发是指在自然条件下，水面的水分从液态转化为气态逸出水面的物理过程，其过程可概括为水分气化和水分扩散两个阶段。

图 2-21 为水面蒸发与凝结示意图。由物理学可知，水体内部水分子总是在不断地运动着，当水中的某些水分子具有的动能大于水分子之间的内聚力时，这些水分子就能克服内聚力，脱离水面变成水汽进入空气中，这种现象就是蒸发。温度越高，水分子具有的动能越大，

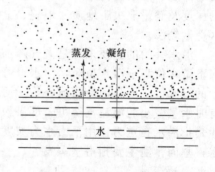

图 2-21　蒸发与凝结现象

逸出水面的水分子就越多。逸出水面的水分子在和空气分子一起作不规则运动时，部分水分子可能远离水面进入大气，也有部分水分子由于分子间的吸引力，或因本身降温，运动速度降低而落入水面，重新成为液态水分子，这种现象称为凝结。从水面跃出的水分子数量与返回蒸发面的水分子数量之差值，就是实际的蒸发量。

水面蒸发是在充分供水条件下的蒸发，其蒸发量可以用蒸发器或蒸发池直接进行观测，我国水文部门常用的水面蒸发器有 E_{601} 型蒸发器，以及面积为 $20m^2$ 和 $100m^2$ 的大型蒸发池。每日 8 时观测一次，得到一日的水面蒸发量。一月内每日蒸发量之和为月蒸发量，一年内每日蒸发量之和为年蒸发量。

在水库设计中，需要考虑水库水面蒸发损失水量。由于水库的蒸发面比蒸发器大得多，两者的边界条件、受热条件也有显著差异，所以，蒸发器观测的数值不能直接作为水库这种大水体的水面蒸发值，而应乘以一个折算系数，才能作为其估计值，即

$$E_0 = KE_{器} \qquad (2-6)$$

式中　E_0——大水体天然水面蒸发量，mm；

　　　$E_{器}$——蒸发器实测水面蒸发量，mm；

　　　K——蒸发器折算系数。

据研究，当蒸发池直径大于 3.5m 时，其蒸发量与大水体天然水面蒸发量较为接近，因此，可用面积 $20m^2$ 或 $100m^2$ 的大型蒸发池的蒸发量 $E_{池}$ 与蒸发器同步观测的蒸发量 $E_{器}$ 的比值作为折算系数，即

$$K = \frac{E_{池}}{E_{器}} \qquad (2-7)$$

实际资料分析表明，折算系数 K 随蒸发器直径而变，也与蒸发器型式、地理位置、季节变化、天气变化等因素有关。实际工作中应根据当地实测资料分析。

2.5.2　土壤蒸发

土壤蒸发是指在自然条件下，土壤保持的水分从液态转化为气态逸出土壤进入大气的物理过程。湿润的土壤，其蒸发过程一般可分为三个阶段，如图 2-22 所示。

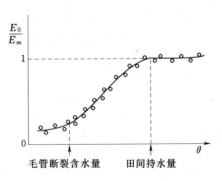

图 2-22　土壤蒸发过程示意图

第一阶段，当土壤含水量大于田间持水量时，土壤中存在自由重力水，并且土层中的毛管水也上下连通，表层土壤的水分蒸发后，能得到下层土壤水分的补充，相当于满足充分供水条件。这一阶段，土壤蒸发主要发生在表层，蒸发速度稳定，蒸发量 E 等于或接近相同气象条件下的蒸发能力 E_m。这一阶段气象条件是影响蒸发的主要原因。

由于蒸发耗水，土壤含水量不断减少，当土壤含水量降到田间持水量以下时，土壤蒸发进入第二阶段。在这一阶段，土壤中毛管水的连续状态已遭破坏，从土层内部由毛管力作用上升到土壤表面的水分变少，且随着土壤含水量的减少，供水条件越来越差，土壤蒸发量也越来越小。这一阶段，蒸发量不仅与气象因素有关，而且随土壤含水量的减少而减少。

　　当土壤含水量减至毛管断裂含水量时，土壤蒸发进入第三阶段。在这一阶段，毛管向土壤表面输送水分的机制完全遭到破坏，水分只能以薄膜水或气态水的形式缓慢地向地表移动，蒸发量微小，近乎常数。在这种情况下，无论是气象因素还是土壤含水量对蒸发都不起明显的作用。

2.5.3　植物散发

　　植物散发是指在植物生长期，水分通过植物的叶面和枝干进入大气的过程，又称为蒸腾。植物散发比水面蒸发和土壤蒸发更为复杂，它与土壤环境、植物生理结构以及大气状况有密切的关系。

2.5.3.1　植物散发过程

　　植物根细胞液的浓度和土壤水的浓度存在较大的差异，由此可产生相当强大的渗压差，促使土壤水分通过根膜液渗入根细胞内。进入根系的水分，受到根细胞生理作用产生的根压和蒸腾拉力的作用，通过茎干输送到叶面。叶面上有许多气孔，当叶面气孔张开，水分通过气孔逸出，这就是散发过程。植物吸收的水分约 90% 消耗于散发。

2.5.3.2　影响植物散发的因素

　　植物散发是发生在土壤—植物—大气系统中的现象，因此，它必然受到气象因素、土壤含水量和植物生理特性的综合影响。以下选择其中的主要因素进行讨论：

　　（1）温度。当气温在 1.5℃ 以下时，植物几乎停止生长，散发极小。当气温超过 1.5℃ 时，散发率随气温的升高而增加。土温对植物散发有明显的影响。土温较高时，根系从土壤中吸收的水分增多，散发加强；土温较低时，这种作用减弱，散发减小。

　　（2）日照。植物在阳光照射下，散发加强。据有关研究，散射光能使散发增强 30%~40%，直射光则能使散发增强好几倍。散发主要在白天进行，中午达到最大；夜间的散发则很小，约为白天的 10%。

　　（3）土壤含水量。土壤水中能被植物吸收的是重力水、毛管水和一部分膜状水。当土壤含水量大于一定值时，植物根系就可以从周围土壤中吸取尽可能多的水分以满足散发需要，这时植物散发将达到散发能力。当土壤含水量减小时，植物散发率也随之减小，直至土壤含水量减小到凋萎系数时，植物就会因不能从土壤中吸取水分来维持正常生长而逐渐枯死，植物散发也因此而趋于零。

　　（4）植物生理特性。植物生理特性与植物的种类和生长阶段有关。不同种类的植物，因其生理特点不同，在同气象条件和同土壤含水量情况下，散发率是不同的。例如针叶树的散发率不仅比阔叶树小，而且也比草原小。同一种植物在其不同的生长阶段，因具体的生理特性上的差异，也使得散发率不一样。

2.5.4　流域总蒸发

　　流域表面通常有裸土、岩石、植被、水面、不透水面等。在寒冷地带或寒冷季节，可能还有冰雪覆盖面。流域上这些不同蒸发面的蒸发和散发总称为流域蒸散发，也称流域总蒸发。对于中、低纬度地区的绝大多数流域，土壤蒸发和植物散发是流域蒸散发的主体。

2.5.4.1　流域蒸散发规律

　　由前面讨论的土壤蒸发规律和植物散发规律可以推知，根据流域上蓄水情况，流域蒸散发也可分为三个不同的阶段（图 2 - 23）。当流域十分湿润时，由于供水充分，流域中无论土壤蒸发，还是植物散发，均将达到蒸（散）发能力，这一阶段的临界流域蓄水量记为 W_a，因为植被的存在，W_a 小于田间持水量。当流域蓄水量小于 W_a 之后，由于供水越来越不充分，流域蒸散发将随土壤含水量的减少而减小，这一阶段的临界流域蓄水量记为 W_b，因为植被的存在，W_b 接近于凋萎含水量。当流域蓄水量小于 W_b 时，由于植物的枯死而散发趋于零，这阶段的流域蒸散发就只包括小而稳定的土壤蒸发了。

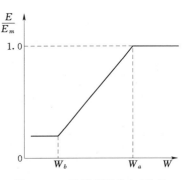

图 2 - 23　流域蒸散发与 W 的关系示意图

2.5.4.2　流域蒸散发的计算方法

确定流域蒸散发的最直观方法是：先分别求得流域上各种蒸发面的蒸发或散发量，然后用加权的方法来计算流域蒸散发量。但由于确定不同蒸发面的蒸发或散发量比较繁复，因此，实用上一般对流域总蒸发予以直接计算。

根据图 2 - 23 显示的流域蒸散发特点，计算流域蒸散发的公式可表述为

$$E=\begin{cases} E_m & W \geqslant W_a \\ \left[1-\dfrac{1-C}{W_a-W_b}(W_a-W)\right]E_m & W_b < W < W_a \\ CE_m & W \leqslant W_b \end{cases} \tag{2-8}$$

式中　E——流域蒸散发量，mm；

　　　E_m——流域蒸散发能力，mm；

　　　W——流域蓄水量，mm；

　　　C——系数，一般在 0.05～0.15 之间；

其余符号意义同前。

式（2-8）就是现行分析计算流域蒸散发的主要依据。流域水量平衡的验证表明，该式的计算精度一般是能满足实际需要的。

2.5.4.3　流域蒸散发能力的确定

在应用式（2-8）计算流域蒸散发时，首先必须确定流域的蒸散发能力 E_m。但流域蒸散发能力难以直接通过观测求得。因此，常采用间接分析方法来确定流域蒸散发能力。

由于流域蒸散发能力与水面蒸发关系密切，而水面蒸发一般可以通过蒸发器（皿）来直接观测，因此，根据水面蒸发资料来确定流域蒸散发能力在实践中受到广泛的关注。流域蒸散发能力与水面蒸发的关系一般可表达为

$$E_m = K_c E_0 \tag{2-9}$$

式中　E_m——流域蒸散发能力，mm；

　　　E_0——水面蒸发量，mm；

　　　K_c——蒸散发折算系数。

2.6 径　流

2.6.1　径流形成过程

流域内自降雨开始到水流汇集至流域出口断面的整个物理过程称为径流形成过程。径流的形成是一个相当复杂的过程，为了便于分析，一般把它概括为产流过程和汇流过程两个阶段，如图 2-24 所示。

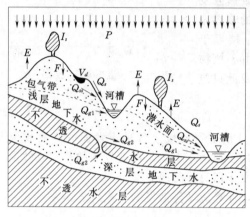

图 2-24　径流形成过程示意图

P—降雨；I_s—植物截留；V_d—填洼；E—蒸发；
F—下渗；Q_s—地面径流；Q_{ss}—壤中流径流；
Q_{g1}—浅层地下径流；Q_{g2}—深层地下径流

2.6.1.1　产流过程

降落到流域内的雨水，除了少量直接降落到河湖面上成为径流外，部分雨水会滞留在植物的枝叶上，称为植物截留，植物截留的雨量最终消耗于蒸发。落到地面的雨水，首先向土中下渗。当降雨强度小于下渗强度时，雨水全部渗入土中；当降雨强度大于下渗强度时，雨水按下渗能力下渗，超出下渗能力的雨水称为超渗雨。超渗雨会形成地面积水，积蓄于地面上大大小小的坑洼，称为填洼。填洼的雨水最终消耗于下渗和蒸发。随着降雨的继续，满足填洼的地方开始产生地面径流。下渗到土中的雨水，首先被土壤颗粒吸收，成为包气带土壤水，并使土壤含水量不断增加，当土壤含水量达到田间持水量后，下渗趋于稳定，继续下渗的雨水，将沿着土壤的孔隙流动，一部分会从坡侧土壤孔隙渗出，注入河槽，这部分水流称为壤中流；另一部分雨水会继续向深处下渗，补给地下水，使地下水面升高，并沿水力坡度方向补给河流，或以泉水露出地表，形成地下径流。

流域产流过程实际上是降雨扣除损失的过程，降雨量扣除损失后的雨量就是净雨量。显然，净雨和它形成的径流在数量上是相等的，即净雨量等于径流量，但两者的过程却完全不同，净雨是径流的来源，而径流则是净雨汇流的结果；净雨在降雨结束时就停止了，而径流却要延续很长时间。相应地，把形成地面径流的那部分净雨称为地面净雨，形成壤中流的称为壤中流净雨，形成地下径流的称为地下净雨。

2.6.1.2　汇流过程

净雨沿坡面从地面和地下汇入河网，然后再沿河网汇集到流域出口断面，这个过程称为流域的汇流过程。前者称为坡地汇流，后者称为河网汇流。

1. 坡地汇流过程

坡地汇流分为三种情况：一是超渗雨满足填洼后产生的地面净雨沿坡面流到附近河网的过程，称为坡面漫流。坡面漫流是由无数股彼此时分时合的细小水流组成，通常没有明显的固定沟槽，雨强很大时可形成片流。坡面漫流的流程比较短，一般不超过数百米，历时亦短。地面净雨经坡面漫流注入河网，形成地面径流，大雨时地面径流是河流水量的主要来源。二是壤中流净雨沿着坡面表层土壤流动时，从侧向土壤孔隙流出，注入河网，形成壤中流径流。壤中流径流流动比地面径流慢，到达河槽也比较迟，但对历时较长的暴雨过程，数量可能很大，是河流水量的主要组成部分。三是地下净雨向下渗透到地下潜水面，然后沿水力坡度最大方向流入河网形成浅层地下径流；部分地下净雨补给承压水，然后从岩石裂隙等处渗出流入河流，成为深层地下径流。这一过程称为坡地地下汇流。深层地下径流流动很慢，所以降雨结束后，地下水流可以持续很长时间，较大的河流可以终年不断，这是河川的基本流量，水文学中称为基流。

在径流形成过程中，坡地汇流过程对净雨在时程上进行第一次再分配，降雨结束后，坡地汇流仍将持续一段时间。

2. 河网汇流过程

各种成分的径流经坡地汇流注入河网，从支流到干流，从上游到下游，最后流出流域出口断面，这个过程称为河网汇流过程或河槽集流过程。坡地水流进入河网，会使河槽水量增加，若流入河槽的水量大于流出的水量，部分水量暂时储蓄在河槽中，使水位上升，这就是河流洪水的涨水过程。随着降雨的结束和坡地漫流量的逐渐减少直至完全停止，进入河槽的水量也随之减少，若流入的水量小于流出的水量，则水位下降，这就是退水阶段。这种现象称为河槽的调蓄作用，河网汇流过程中河槽的这种调蓄作用是对净雨在时程上进行的第二次再分配。

一次降雨过程，经植物截留、下渗、填洼、蒸发等损失后，流入河网的水量一定比降雨量少，且经过坡地汇流和河网汇流，使出口断面的径流过程远比雨过程缓慢，历时也长，时间滞后。

必须指出，将径流形成过程划分为产流过程和汇流过程两个阶段，只是为了便于对现象的分析研究。事实上，产流和汇流在时间上难以截然分开，而常常是同时发生的。

2.6.2 径流的表示方法

河川径流一年内和多年期间的变化特性，称为径流情势，前者称为径流的年内变化或年内分配，后者称为年际变化。常用流量、径流量、径流深、流量模数和径流系数来表示河川径流情势。

2.6.2.1 流量

单位时间内通过河流某一断面的水量称为流量，记为 Q，单位为 m^3/s。流量随时间的变化常用流量过程线来表示，记为 $Q-t$，如图 2-25 所示，图中流量为瞬时数值。流量过程线上升部分为涨水段，下降部分为退水段，最高点的流量值称为洪峰流量，简称洪峰，记为 Q_m。

工程水文中常用的流量有：年最大洪峰流

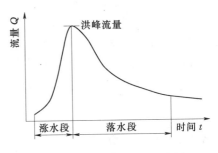

图 2-25 流量过程线示意图

量、日平均流量、旬平均流量、月平均流量、季平均流量、年平均流量、多年平均流量和指定时段的平均流量等。

2.6.2.2　径流量

时段 T 内通过河流某一断面的总水量称为径流量，记为 W，以 m^3、万 m^3 或亿 m^3 计。

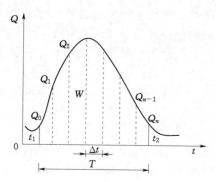

图 2-26　径流量计算示意图

图 2-26 中 t_1 时刻至 t_2 时刻之间的 T 时段内的径流量为

$$W = \int_{t_1}^{t_2} Q(t)\mathrm{d}t \qquad (2-10)$$

式中　$Q(t)$——t 时刻流量，m^3/s；

t_1、t_2——时段始、末时刻。

实际工作中，常将流量过程线划分为 n 个计算时段，如图 2-26 所示，当 $Q_0 = Q_n$ 时，其计算公式为

$$W = 3600 \sum_{t=1}^{n} Q_t \Delta t \qquad (2-11)$$

式中　Δt——计算时段，h。

由此可求出时段 T 内的平均流量为

$$\overline{Q} = \frac{W}{t_2 - t_1} = \frac{W}{T} \qquad (2-12)$$

若已知时段平均流量，则径流量又可用平均流量计算，即

$$W = \overline{Q}T \qquad (2-13)$$

式中　T——径流历时，$T = t_2 - t_1$，s；

$\overline{Q}$——时段 T 内的平均流量，m^3/s。

2.6.2.3　径流深

将径流量 W 平铺在整个流域面积 F 上所得的水层深度称为径流深，记为 R，单位为 mm，径流深的计算公式为

$$R = \frac{W}{1000F} = \frac{\overline{Q}T}{1000F} \qquad (2-14)$$

式中　W——时段 T 内的径流量，m^3；

F——流域面积，km^2。

2.6.2.4　流量模数

流域出口断面流量 Q 与流域面积 F 的比值称为流量模数，记为 M，单位为 L/ $(s \cdot km^2)$，流量模数的计算公式为

$$M = \frac{1000Q}{F} \qquad (2-15)$$

2.6.2.5　径流系数

某时段径流深 R 与形成该径流深相应的流域平均降水量 P 的比值称为径流系数，记为 α，径流系数的计算公式为

$$\alpha = \frac{R}{P} \tag{2-16}$$

因为 $R < P$，所以 $\alpha < 1$。

【**例 2-1**】 某水库坝址断面以上流域面积 $F = 54500 \text{km}^2$，多年平均年降雨量 $\overline{P} = 1650 \text{mm}$，多年平均流量 $\overline{Q} = 1680 \text{m}^3/\text{s}$，试计算该流域多年平均年径流量、多年平均年径流深、多年平均流量模数和多年平均径流系数。

解：（1）多年平均年径流量

$$\overline{W} = \overline{Q}T = 1680 \times 365 \times 86400 = 530 (\text{亿 m}^3)$$

（2）多年平均年径流深

$$\overline{R} = \frac{\overline{W}}{1000F} = \frac{530 \times 10^8}{1000 \times 54500} = 972 (\text{mm})$$

（3）多年平均流量模数

$$\overline{M} = \frac{1000\overline{Q}}{F} = \frac{1000 \times 1680}{54500} = 30.8 [\text{L}/(\text{s} \cdot \text{km}^2)]$$

（4）多年平均径流系数

$$\overline{\alpha} = \frac{\overline{R}}{P} = \frac{972}{1650} = 0.59$$

2.7 水量平衡方程

2.7.1 通用水量平衡方程

不仅地球是一个系统，一个流域或一个区域都可以看作为一个系统，在这些系统中发生的水文循环无一例外都服从物质不灭定律。即对于任一系统，在任一时段内，输入的水量与输出的水量之差等于该系统蓄水量的改变量，这就是水量平衡原理。根据此原理可列出水量平衡方程，即

$$W_I - W_O = \Delta W \tag{2-17}$$

式中 W_I——给定时段内进入系统的水量；

      W_O——给定时段内从系统中输出的水量；

      ΔW——给定时段内系统中蓄水量的变化量，可正可负，当 ΔW 为正值时，表明时段内系统蓄水量增加，反之，蓄水量则减少。

上述时段内进入系统的水量是系统"收入"的水量。时段内从系统输出的水量是系统"支出"的水量。时段内系统蓄水量的变化量是系统"库存"水量的变化。因此，水量平衡方程式（2-17）实际上就是系统的水量收支平衡关系式。

2.7.2 区域水量平衡方程

对流域而言，式（2-17）可具体写为

$$P + R_{gI} - (E + R_{so} + R_{go} + q) = \Delta W \tag{2-18}$$

式中 P——时段内流域上的降水量，mm；

      R_{gI}——时段内从地下流入流域的水量，mm；

      E——时段内流域的蒸发量，mm；

R_{so}——时段内从地面流出流域的水量，mm；

R_{go}——时段内从地下流出流域的水量，mm；

q——时段内用水量，mm；

ΔW——时段内流域蓄水量的变化，mm。

式（2-18）是流域水量平衡方程式的一般形式。若流域为闭合流域，即 $R_{gl}=0$，再假设用水量很小，即 $q\approx0$，则式（2-18）将变成更简单的形式，即

$$P-(E+R)=\Delta W \qquad (2-19)$$

式中 R——时段内从地面和地下流出的水量之和，等于 $R_{so}+R_{go}$，即为河川径流深，mm；

其余符号的意义同前。

若研究时段为 n 年，则由于在多年期间，有些年份 ΔW 为正，有些年份 ΔW 为负，因此，ΔW 的多年平均值接近于 0，故闭合流域多年水量平衡方程式为

$$\overline{P}=\overline{R}+\overline{E} \qquad (2-20)$$

式中 $\overline{P}$——流域多年平均年降水量，mm；

$\overline{R}$——流域多年平均年河川径流深，mm；

$\overline{E}$——流域多年平均年蒸散发量，mm。

2.7.3 全球水量平衡方程

地球由陆地和海洋两部分组成，它们的年水量平衡方程式分别为

$$P_c-R-E_c=\Delta W_c \qquad (2-21)$$

$$P_s+R-E_s=\Delta W_s \qquad (2-22)$$

式中 P_c——年内陆地的降水量，mm；

R——年内由陆地流入海洋的径流深，mm；

E_c——年内陆地的蒸散发量，mm；

ΔW_c——年内陆地蓄水量的变化量，mm；

P_s——年内海洋的降水量，mm；

E_s——年内海洋的蒸发量，mm；

ΔW_s——年内海洋蓄水量的变化量，mm。

若研究时段为 n 年，则由于 ΔW_c 和 ΔW_s 的多年平均值均趋于零，故式（2-21）和式（2-22）将分别变为

$$\overline{P}_c-\overline{R}-\overline{E}_c=0 \qquad (2-23)$$

$$\overline{P}_s+\overline{R}-\overline{E}_s=0 \qquad (2-24)$$

式中： $\overline{P}_c$——多年平均年陆地降水量，mm；

$\overline{R}$——多年平均由陆地流入海洋的径流深，mm；

$\overline{E}_c$——多年平均年陆地蒸散发量，mm；

$\overline{P}_s$——多年平均年海洋降水量，mm；

$\overline{E}_s$——多年平均年海洋蒸发量，mm。

将式（2-23）和式（2-24）相加，得

$$\overline{P}=\overline{E} \qquad (2-25)$$

式中　$\overline{P}$——多年平均年全球降水量，即 $\overline{P}=\overline{P}_c+\overline{P}_s$，mm；

　　　$\overline{E}$——多年平均年全球蒸散发量，即 $\overline{E}=\overline{E}_c+\overline{E}_s$，mm。

式（2-25）即为全球多年水量平衡方程式。该式表明，对全球而言，多年平均年降水量与多年平均年蒸散发量是相等的。

全球平均每年的蒸散发量为 57.7 万 km^3，其中海洋的蒸散发量为 50.5 万 km^3，陆地的蒸散发量为 7.2 万 km^3。全球平均每年降水量也为 57.7 万 km^3，其中海洋的降水量为 45.8 万 km^3，陆地的降水量为 11.9 万 km^3。这就表明，就多年平均而言，地球上每年参与水文循环的总水量大体上是不变的，为 57.7 万 km^3。

习　　题

[2-1] 某水文站控制流域面积 $F=8200km^2$，测得多年平均流量 $\overline{Q}=140m^3/s$，多年平均年降水量 $\overline{P}=1050mm$，问该站多年平均年径流量、多年平均年径流深、多年平均径流系数、多年平均径流模数各为多少？

[2-2] 某流域集水面积 $500km^2$，多年平均年降水量 1000mm，多年平均流量 $6m^3/s$。问该流域多年平均年陆面蒸发量是多少？若在流域出口断面修建一座水库，水库平均水面面积 $10km^2$，当地蒸发器实测多年平均年水面蒸发量 950mm，蒸发器折算系数 0.8。问建库后该流域多年平均年径流量是增加还是减少？变化量是多少？

第 3 章

水文信息采集与处理

水文信息采集与处理是研究水文信息的测量、计算与数据处理原理和方法的一门科学，它是工程水文学的重要基础。水文信息包括降水、蒸发、水位、流量、水温、冰凌、泥沙、水质和地下水等要素。水文信息有两种情况：一种是对水文事件当时发生情况下实际观测的信息；另一种是对水文事件发生后进行调查所得的信息。本章着重介绍水位、流量、降水、泥沙和水质等资料的采集与处理。

3.1 概　　述

3.1.1 测站与站网

3.1.1.1 水文测站

在流域内一定地点（或断面）按统一标准对所需要的水文要素作系统观测以获取其信息并进行整理为即时观测信息，这些指定的地点称为测站。

水文测站所观测的项目有水位、流量、泥沙、降水、蒸发、水温、冰凌、水质、地下水位等。只观测上述项目中的一项或少数几项的测站，则按其主要观测项目而分别称为水位站、流量站（也称水文站）、雨量站、蒸发站等。

根据测站的性质，河流水文测站又可分为基本站、专用站两大类，基本站是水文主管部门为全国各地的水文情况而设立的，是为国民经济各方面的需要服务的；专用站是为某种专门目的或用途由各部门自行设立的，是基本站在面上的补充。

3.1.1.2 水文站网

因为单个测站观测到的水文要素信息只代表了站址处的水文情况，而流域上的水文情况则须在流域内的一些适当地点布站观测，这些测站在地理上的分布称为站网。广义的站网是指测站及其管理机构所组成的信息采集与处理体系。布站的原则是通过所设站网采集到的水文信息经过整理分析后，达到可以内插流域内任何地点水文要素的特征值，这也就是水文站网的作用。所以，研究测站在地区上分布的科学性、合理性、最优化等问题，就是水文站网规划的任务。

按站网规划的原则布设测站，例如河道流量站的布设，当流域面积超过 3000～

$5000km^2$，应考虑能够利用设站地点的资料，把干流上没有测站地点的径流特性插补出来。预计将修建水利工程的地段，一般应布站观测；对于较小流域，虽然不可能全部设站观测，但应在水文特征分区的基础上，选择有代表性的河流进行观测；在中、小河流上布站时还应当考虑暴雨洪水分析的需要，如对小河应按地质、土壤、植被、河网密集程度等下垫面因素分类布站；布站时还应注意雨量站与流量站的配合；对于平原水网区和建有水利工程的地区，应注意按水量平衡的原则布站；也可以根据实际需要，安排部分测站每年只在部分时期（如汛期或枯水期）进行观测。又如水质监测站的布设，应以监测目标、人类活动对水环境的影响程度和经济条件这三个因素作为考虑的基础。

我国水文站网于1956年开始统一规划布站，经过多次调整，布局已比较合理，对国民经济发展起积极作用。但随着我国水利水电发展，大规模人类活动的影响，不断改变着天然河流产汇流、蓄水及来水量等条件，因此对水文站网要进行适当调整、补充。

3.1.1.3 水文测站的设立

建站包括选择测验河段和布设观测断面。在站网规划规定的范围内，具体选择测验河段时，主要考虑在满足设站目的要求的前提下，保证工作安全和测验精度，并有利于简化水文要素的观测和信息的整理分析工作。具体地说，就是测站的水位与流量之间呈良好的稳定关系（单一关系）。该关系往往受一断面或一个河段的水力因素控制，前者称为断面控制，后者称为河槽控制。断面控制的原理是在天然河道中，由于地质或人工的原因，造成河段中局部地形突起，如石梁、卡口等，使得水面曲线发生明显转折，形成临界流，出现临界水深 h_K，从而构成断面控制。当水位流量关系由一段河槽所发生的阻力作用来控制，如该河段的底坡、断面形状、糙率等因素比较稳定，则水位流量关系也比较稳定，这就属于河槽控制。在河流上设立水文测站，平原地区应尽量选择河道顺直、稳定、水流集中，便于布设测验的河段，且尽量避开变动回水、急剧冲淤变化、分流、斜流、严重漫滩等以及妨碍测验工作的地貌、地物。结冰河流，还应避开容易发生冰塞、冰坝的地方。山区河流应在有石梁、急滩、卡口、弯道的上游附近规整的河段上选站。

水文测站一般应布设基线、水准点和各种断面，即基本水尺断面、流速仪测流断面、浮标测流断面及比降断面。基本水尺断面上设立基本水尺，用来进行经常的水位观测。测流断面应与基本水尺断面重合，且与断面平均流向垂直。若不能重合时，也不能相距过远。浮标测流断面有上、中、下三个断面，一般中断面应与流速仪测流断面重合。上、下断面之间的间距不宜太短，其距离应为断面最大流速的 $50\sim80$ 倍。比降断面设立比降水尺，用来观测河流的水面比降和分析河床的糙率。上、下比降断面间的河底和水面比降，不应有明显的转折，其间距应使得所测比降的相对误差能在 $\pm15\%$ 以内。水准点分为基本水准点和校核水准点，均应设在基岩或稳定的永久性建筑物上，也可埋设于土中的石柱或混凝土桩上。前者是测定测站上各种高程的基本依据，后者是经常用来校核水尺零点的高程。基线通常与测流断面垂直，起点在测流断面线上。其用途是用经纬仪或六分仪测角交会法推求垂线在断面上的位置。基线的长度视河宽 B 而定，一般应为 $0.6B$。当受地形限制的情况下，基线长度最短也应为

$0.3B$。基线长度的丈量误差不得大于 $1/1000$。如图 $3-1$ 所示。

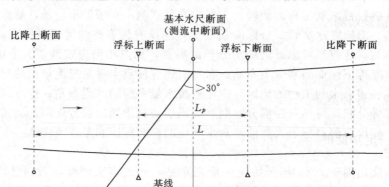

图 3-1   水文测站基线、断面布设

3.1.2   收集水文信息的基本途径

上述在河流或流域内的固定点上对水文要素所进行的观测称驻测。这是我国收集水文信息的最基本方式，但存在着用人多、站点不足、效益低等缺点。为了更好地提高水文信息采集的社会效益和经济效益，经过 20 多年的实践，采取驻测、巡测、间测及水文调查相结合的方式收集水文信息，可更好地满足生产的要求。

巡测是观测人员以巡回流动的方式定期或不定期地对一地区或流域内各观测点进行流量等水文要素的观测。间测是中小河流水文站有 10 年以上资料分析证明其历年水位流量关系稳定，或其变化在允许误差范围内，对其中一要素（如流量）停测一时期再施测的测停相间的测验方式。停测期间，其值由另一要素（水位）的实测值来推算。水文调查是为弥补水文基本站网定位观测的不足或其他特定目的，采用勘测、调查、考证等手段进行收集水文信息的工作。

3.2   降 水 观 测

3.2.1   概述

降水量观测是水文要素观测的重要组成部分，一般包括测记降雨、降雪、降雹的水量。单纯的雾、露、霜可不测记（有水面蒸发任务的测站除外）。必要时，部分站还应测记雪深、冰雹直径、初霜和终霜日期等特殊观测项目。

降水量单位以 mm 表示，其观测记载的最小量（以下简称记录精度），应符合下列规定：

（1）需要控制雨日地区分布变化的雨量站必须记至 0.1mm。

（2）当有蒸发站记录时，降雨的记录精度必须与蒸发观测的记录精度相匹配。

降水量的观测时间是以北京时间为准。记起止时间者，观测时间记至分；不记起止时间者，记至小时。每日降水以北京时间 8 时为日分界，即从本日 8 时至次日 8 时的降水为本日降水量。观测员观测所用的钟表或手机的走时误差每 24h 不应超过

2min，并应每日与北京时间对时校正。

3.2.2 仪器及观测
3.2.2.1 仪器组成、分类及适用范围

降水量观测仪器由传感、测量控制、显示与记录、数据传输和数据处理等部分组成。各种类型的降水量观测仪器，可根据需要，选取上述组成单元，组成具备一定功能的降水量观测仪器，见图3-2。降水量观测仪器按传感原理分类，常用的可分为直接计量（雨量器）、液柱测量（主要为虹吸式，少数是浮子式）、翻斗测量（单翻斗与多翻斗）等传统仪器，还有采用新技术的光学雨量计和雷达雨量计等。按记录周期分类，可分为日记和长期自记。

常用降水量观测仪器适用范围见表3-1。

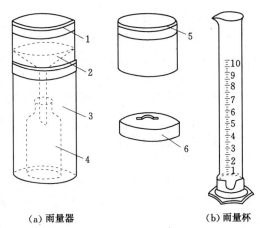

图3-2　雨量器及量雨杯
1—承雨器；2—漏斗；3—储水筒；4—储水器；
5—承雪器；6—器盖

表3-1　　　　　　　　常用降水量观测仪器及适用范围

名　称		适　用　范　围
雨量器		适用于驻守观测的雨量站
虹吸式自记雨量计		适用于驻守观测液态降水量
翻斗式自记雨量计	日记型	适用于驻守观测液态降水量
	长期自记型	用于驻守和无人驻守的雨量站观测液态降水量，特别适用于边远偏僻地区无人驻守的雨量站观测液态降水量

3.2.2.2 雨量器观测降水量

1. 观测时段

用雨量器观测降水量，可采用定时分段观测，段次及相应时间见表3-2。

各雨量站的降水量观测段次，一般少雨季节采用1段或2段次，遇暴雨时应随时增加观测段次；多雨季节应选用自记雨量计。

表3-2　　　　　　　　降水量分段次观测时间

段　次	观测时间（时）
1 段	8
2 段	20，8
4 段	14，20，2，8
8 段	11，14，17，20，23，2，5，8
12 段	10，12，14，16，18，20，22，24，2，4，6，8
24 段	从本日9时至次日8时，每小时观测一次

　　2. 观测注意事项

　　每日观测时，注意检查雨量器是否受碰撞变形，检查漏斗有无裂纹，储水筒是否漏水。暴雨时，采取加测的办法，防止降水溢出储水器。如已溢流，应同时更换储水筒，并量测筒内降水量。如遇特大暴雨灾害无法进行正常观测工作时，应尽可能及时进行暴雨调查，调查估算值应记入降水量观测记载簿的备注栏，并加文字说明。每次观测后，储水筒和量雨杯内不可有积水。

3.2.3　降水量数据整理
3.2.3.1　一般规定

　　审核原始记录，在自记记录的时间误差和降水量误差超过规定时，分别进行时间订正和降水量订正，有故障时进行故障期的降水量处理。统计日、月降水量，在规定期内，按月编制降水量摘录表。用自记记录整理者，在自记记录线上统计和注记按规定摘录期间的时段降水量。

　　指导站应按月或按长期自记周期进行合理性检查：

　　（1）对照检查指导区域内各雨量站日、月、年降水量、暴雨期的时段降水量以及不正常的记录线。

　　（2）同时有蒸发观测的站应与蒸发量进行对照检查。

　　（3）同时用雨量器与自记雨量计进行对比观测的雨量站，相互校对检查。

　　按月装订人工观测记载簿和日记型记录纸。对降水稀少季节，也可数月合并装订。长期记录纸，按每一自记周期逐日折叠，用厚纸板夹夹住；时段始末之日分别贴在厚纸板夹上。指导站负责编写降水量数据整理说明。

　　兼用地面雨量器（计）观测的降水量数据，应同时进行整理。资料整理必须坚持随测、随算、随整理、随分析，以便及时发现观测中的差错和不合理记录，及时进行处理、改正，并备注说明。对逐日测记仪器的记录资料，于每日 8 时观测后，随即进行昨日 8 时至今日 8 时的资料整理，月初完成上月的数据整理。对长期自记雨量计或累积雨量器的观测记录，在每次观测更换记录纸或固态存储器后，随即进行数据整理，或将固态存储器的数据进行存盘处理。

　　各项数据整理计算分析工作，必须坚持一算两校，即委托雨量站完成原始记录数据的校正、故障处理和说明，统计日、月降水量，并于每月上旬将降水量观测记载簿或记录纸复印或抄录备份，以免丢失；同时将原件用挂号邮寄指导站，由指导站进行一校、二校及合理性检查。独立完成数据整理有困难的委托雨量站，由指导站协助进行。降水量观测记载簿、记录纸及数据整理成果表中的各项目应填写齐全，不得遗漏；不做记载的项目，一般任其空白。数据如有缺测、插补、可疑、改正、不全或合并时，应加注统一规定的整编符号。各项资料必须保持表面整洁、字迹工整清晰、数据正确，如有影响降水量数据精度或其他特殊情况，应在备注栏说明。

3.2.3.2　雨量器观测记载数据的整理

　　有降水之日于 8 时观测完毕后，立即检查观测记载是否正确、齐全；如检查发现问题，应加注统一规定的整编符号。

　　计算日降水量，当某日内任一时段观测的降水量注有降水物或降水整编符号时，则该日降水量也注相应符号。每月初统计填制上月观测记载表的月统计栏各项目。

3.3 水 位 观 测

水位，是指河流、湖泊、水库及海洋等水体的自由水面离开固定基面的高程，以 m 计。水位与高程数值一样，要指明其所用基面才有意义，目前全国统一采用黄海基面。但各流域由于历史原因，仍有多沿用以往使用的大沽基面、吴淞基面、珠江基面，也有使用假定基面、测站基面或冻结基面的，使用水位资料时一定要查清其基面。

水位观测的作用：一是直接为水利、水运、防洪、防涝提供具有单独使用价值的资料，如堤防、坝高、桥梁及涵洞、公路路面标高的确定；二是为推求其他水文数据而提供间接资料，如由水位推求流量、计算比降等。

水位观测的常用设备有水尺和自记水位计两类。

按水尺的构造形式不同，可分为直立式、倾斜式、矮桩式与悬锤式等。观测时，水面在水尺上的读数加上水尺零点的高程即为当时的水位值。可见水尺零点高程是一个重要的数据，要定期根据测站的校核水准点对各水尺的零点高程进行校核。

自记水位计能将水位变化的连续过程自动记录下来，有的还能将所观测的数据以数字或图像的形式远程传送到室内，使水位观测工作趋于自动化和远传化。在荷兰水文信息服务中心，从计算机屏幕上可直接调看或用电话直接询问全国范围内各测站当时的水位，而这些又几乎都是无人驻守测站。

水位的观测包括基本水尺和比降水尺的水位。基本水尺的观测，当水位变化缓慢时（日变幅在 0.12m 以内），每日 8 时和 20 时各观测一次（称二段制观测，8 时是基本时）；枯水期日变幅在 0.06m 以内，用一段制观测；日变幅在 0.12～0.24m 时，用四段制观测；依次八段，十二段制等。有峰谷出现时，还要加测。比降水尺观测的目的是计算水面比降、分析河床糙率等，其观测次数，视需要而定。

水位观测数据整理工作的内容包括日平均水位、月平均水位、年平均水位的计算。日平均水位的计算方法有两种：若一日内水位变化缓慢，或水位变化较大但系等时距人工观测或从自记水位计上摘录，采用算术平均法计算；若一日内水位变化较大、且系不等时距观测或摘录，则采用面积包围法，即将当日 0～24h 内水位过程线所包围的面积除以一日时间求得，如图 3-3 所示。

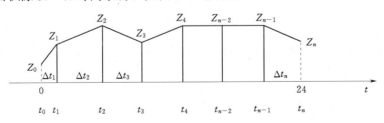

图 3-3 面积包围法示意图

其计算公式为

$$\overline{Z}=\frac{1}{48}\left[Z_0\times\Delta t_1+Z_1\times(\Delta t_1+\Delta t_2)+\cdots+Z_{n-1}\times(\Delta t_{n-1}+\Delta t_n)+Z_n\times\Delta t_n\right] \quad (3-1)$$

如 0 或 24h 无实测数据，则根据前后相邻水位直线内插求得。

根据逐日平均水位可算出月平均水位和年平均水位及保证率水位。这些经过整理分析处理后的水位信息即可提供各生产单位应用。如刊布的水文年鉴中，均载有各站的日平均水位表，表中附有月、年平均水位，年及各月的最高、最低水位。汛期水位详细变化过程载于水文年鉴中的汛期水文要素摘录表内。

3.4   流   量   测   验

3.4.1   概述

流量是单位时间内流过江河某一横断面的水量，以 m^3/s 计。它是反映水资源和江河、湖泊、水库等水体水量变化的基本数据，也是河流最重要的水文特征值。

测流方法很多，按其工作原理，可分为下列几种类型。

（1）流速面积法。流速面积法包括流速仪法、航空法、比降面积法、积宽法（动车法、动船法和缆道积宽法）、浮标法（按浮标的形式可分为水面浮标法、小浮标法、深水浮标法等）。

（2）水力学法。水力学法包括量水建筑物和水工建筑物测流。

（3）化学法。化学法又称溶液法、稀释法、混合法。

（4）物理法。物理法有超声波法、电磁法和光学法。

（5）直接法。直接法有容积法和重量法，适用于流量极小的沟涧。

本节主要介绍流速仪法测流。

3.4.2   流速仪法测流

3.4.2.1   测流原理

由于河流过水断面的形态、河床表面特性、河底纵坡、河道弯曲情况以及冰情等，都对断面内各点流速产生影响，因此在过水断面上，流速随水平及垂直方向的位置不同而变化，即 $v=f(b,h)$。其中 $v(h,b)$ 为断面上某一点的流速，b 为该点至水边的水平距离，h 为该点至水面的垂直距离。因此，通过全断面的流量 Q 为

$$Q = \int_0^A v(h,b)\,dA = \int_0^B\int_0^{h_b} v(h,b)\,dh\,db \qquad (3-2)$$

式中 A——水道断面面积，dA 则为 A 内的单元面积（其宽为 db，高为 dh），以 m^2 计；

$v(h,b)$——垂直于 dA 的流速，以 m/s 计；

B——水面宽度，以 m 计；

h——水深，以 m 计；

h_b——到水边水平距离为 b 处的水深，以 m 计。

因为 $v(b,h)$ 的关系复杂，目前尚不能用数学公式表达，实际工作中把上述积分式变成有限差分的形式来推求流量。流速仪法测流，就是将水道断面划分为若干部分，用普通测量方法测算出各部分断面的面积，用流速仪施测流速并计算出各部分面

积上的平均流速，两者的乘积称为部分流量；各部分流量的和为全断面的流量，即

$$Q = \sum_{i=1}^{n} q_i \qquad (3-3)$$

式中　　q_i——第 i 个部分的流量，m^3/s；

　　　　n——部分的个数。

　　需要注意的是：实际测流时不可能将部分面积分成无限多，而是分成有限个部分，所以实测值只是逼近真值；河道测流需时较长，不能在瞬时完成，因此实测流量是时段的平均值。

　　由此可见，测流实质上是测量横断面及流速两部分工作。

3.4.2.2　断面测量

　　水道断面的测量，是在断面上布设一定数量的测深垂线，施测各条测深垂线的起点距和水深并观测水位，用施测时的水位减去水深，即得各测深垂线处的河底高程。

　　测深垂线的位置，应根据断面情况布设于河床变化的转折处，并且主槽较密、滩地较稀。测深垂线的起点距是指该测深垂线至基线上的起点桩之间的水平距离。测定起点距的方法有多种：中小河流可在断面上架设过河索道，并直接读出起点距，称此法为断面索法；大河上常用仪器测角交会法，常用仪器为经纬仪、平板仪、六分仪等。如用经纬仪测量，在基线的另一端（起点距是一端）架设经纬仪、观测测深垂线与基线之间的夹角，因基线长度已知，即可算出起点距；目前最先进的是用全球定位系统（GPS）定位的方法，它是利用全球定位仪接收天空中的三颗人造定点卫星的特定信号来确定其在地球上所处位置的坐标，该方法的优点是不受任何天气气候的干扰、24h 均可连续施测，且快速、方便、准确。水深一般用测深杆、测深锤或测深铅鱼等直接测量。超声波回声测声仪也可施测水深，它是利用超声波具有定向反射的特性，根据声波在水中的传播速度和超声波从发射到回收往返所经过的时间计算出水深，具有精度好、工效高、适应性强、劳动强度小，且不易受天气、潮汐和流速大小限制等优点。

　　将水道断面扩展至历年最高洪水位以上 0.5～1.0m 的断面称为大断面。它是用于研究测站断面变化的情况以及在测流时不施测断面可供借用断面。大断面的面积分为水上、水下两部分。水上部分面积采用水准仪测量的方法进行；水下部分面积测量称水道断面测量。由于测水深工作困难水上地形测量较易，大断面测量多在枯水季节施测，汛前或汛后复测一次。但对断面变化显著的测站，大断面测量一般每年除汛前或汛后施测一次外，在每次大洪水之后应及时施测过水断面的面积。

3.4.2.3　流速测量

　　天然河道中一般采用流速仪测定水流的流速，它是国内外广泛使用的测流速方法，是评定各种测流新方法精度的衡量标准。图 3-4 是旋杯式和旋桨式流速仪，图 3-5 是 ADCP 流速剖面仪。

　　根据测速方法的不同，流速仪法测流可分为积点法、积深法和积宽法。最常用的积点法测速是指在断面的各条垂线上将流速仪放至不同的水深点测速。测速垂线的数

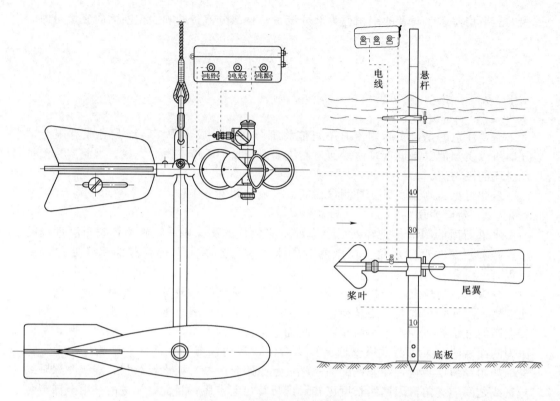

图 3-4　旋杯式、旋桨式流速仪

目及每条测速垂线上测点的多少是根据流速精度的要求、水深、悬吊流速仪的方式、节省人力和时间等情况而定。国外多采用多线少点测速。国际标准建议测速垂线不少于 20 条，任一部分流量不得超过 10%总流量。表 3-3 是美国在 127 条不同河流上的测站，每站断面上布设 100 条以上的测速垂线，对不同测速垂线数目所推求的流量进行流量误差的统计分析。表中说明：测速垂线数越多，流量的误差越小。

图 3-5　ADCP 流速剖面仪

表 3-3　　　　　　　　　　流量误差随垂线数的变化

测速垂线数	8～11	12～15	16～20	21～23	24～30	31～35	104
均方误差	4.2	4.1	2.1	2.0	1.6	1.6	0

畅流期用精测法测流时，如采用悬杆悬吊，当水深大于 1.0m 可用五点法测流，即在相对水深（测点水深与所在垂线水深之比值）分别为 0.0、0.2、0.6、0.8 和 1.0 处施测。

为了消除流速的脉动影响，各测点的测速历时，可在 60～100s 之间选用。但当受测流所需总时间有限制时，则可选用少线少点、30s 的测流方案。

3.4.2.4 流量计算

流量的计算方法有图解法、流速等值线法和分析法。前两种方法在理论上比较严格，但比较繁琐，这里主要介绍常用的分析法。

1. 垂线平均流速的计算

视垂线上布置的测点情况，分别按以下公式进行计算：

一点法

$$V_m = V_{0.6} \tag{3-4}$$

二点法

$$V_m = \frac{1}{2}(V_{0.2} + V_{0.8}) \tag{3-5}$$

三点法

$$V_m = \frac{1}{3}(V_{0.2} + V_{0.6} + V_{0.8}) \tag{3-6}$$

或 $$V_m = \frac{1}{4}(V_{0.2} + 2V_{0.6} + V_{0.8})$$

五点法

$$V_m = \frac{1}{10}(V_{0.0} + 3V_{0.2} + 3V_{0.6} + 2V_{0.8} + V_{1.0}) \tag{3-7}$$

六点法

$$V_m = \frac{1}{10}(V_{0.0} + 2V_{0.2} + 2V_{0.4} + 2V_{0.6} + 2V_{0.8} + V_{1.0}) \tag{3-8}$$

十一点法

$$V_m = \frac{1}{10}\left(\frac{1}{2}V_{0.0} + \sum_{i=1}^{9} V_{0.i} + \frac{1}{2}V_{1.0}\right) \tag{3-9}$$

式中 V_m——垂线平均流速；

$V_{0.0}$，$V_{0.2}$，$V_{0.4}$，$V_{0.6}$，$V_{0.8}$，$V_{1.0}$——与脚标数值相应的相对水深处的测点流速。

2. 部分面积的计算

因为断面上布设的测深垂线数目比测速垂线的数目多，故首先计算测深垂线间的断面面积（又称块面积）。计算方法是距岸边第一条测深垂线与岸边构成三角形，按三角形面积公式计算（左右岸各一个，如图 3-6 中的 a_1、a_8，称为岸边块）；其余相邻两条

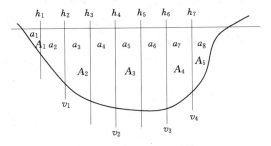

图 3-6 部分面积计算

测深垂线间的断面面积按梯形面积公式计算（如图 3-6 中的 $a_2 \sim a_7$，称为中间块）。其次以测速垂线划分部分，将各个部分内的测深垂线间的断面积相加得出各个部分的面积（如图 3-6 中的 $A_1 = a_1 + a_2$；$A_2 = a_3 + a_4$；$A_3 = a_5 + a_6$）。若两条测速垂线（同时也是测深垂线）间无另外的测深垂线，则该部分面积就是这两条测深（同时是测速垂线）间的面积（如图 3-6 中的 $A_4 = a_7$；$A_5 = a_8$）。其中的 A_1 和 A_5 称为岸边部分面积，A_2、A_3、A_4 称为中间部分面积。

3. 部分平均流速的计算

（1）岸边部分。由距岸第一条测速垂线所构成的岸边部分（两个，左岸和右岸）多为三角形，如图 3-7 中的 V_1、V_5，其计算公式为

$$V_1 = \alpha V_{m1} \tag{3-10}$$

$$V_{n+1} = \alpha V_{mn} \tag{3-11}$$

式中　α——岸边流速系数，其值视岸边情况而定。斜坡岸边 $\alpha = 0.67 \sim 0.75$，一般取 0.70，陡岸 $\alpha = 0.80 \sim 0.90$，死水边 $\alpha = 0.60$。

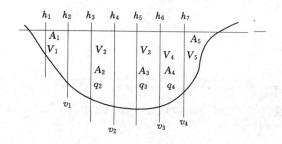

图 3-7 部分流量计算

（2）中间部分。由相邻两条测速垂线与河底及水面所组成的部分，如图 3-7 中的 V_2、V_3、V_4。部分平均流速为相邻两垂线平均流速的平均值，即

$$V_i = \frac{1}{2}(V_{mi-1} + V_{mi}) \tag{3-12}$$

4. 部分流量的计算

由各部分的平均流速与面积之积得到部分流量，如图 3-7 中的 $q_1 \sim q_5$，即

$$q_i = V_i A_i \tag{3-13}$$

式中　q_i，V_i，A_i——第 i 个部分的流量、平均流速和断面积。

5. 断面流量及其他水力要素的计算

由式（3-13）的 q_i 通过式（3-3）可得到断面流量 Q。

断面平均流速为

$$\overline{V} = \frac{Q}{A} \tag{3-14}$$

断面平均水深为

$$\overline{h} = \frac{A}{B} \tag{3-15}$$

式中　A——断面的总面积；

B——测流时断面的水面宽度。

在一次测流过程中，与该次实测流量值相等的瞬时流量所对应的水位称相应水位。一般根据测流时水位涨落的不同情况，分别采用多条垂线测速时各自所对应的水位加以平均或以部分流量为权重加权平均计算而得。

3.4.3 浮标法测流

当使用流速仪测流有困难时，使用浮标测流是切实可行的办法。浮标随水流漂移，其速度与水流速度之间有较密切的关系，故可利用浮标漂移速度（称浮标虚流速）与水道断面面积来推算断面流量。用水面浮标法测流时，应先测绘出测流断面上水面浮标速度分布图。将其与水道断面相配合，便可计算出断面虚流量。断面虚流量乘以浮标系数，即得断面流量。

水面浮标常用木板、稻草等材料做成十字形、井字型、下坠石块，上插小旗以便观测。在夜间或雾天测流时，可用油浸棉花团点火代替小旗以便识别。为减少受风面积，保证精度，在满足观测的条件下，浮标尺寸应尽可能做得小些。在上游浮标投放断面，沿断面均匀投放浮标（图 3-1），投放的浮标数目大致与流速仪测流时的测速垂线数目相当。如遇特大洪水，可只在中泓投放浮标或直接选用天然漂浮物作浮标。用秒表观测各浮标流经浮标上、下断面间的运行历时 T_i；用经纬仪测定各浮标流经浮标中断面（测流断面）的位置（定起点距），上、下浮标断面的距离 L 除以 T_i 即得水面浮标流速沿河宽的分布图。当不能实测断面，可借用最近施测的断面。从水面虚流速分布图上内插出相应各测深垂线处的水面虚流速；再按式（3-10）~式（3-13）和式（3-3），求得断面虚流量 Q_f。最后以 Q_f 乘以浮标系数 K_f，得断面流量 Q。

K_f 值的确定有实验比测法、经验公式法和水位流量关系曲线法。

在未取得浮标系数试验数据之前，可根据下列范围选用浮标系数：一般湿润地区可取 0.85~0.90；小河取 0.75~0.85；干旱地区大、中河流可取 0.80~0.85，小河取 0.70~0.80。

3.5 泥沙测验及计算 *

河流泥沙影响河流的水情及河流的变迁。泥沙资料也是一项重要的水文资料。

河流中的泥沙，按其运动形式可分为悬移质、推移质和河床质三类。悬移质泥沙悬浮于水中并随之运动；推移质泥沙受水流冲击沿河底移动或滚动；河床质泥沙则相对静止而停留在河床上。三者随水流条件的变化而相互转化。三者特性不同，测验及计算方法也各异，但全国现有推移质取样测站仅 20 多个，河床质只根据需要才取，故仅介绍悬移质测验。

描述河流中悬移质的情况，常用的两个定量指标是含沙量和输沙率。单位体积内所含干沙的质量，称为含沙量，用 C_s 表示，单位为 kg/m³。单位时间流过河流某断面的干沙质量，称为输沙率，以 Q_s 表示，单位为 kg/s。断面输沙率是通过断面上含沙量测验配合断面流量测量来推求的。

3.5.1　含沙量的测验

含沙量测验，一般需用采样器从水流中采取水样。常用的有横式采样器（图 3-8）与瓶式采样器（图 3-9）。如果水样是取自固定测点，称为积点式取样；如取样时，取样瓶在测线上由上到下（或上、下往返）匀速移动，称为积深式取样，该水样代表测线的平均情况。

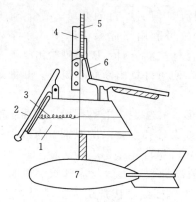
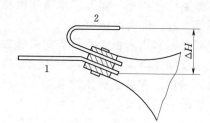

图 3-8　横式采样器

1—水样桶；2—筒盖；3—弹簧；4—铁锤；

5—钢索；6—控制开关的撑爪；7—铅鱼

图 3-9　瓶式采样器

1—进水管；2—排气管

不论用何种方式取得的水样，都要经过量积、沉淀、过滤、烘干、称重等流程，才能得出一定体积浑水中的干沙重量。水样含沙量的计算公式为

$$C_s = \frac{W_s}{V} \tag{3-16}$$

式中　C_s——水样含沙量，g/L 或 kg/m^3；

　　　　W_s——水样中的干沙重量，g 或 kg；

　　　　V——水样体积，L 或 m^3。

当含沙量较大时，也可以使用同位素测沙仪测量含沙量。该仪器主要由铅鱼、探头和晶体管计数器等部分组成。应用时，只要将仪器的探头放至测点，即可根据计数器显示的数字由工作曲线上查出测点的含沙量。它具有准确、及时、不取水样等突出的优点，但应经常对工作曲线进行校正。

3.5.2　输沙率测验

上述输沙率测验是由含沙量测定与流量测验两部分工作组成的，测流方法前已介绍。为了测出含沙量在断面上的变化情况，需在断面上布置适当数量的取样垂线。一般取样垂线数目不少于规范规定流速仪精测法测速垂线数的一半。当水位、含沙量变化急剧时，或积累相当资料经过精简分析后，垂线数目可适当减少。但是，不论何种情况，当河宽大于 50m 时，取样垂线不少于 5 条；水面宽小于 50m 时，不应少于 3 条。垂线上测点的分布，视水深大小以及要求的精度而不同，可有一点法、二点法、三点法、五点法等。

根据测点的水样，得出各测点的含沙量之后，可用流速加权计算垂线平均含沙

量。例如畅流期五点法和三点法的垂线平均含沙量的计算公式如下：

五点法

$$C_{sm} = \frac{1}{10V_m}(C_{s0.0}V_{0.0} + 3C_{s0.2}V_{0.2} + 3C_{s0.6}V_{0.6} + 2C_{s0.8}V_{0.8} + C_{s1.0}V_{1.0}) \quad (3-17)$$

三点法

$$C_{sm} = \frac{1}{3V_m}(C_{s0.2}V_{0.2} + C_{s0.6}V_{0.6} + C_{s0.8}V_{0.8}) \quad (3-18)$$

式中　C_{sm}——垂线平均含沙量，kg/m^3；

$\quad\quad C_{sj}$——测点含沙量，脚标 j 为该点的相对水深，kg/m^3；

$\quad\quad V_j$——测点流速，m/s，脚标 j 的含义同上；

$\quad\quad V_m$——垂线平均流速，m/s。

如果是用积深法取得的水样，其含沙量即为垂线平均含沙量。

根据各条垂线的平均含沙量 C_{smj}，配合测流计算的部分流量，即可算得断面输沙率 Q_s（t/s）为

$$Q_s = \frac{1}{1000}\left\{C_{sm1}q_1 + C_{smn}q_n + \frac{1}{2}\left[(C_{sm1}+C_{sm2})q_2 + \cdots + (C_{smn-1}+C_{smn})q_n\right]\right\} \quad (3-19)$$

式中　q_i——第 i 根垂线与第 $i-1$ 根垂线间的部分流量，m^3/s；

$\quad\quad C_{smi}$——第 i 根垂线的平均含沙量，kg/m^3。

断面平均含沙量

$$C_s = \frac{Q_s}{Q} \times 1000 \quad (3-20)$$

式中　Q——断面流量。

3.5.3 单位水样含沙量与单沙断沙关系

上面求得的悬移质输沙率，是测验当时的输沙情况。而工程上往往需要一定时段内的输沙总量及输沙过程。如果要用上述测验方法来求出输沙的过程是很困难的。人们从不断的实践中发现，当断面比较稳定、主流摆动不大时断面平均含沙量与断面上某一垂线平均含沙量之间有稳定关系，这样就可以通过多次实测资料的分析，建立其相关关系。这种与断面平均含沙量有稳定关系的断面上有代表性的垂线或测点含沙量，称单样含沙量，简称单沙；相应地把断面平均含沙量简称断沙。经常性的泥沙取样工作可只在此选定的垂线（或测点）上进行。这样便大大地简化了测验工作。

根据多次实测的断面平均含沙量和单样含沙量的成果，可以单沙为纵坐标，以相应断沙为横坐标，点绘单沙与断沙的关系点，并通过点群中心绘出单沙与断沙的关系线（图 3-10）。

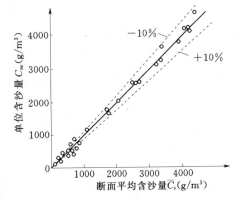

图 3-10　沱江李家湾站 1977 年单沙与断沙关系

单沙的测次，平水期一般每日定时取样

一次；含沙量变化小时，可 5~10 日取样一次；含沙量有明显变化时，每日应取两次以上。洪水时期，每次较大洪峰过程，取样次数不应少于 7~10 次。

3.5.4　泥沙颗粒分析及级配曲线

颗粒分析的目的是为开发利用水沙资源、进行水利和其他有关的工程建设服务，取得泥沙颗粒级配的断面分析和变化过程的资料。

泥沙颗粒分析的具体内容，就是将有代表性的沙样，按颗粒大小分级，分别求出小于各级粒径的泥沙重量百分数。其成果可绘在半对数纸上并用曲线表示即为泥沙颗粒级配曲线。

泥沙颗粒分析方法，应根据泥沙粒径大小、取样多少，进行选择。目前常使用的有筛分析法、粒径计法、移液管法等。这些方法也可相互配合使用。

筛分析法适用于粒径大于 0.1mm 的泥沙颗粒分析。先取适量沙样烘干称重。根据沙样中最大粒径，准备好粗细筛数只，按大孔径在上、小孔径在下的顺序叠置。将沙样倒入粗筛最上层，加盖后放在振筛机上振动。然后从最下层筛开始，直至最上一层筛为止，依次称量各层筛的净沙重。根据称量结果，小于某粒径沙重百分数 P（％）的计算公式为

$$P = \frac{A}{W_g} \times 100\%　　　　　　　　　(3-21)$$

式中　A——小于某粒径沙重，g；

　　　W_g——总沙重，g。

粒径计法、移液管法属于水分析法。它们都是以不同粒径的泥沙颗粒，在静水中具有不同的沉速这一特性为依据。颗粒沉降速度及水分析颗粒直径的计算，按颗粒大小，分别选用下列公式：

粒径不大于 0.1mm 时采用司托克斯公式，即

$$\omega = \frac{(\gamma_s - \gamma_w)}{1800\mu} D^2　　　　　　　　　(3-22)$$

粒径在 0.15~1.5mm 之间时采用冈查洛夫第三公式，即

$$\omega = 0.33 \sqrt{\frac{(\gamma_s - \gamma_w)}{10\gamma_w} D}　　　　　　　　(3-23)$$

式中　ω——沉降速度，cm/s；

　　　D——颗粒直径，mm；

　　　γ_s——泥沙的比重；

　　　γ_w——水的比重。

粒径在 0.1~0.15mm 之间时，可将式（3-22）与式（3-23）的粒径与沉速关系曲线顺势直接连接查用。

粒径计法适用于粒径为 0.5~0.01mm，分析水样的干沙重为 0.3~5.0g 的泥沙颗粒分析工作。

粒径计管是长约 103cm 的玻璃管。将它垂直安装在分析架上。在管顶用加沙器加入沙样，直接测定不同历时后通过粒径计管下沉的泥沙重量。由于下沉的距离已知，由下沉历时可推出相应沉速，沉速与粒径之间的关系可由前述公式确定。测出不

同时段内下沉的泥沙重量，可推求出泥沙的颗粒级配情况。

移液管法是按规定的时刻，用一移液管插入量筒中，在规定的深度 L 处，抽取 $20\sim25\text{cm}^3$ 的悬液作为试样。粒径 d 仍由沉降历时 t 与沉降距离 L 根据沉速公式推算。从试样的含沙量，可以推知在全部沙样中，粒径不大于 d 的泥沙的沙重百分比。进行一系列观测后，即可推算出该沙样的颗粒级配情况。

悬移质泥沙颗粒分析所用沙样若按积深法采得，则颗分成果即为垂线平均颗粒级配。如沙样是用积点法取得，则只能代表测点上的颗粒级配，此时应用输沙率加权法计算垂线平均颗粒级配。例如畅流期三点法的计算公式为

$$P_m = \frac{P_{0.2}C_{s0.2}V_{0.2} + P_{0.6}C_{s0.6}V_{0.6} + P_{0.8}C_{s0.8}V_{0.8}}{C_{s0.2}V_{0.2} + C_{s0.6}V_{0.6} + C_{s0.8}V_{0.8}} \qquad (3-24)$$

式中　P_m——垂线平均小于某粒径的重量百分数，%；

$P_{0.2}$——0.2 水深处的测点小于某粒径的沙重百分数，%，其余以此类推；

$C_{s0.2}$——0.2 水深处的测点含沙量，kg/m^3 或 g/m^3，其余以此类推；

$V_{0.2}$——0.2 水深处的测点流速，m/s，其余以此类推。

凡用全断面混合法取样作颗粒分析，其成果即作为断面平均颗粒级配。否则，应用输沙率加权法计算断面平均颗粒级配，其计算公式为

$$\overline{P} = \frac{(2q_{s0}+q_{s1})P_{m1} + (q_{s1}+q_{s2})P_{m2} + \cdots + (q_{s(n-1)}+2q_{sn})P_{mn}}{(2q_{s0}+q_{s1}) + (q_{s1}+q_{s2}) + \cdots + (q_{s(n-1)}+2q_{sn})} \qquad (3-25)$$

式中　　　　$\overline{P}$——断面平均小于某颗粒粒径的沙重百分数，%；

q_{s0}，q_{s1}，$\cdots$，q_{sn}——以取样垂线分界的部分输沙率，kg/s 或 t/s；

P_{m1}，P_{m2}，$\cdots$，P_{mn}——各取样垂线的垂线平均小于某粒径沙重百分数，%。

断面平均颗粒级配，简称断颗。断颗测验与分析都比较费事。常利用单样颗粒级配（简称单颗）与断颗之间的关系，通过观测单颗变化过程来推求断颗的变化过程。

断面平均粒径可根据级配曲线分组，用沙重百分数加权求得，其计算公式为

$$\overline{D} = \frac{\sum\limits_{i=1}^{n} \Delta P_i D_i}{100} \qquad (3-26)$$

$$D_i = \frac{1}{3}\left[D_上 + D_下 + \sqrt{D_上\ D_下}\right] \qquad (3-27)$$

式中　$\overline{D}$——断面平均粒径，mm；

ΔP_i——某组沙重百分数，%；

D_i——某组平均粒径，mm；

$D_上$、$D_下$——某组上限、下限粒径，mm。

3.6 水 质 监 测[*]

水是人类赖以生存的主要物质，根据其用途，不仅有量的要求，而且必须有质的要求。随着社会经济的发展，人口的增加，人类对水资源需求量不断增加的同时，又将大量的生活污水、工业废水、农业回流水等未经处理直接排向各种水体，造成

江、河、湖、库及地下水体等的污染，引起水质恶化，从而影响水资源的利用及人体健康。因此，必须充分合理地保护、使用和改善水资源，使其不受污染，这就是水质监测的目的。

3.6.1　水质监测的任务

水质监测以江、河、湖、库及地下水等水体和工业废水、生活污水等排放口为对象进行监测，检查水的质量是否符合国家规定的有关水的质量标准，为控制水污染，保护水源提供依据。其具体任务如下：

（1）提供水体质和量的当前状况数据，判断水的质量是否符合国家制定的质量标准。

（2）确定水体污染物的时、空分布及其发展、迁移和转化的情况。

（3）追踪污染物的来源、途径。

（4）收集水环境本底及其变化趋势数据，累积长期监测资料，为制定和修改水质标准及制定水环境保护的方法提供依据。

3.6.2　水质监测站网

水质监测站是定期采集实验室分析水样和对某些水质项目进行现场测定的基本单位。它可以由若干个水质监测断面组成。根据设站的目的和任务，水质监测站可分为长期掌握水系水质变化动态，搜集和积累水质基本信息而设的基本站；为配合基本站，进一步掌握污染状况而设的辅助站；为某种专门用途而设的专用站；以及为确定水系自然基本底值（即未受人为直接污染影响的水体质量状况）而设的背景站（又称为本底站）。

水质监测站网规划的过程是依据有关情报资料确定需要收集的水质信息，并根据收集信息的要求及建站条件确定监测站或水质信息收集体系的地理位置。其总目的是为了获取对河流水质有代表性的信息，以服务于水资源的利用和水环境质量的控制。

水污染流动监测站是将检测仪器、采样装置以及用于数据处理的微机等安装在适当的运载工具上的流动性监测设施，如水污染监测车（或船）。它具有灵活机动且监测项目比较齐全的优点。

3.6.3　地面水采样

3.6.3.1　采样断面和采样点的设置

布点前要做调查研究和收集资料工作，主要收集水文、气候、地质、地貌、水体沿岸城市工业分布、污染源和排污情况、水资源的用途及沿岸资源等资料。再根据监测目的、监测项目和样品类型，结合调查的有关资料综合分析确定采样断面和采样点。

采样断面和采样点布设总原则：以最小的断面、测点数，取得科学合理的水质状况的信息。关键是取得有代表性的水样。为此，布设采样断面、采样点的主要原则如下：

（1）在大量废水排入河流的主要居民区，工业区的上、下游。

（2）湖泊、水库、河口的主要出入口。

（3）河流主流、河口、湖泊水库的代表性位置，如主要的用水地区等。

（4）主要支流汇入主流、河流或沿海水域的汇合口。

在河段一般应设置对照断面，消减断面各一个，并根据具体情况设若干监测断面。

3.6.3.2 采样垂线与采样点位置的确定

各种水质参数的浓度在水体中分布的不均匀性，与纳污口的位置、水流状况、水生物的分布、水质参数特性有关。因此，布置时应考虑这些因素。

1. 河流上采样垂线的布置

在污染物完全混合的河段中，断面上的任一位置，都是理想的采样点；若各水质参数在采样断面上，各点之间有较好的相关关系，可选取一适当的采样点，据此推算断面上其他各点的水质参数值，并由此获得水质参数在断面上的分布资料及断面的平均值。更一般的情况则按表3-4的规定布设。

表3-4   **江河采样垂线布设**

水面宽度（m）	采样垂线布设	岸边有污染带	相对范围
<50	1条（中泓处）	如一边有污染带，增设1条垂线	
50～100	左、中、右3条	3条	左、右设在距湿岸5～10m处
100～1000	左、中、右3条	5条（增加岸边两条）	岸边垂线距湿岸5～10m处
>1000	3～5条	7条	

2. 湖泊（水库）采样垂线的分布

我国《水环境监测规范》（SL 219—98）规定的湖泊中应设采样垂线的数量是以湖泊的面积为依据的，见表3-5。

表3-5   **湖泊（水库）采样垂线设置**

水面宽度（m）	垂线数量	说 明
≤50	1条（中泓线）	1. 面上垂线的布设应避开岸边污染带。有必要对岸边污染带进行监测时，可在污染带内酌情增设垂线；
50～100	2条（左、右近岸有明显水流处）	2. 无排污河段并有充分数据证明断面上水质均匀时，可只设中泓一条垂线
>100	3条（左、中、右）	

3. 采样垂线上采样点的布置

垂线上水质参数浓度分布决定于水深、水流情况及水质参数的特性等因素。具体布置规定见表3-6。为避免采集到漂浮的固体和河底沉积物，并规定至少在水面以下，河底以上50cm处采样。

表3-6   **垂线上采样点布置**

水深（m）	采样点数	位 置	说 明
<5	1	水面以下0.5m	1. 不足1m时，取1/2水深；
5～10	2	水面以下0.5m，河底以上0.5m	2. 如沿垂线水质分布均匀，可减少中层采样点；
>10	3	水面以下0.5m，1/2水深，河底以上0.5m	3. 潮汐河流应设置分层采样点

3.6.3.3　采样时间和采样频率

采集的水样要具有代表性，并能同时反映出空间和时间上的变化规律。因此，要掌握时间上的周期性变化或非周期性变化以确定合理的采样频率。

为便于进行资料分析，同一江河（湖、库）应力求同步采样，但不宜在大雨时采样。在工业区或城镇附近的河段应在汛前一次大雨和久旱后第一次大雨产流后，增加一次采样。具体测次，应根据不同水体、水情变化以及污染情况等确定。

3.6.3.4　采样准备工作

1. 采样容器材质的选择

因容器材质对水样在储存期间的稳定性影响很大，要求容器材质具有化学稳定性好、可保证水样的各组成成分在储存期间不发生变化；抗极端温度性能好，抗震，大小、形状和重量适宜，能严密封口，且容易打开；材料价格低；容易清洗且可反复使用。如高压低密泵乙烯塑料和硼硅玻璃可满足上述要求。

2. 采样器的准备

根据监测要求不同，选用不同采样器。若采集表层水样，可用桶、瓶等直接采取，通常情况下选用常用采水器；当采样地段流量大、水层深时应选用急流采水器；当采集具有溶解气体的水样时应选用双瓶溶解气体采水器。

按容器材质所需要的洗涤方法将选定合适的采水器洗净待用。

3. 水上交通工具的准备

一般河流、湖泊、水库采样可用小船。小船经济、灵活，可达到任一采样位置。最好有专用的监测船或采样船。

3.6.3.5　采样方法

1. 自来水的采集

先放水数分钟，使积累在水管中的杂质及陈旧水排除后再取样。采样器须用采集水样洗涤 3 次。

2. 河湖水库水的采集

考虑其水深和流量。表层水样可直接将采样器放入水面下 0.3～0.5m 处采样，采样后立即加盖塞紧，避免接触空气。深层水可用抽吸泵采样，并利用船等乘具行驶至特定采样点，将采样管沉降至所规定的深度，用泵抽取水样即可。采集底层水样时，切勿搅动沉积层。

3. 工业废水和生活污水的采集

常用采样方法有：瞬时个别水样法；平均水样法；比例组合水样法。采集的水样，有条件在现场测定的项目应尽量在现场测定，如水温、pH 值、电导率等；不能在现场处理的，在水样采集后的运输和实验室管理过程中，为保证水样的完整性和代表性，使之不受污染、损坏和丢失以及由于微生物新陈代谢活动和化学作用影响引起水样组分的变化，必须遵守各项保证措施。

3.6.4　水体污染源调查

向水体排放污染物的场所、设备、装置和途径等称为水体污染源。水体污染物按污染源释放有害物种类分类及其来源归纳于表 3 - 7。

表 3 - 7   水体中主要污染物分类和来源

类　别	来　　　源
无机无毒物	酸、碱、一般无机盐、氮、磷等植物营养物质
无机有毒物	重金属、砷、氰化物、氟化物等
有机无毒物	碳水化合物、脂肪、蛋白质等
有机有毒物	苯酚、多环芳烃、PCB、有机氯农药等

　　水体污染源的调查就是根据控制污染、改善环境质量的要求，对某一地区水体污染造成的原因进行调查，建立各类污染源档案；在综合分析的基础上选定评价标准，估量并比较各污染源对环境的危害程度及其潜在危险，确定该地区的重点控制对象（主要污染源和主要污染物）和控制方法的过程。

3.6.4.1　水体污染源调查的主要内容

　　1. 水体污染源所在单位周围的环境状况

　　环境状况包括地理位置、地形、河流、植被、有关的气象资料、附近地区地下水资源情况、地下水道布置；各种环境功能区如商业区、居民区、文化区、工业区、农业区、林业区、养殖区等的分布。应尽可能详细说明，并在地图上标明。

　　2. 污染源所在单位的生产生活

　　如对城市生活污水调查包括不同水平下的人均耗水量；随着生活水平的提高，水体污染物种类及浓度的变化；商业中心区的饭店、餐馆污水与居民污水的量与质两方面的差异；所调查地区的人口总数、人口密度、居住条件和生活设施等。

　　3. 污水量及其所含污染物质的量

　　污水量及其所含污染物质的量包括其随时间变化的过程。

　　4. 污染治理情况

　　如污水处理设施对污水中所含成分及污水量处理的能力、效果；污水处理过程中产生的污泥、干渣等的处理方式；设施停止运行期间污水的去向及监测设施和监测结果等。

　　5. 污水排放方式和去向以及纳污水体的性状

　　污水排放方式和去向以及纳污水体的性状包括污水排放通道及其排放路径、排污口的位置以及排入纳污水体的方式（岸边自流、喷排及其他方式）；排污口所在河段的水文水力学特征、水质状况，附近水域的环境功能，污水对地下水水质的影响等。

　　6. 污染危害

　　污染危害包括污染物对污染源所在单位和社会的危害。单位内主要是工作人员的健康状况；社会上指接触或使用污水后的人群的身体健康；有关生物群落的组成和程度，生物体内有毒有害物质积累的情况；发生污染事故的情况，发生的原因、时间，造成的危害等。

　　7. 污染发展趋势

　　(1) 污染物对河流、湖泊和社会的危害有无增加趋势。

　　(2) 污染物致使生物群落产生部分种群的变异、消亡，生物体内有毒、有害物质的积累有无增加的趋势。

3.6.4.2 水体污染源调查的方法

1. 表格普查法

由调查的主管部门设计调查表格，发至被调查单位或地区，请他们如实填写后收取。该方法的优点是花费少、调查信息量大。

2. 现场调查法

对污染源有关资料的实地调查，包括现场勘测，设点采样和分析等。现场调查可以是大规模的，也可以是区域性的、行业性的或个别污染源的所在单位调查。该方法的优点是就该次现场调查结果，比其他调查方法都准确，但缺陷是短时间的，存在着对总体代表性的问题，以及花费大。

3. 经验估算法

用由典型调查和研究中所得到的某种关系对污染源的排放量进行估算的办法。当要求不高或无法直接获取数据时，不失为一种有效的办法。

3.7 水文调查与水文遥感

目前收集水文资料的主要途径是定位观测，由于定位观测受到时间、空间的限制，收集的资料往往不能满足生产需要，因此必须通过水文调查来补充定位观测的不足，使水文资料更加系统完整，更好满足水资源开发利用、水利水电建设及其他国民经济建设的需要。

水文调查的内容可分为：流域调查、水量调查、洪水与暴雨调查、其他专项调查四大类。本节主要介绍洪水与暴雨调查。

3.7.1 洪水调查

洪水调查中，对历史上大洪水的调查，应有计划地组织调查；对当年特大洪水，应及时组织调查；对河道决口、水库溃坝等灾害性洪水，力争在情况发生时或情况发生后较短时间内，进行有关调查。

洪水调查工作，包括调查洪水痕迹、洪水发生的时间、灾情程度、洪痕高程等；了解调查河段的河槽情况；了解流域自然地理情况；测量调查河段的纵横断面；必要时应在调查河段进行简易地形测量；对调查成果进行分析，推算洪水总量、洪峰流量、洪水过程及重现期，最后写出调查报告。

计算洪峰流量时，若调查的洪痕靠近某一水文站，可先求水文站基本水尺断面处的洪水位高程，通过延长该站的水位流量关系曲线，推求洪峰流量。

在调查的河段无水文站情况下，洪水调查的洪峰流量的估算，可采用比降法计算和水面曲线推算。

3.7.1.1 比降法计算洪峰流量

1. 匀直河段洪峰流量计算

$$Q = KJ^{\frac{1}{2}} \tag{3-28}$$

其中

$$K = \frac{1}{n}(AR^{\frac{2}{3}})$$

式中 Q——洪峰流量，m^3/s；

J——水面比降，‰；

K——河段平均输水率；

n——糙率；

A——河段平均断面积，m^2；

R——河段平均水力半径，m。

2. 非匀直河段洪峰流量计算

$$Q = KJ_e^{1/2} \qquad\qquad (3-29)$$

$$J_e = \frac{h_f}{L} = \frac{h + \left(\dfrac{\overline{V_{\pm}^2}}{2g} - \dfrac{\overline{V_{\mp}^2}}{2g}\right)}{L} \qquad\qquad (3-30)$$

式中 J_e——能面比降；

h_f——两断面间的摩阻损失；

h——上、下两断面的水面落差，m；

$V_{\pm}$、$V_{\mp}$——上、下两断面的平均流速，m/s；

L——两断面间距，m。

3. 若考虑扩散及弯曲损失时洪峰流量推算

$$Q = K\sqrt{\frac{h + (1-\alpha)\left(\dfrac{\overline{V_{\pm}^2}}{2g} - \dfrac{\overline{V_{\mp}^2}}{2g}\right)}{L}} \qquad\qquad (3-31)$$

式中 α——扩散、弯道损失系数，一般取 0.5。

根据不同情况选用以上公式估算洪峰流量。

对糙率 n 的确定，可根据实测成果绘制的水位糙率曲线，或糙率表，或附近水文站的糙率资料选取，经综合分析后确定。对复式断面，可分别计算主槽和滩地的流量再取其和。

3.7.1.2 用水面曲线推算洪峰流量

当所调查的河段较长且洪痕较少、各河段河底坡降及断面变化、洪水水面曲线比较曲折时，不宜用比降法计算，可用水面曲线法推求洪峰流量。

水面曲线法的原理是：假定一流量 Q，由所估定的各段河道糙率 n，自下游一已知的洪水水面点起，向上游逐段推算水面线，然后检查该水面线与各洪痕的符合程度。如大部分符合，表明所假定流量正确；否则，重新修定 Q 值，再推算水面线直至大部分洪痕符合为止。

3.7.2 暴雨调查

以降雨为洪水成因的地区，洪水的大小与暴雨大小密切相关，暴雨调查资料对洪水调查成果起旁证作用。洪水过程线的绘制、洪水的地区组成，也需要组合面上暴雨资料进行分析。

暴雨调查的主要内容有：暴雨成因、暴雨量、暴雨起迄时间、暴雨变化过程及前期雨量情况、暴雨走向及当时主要风向风力变化等。

对历史暴雨的调查，一般通过群众对当时雨势的回忆或与近期发生的某次大暴雨对比，得出定性概念；也可通过群众对当时地面坑塘积水、露天水缸或其他器皿承接雨量作定量估计，并对一些雨量记录进行复核，对降雨的时、空分布做出估计。

3.7.3   水文遥感

遥感技术，特别是航天遥感的发展，使人们能从宇宙空间的高度上，大范围、快速、周期性地探测地球上各种现象及其变化。遥感技术在水文科学领域的应用称为水文遥感。水文遥感具有以下特点：动态遥感；从定性描述发展到定量分析；遥感遥测遥控的综合应用；遥感与地理信息系统相结合。

近 20 多年来，遥感技术在水文水资源领域得到广泛应用并已成为收集水文信息的一种重要手段，尤其在水资源水文调查的应用，更为显著。概括起来，其主要应在如下方面：

（1）流域调查。根据卫星像片可以准确查清流域范围、流域面积、流域覆盖类型、河长、河网密度、河流弯曲度等。

（2）水资源调查。使用不同波段、不同类型的遥感资料，容易判读各类地表水，如河流、湖泊、水库、沼泽、冰川、冻土和积雪的分布；还可分析饱和土壤面积、含水层分布以估算地下水储量。

（3）水质监测。遥感资料进行水质监测可包括分析识别热水污染、油污染、工业废水及生活污水污染、农药化肥污染以及悬移质泥沙、藻类繁殖等情况。

（4）洪涝灾害的监测。洪涝灾害的监测包括洪水淹没范围的确定，决口、滞洪、积涝的情况，泥石流及滑坡的情况。

（5）河口、湖泊、水库的泥沙淤积及河床演变，古河道的变迁等。

（6）降水量的测定及水情预报。

通过气象卫星传播器获取的高温和湿度间接推求降水量或根据卫片的灰度定量估算降水量；根据卫星云图与天气图配合预报洪水及旱情监测。

此外，还可利用遥感资料分析处理测定某些水文要素如水深、悬移质含沙量等。利用卫星传输地面自动遥测水文站资料，具有投资低，维护量少，使用方便的优点，且在恶劣天气下安全可靠，不易中断。对大面积人烟稀少地区更加适合。

3.8   水 文 信 息 处 理

各种水文测站测得的原始信息，都要按科学的方法和统一的格式整理、分析、统计、提炼成为系统、完整，有一定精度的水文信息资料，供水文水资源计算、科学研究和有关国民经济部门应用。这个水文信息的加工、处理过程，称为水文信息处理（资料整编）。

水文信息处理的工作内容包括：收集校核原始信息；编制实测成果表；确定关系曲线，推求逐时、逐日值；编制逐日表及洪水水文要素摘录表；合理性检查；编制信息处理（整编）说明书。

水位信息处理较简单，在第三节已述，这里主要介绍流量信息处理，简要介绍泥沙信息处理。对上述信息处理的内容，重点介绍水位关系曲线的确定及逐时、逐日值的推求。

3.8.1 水位流量关系曲线的确定

3.8.1.1 稳定水位流量关系曲线

稳定的水位流量关系，是指在一定条件下水位和流量之间呈单值函数关系，简称为单一关系。在普通方格纸上，纵坐标是水位，横坐标是流量，点绘的水位流量关系点据密集，分布成一带状，75%以上的中高水流速仪测流点距与平均关系线的偏离不超过±5%，75%的低水点或浮标测流点距偏离不超过±8%（流量很小时可适当放宽），且关系点没有明显的系统偏离，这时即可通过点群中心定一条单一线（供推流）。点图时在同一张图纸上依次点绘水位流量、水位面积、水位流速关系曲线，并用同一水位下的面积与流速的乘积，校核水位流量关系曲线中的流量，使误差控制在±2%～±3%。以上三条曲线比例尺的选择，应使它们与横轴的夹角分别近似为45°、60°、60°，且互不相交，如图3-11所示。

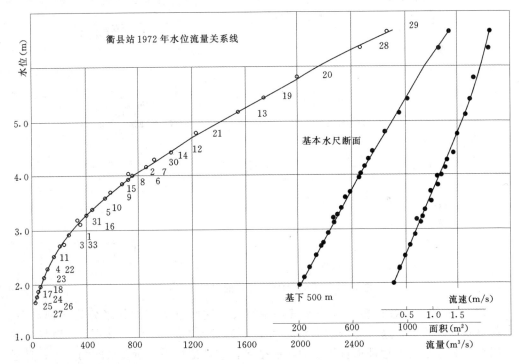

图 3-11　衢江衢县水文站1972年水位流量关系

所定的单一水位流量关系还要进行符号检验、适线检验、偏离数值检验，检验均通过时才能用此单一曲线推求。此外，两条曲线（或两列数组）需要合并定线时，还要进行 t 检验。

3.8.1.2 不稳定水位流量关系曲线

不稳定的水位流量关系，是指测验河段受断面冲淤、洪水涨落、变动回水或其他因素的个别或综合影响，使水位与流量间的关系不呈单值函数关系，如图3-12～图3-14所示。

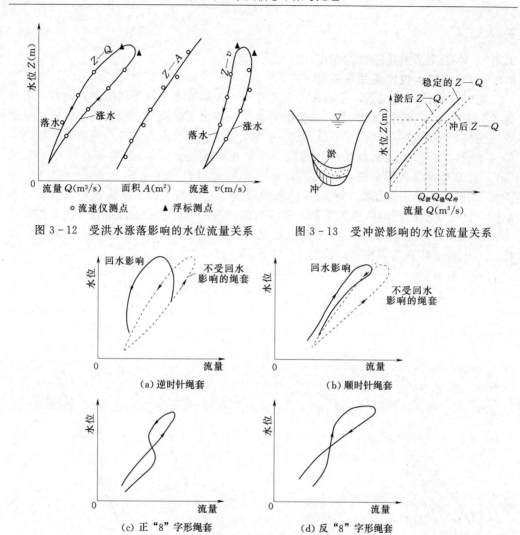

图 3-12 受洪水涨落影响的水位流量关系   图 3-13 受冲淤影响的水位流量关系

图 3-14 受变动回水影响的水位流量关系

表 3-8 给出了各种整编方法及其适用情况。这些方法归纳起来分为两种类型：一种是水力因素型，这一类型的方法均可表示为 $Q = f(Z, x)$ 的形式，x 为某一水力因素。其方法的原理都来自于水力学的推导，故理论性强，所要求的测点少，且适于计算机作单值化处理。另一类型称时序型，表示为 $Q = f(Z, t)$，t 为时间。时序型的方法其原理是以水流的连续性为基础，因而要求测点多且准确，能控制流量的变化转折。方法适用范围较广，但有时间局限性。

当满足时序型的要求条件时，连时序法是按实测流量点子的时间顺序来连接水位流量关系曲线，故应用范围较广。连线时，应参照水位过程线的起伏变动的情况定线，有时还应参照其他的辅助曲线如落差过程线、冲淤过程线等定线。受洪水涨落影响的水位流量关系用连时序法定线往往成逆时针绳套形。绳套的顶部必须与洪峰水位相切，绳套的底部应与水位过程线中相应的低谷点相切。受断面冲淤或结冰影响时，还应参考用连时序法绘出的水位面积关系变化趋势，帮助绘制水位流量关系曲线，如图 3－15 所示。

表 3－8　　　　　　　　　　　流量数据整编适用情况

使用范围方法 \ 影响因素	稳定 $Z-Q$ 关系	不稳定 $Z-Q$ 关系					
		洪水涨落	变动回水	冲淤	水草	结冰	综合
		影　　　响					
水力因素型　单一曲线法	√					√	
校正因数法		√					
涨落比例法		√					
特征河长法		√					
（定、等、正常）落差法			√				
落差指数法		√	√				√
时序型　连时序法		√	√	√	√	√	√
临时曲线法				√	√	√	
改正水位法						√	√
改正系数法						√	
连 $Q-t$ 过程线法		√	√			√	√

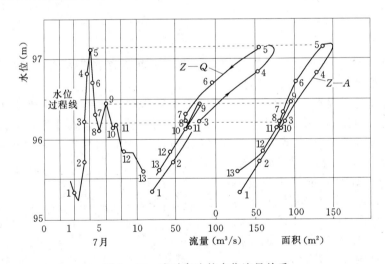

图 3－15　连时序法的水位流量关系

3.8.2　水位流量关系曲线的延长

测站测流时，由于施测条件限制或其他种种原因，致使最高水位或最低水位的流量缺测或漏测。为取得全年完整的流量过程，必须进行高低水时水位流量关系的延长。

高水延长的结果，对洪水期流量过程的主要部分，包括洪峰流量在内，有重大的影响。低水流量虽小，但如延长不当，相对误差可能较大且影响历时较长。因此延长均需慎重。高水部分的延长幅度一般不应超过当年实测流量所占水位变幅的 30%，低水部分延长的幅度一般不应超过 10%。

对稳定的水位流量关系进行高低水延长常用的方法有：水位面积、水位流速关系高水延长法、水力学公式高水延长法、水位流量关系曲线的低水延长法。

3.8.2.1 水位面积、水位流速关系高水延长法

该法适用于河床稳定，水位面积、水位流速关系点集中，曲线趋势明显的测站。

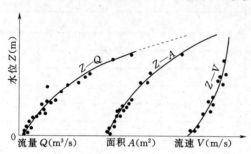

图 3-16 水位面积与水位流速关系高水延长

其中，高水时的水位面积关系曲线可以根据实测大断面资料确定，高水时水位流速关系曲线常趋近于常数，可按趋势延长。可是，某一高水位下的流量，便可由该水位的断面面积和流速的乘积来确定。这样，可延长水位流量关系曲线，如图 3-16 所示。

3.8.2.2 水力学公式高水延长法

该法可避免水位面积水位流速关系高水延长中水位流速顺趋势延长的任意性，用水力学公式计算出外延部分的流速值来辅助定线。

1. 曼宁公式外延

曼宁公式

$$V = \frac{1}{n}\left(R^{\frac{2}{3}} J^{\frac{1}{2}}\right) \tag{3-32}$$

延长时，用式（3-32）计算流速，用实测大断面资料延长水位面积关系曲线，从而达到延长水位流量关系的目的。

计算流速时，因水力半径 R 可用大断面资料求得，故关键在于确定水面比降 J 和糙率 n 值。根据实际资料，如 J、n 均有资料时，直接由公式计算并延长；当二者缺一时，通过点绘 $Z—n$（或 $Z—J$）关系曲线并延长之，再算出 V 来；如两者都没有时，则将 $J^{1/2}/n$ 看成一个未知数，因 $J^{1/2}/n = Q/AR^{2/3}$，依据实测资料的流量、面积、水力半径计算出 $J^{1/2}/n$，点绘 $Z—J^{1/2}/n$ 曲线，因高水部分 $J^{1/2}/n$ 接近于常数，故可按趋势延长，如图 3-17 所示。

2. 斯蒂文斯（Stevens）法

由谢才流速公式导出流量为

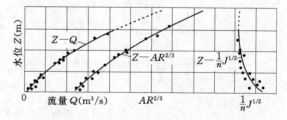

图 3-17 曼宁公式法延长高水 $Z—Q$ 关系

$$Q = CA(RJ)^{1/2} \tag{3-33}$$

式中 C——谢才系数；

其余符号意义同前。

对断面无明显冲淤、水深不大但水面较宽的河槽，以断面平均水深 $\bar{h}$ 代替 R，则式（3-33）可改写为

$$Q=CA(\bar{h}S)^{1/2}=KA\bar{h}^{1/2} \qquad (3-34)$$

其中 $$K=CS^{1/2}$$

高水时 K 值接近常数，故高水时 $Q—A\bar{h}^{1/2}$ 呈线性关系，据此外延。由大断面资料计算 $A\bar{h}^{1/2}$ 并点绘不同高水位 Z 在 $Z—A\bar{h}^{1/2}$ 曲线上查得 $A\bar{h}^{1/2}$ 值，并以 $Q—A\bar{h}^{1/2}$ 曲线上查得 Q 值，根据对应的 $(Z，Q)$ 点据，便可实现水位与流量关系曲线的高水延长，如图 3-18 所示。

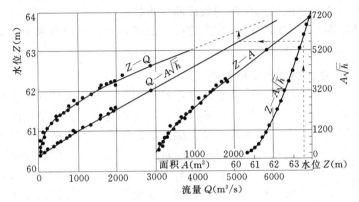

图 3-18　斯蒂文斯法延长高水 $Z—Q$ 关系

3.8.2.3　水位流量关系曲线的低水延长法

低水延长一般是以断流水位作控制，进行水位流量关系曲线向断流水位方向所作的延长。断流水位是指流量为零时的相应水位。

假定关系曲线的低水部分用以下的方程式来表示

$$Q=K(Z-Z_0)^n \qquad (3-35)$$

式中　Z_0——断流水位，m；

　　　$n，K$——固定的指数和系数。

在水位流量曲线的中、低水弯曲部分，依次选取 a、b、c 三点，它们的水位和流量分别为 Z_a、Z_b、Z_c 及 Q_a、Q_b、Q_c。若能使得 $Q_a=Q_bQ_c$，则代入式（3-35），可求解得断流水位为

$$Z_0=\frac{Z_aZ_c-Z_b^2}{Z_a+Z_c-2Z_b} \qquad (3-36)$$

求得断流水位 Z_0 后，以坐标 $(Z_0，0)$ 为控制点，将关系曲线向下延长至当年最低水位即可。

3.8.3　水位流量关系曲线的移用

规划设计工作中，常常遇到设计断面处缺乏实测水位流量关系。这时就需要将邻近水文站的水位流量关系移用到设计断面上。

当设计断面与水文站相距不远且两断面间的区间流域面积不大，河段内无明显的出流与入流的情况下，在设计断面设立临时水尺，与水文站同步观测水位。因两断面中、低水时同一时刻的流量大致相等，所以可用设计断面的水位与水文站断面同时刻水位所得的流量点绘关系曲线，再将高水部分进行延长，即得设计断面的水位流量关

系曲线。

当设计断面距水文站较远，且区间入流、出流近乎为零，则必须采用水位变化中位相相同的水位来移用。

若设计断面的水位观测数据不足，或甚至等不及设立临时水尺进行观测后再推求其水位流量关系，则用计算水面曲线的方法来移用。方法是在设计断面和水文站之间选择若干个计算断面，假定若干个流量，分别从水文站基本水尺断面起计算水面曲线，从而求出各个计算流量相对应的设计断面水位。

而当设计断面与水文站的河道有出流或入流时，则主要依靠水力学的办法来推算设计断面的水位流量关系。

3.8.4   日平均流量计算及合理性检查

逐日平均流量的计算：当流量变化平稳时，可用日平均水位在水位流量关系线上推求日平均流量；当一日内流量变化较大时，则用逐时水位推求得逐时流量，再按算术平均法或面积包围法求得日平均流量。据此计算逐月平均流量和年平均流量。

合理性检查：单站检查可用历年水位流量关系对照检查；综合性检查以水量平衡为基础，对上、下游或干、支流上的测站与本站整编成果进行对照分析，以提高整编成果的可靠性。本站成果经检查确认无误后，才能作为正式资料供使用。

3.8.5   悬移质输沙率信息处理

在整编悬移质输沙率资料时，应对实测资料进行分析，通常是着重进行单断沙关系的分析。经过分析，如果查明突出点的原因属于测验或计算方面的错误，可以适当改正或酌情处理。

有了单断沙关系曲线，便可根据经常观测的单沙成果计算出逐日断面平均含沙量，再与相应的平均流量相乘，即得各日的平均输沙率。这种算法比较简便，当一日内流量变化不大时是完全可以的。如在洪水时期，一日内流量、含沙量的变化都较大时，应先由各测次的单沙推出断沙，乘以相应的断面流量，得出各次的断面输沙率。根据日内输沙率过程求得日输沙总量，再除以一日的秒数，即可得日平均输沙率。

将全年逐日平均输沙率之和除以全年的天数，即得年平均输沙率。

3.8.6   水文信息处理成果的刊布

水文资料的来源，主要是由国家水文站网按全国统一规定观测的信息进行处理（整编）后的资料，即由主管单位分流域、干支流及上下游，每年刊布一次的水文年鉴。1986 年起陆续实行计算机存储、检索，停止公开刊印水文年鉴。2007 年起开始试点恢复部分年鉴的刊布。2009 年起在全国范围内恢复水文年鉴的刊布。

年鉴中载有：测站分布图，水文站说明表及位置图，各站的水位、流量、泥沙、水温、冰凌、水化学、地下水、降水量、蒸发量等资料。

当需要使用近期尚未刊布的资料，或需查阅更详细的原始记录时，可向各有关机构收集。水文年鉴中不刊布专用站和实验站的观测数据及整编、分析成果，需要时可向有关部门收集。

水文年鉴仅刊布各水文测站的基本资料。各地区水文部门编制的水文手册和水文图集，以及历史洪水调查、暴雨调查、历史枯水调查等调查资料，是在分析研究该地区所有水文站的资料基础上编制出来的。它载有该地区的各种水文特征值等值线图及计算各种径流特征值的经验公式。利用水文手册和水文图集便可以估算无水文观测数据地区的水文特征值。由于编制各种水文特征的等值线图及各径流特征的经验公式时，依据的小河资料少，当利用手册及图集估算小流域的径流特征值时，应根据实际情况作必要的修正。

当上述年鉴、手册、图集所载资料不能满足要求时，可向其他单位收集。例如，有关水质方面的更详细的资料，可向环境监测部门收集，有关水文气象方面的资料，可向气象台站收集。

习　　　题

[3-1] 某河某站横断面如图 3-19 所示，试根据图中所给测流资料计算该站流量和断面平均流速。图中测线水深 $h_1 = 2.0\text{m}$、$h_2 = 1.8\text{m}$、$h_3 = 0.5\text{m}$，$V_{0.2}$、$V_{0.6}$、$V_{0.8}$ 分别表示测线在 $0.2h$、$0.6h$、$0.8h$ 处的测点流速，$\alpha_{左}$、$\alpha_{右}$ 分别表示左右岸的岸边流速系数。

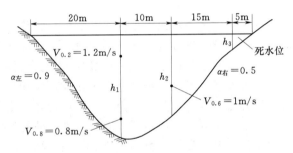

图 3-19　某河某站横断面及测流资料

[3-2] 某水文站实测流量成果如表 3-9 所示，试绘制水位—流量、水位—面积、水位—流速关系曲线，并延长水位—流量关系曲线，求水位为 330.60m 时的流量。

表 3-9　　　　　　　　　　某水文站实测流量成果

基本水尺水位 (m)	流量 (m^3/s)	断面面积 (m^2)	平均流速 (m/s)	基本水尺水位 (m)	流量 (m^3/s)	断面面积 (m^2)	平均流速 (m/s)
322.09	51.5	53.7	0.96	326.48	1090	459	2.37
322.36	80.0	62.9	1.27	327.7	1510	591	2.56
323.37	238	143	1.66	325.23	681	328	2.08
322.69	114	90.0	1.27	325.98	892	417	2.14
324.07	397	224	1.77	330.6		910	
328.35	1820	674	2.70				

第4章

流域产流与汇流计算

4.1 概　　述

流域上自降雨开始到水量流出流域出口断面为止的整个物理过程，称为径流形成过程。它是降雨和流域自然地理条件综合作用下的产物，由于降雨在时空方面的多变性和流域自然地理条件的复杂性，使径流形成过程极为复杂。为便于分析计算降雨产生的径流量及其过程，通常将径流形成的物理过程概化成产流和汇流两个阶段进行讨论。实际上，在流域降雨径流形成过程中，产流和汇流过程几乎是同时发生的，在这里提到的所谓产流阶段和汇流阶段，并不是时间顺序含义上的前后两个阶段，仅仅是对流域径流形成过程的概化，以便根据产流和汇流的特性，采用不同的原理和方法分别进行计算。

产流阶段是指降雨经植物截留、填洼、下渗的损失过程。降雨扣除这些损失后，剩余的部分称为净雨，净雨在数量上等于它所形成的径流深，净雨量的计算称为产流计算。由流域降雨量推求径流量，必须制定流域产流方案。产流方案是对流域降雨径流之间关系的定量描述，可以是数学方程也可以是图表形式。产流方案的制定需充分利用实测的流域降雨、蒸发和径流资料，根据流域的产流模式，分析建立流域降雨径流之间的定量关系。

汇流阶段是指净雨沿地面和地下汇入河网，并经河网汇集形成流域出口断面流量的过程。由净雨推求流域出口断面流量的过程称为汇流计算。流域汇流过程又可以分为两个阶段，由净雨经地面或地下汇入河网的过程称为坡面汇流；进入河网的水流自上游向下游运动，经流域出口断面流出的过程称为河网汇流。由净雨推求流域出口流量过程，必须制定流域汇流方案。流域汇流方案是对流域净雨与所形成的出口断面流量过程之间关系的定量描述，应根据流域雨量、出口断面流量及下垫面特征等资料条件及计算要求制定。

按径流的来源划分，流域出口断面的流量过程是由地面径流、壤中流、浅层地下径流和深层地下径流组成的，这四类径流的汇流特性是有差别的。当为计算简便而将径流概化为两种水源进行汇流计算时，常将地面径流和壤中流合并考虑，但习惯上仍称这两者的合并体为地面径流，将浅层地下径流和深层地下径流合称为地下径流。地面径流汇流速度较快，几乎是直接进入河网；地下径流汇流速度较慢，常持续数十天乃至数年之久。目前，在一些描述降雨径流的流域水文模型中，为了更确切地反映流域径流形成的过程，采用了三水源或四水源进行模拟计算。

综上所述，产流计算是解决由降雨过程求净雨过程的问题，汇流计算是解决由净雨过程求流量过程的问题。它们之间的联系可以简明地表示成图 4-1 所示的流程图。

图 4-1 由降雨过程推求流量过程流程图

4.2 流域降雨径流要素的计算

4.2.1 流域平均降雨量

实测雨量只代表雨量站所在地的点雨量，分析流域降雨径流关系需要考虑全流域平均雨量。一个流域一般会有若干个雨量站，由各站的点雨量可以推求流域平均降雨量，常用的方法有算术平均法、垂直平分法和等雨量线法。

（1）算术平均法。当流域内雨量站分布较均匀且地形起伏变化不大时，可根据各站同时段观测的降雨量用算术平均法推求流域平均降雨量，其计算公式为

$$\overline{P} = \frac{1}{n}\sum_{i=1}^{n} P_i \qquad (4-1)$$

式中　$\overline{P}$——流域某时段平均降雨量，mm；

　　　P_i——流域内第 i 个雨量站同时段降雨量，mm；

　　　n——流域内雨量站点数。

（2）垂直平分法。也称为泰森多边形法，当流域内雨量站分布不太均匀时，用泰森多边形法求流域平均雨量。该方法假定流域内各处的雨量可由与之距离最近站点的雨量代表，如图 4-2 所示。具体做法是先用直线连接相邻雨量站，构成 $n-2$ 个三角形（最好是锐角三角形），再作每个三角形各边的垂直平分线，将流域划分成 n 个多边形，每一多边形内均含有一个雨量站，按多边形面积为权重推求流域平均降雨量为

$$\overline{P} = \frac{1}{F}\sum_{i=1}^{n} f_i P_i \qquad (4-2)$$

式中　f_i——第 i 个雨量站所在多边形的面积，km²；

　　　F——流域面积，km²；

　　　其余符号意义同前。

（3）等雨量线法。当流域内雨量站分布较密时，可根据各站同时段雨量绘制等雨

量线（图4-3），然后推算流域平均降雨量为

$$\overline{P} = \sum_{j=1}^{m} \frac{f_j}{F} P_i \qquad (4-3)$$

式中　f_j——相邻两条等雨量线间的面积，km^2；

P_j——相应面积 f_i 上的平均雨深，一般采用相邻两条等雨量线的平均值，mm；

m——分块面积数。

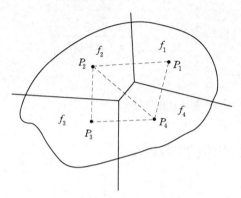

图4-2　垂直平分法示意图

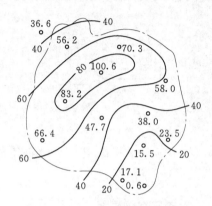

图4-3　等雨量线法示意图

4.2.2　径流量

流域出口流量过程线除本次降雨形成的径流以外，往往还包括前期降雨径流中尚未退完的水量，在计算本次径流时，应把这部分水量从流量过程线中分割出去。此外，由于不同水源成分的水流运动规律是不相同的，需对流量过程线中的不同水源进行划分，以便进行汇流计算。

4.2.2.1　流量过程线的分割

流域蓄水量的消退过程线称为退水曲线，不同场次降雨形成的流量过程线的分割常采用退水曲线。将多次实测洪水过程的退水部分，绘在透明纸上，然后沿时间轴平移，使各次退水尾部段尽可能重合，形成一簇退水线，作其光滑的下包线就得到流域地下水退水曲线，此直线可适当向两端延长。若对上部的各分叉线取其平均线，即构成流域平均退水曲线，如图4-4所示。

流域退水过程比较稳定且时间较长，常用以下指数方程来表示

$$Q(t) = Q(0) e^{-t/K_g} \qquad (4-4)$$

式中　$Q(t)$——t 时刻地下水流量，m^3/s；

$Q(0)$——初始地下水流量，m^3/s；

K_g——地下水退水参数。

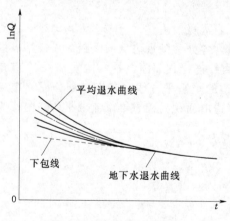

图4-4　流域退水曲线

有了退水曲线，就可以分割各次降雨所形成的流量过程线。如果待分割洪水的起涨流量小于后继洪水的起涨流量，可用流域平均退水曲线将退水过程延长，如图 4 - 5 所示，得出对应于本次降雨所形成的流量过程线。

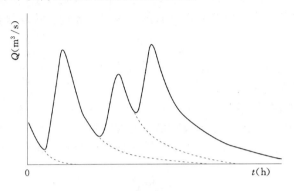

图 4 - 5　流量过程线分割

4.2.2.2　径流量计算

实测流量过程线割去非本次降雨形成的径流后，可以得出本次降雨形成的流量过程线。据此，推求出相应的径流深为

$$R = \frac{3.6\sum_{i=1}^{n}Q_i\Delta t}{F} \tag{4-5}$$

式中　R——径流深，mm；

　　　Δt——时段长度，h；

　　　Q_i——第 i 时段末的流量值，m^3/s；

　　　F——流域面积，km^2。

4.2.2.3　水源划分

地面径流和地下径流的汇流特性不同，求得次径流总量之后，还需划分地面径流和地下径流。简便的划分方法是斜线分割法，从流量起涨点到地面径流终止点之间连一条直线，直线以上部分为地面径流，直线以下部分为地下径流，如图 4 - 6 所示。地面径流终止点可以用流域地下水退水曲线来确定，使地下水退水曲线的尾部与流量过程线退水段尾部重合，分离点即为地面径流终止点。为了避免人为分析误差，地面径流终止点也可用经验公式确定。例如，某区域的经验公式为

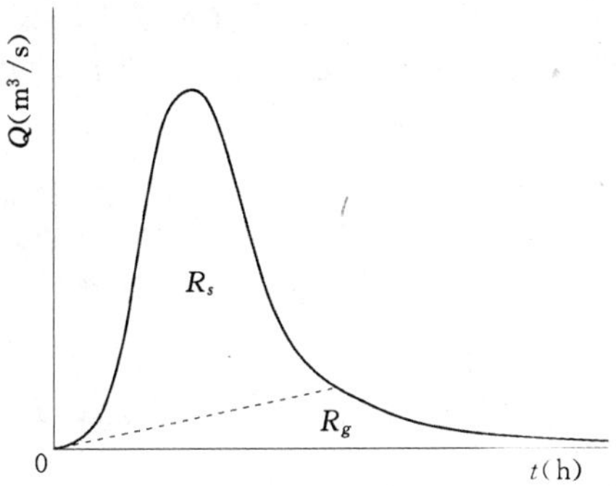

$$N = 0.84F^{0.2} \tag{4-6}$$

式中　N——洪峰出现时刻至地面径流终止点的日数；

　　　F——流域面积，km^2。

图 4 - 6　地下径流分割

4.2.3　流域蒸发量

流域蒸发量的大小主要决定于气象要素及土壤湿度，这可以用流域蒸发能力和土壤含水量来表征。流域蒸发能力是在当日气象条件下流域蒸发量的上限，一般无法通过观测途径直接获得，可以根据当日水面蒸发观测值通过折算间接获得，即

$$E_m = K_c E_0 \tag{4-7}$$

式中　E_m——流域蒸发能力，mm；

　　　E_0——水面蒸发量，mm；

　　　K_c——蒸散发折算系数。

我国水利部门常用的流域蒸发量计算模式有三种。

（1）一层蒸发模式。假定流域蒸发量与流域土壤含水量成正比。

$$\frac{E}{W} = \frac{E_m}{W_m} \tag{4-8}$$

即

$$E = \frac{E_m}{W_m} W \tag{4-9}$$

式中　E——流域蒸发量，mm；

　　　W——流域土壤含水量，mm；

　　　W_m——流域蓄水容量，是流域土壤含水量的上限（达到土壤田间持水量），mm。

一层蒸发模式比较简单，但没有考虑土壤水分的垂直分布情况。当包气带土壤含水量较小，而表层土壤含水量较大时，按一层蒸发模式得出计算值偏小。例如，久旱后降了一场小雨，其雨量仅补充了表层土壤含水量，就是这种情况。

（2）二层蒸发模式。将流域蓄水容量 W_m 分为上层 WU_m 和下层 WL_m，相应的土壤含水量分为 WU 和 WL，假定降雨量先补充上层土壤含水量，当上层土壤含水量达 WU_m 后再补充下层土壤含水量；蒸发则先消耗上层土壤含水量，蒸发完了再消耗下层的土壤含水量，且上层蒸发 EU 按流域蒸发能力蒸发，下层蒸发 EL 与下层土壤含水量成正比，即

$$EU = \begin{cases} E_m & WU \geqslant E_m \\ WU & WU < E_m \end{cases} \tag{4-10}$$

$$EL = \frac{WL}{WL_m}(E_m - EU) \tag{4-11}$$

流域蒸发量为上、下二层蒸发量之和，即

$$E = EU + EL \tag{4-12}$$

二层蒸发模式仍存在一个问题，即久旱以后由于下层土壤含水量很小，计算出的蒸发量很小，流域土壤含水量难以达到凋萎含水量，不太符合实际情况。

（3）三层蒸发模式。在二层蒸发模式的基础上，确定了一个下层最小蒸发系数 C，上层蒸发仍按式（4-10）计算，下层蒸发计算公式如下：

当 $WL \geqslant C(E_m - EU)$ 时

$$EL = \begin{cases} \dfrac{WL}{WL_m}(E_m - EU) & \dfrac{WL}{WL_m} \geqslant C \\[3mm] C(E_m - EU) & \dfrac{WL}{WL_m} < C \end{cases} \qquad (4-13)$$

当 $WL < C(E_m - EU)$ 时

$$EL = WL \qquad (4-14)$$

$$ED = C(E_m - EU) - EL \qquad (4-15)$$

流域蒸发量为上层、下层、深层蒸发量之和，即

$$E = EU + EL + ED \qquad (4-16)$$

4.2.4 土壤含水量

4.2.4.1 流域土壤含水量的计算

降雨开始时，流域内包气带土壤含水量的大小是影响降雨形成径流过程的一个重要因素，在同等降雨条件下，土壤含水量大则产生的径流量大，反之则小。

流域土壤含水量一般是根据流域前期降雨、蒸发及径流过程，依据水量平衡原理采用递推公式推求

$$W_{t+1} = W_t + P_t - E_t - R_t \qquad (4-17)$$

式中　W_t——第 t 时段初始时刻土壤含水量，mm；

P_t——第 t 时段降雨量，mm；

E_t——第 t 时段蒸发量，mm；

R_t——第 t 时段产流量，mm。

由于雨量、蒸发量及流量的观测与计算误差，采用式（4-17）计算出的流域土壤含水量有可能出现大于流域蓄水容量 W_m 或小于 0 的情况，这是不合理的，因此还需附加一个限制条件：$0 \leqslant W \leqslant W_m$。

采用式（4-17）需确定合适的起始时刻及相应的土壤含水量。可以选择前期流域出现大暴雨的次日作为起始日，取相应的土壤含水量为 W_m；或选择流域长时间干旱期末作为起始日，取相应的土壤含水量取为 0；也可以提前较长时间（如 15～30 天）作为起始日，假定一个土壤含水量（如取 W_m 值的一半）作为初值，经过较长时间计算后，误差会减小到允许范围内。

4.2.4.2 前期影响雨量的计算

在很多情况下，采用式（4-17）推求土壤含水量时，会遭遇径流资料缺乏的问题。在生产实际中常采用前期影响雨量 P_a 来替代土壤含水量，其计算公式为

$$P_{a,t+1} = K(P_{a,t} + P_t) \qquad (4-18)$$

式中　$P_{a,t+1}$——$t+1$ 日开始时刻的土壤含水量，mm；

$P_{a,t}$——t 日开始时刻的土壤含水量，mm；

P_t——第 t 日的降雨量，mm；

K——土壤含水量日消退系数。

实际计算时，式（4-18）需要增加一个限制条件 $P_a \leqslant W_m$，即当计算出的 $P_a > W_m$ 时，应取 $P_a = W_m$。

式（4-18）中的 K 是一个关键参数，它与流域蒸发量有关。如果采用一层蒸发模式，对于无雨日，则有

$$P_{a,t+1} = P_{a,t} - E_t = \left(1 - \frac{E_m}{W_m}\right)P_{a,t} \tag{4-19}$$

对照无雨日时的式（4-18），即 $P_{a,t+1} = KP_{a,t}$，可知

$$K = 1 - \frac{E_m}{W_m} \tag{4-20}$$

如果在某一时间段，E_m 取时段平均值，则在该时间段的 K 为常数。

采用式（4-18）计算本次降雨开始时的 P_a，也需要确定合适的起算时刻及相应的 P_a。一般根据两种情况确定：选择前期流域出现大暴雨的次日作为起始日，取相应的 $P_a = W_m$；或选择流域长时间干旱期末作为起始日，取相应的 $P_a = 0$。然后以该 P_a 为起始值 $P_{a,0}$，逐日往后计算至本次降雨开始这一天的 P_a 值就是本次降雨的 P_a 值。

4.3 蓄 满 产 流 计 算

4.3.1 蓄满产流模式

在湿润地区，由于雨量充沛，地下水位较高，包气带较薄，包气带下部含水量经常保持在田间持水量。在汛期，包气带的缺水量很容易为一次降雨所充满。因此，当流域发生大雨后，土壤含水量可以达到流域蓄水容量，降雨损失等于流域蓄水容量减去初始土壤含水量，降雨量扣除损失量即为径流量。这种产流方式称为蓄满产流，方程式表达为

$$R = P - (W_m - W_0) \tag{4-21}$$

但是，式（4-21）只适用于包气带各点蓄水容量相同的流域，或用于雨后全流域蓄满的情况。在实际情况下，流域内各处包气带厚度和性质不同，蓄水容量是有差别的。因此，在一次降雨过程中，在全流域未蓄满之前，流域部分面积包气带的缺水量已经得到满足并开始产生径流，这称之为部分产流。随降雨继续，蓄满产流面积逐渐增加，最后达到全流域蓄满产流，称为全面产流。

在湿润地区，一次洪水的径流深主要是与本次降雨量、降雨开始时的土壤含水量密切相关。因此，可以根据流域历次降雨量、径流深、雨前土壤含水量，按蓄满产流模式进行分析，建立流域降雨与径流之间的定量关系，解决部分产流计算的问题。

必须说明的是，由于工程水文计算中涉及的往往是设计条件下的产汇流计算，此情形下雨期蒸发与设计暴雨量相比甚小，故以下介绍忽略降雨期间蒸发量的蓄满产流计算方法。

4.3.2 降雨径流相关图

4.3.2.1 降雨径流相关图的编制

根据流域多次实测降雨量 P（雨期蒸发量可直接从雨量中扣除）、径流深 R、雨前土壤含水量 W_0，以 W_0 为中间变量建立 P—W_0—R 关系图，即流域降雨径流相关

图，如图 4-7 所示。

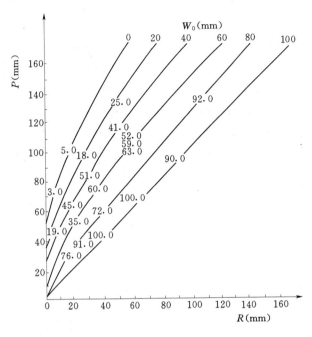

图 4-7 $P—W_0—R$ 相关图

当流域降雨量较大时，雨后土壤含水量可以达到流域蓄水容量，故 $P—W_0—R$ 关系的右上部应是一组等距离的 45°直线，直线方程满足式 (4-21)。当流域雨前土壤含水量和降雨量较小时，流域部分面积蓄满产流，不满足全流域蓄满产流方程，在 $P—W_0—R$ 关系线的下部表现为一组向下凹的曲线交汇于坐标轴的 0 点，如图 4-7 所示。

如果点绘在降雨径流相关图上 P、R、W_0 点据规律不明显，无法绘制出符合上述要求的 $P—W_0—R$ 关系线，在 P、R 资料可靠的前提下，则有可能是 W_0 的计算结果不合理，需要分析影响 W_0 计算值的参数。一般来说，W_m 是一个敏感性不强的参数，而流域蒸散发量对 W_0 影响比较显著。因此，关键是对式 (4-7) 中的蒸发折算系数 K_c 的合理分析和取用，或调整流域蒸发计算模式。

当实测 P、R、W_0 点据较少时，也可以点绘 $(P+W_0)—R$ 相关图，如图 4-8 所示。此时，$(P+W_0)—R$ 关系线的上部是满足式 (4-21) 的 45°直线，$(P+W_0)—R$ 关系线的下部为向下凹的曲线交汇于坐标轴的 0 点。在流域全面产流时，按 $P—W_0—R$ 关系图或 $(P+W_0)—R$ 相关图的查算结果相同；但在流域部分产流时，按 $P—W_0—R$ 关系图的查算结果的精度要高于 $(P+W_0)—R$ 相关图。

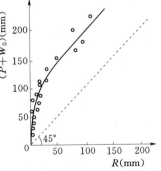

图 4-8 $(P+W_0)—R$
相关图

当流域径流资料不充分或分析困难时，可以采用前期影响雨量 P_a 代替 W_0 编制流域降雨径流相关图。

4.3.2.2 降雨径流相关图的应用

降雨径流相关图、土壤含水量计算模式及相应参数构成了流域产流方案，据此可以进行流域产流计算。依据产流方案，先由流域前期实测雨量、蒸发、径流资料推求本次雨前土壤含水量 W_0，然后由本次降雨的时段雨量过程，查降雨径流相关图上相应于 W_0 的关系曲线，便可推求得本次降雨所形成的径流总量及逐时段径流深。

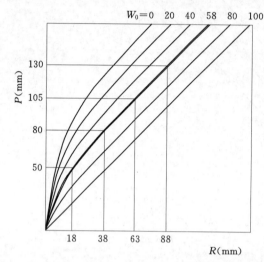

图 4-9 由 $P—W_0—R$ 相关图查算时段径流深

【例 4-1】 已知某流域一次降雨的逐时段雨量见表 4-1 的第 (1)、第 (2) 栏，且计算得雨前土壤含水量 W_0 = 58mm，根据 $P—W_0—R$ 相关图（图 4-9）查算该次降雨所形成的逐时段径流深。

解：（1）将表 4-1 第（2）栏时段降雨量转换为各时段末累积雨量 $\sum P$，列于第（3）栏。

（2）在 $P—W_0—R$ 内插出 W_0 = 58mm 的 $P—R$ 线，见图 4-9。

（3）由各时段末 $\sum P$ 值，查图 4-9 中 W_0 = 58mm 的 $P—R$ 线，得各时段末累积径流深 $\sum R$，见表 4-1 第（4）栏。

（4）将相邻两个时段的 $\sum R$ 相减，得出各时段降雨所产生的径流深，见表 4-1 第（5）栏。

表 4-1　　　　　由 $P—W_0—R$ 相关图查算时段径流深

j (Δt=3h)	P_j (mm)	$\sum P$ (mm)	$\sum R$ (mm)	R_j (mm)
(1)	(2)	(3)	(4)	(5)
1	50	50	18	18
2	30	80	38	20
3	25	105	63	25
4	25	130	88	25

4.3.3 蓄满产流模型

流域部分产流的现象主要是因为流域各处蓄水容量不同所致。如果将流域内各点蓄水容量 W'_m 从小到大排列，最大值为 W'_{mm}，计算小于某一 W'_m 的面积占流域面积的比重 α，则可绘出 $W'_m—\alpha$ 关系曲线，称为流域蓄水容量曲线，如图 4-10 所示。

由于流域蓄水容量在流域内的实际分布是很复杂的，要想用直接测定的办法来建立蓄水容量曲线是困难的。通常的做法是通过实测的降雨径流资料来选配线型，间接确定蓄水容量曲线。多数地区经验表明，流域蓄水容量曲线是一条单增曲线，可用 B 次抛物线来表示

$$\alpha = 1 - \left(1 - \frac{W'_m}{W'_{mm}}\right)^B \qquad (4-22)$$

式中　B——反映流域内蓄水容量空间分布不均匀性的参数，取值一般为 0.2 ～0.4；

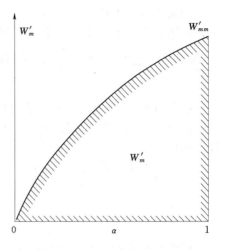

图 4-10　流域蓄水容量曲线

W'_{mm}——流域内最大的点蓄水容量。

蓄水容量曲线以下包围的面积（图 4-10）就是流域蓄水容量，其计算公式为

$$W_m = \int_0^{W'_{mm}} (1-\alpha)\mathrm{d}W'_m = \int_0^{W'_{mm}} \left(1 - \frac{W'_m}{W'_{mm}}\right)^B \mathrm{d}W'_m = \frac{W'_{mm}}{1+B} \qquad (4-23)$$

降雨初始的土壤含水量 W_0 采用递推公式（4-17）推求，流域蒸发可以根据不同要求采用一层、二层或三层蒸发公式计算。对应于 W_0，流域土壤含水量已经达到蓄水容量的面积为 α_A，相应于 α_A 的最大点蓄水容量为 A，如图 4-11（a）所示，W_0 与 A 的关系为

$$W_0 = \int_0^A (1-\alpha)\mathrm{d}W'_m = \int_0^A \left(1 - \frac{W'_m}{W'_{mm}}\right)^B \mathrm{d}W'_m = \frac{W'_{mm}}{1+B}\left[1 - \left(1 - \frac{A}{W'_{mm}}\right)^{1+B}\right]$$

$$(4-24)$$

将式（4-23）代入式（4-24），整理后得

$$A = W'_{mm}\left[1 - \left(1 - \frac{W_0}{W_m}\right)^{\frac{1}{1+B}}\right] \qquad (4-25)$$

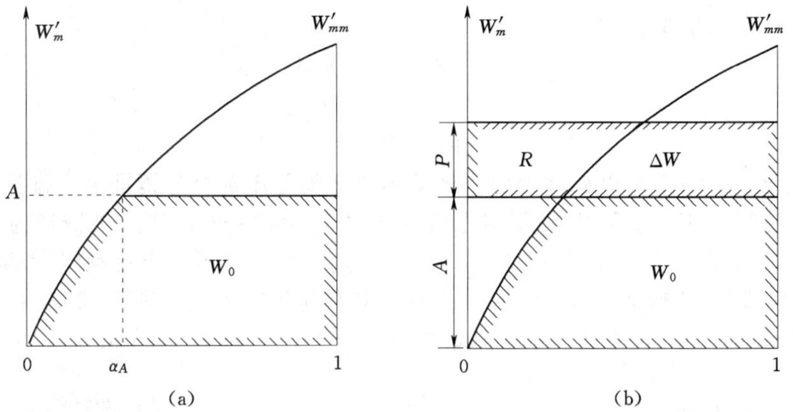

图 4-11　流域蓄水容量曲线及部分产流

如果流域降雨量为 P，当 $A+P<W'_{mm}$ 时，流域为部分产流状态，如图 4-11
（b）所示，由 P 减去降雨损失 ΔW 得出产流量

$$R = P - \Delta W = P - \int_A^{A+P}(1-\alpha)\mathrm{d}W'_m = P + W_0 - W_m + W_m\left(1 - \frac{A+P}{W'_{mm}}\right)^{1+B}$$

$$(4-26)$$

如果 $A+P\geqslant W'_{mm}$ 时，流域为全面产流状态，由式（4-21）计算产流量。

综上所述，已知流域降雨量 P 和初始土壤含水量 W_0 时，蓄满产流模型的产流计
算公式可归纳为

$$R=\begin{cases} P+W_0-W_m+W_m[1-(A+P)/W'_{mm}]^{1+B} & A+P<W'_{mm} \\ P+W_0-W_m & A+P\geqslant W'_{mm} \end{cases} \quad (4-27)$$

$$A=W'_{mm}[1-(1-W_0/W_m)^{\frac{1}{1+B}}] \quad (4-28)$$

$$W'_{mm}=(1+B)W_m \quad (4-29)$$

产流计算公式、土壤含水量递推公式以及流域蒸发公式，构成蓄满产流模型的主
体。蓄满产流模型不仅可以计算次降雨径流深，还能够进行连续演算，模拟多年径流
过程。因此，可以依据流域多年雨量、蒸发量及流量资料，分析率定模型的参数 K_c、
W_m 和 B。

4.3.4　水源划分

按照蓄满产流概念，土壤含水量达到蓄水容量的面积称为产流面积，只有这部分
面积上的降雨才能产生径流，其中的一部分按稳定下渗率下渗，形成地下径流，超过
稳定下渗率的部分为地面径流。在这种情况下，划分地面和地下径流的关键在于推求
稳定下渗率。

由图 4-11（b）可知，根据流域时段降雨量 P 及其所产生的净雨量（产流量）
R，可以得出产流面积比

$$\alpha = \frac{R}{P} \quad (4-30)$$

根据稳定下渗率 f_c 和产流面积比 α，就可以将各时段净雨 R 划分为地面净雨 R_s
和地下净雨 R_g 两部分，即

$$R_g=\begin{cases} \alpha f_c\Delta t & R\geqslant\alpha f_c\Delta t \\ R & R<\alpha f_c\Delta t \end{cases} \quad (4-31)$$

$$R_s = R - R_g \quad (4-32)$$

流域稳定下渗率可以根据雨后流域蓄满的降雨径流资料分析推求。首先按 4.2 节
介绍的方法得出 P、R 及 R_g，雨前土壤含水量 $W_0=P-R$，然后进行产流计算得出
径流过程，根据式（4-30）和式（4-31）采用试算法就可以求得稳定下渗率 f_c。

【例 4-2】　已知某流域一次降雨过程及其相应的净雨量如表 4-2 第（1）～（3）
栏（时段长 $\Delta t=6\mathrm{h}$），并知该场降雨形成的地下径流总量为 48.1mm，试推求稳定下
渗率 f_c。

解： 计算步骤如下：

（1）按式（4-30）计算产流面积 $\alpha=R/P$，见表 4-2 第（4）栏。

（2）假定 $f_c=2.0\mathrm{mm/h}$，计算 $\alpha f_c\Delta t$，见表 4-2 第（5）栏。

（3）依据第（5）栏数值，按式（4-31）计算各时段 R_g，见表4-2第（6）栏，求和得地下径流总量为57.1mm，计算值明显大于实际值48.1mm。

（4）经分析后重新假定 $f_c=1.6$mm/h，计算 $\alpha f_c \Delta t$，见表4-2第（7）栏。

（5）依据第（7）栏数值，按式（4-31）计算各时段 R_g，见表4-2第（8）栏，求和得地下径流总量为47.4mm，计算值与实际值相近。

最终，计算出本次洪水的 $f_c=1.6$mm/h。

表4-2　　　　　　　　　　　稳定下渗率 f_c 的推求

时段号	P (mm)	R (mm)	α	$f_c=2.0$mm/h		$f_c=1.6$mm/h	
				$\alpha f_c \Delta t$ (mm)	R_g (mm)	$\alpha f_c \Delta t$ (mm)	R_g (mm)
(1)	(2)	(3)	(4)	(5)	(6)	(7)	(8)
1	19.6	8.6	0.44	5.3	5.3	4.2	4.2
2	11.4	9.3	0.82	9.8	9.3	7.9	7.9
3	45.5	45.5	1.00	12.0	12.0	9.6	9.6
4	23.0	23.0	1.00	12.0	12.0	9.6	9.6
5	13.5	13.5	1.00	12.0	12.0	9.6	9.6
6	6.5	6.5	1.00	12.0	6.5	9.6	6.5
Σ	119.5	106.4			57.1		47.4

4.4　超渗产流计算

4.4.1　超渗产流模式

在干旱和半干旱地区，降雨量小，地下水埋藏很深，包气带可达几十米甚至上百米，降雨过程中下渗的水量不易使整个包气带达到田间持水量，一般不产生地下径流，且只有当降雨强度大于下渗强度时才产生地面径流，这种产流方式称为超渗产流。

在超渗产流地区，影响产流过程的关键是土壤下渗率的变化规律，这可用下渗能力曲线来表达。如第2章所述，下渗能力曲线是从土壤完全干燥开始，在充分供水条件下的土壤下渗能力过程，如图4-12所示。土壤下渗过程大体可分为初渗、不稳定下渗和稳定下渗三个阶段。在初渗阶段，下渗水分主要在土壤分子力的作用下被土壤吸收，加之包气带表层土壤比较疏松，下渗率很大；随着下渗水量增加，进入不稳定下渗阶段，下渗水分主要受毛管力和重力的作用，下渗率随着土壤含水量的增加

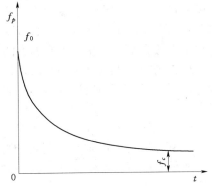

图4-12　下渗能力曲线

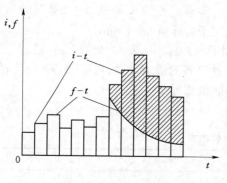

图 4 - 13　下渗曲线法

而减少；随着下渗水量的锋面向土壤下层延伸，土壤密度变大，下渗率随之递减并趋于稳定，也称为稳定下渗率。

与蓄满产流相比，超渗产流的影响因素更为复杂，对计算资料的要求较高，产流计算成果的精度也相对较差。因此，必须对干旱地区下渗特性及主要影响要素进行深入分析，充分利用各种资料条件，制定合理的超渗产流计算方案。

4.4.2　下渗曲线法

按照超渗产流模式，判别降雨是否产流的标准是雨强 i 是否超过下渗强度 f。因此，用实测的雨强过程 $i-t$ 扣除实际下渗过程 $f-t$，就可得产流量过程 $R-t$，如图 4 - 13 中阴影部分。这种产流计算方法称为下渗曲线法。

在实际降雨径流过程中，流域初始土壤含水量一般不等于 0，在降水初期，雨强小于下渗能力，属不充分供水。降雨强度并非持续大于下渗强度，所以不能直接采用流域下渗能力曲线推求各时段的实际下渗率。但如果将下渗能力曲线转换为下渗能力与土壤含水量的关系曲线，就可以通过土壤含水量推求各时段的下渗强度了。

在第 2 章已经提到，流域下渗能力曲线常用霍顿下渗公式来表达，即

$$f_p(t) = (f_0 - f_c)e^{-\beta t} + f_c \tag{4-33}$$

根据霍顿下渗公式可以推求累积下渗量曲线为

$$F(t) = \int_0^t f_p(t)\mathrm{d}t = f_c t + \frac{1}{\beta}(f_0 - f_c) - \frac{1}{\beta}(f_0 - f_c)e^{-\beta t} \tag{4-34}$$

其中，$F(t)$ 为累积下渗量，这部分水量完全被包气带土壤吸收，也就是 t 时刻流域的土壤含水量，$w(t)$（假定 $t=0$ 时 $w=0$，$0 \sim t$ 期间蒸发忽略不计）因此有

$$W(t) = f_c t + \frac{1}{\beta}(f_0 - f_c) - \frac{1}{\beta}(f_0 - f_c)e^{-\beta t} \tag{4-35}$$

联立求解式（4 - 33）和式（4 - 35），消去时间变量 t，可以得出下渗能力与土壤含水量的关系曲线 f_p-W，如图 4 - 14 所示。f_p-W 反映了土壤含水量变化对下渗能力的影响。

根据雨前土壤含水量 W_0，可以由降雨过程采用 f_p-W 关系曲线逐时段进行产流计算，步骤如下：

（1）从降雨第一时段起，由时段初始土壤含水量 W_k 查 f_p-W 曲线，得到相应的下渗率 f_k，如果时段不长，可以近似代表时段平均下渗率。

（2）根据 f_k 及时段雨强 i_k，按超渗产流模

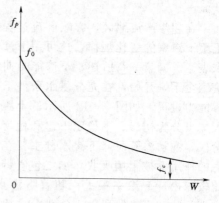

图 4 - 14　f_p-W 关系曲线

式计算净雨量 R_k，其计算公式为

$$R_k = \begin{cases} (i_k - f_k)\Delta t & i_k \geqslant f_k \\ 0 & i_k < f_k \end{cases} \tag{4-36}$$

（3）根据水量平衡公式，计算下时段初始土壤含水量为

$$W_{k+1} = W_k + P_k - R_k \tag{4-37}$$

（4）重复步骤（1）～（3）就可以由降雨过程计算出逐时段的产流量。

采用下渗曲线法进行产流计算时，应该注意到降雨强度时空分布的不均匀性对产流的影响，且流域不同地点的下渗特点也是存在差别的。因此，为了提高计算精度，降雨时段长度不宜大，常以 min 计，流域应按雨量站分布状况划分为较小的单元区域进行产流计算。

【例 4-3】 团山沟站 1969 年 5 月 11 日的一次降雨过程如表 4-3 第（1）～（2）栏，雨前的土壤含水量 $W_0 = 0$，并且已知土壤的 f_p—W 曲线，试求该次降雨的产流过程。

解： 如表 4-3 所列，在 16 时 17 分以前，由 W_k 查 f_p—W 曲线得到的下渗能力 f_p 值均大于雨强 i，一直不会产流。17 分时，$W_k = 8.9\text{mm}$，查得 $f_k = 1.9\text{mm/min}$，正好等于雨强。18 分以后的下渗能力分别为 1.7mm/min、1.6mm/min、1.4mm/min、…均由 f_p—W 曲线查得，各时段的净雨深 R 按式（4-36）计算。

表 4-3　　　　　　　　　下渗强度曲线法计算净雨深

时间	降雨强度 i (mm/min)	土壤含水量 W (mm)	下渗能力 f_p (mm/min)	下渗强度 f (mm/min)	净雨深 R (mm)
(1)	(2)	(3)	(4)	(5)	(6)
16 时 08 分		0.0			
16 时 09 分	0.3	0.3	2.6	0.3	0.0
16 时 10 分	0.3	0.6	2.6	0.3	0.0
16 时 11 分	0.3	0.9	2.6	0.3	0.0
16 时 12 分	0.3	1.2	2.5	0.3	0.0
16 时 13 分	1.0	2.2	2.5	1.0	0.0
16 时 14 分	1.0	3.2	2.4	1.0	0.0
16 时 15 分	1.9	5.1	2.3	1.9	0.0
16 时 16 分	1.9	7.0	2.0	1.9	0.0
16 时 17 分	1.9	8.9	1.9	1.9	0.0
16 时 18 分	1.9	10.6	1.7	1.7	0.2
16 时 19 分	3.3	12.2	1.6	1.6	1.7
16 时 20 分	3.3	13.6	1.4	1.4	1.9
16 时 21 分	3.4	14.9	1.3	1.3	2.1
⋮	⋮	⋮	⋮	⋮	⋮

4.4.3 初损后损法

采用下渗曲线法进行产流计算，必须知道计算区域的下渗能力曲线，这需要很多径流资料或实地试验才能获得，在实际工作中往往难以实现。

初损后损法是下渗曲线法的一种简化，它把实际的下渗过程简化为初损和后损两个阶段。产流以前的总损失水量称为初损，以流域平均水深表示；后损主要是流域产流以后的下渗损失，以平均下渗率表示。一次降雨所形成的径流深可表示为

$$R = P - I_0 - \overline{f}t_R - P_0 \tag{4-38}$$

式中　　P——次降雨量，mm；

　　　　I_0——初损，mm；

　　　　$\overline{f}$——平均后渗率，mm/h；

　　　　t_R——产流历时，h；

　　　　P_0——降雨后期不产流的雨量，mm。

4.4.3.1 初损分析

对于小流域，由于汇流时间短，出口断面的起涨点大体可以作为产流开始时刻，起涨点以前雨量的累积值可作为初损的近似值，如图4-15所示。对较大的流域，流域各处至出口断面汇流时间差别较大，可根据雨量站位置分析汇流时间并定出产流开始时刻，取各雨量站产流开始之前累积雨量的平均值，作为该次降雨的初损。

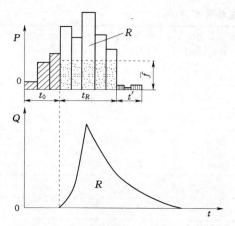

图4-15　初损后损法推求产流量示意图　　　　图4-16　$W_0 - \overline{i}_0 - I_0$ 关系曲线

各次降雨的初损是不同的，初损与初期降雨强度、初始土壤含水量具有密切的关系。利用多次实测雨洪资料，分析各场洪水的 I_0 及相应的流域初始土壤含水量 W_0（或 P_a），初损期的平均降雨强度 $\overline{i}_0$，可以建立 $W_0 - \overline{i}_0 - I_0$ 相关图，如图4-16所示。此外，由于植被和土地利用具有季节性变化特点，初损还受到季节的影响，也可以建立如图4-17所示的以月份 M 为参数的 $W_0 - M - I_0$ 相关图。

4.4.3.2 平均后损率的分析确定

根据式（4-38）和图4-15，可以推得平均后损率为

$$\overline{f} = \frac{P - R - I_0 - P_0}{t_R} = \frac{P - R - I_0 - P_0}{t - t_0 - t'} \tag{4-39}$$

式中 t——降雨总历时，h；

  t_0——初损历时，h；

  t'——降雨后期不产流的降雨历时，h。

平均后损率$\overline{f}$反映了流域产流以后平均下渗率，主要与产流期土壤含水量有关。产流开始时的土壤含水量应该等于W_0+I_0；产流历时t_R越长则下渗水量越多，产流期土壤含水量也越大。由于初损量与初损期平均雨强$\overline{i_0}$有关，可以建立$\overline{f}-\overline{i_0}-t_R$相关图。在一些流域，$W_0+I_0$相对比较稳定，$\overline{f}$与$t_R$更为密切，也可建立$\overline{f}-t_R$相关图。

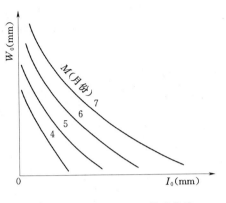

图 4-17 W_0-M-I_0 关系曲线

【例 4-4】 已知某流域某日 $\Delta t=3$h 的一次降雨过程如表 4-4 第（1）、第（2）栏，降雨开始时的 $W_0=15.4$mm，查 W_0-I_0 图，得 $I_0=31.0$mm，又知该流域的平均后损率$\overline{f}=1.5$mm/h，试求该次降雨的产流过程。

解：前 2 个时段的雨量之和为 19.0mm（1.2mm＋17.8mm），前 3 个时段的雨量之和为 55.0mm（1.2mm＋17.8mm＋36.0mm），而初损 $I_0=31.0$mm，所以前 2 个时段的雨量全部用于满足初损，第 3 个时段内 31.0－19.0＝12.0mm 雨量用于满足初损，36.0－12.0＝24.0mm 雨量在扣除后损之后方可产流。第 3 时段的后损量＝24/36×3×1.5＝3.0mm，之后 12～15 时段、15～18 时段、18～21 时段的后损为 3×1.5＝4.5mm，而 21～24 时段降雨量小于 4.5mm，所以后损量等于降雨量，不产流。最后求得本次降雨的净雨深（即径流深）为 29.4mm，净雨过程 R（t）如表 4-4 所列。

表 4-4　　　　　　　　　　　初损后损法计算净雨深

时间	降雨量 P（mm）	初损 I_0 I_0（mm）	$\overline{f_t}$ （mm）	净雨深 R（mm）
（1）	（2）	（3）	（4）	（5）
3～6 时	1.2	1.2		
6～9 时	17.8	17.8		
9～12 时	36.0	12.0	3.0	21.0
12～15 时	8.8		4.5	4.3
15～18 时	5.4		4.5	0.9
18～21 时	7.7		4.5	3.2
21～24 时	1.9		1.9	0.0
合计	78.8	31.0		29.4

4.5 流 域 汇 流 计 算

4.5.1 等流时线法

流域各点的净雨到达出口断面所经历的时间，称为汇流时间 τ；流域上最远点的

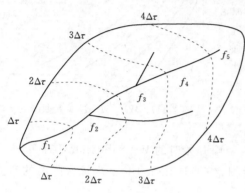

图 4-18 流域等流时线

净雨到达出口断面的汇流时间称为流域汇流时间。流域上汇流时间相同点的连线，称为等流时线，两条相邻等流时线之间的面积称为等流时面积，如图 4-18 所示。图 4-18 中 $\Delta\tau$，$2\Delta\tau$，…为等流时线汇流时间，相应的等流时面积为 f_1，f_2，…。

取 $\Delta t = \Delta\tau$，根据等流时线的概念，降落在流域面上的时段净雨，按各等流时面积汇流时间顺序依次流出流域出口断面，计算公式为

$$q_{i,i+j-1} = 0.278 r_i f_j \qquad (4-40)$$

式中 r_i——第 i 时段净雨强度（$R_i/\Delta t$，$i=1$，2，…，m），mm/h；

f_j——汇流时间为 $(j-1)\Delta t$ 和 $j\Delta t$ 两条等流时线之间的面积（$j=1$，2，…，n），km^2；

$q_{i,i+j-1}$——在 f_j 上的 r_i 形成的 $i+j-1$ 时段末出口断面流量，m^3/s。

假定各时段净雨所形成的流量在汇流过程中相互没有干扰，出口断面的流量过程是降落在各等流时面积上的净雨按先后次序出流叠加而成的，则第 k 时段末出口断面流量为

$$Q_k = \sum_{i=1}^{m} q_{i,k} = 0.278 \sum_{i+j-1=k} r_i f_j \qquad (4-41)$$

等流时线法适用于流域地面径流的汇流计算。

【例 4-5】 某流域划分为 5 块等流时面积，已知一次降雨的逐时段地面净雨强度、净雨时段与汇流时段长度相等，见表 4-5 的第（1）～（3）栏，计算该次降雨所形成的出口断面流量过程。

表 4-5　　　　　　　　　等流时线法汇流计算

时间	r (mm/h)	f (km²)	时段净雨形成的出流过程（m³/s）				Q_s (m³/s)
			R_1	R_2	R_3	R_4	
(1)	(2)	(3)	(4)	(5)	(6)	(7)	(8)
2 日 03 时			0				0
2 日 06 时	5.1	9	12.8	0			12.8
2 日 09 时	18.3	26	36.8	45.8	0		82.6
2 日 12 时	8.2	42	59.5	132.3	20.5	0	212.3

续表

时间	r (mm/h)	f (km²)	时段净雨形成的出流过程（m³/s）				Q_s (m³/s)
			R_1	R_2	R_3	R_4	
(1)	(2)	(3)	(4)	(5)	(6)	(7)	(8)
2日15时	2.7	41	58.1	213.5	59.2	6.8	337.6
2日18时		17	24.1	208.4	95.7	19.5	347.7
2日21时			0	86.4	93.4	31.5	211.3
2日24时				0	38.7	30.8	69.5
3日03时					0	12.8	12.8
3日06时						0	0

解：按式（4-40）计算各时段净雨所形成的部分流量过程，将第一时段地面净雨形成的地面径流过程，列于表4-5的第（4）栏，其他时段地面净雨形成的径流过程依次错开一个时段分别列于第（5）～（7）栏，然后横向累加，即得本次地面净雨所形成的地面径流过程，列于第（8）栏。

用等流时线的汇流概念推求流域出口断面的流量过程，有助于直观上认识径流的形成和流域出口断面任一时刻流量的组成。但是，等流时线法的基础是等流时线上的水质点汇流时间相同，各等流时面积之间没有水量交换，始终保持出流先后的次序，即水体在运动过程中只是平移而不发生变形。但实际上，由于流域上各点的水流流速分布并不均匀，河道对水体的调蓄作用是非常显著的，造成水流在运动过程中发生变形。一般情况下，在河道调蓄能力较大的流域，按等流时线法推算的结果往往与实测流量过程产生偏差。因此，等流时线法主要适用于流量资料比较缺乏，河道调蓄能力不大的小流域。

4.5.2 时段单位线法

4.5.2.1 单位线

单位时段内在流域上分布均匀的单位地面净雨量所形成的流域出口断面流量过程线，称为单位线，如图4-19所示。单位净雨量一般取10mm；单位时段 Δt 可根据需要取1h、3h、6h、12h、24h等，应视流域面积、汇流特性和计算精度要求确定。为区别于用数学方程式表示的瞬时单位线，通常把上述定义的单位线称为时段单位线，它是流域汇流计算最常用的方法之一。

由于实际净雨未必正好是一个单位量或一个时段，在分析或使用单位线时需依据两项基本假定：

（1）倍比假定。如果单位时段内的净雨是单位净雨的 k 倍，所形成的流量过程线是单位线纵标的 k 倍。

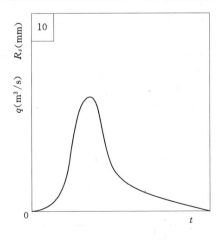

图4-19 时段单位线

（2）叠加假定。如果净雨历时是 m 个时段，所形成的流量过程线等于各时段净雨形成的部分流量过程错开时段的叠加值。

单位线法主要适用于流域地面径流的汇流计算，可以作为地面径流汇流方案的主体。如果已经得出在流域上分布基本均匀的地面净雨过程，就可利用单位线，推求流域出口断面地面径流流量过程线。

【例 4-6】 某流域一场降雨产生了三个时段的地面净雨 $R_s(t)$，且已知流域 6h 单位线 $q(t)$，见表 4-6 第（1）～（3）栏。试推求流域出口断面的地面径流过程线。

解： 根据单位线的倍比假定，第一时段净雨 $R_{s1}=19.7mm$ 是单位净雨的 1.97 倍，所形成的部分径流 $Q_1'(t)=1.97q(t)$，见表 4-6 第（4）栏；第二时段净雨 $R_{s2}=9.0mm$ 所形成的部分径流晚一个时段，$Q_2'(t+\Delta t)=0.9q(t)$，见表 4-6 第（5）栏；同理，第三时段净雨 $R_{s3}=7.0mm$ 所形成的部分径流晚二个时段，$Q_3'(t+2\Delta t)=0.7q(t)$，见表 4-6 第（6）栏。根据单位线的叠加假定，计算得流域出口断面流量过程 $Q(t)=Q_1'(t)+Q_2'(t)+Q_3'(t)$，见表 4-6 第（7）栏。

表 4-6　　　　　　　　　　单位线法推流计算表 （$F=3391km^2$）

t	$R_s(t)$ (mm)	$q(t)$ (m^3/s)	部分径流 （m^3/s）			$Q(t)$ (m^3/s)
			Q_1'	Q_2'	Q_3'	
（1）	（2）	（3）	（4）	（5）	（6）	（7）
23 日 08 时		0	0			0
23 日 14 时	19.7	44	87	0		87
23 日 20 时	9.0	182	358	40	0	398
24 日 02 时	7.0	333	656	164	31	851
24 日 08 时		281	554	300	127	981
24 日 14 时		226	445	253	233	931
24 日 20 时		156	307	203	197	707
25 日 02 时		121	238	140	158	536
25 日 08 时		83	164	109	109	382
25 日 14 时		60	118	75	85	278
25 日 20 时		40	79	54	58	191
26 日 02 时		23	45	36	42	123
26 日 08 时		11	22	21	28	71
26 日 14 时		6	12	10	16	38
26 日 20 时		4	8	5	8	21
27 日 02 时		0	0	4	4	8
27 日 08 时				0	3	3
27 日 14 时					0	0

4.5.2.2　单位线的推求

在实际应用中，单位线需利用实测的降雨径流资料来推求。一般选择时空分布较均匀，历时较短的降雨所形成的单峰洪水来分析。根据地面净雨过程 $R_s(t)$ 及对应的地面径流过程线 $Q(t)$，就可以推求单位线。常用的方法有分析法、试错法等。

分析法是根据已知的地面净雨过程 $R_s(t)$ 和地面径流流量过程 $Q(t)$，求解一个以 $q(t)$ 为未知变量的线性方程组，即由

$$
\left.
\begin{aligned}
Q_1 &= \frac{R_{s1}}{10} q_1 \\
Q_2 &= \frac{R_{s1}}{10} q_2 + \frac{R_{s2}}{10} q_1 \\
Q_3 &= \frac{R_{s1}}{10} q_3 + \frac{R_{s2}}{10} q_2 + \frac{R_{s3}}{10} q_1 \\
&\cdots
\end{aligned}
\right\}
\tag{4-42}
$$

求解得

$$
\left.
\begin{aligned}
q_1 &= Q_1 \frac{10}{R_{s1}} \\
q_2 &= \left(Q_2 - \frac{R_{s2}}{10} q_1 \right) \frac{10}{R_{s1}} \\
q_3 &= \left(Q_3 - \frac{R_{s2}}{10} q_2 - \frac{R_{s3}}{10} q_1 \right) \frac{10}{R_{s1}} \\
&\cdots
\end{aligned}
\right\}
\tag{4-43}
$$

无论采用何种方法，推求出来的单位线的径流深必须满足 10mm。如果单位线时段 Δt 以 h 计，流域面积 F 以 km^2 计，则

$$
\frac{3.6 \sum_{i=1}^{n} q_i \Delta t}{F} = 10
\tag{4-44}
$$

或

$$
\sum_{i=1}^{n} q_i = \frac{10F}{3.6 \Delta t}
\tag{4-45}
$$

【例 4-7】 某流域面积 $F = 9810 km^2$，已知一次降雨形成的地面净雨过程及相应出口断面流量过程线，见表 4-7 第（1）～（3）栏，试分析单位线。

解：（1）根据式（4-43），推出单位线纵标值如下：

$$
q_1' = Q_1 \frac{10}{R_{s1}} = 120 \frac{10}{15.7} = 76
$$

$$
q_2' = \left(Q_2 - \frac{R_{s2}}{10} q_1 \right) \frac{10}{R_{s1}} = \left(275 - \frac{5.9}{10} \times 76 \right) \frac{10}{15.7} = 147
$$

$$
q_3' = \left(Q_3 - \frac{R_{s2}}{10} q_2 - \frac{R_{s3}}{10} q_1 \right) \frac{10}{R_{s1}} = \left(737 - \frac{5.9}{10} \times 147 \right) \frac{10}{15.7} = 414
$$

$\cdots$

结果见表 4-7 第（4）栏。

（2）由于实测资料及净雨推算具有一定的误差，且流域汇流仅近似遵循倍比和叠加假定，分析法求出的单位线往往会呈现锯齿状，甚至出现负值，需作光滑修正，但应保持单位线的径流深为 10mm，按式（4-45）求得

$$\sum_{i=1}^{n} q_i = \frac{10F}{3.6 \Delta t} = \frac{10 \times 9810}{3.6 \times 12} = 2271 \, (\text{m}^3/\text{s})$$

修正后单位线见表 4-7 第（5）栏。

表 4-7   分 析 法 推 求 单 位 线

t	Q_o (m³/s)	R_{si} (mm)	q_i' (m³/s)	q_i (m³/s)	$\dfrac{R_{s1}}{10}q_i$ (m³/s)	$\dfrac{R_{s2}}{10}q_{i-1}$ (m³/s)	Q_c (m³/s)
(1)	(2)	(3)	(4)	(5)	(6)	(7)	(8)
9 月 24 日 09 时	0	·	0	0	0		0
9 月 24 日 21 时	120	15.7	76	76	119	0	119
9 月 25 日 09 时	275	5.9	147	147	231	45	276
9 月 25 日 21 时	737		414	414	650	87	737
9 月 26 日 09 时	1065		523	523	821	244	1065
9 月 26 日 21 时	840		339	339	532	309	841
9 月 27 日 09 时	575		239	239	375	200	575
9 月 27 日 21 时	389		158	158	248	141	389
9 月 28 日 09 时	261		107	107	168	93	261
9 月 28 日 21 时	180		74	74	116	63	179
9 月 29 日 09 时	128		54	54	85	44	128
9 月 29 日 21 时	95		40	42	66	32	98
9 月 30 日 09 时	73		31	32	50	25	75
9 月 30 日 21 时	60		26	24	36	19	55
10 月 1 日 09 时	35		12	17	27	14	40
10 月 1 日 21 时	29		14	12	19	10	29
10 月 2 日 09 时	22		9	7	11	7	18
10 月 2 日 21 时	9		2	4	6	4	10
10 月 3 日 09 时	5		2	2	3	2	6
10 月 3 日 21 时	2		0	0	0	1	1
10 月 4 日 09 时	0					0	0
Σ			2267	2271			

（3）修正后的单位线还需采用地面净雨推流检验，结果见表 4-7 第（8）栏。如果计算的地面径流流量过程线 $Q_c(t)$ 与实际的地面径流流量过程线 $Q_o(t)$ 差别较大，

则需进一步调整单位线的纵标值。

分析法得出的结果往往会呈现锯齿状，且时段越多越明显，修正起来很困难，因此分析法适宜于不超过 2～3 时段净雨情况下的单位线推求。当大于 3 个时段净雨时，可以考虑采用试错法推求单位线，即假定一条单位线，根据已知的净雨过程计算出流过程，如结果与实测出流过程较为吻合，则采用所假定的单位线，否则重新假定单位线，直至满意为止。

4.5.2.3 单位线的时段转换

在实际应用单位线时，往往实际降雨时段或计算要求与已知单位线的时段长不相符合，需要进行单位线的时段转换，常采用 S 曲线转换法。

假定流域上净雨持续不断，且每一时段净雨均为一个单位，在流域出口断面形成的流量过程线称为 S 曲线，见表 4-8 和图 4-20。

表 4-8

S 曲 线 计 算

k	Q'									$S(t_k)=Q(t_k)$
	10mm	10mm	10mm	10mm	10mm	10mm	10mm	10mm	...	
0	0									0
1	q_1	0								q_1
2	q_2	q_1	0							q_1+q_2
3	q_3	q_2	q_1	0						$q_1+q_2+q_3$
4	q_4	q_3	q_2	q_1	0					$q_1+q_2+q_3+q_4$
5	q_5	q_4	q_3	q_2	q_1	0				$q_1+q_2+q_3+q_4+q_5$
6		q_5	q_4	q_3	q_2	q_1	0			$q_1+q_2+q_3+q_4+q_5$
7			q_5	q_4	q_3	q_2	q_1	0		$q_1+q_2+q_3+q_4+q_5$
8				q_5	q_4	q_3	q_2	q_1	...	$q_1+q_2+q_3+q_4+q_5$
...					...	...	...	...	...	...

由表 4-8 可知，S 曲线在某时刻的纵坐标等于连续若干个 10mm 单位线在该时刻的纵坐标值之和，或者说，S 曲线的纵坐标就是单位线纵坐标沿时程累积曲线的对应值，即

$$S(\Delta t,t_k)=\sum_{j=0}^{k}q(\Delta t,t_j) \qquad (4-46)$$

式中　Δt——单位线时段，h；

$S(\Delta t,t_k)$——第 k 个时段末 S 曲线的纵坐标，m³/s；

$q(\Delta t,t_j)$——第 j 个时段末单位线的纵坐标，m³/s。

反之，由 S 曲线也可以转换为单位线

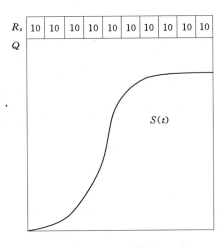

图 4-20　S 曲线

$$q(\Delta t, t_j) = S(\Delta t, t_j) - S(\Delta t, t_j - \Delta t) \tag{4-47}$$

由于不同时段的单位净雨均为 10mm，因此，单位线的净雨强度与单位时段的长度成反比。根据倍比假定，不同时段的 S 曲线之间满足

$$S(\Delta t, t) = \frac{\Delta t_0}{\Delta t} S(\Delta t_0, t) \tag{4-48}$$

将式 (4-48) 代入式 (4-47)，得

$$q(\Delta t, t_j) = \frac{\Delta t_0}{\Delta t} \left[S(\Delta t_0, t_j) - S(\Delta t_0, t_j - \Delta t) \right] \tag{4-49}$$

根据式 (4-49)，可以将时段为 Δt_0 的单位线转换成时段为 Δt 的单位线。

【例 4-8】 已知某流域 6h 单位线，见表 4-9 第（2）、第（3）栏，试分别转换为 3h 单位线和 9h 单位线。

表 4-9   **单位线的时段转换计算**

t (h)	6h 单位线		$S(t)$	$S(t-3)$	$S(t)-$ $S(t-3)$	3h 单位线		$S(t-9)$	$S(t)-$ $S(t-9)$	9h 单位线	
	i	q_i				j	q_j			k	q_k
(1)	(2)	(3)	(4)	(5)	(6)	(7)	(8)	(9)	(10)	(11)	(12)
0	0	0	0		0	0	0			0	0
3			25	0	25	1	50				
6	1	76	76	25	51	2	102				
9			155	76	79	3	158	0	155	1	103
12	2	209	285	155	130	4	260				
15			500	285	215	5	430				
18	3	616	901	500	401	6	802	155	746	2	497
21			1161	901	260	7	520				
24	4	489	1390	1161	229	8	458				
27			1585	1390	195	9	390	901	684	3	456
30	5	356	1746	1585	161	10	322				
33			1883	1746	137	11	274				
36	6	235	1981	1883	98	12	196	1585	396	4	264
39			2066	1981	85	13	170				
42	7	160	2141	2066	75	14	150				
45			2204	2141	63	15	126	1981	223	5	149
48	8	110	2251	2204	47	16	94				
51			2296	2251	45	17	90				
54	9	78	2329	2296	33	18	66	2204	125	6	83
57			2358	2329	29	19	58				
60	10	50	2379	2358	21	20	42				
63			2400	2379	21	21	42	2329	71	7	47
66	11	35	2414	2400	14	22	28				
69			2428	2414	14	23	28				

续表

t (h)	6h单位线		S(t)	S(t-3)	S(t)-S(t-3)	3h单位线		S(t-9)	S(t)-S(t-9)	9h单位线	
	i	q_i				j	q_j			k	q_k
72	12	23	2437	2428	9	24	18	2400	37	8	25
75			2445	2437	8	25	16				
78	13	12	2449	2445	4	26	8				
81			2449	2449	0	27	0	2437	12	9	8
84	14	0	2449								
87			2449								
90			2449					2449	0	10	0

解：（1）推求 6h 单位线的 S 曲线：利用式（4-46）求得 6h 单位线的 S 曲线，并每隔 3h 进行内插，见表 4-9 第（1）、第（4）栏。

（2）转换为 3h 单位线：取 $\Delta t=3\mathrm{h}$，$\Delta t_0=6\mathrm{h}$，根据式（4-49），将 S 曲线 [第（4）栏] 延后 3h [第（5）栏]，两栏数值相减的结果 [第（6）栏] 乘以 6/3 得 3h 单位线，见表 4-9 第（7）、第（8）栏。

（3）转换为 9h 单位线：取 $\Delta t=9\mathrm{h}$，$\Delta t_0=6\mathrm{h}$，根据式（4-49），将 S 曲线 [第（4）栏] 延后 9h [第（9）栏]，两栏数值相减的结果 [第（10）栏] 乘以 6/9 求得 9h 单位线，见表 4-9 第（11）、第（12）栏。

4.5.2.4　单位线存在问题及处理方法

流域不同次洪水分析的单位线常有些不同，有时差别还比较大，主要原因及处理方法如下：

（1）洪水大小的影响。大洪水流速大、汇流快，用大洪水资料求得的单位线峰高且峰现时间早；小洪水则相反，求得的单位线过程平缓，峰低且峰现时间迟。可以针对不同量级的时段净雨采用不同的单位线。

（2）暴雨中心位置的影响。暴雨中心位于上游的洪水，汇流路径长，洪水过程较平缓，单位线峰低且峰现时间偏后；若暴雨中心在下游，单位线过程尖瘦，峰高且峰现时间早。可以按暴雨中心位置分别采用相应的单位线。

4.5.3　瞬时单位线法*

4.5.3.1　瞬时单位线的概念

瞬时单位线是指在无穷小历时的瞬间，输入总水量为 1 个单位且在流域上分布均匀的单位净雨所形成的流域出流过程线，以数学方程 $u(0,t)$ 来表示，如图 4-21 所示。

根据水量平衡原理，输出的水量为 1，即瞬时单位线和时间轴所包围的面积应等于 1，即

$$\int_0^\infty u(0,t)\mathrm{d}t = 1 \qquad (4-50)$$

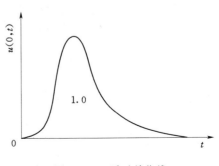

图 4-21　瞬时单位线

纳希（J. E. Nash）1957 年提出一个假设，即流域对地面净雨的调蓄作用，可用 n 个串联的线性水库的调节作用来模拟，由此推导出纳希瞬时单位线的数学方程式为

$$u(0,t)=\frac{1}{K\Gamma(n)}\left(\frac{t}{K}\right)^{n-1}\mathrm{e}^{-\frac{t}{K}}\qquad(4-51)$$

式中 n——线性水库的个数；

　　　　K——线性水库的蓄量常数。

纳希用 n 个串联的线性水库模拟流域的调蓄作用只是一种概念，与实际是有差别的，但导出的瞬时单位线的数学方程式具有实用意义，得到广泛的应用。在实用中，纳希瞬时单位线的 n 和 K 并非是原有的物理含义，而是起着汇流参数的作用，n 的取值也可以不是整数。n、K 对瞬时单位线形状的影响是相似的，当 n、K 减小时，$u(0, t)$ 的峰值增高，峰现时间提前；而当 n、K 增大时，$u(0, t)$ 的峰值降低，峰现时间推后。

瞬时单位线的优点是采用数学方程表达，易于采用计算机编程计算，并且便于对参数进行分析和地区综合，较为适合于中小流域地面径流的汇流计算。

4.5.3.2 瞬时单位线的时段转换

实用中需将瞬时单位线转换为时段单位线才能使用，时段的转换仍采用 S 曲线法。按 S 曲线的定义，有

$$S(t)=\int_{0}^{t}u(0,t)\mathrm{d}t=\int_{0}^{t}\frac{1}{\Gamma(n)}\left(\frac{t}{K}\right)^{n-1}\mathrm{e}^{-\frac{t}{K}}\mathrm{d}\frac{t}{K}\qquad(4-52)$$

式（4-52）已经制成表格可供查用（见附表 2）。由 S 曲线可以转换为任何时段长度的单位线

$$u(\Delta t,t_{k})=S(t_{k})-S(t_{k}-\Delta t)\qquad(4-53)$$

式中 $S(t_{k})$——第 k 个时段末 S 曲线的纵坐标；

　　$u(\Delta t, t_{k})$——第 k 个时段末单位线的纵坐标。

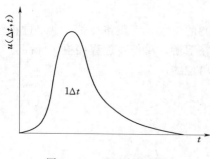

图 4-22 无因次单位线

式（4-53）转换得出的时段单位线的纵坐标为无因次值，称为无因次单位线，如图 4-22 所示。无因次单位线和时间轴所包围的面积应等于 $1\Delta t$，且有

$$\sum_{i=1}^{n}u(\Delta t,t_{i})=1\qquad(4-54)$$

无因次单位线等价于单位时段内输入 $1\Delta t$（h）总水量的单位净雨所形成的出流过程线，而 10mm 单位线为单位时段内输入 $10F$（mm×km²）总水量的单位净雨所形成的出流过程线。根据单位线的倍比假定，10mm 单位线与无因次单位线之间的关系为

$$q(\Delta t,t_{i})=\frac{10F}{3.6\Delta t}u(\Delta t,t_{i})\qquad(4-55)$$

【例 4-9】 已知某流域面积 349km²，纳希瞬时单位线参数 $n=1.5$，$K=5.68$，请转换为 $\Delta t=3\mathrm{h}$ 的单位线。

解:(1) 由 $K=5.68$ 计算 t/K,见表 4-10 第(1)、第(2)栏。

(2) 由 $n=1.5$ 查附表 4,按第(2)栏 t/K 值采用直线内插法得出 $S(t)$,见表 4-10 第(3)栏。

(3) 将 $S(t)$ 延后 3h,按式(4-53)转换得出无因次单位线 $u(\Delta t,t)$,见表 4-10 第(5)栏。

(4) 由式(4-55)将无因次单位线转换为 10mm 单位线 $q(\Delta t,t)$,见表 4-10 第(6)栏。

表 4-10   由瞬时单位线推求时段单位线

t (h)	t/K	$S(t)$	$S(t-\Delta t)$	$u(\Delta t,t)$	$q(\Delta t,t)$ (m³/s)
(1)	(2)	(3)	(4)	(5)	(6)
0	0	0		0	0
3	0.528	0.209	0	0.209	67.5
6	1.056	0.450	0.209	0.241	77.8
9	1.585	0.634	0.450	0.184	59.4
12	2.113	0.761	0.634	0.127	41.0
15	2.641	0.847	0.761	0.086	27.8
18	3.169	0.904	0.847	0.057	18.4
21	3.697	0.940	0.904	0.036	11.7
24	4.225	0.963	0.940	0.023	7.5
27	4.754	0.977	0.963	0.014	4.5
30	5.282	0.986	0.977	0.009	2.9
33	5.810	0.991	0.986	0.005	1.6
36	6.338	0.994	0.991	0.003	1.0
39	6.866	0.997	0.994	0.003	1.0
42	7.394	0.998	0.997	0.001	0.3
45	7.923	0.999	0.998	0.001	0.3
48	8.451	1.000	0.999	0.001	0.3
51	8.979	1.000	1.000	0	0

4.5.3.3 瞬时单位线的参数推求

瞬时单位线的参数 n、K 需根据流域实测降雨和径流资料推求,步骤如下:

(1) 选取流域上分布均匀,强度较大的暴雨径流过程资料,计算本次暴雨产生的地面净雨及相应地面径流过程。

(2) 假定 n、K 的初值,按表 4-10 的示例转换为 10mm 单位线,并由地面净雨推求地面径流过程。

(3) 如果推求出的地面径流过程与实际地面径流过程符合较好,则所假定的 n、K 是合理的,可以作为瞬时单位线的参数;否则,需调整 n、K 值,直至计算出的地面径流过程与实际过程符合较好为止。

为了减少试算工作量，可以采用矩法估计 n、K 的初值，即

$$K = \frac{M_2(Q) - M_2(R_s)}{M_1(Q) - M_1(R_s)} - [M_1(Q) + M_1(R_s)] \tag{4-56}$$

$$n = \frac{M_1(Q) - M_1(R_s)}{K} \tag{4-57}$$

在式（4-56）和式（4-57）中，$M_1(R_s)$ 和 $M_2(R_s)$ 分别为地面净雨过程的一阶和二阶原点矩，$M_1(Q)$ 和 $M_2(Q)$ 分别为地面径流过程的一阶和二阶原点矩，其计算公式为

$$M_1(R_s) = \frac{\sum R_{si}(i\Delta t - 0.5\Delta t)}{\sum R_{si}} \tag{4-58}$$

$$M_2(R_s) = \frac{\sum R_{si}(i\Delta t - 0.5\Delta t)^2}{\sum R_{si}} \tag{4-59}$$

$$M_1(Q) = \frac{\sum Q_i(i\Delta t)}{\sum Q_i} \tag{4-60}$$

$$M_2(Q) = \frac{\sum Q_i(i\Delta t)^2}{\sum Q_i} \tag{4-61}$$

由于瞬时单位线参数具备地区综合特点，使之可以适用于无径流资料地区的流域汇流计算。

4.5.4　线性水库法

线性水库是指水库的蓄水量与出流量之间的关系为线性函数。根据众多资料的分析表明，流域地下水的储水结构近似为一个线性水库，下渗的净雨量为其入流量，经地下水库调节后的出流量就是地下径流的出流量。地下水线性水库满足蓄泄方程与水量平衡方程，即

$$\left. \begin{array}{l} \overline{I}_g - \dfrac{Q_{g1} + Q_{g2}}{2} = \dfrac{W_{g2} - W_{g1}}{\Delta t} \\[2mm] W_g = K_g Q_g \end{array} \right\} \tag{4-62}$$

式中　　$\overline{I}_g$——地下水库时段平均入流量，m^3/s；

Q_{g1}，Q_{g2}——时段初、末地下径流的出流量，m^3/s；

W_{g1}，W_{g2}——时段初、末地下水库蓄量，m^3；

K_g——地下水库蓄量常数，s；

Δt——计算时段，s。

联立求解方程组（4-62）得

$$Q_{g2} = \frac{\Delta t}{K_g + 0.5\Delta t}\overline{I}_g + \frac{K_g - 0.5\Delta t}{K_g + 0.5\Delta t}Q_{g1} \tag{4-63}$$

为计算方便，式（4-63）中的 K_g 和 Δt 可以按 h 计。

地下水库时段平均入流量 $\overline{I}_g$ 就是时段地下净雨对地下水库的补给量，即

$$\overline{I}_g = \frac{0.278 R_g F}{\Delta t} \tag{4-64}$$

式中 R_g——本时段地下净雨量，mm；

F——流域面积，km^2。

将式（4-64）代入式（4-63），得

$$Q_{g2}=\frac{0.278F}{K_g+0.5\Delta t}R_g+\frac{K_g-0.5\Delta t}{K_g+0.5\Delta t}Q_{g1} \qquad (4-65)$$

当地下净雨 R_g 停止后，则有

$$Q_{g2}=\frac{K_g-0.5\Delta t}{K_g+0.5\Delta t}Q_{g1} \qquad (4-66)$$

式（4-66）是流域退水曲线的差分方程，根据实测的流域地下水退水曲线，可以推求出地下水汇流参数 K_g。除了采用线性水库法作地下径流汇流计算外，还可以采用简化三角形法。

【例 4-10】 已知某流域 $F=5290km^2$，并由地下水退水曲线分析得出 $K_g=228h$；1985 年 4 月该流域发生的一场洪水，起涨流量 50m^3/s，通过产流计算求得该次暴雨产生的地下净雨过程 R_g—t 见表 4-11；取计算时段 $\Delta t=6h$，推求该次洪水地下径流的出流过程。

解：将 $F=5290km^2$、$K_g=228h$、$\Delta t=6h$ 代入式（4-65），得该流域地下径流的汇流计算式为

$$Q_{g2}=\frac{0.278\times5290}{228+0.5\times6}R_g+\frac{228-0.5\times6}{228+0.5\times6}Q_{g1}=6.366R_g+0.974Q_{g1}$$

取第一时段起始流量 $Q_{g1}=50m^3/s$，按上式逐时段连续计算，结果见表 4-11。

表 4-11　　　　　　　　　　某流域地下径流汇流计算

t	R_g (mm)	$6.366R_g$ (m^3/s)	$0.974Q_{g1}$ (m^3/s)	Q_{g2} (m^3/s)
16 日 14 时				50
16 日 20 时	3.3	21	49	70
17 日 02 时	8.1	52	68	120
17 日 08 时	8.1	52	117	169
17 日 14 时	3.2	20	165	185
17 日 20 时			180	180
18 日 02 时			175	175
18 日 08 时			170	170
18 日 14 时			166	166
18 日 20 时			162	162
19 日 02 时			158	158
⋮			⋮	⋮

同时刻地面径流过程与地下径流过程叠加即为流域出口断面的流量过程。

4.6 河 道 汇 流 计 算*

4.6.1 基本原理

在无区间入流的情况下，河段流量演算满足以下方程组

$$\frac{1}{2}(Q_{上,1}+Q_{上,2})\Delta t-\frac{1}{2}(Q_{下,1}+Q_{下,2})\Delta t=S_2-S_1 \tag{4-67}$$

$$S=f(Q) \tag{4-68}$$

式中 $Q_{上,1}$，$Q_{上,2}$——时段始、末上断面的入流量，m^3/s；

$\qquad Q_{下,1}$，$Q_{下,2}$——时段始、末下断面的出流量，m^3/s；

$\qquad\qquad \Delta t$——计算时段，s；

$\qquad\quad S_1$、S_2——时段始、末河段蓄水量，m^3。

式（4-67）是河段水量平衡通用方程的差分形式，反映了河段进出流量与蓄水量之间的关系；式（4-68）为槽蓄方程，反映了河段蓄水量与流量之间的关系，与所在河段的河道特性和洪水特性有关。如何确定河道槽蓄方程，是河段流量演算的关键。

假定河段的流量与蓄水量成线性函数关系，则槽蓄方程可以写成

$$S=KQ \tag{4-69}$$

式中 K——蓄量系数。

在稳定流情况下，$Q_下=Q_上$，可以取 $Q=Q_下$ 代入方程（4-69）求解。

但是，在天然河道，洪水波的涨落运动属非稳定流态，河段蓄水量情况如图4-23所示。洪水涨落时的河段蓄水量可以分为柱蓄和楔蓄两部分，柱蓄是指下断面稳定流水面线以下的蓄量，楔蓄指稳定流水面线与实际水面线之间的蓄量，如图4-23中的阴影部分。在涨洪阶段，楔蓄为正值，河段的蓄水量大于槽蓄量，如图4-23（a）所示；在退水阶段，楔蓄为负值，河段的蓄水量小于槽蓄量，如图4-23（b）所示。因此，由于楔蓄的存在，河段无论取 $Q=Q_上$ 或 $Q=Q_下$，采用式（4-69）计算出的河段蓄水量 S 都会偏离实际值。

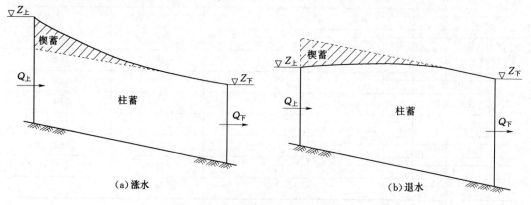

图4-23 洪水涨落时河段蓄水分析

为了解决这一问题，可以取介于 $Q_上$ 和 $Q_下$ 之间的某一流量值，称为示储流量

$$Q' = xQ_上 + (1-x)Q_下 \tag{4-70}$$

使得 $Q = Q'$ 时，方程（4-69）成立

$$S = KQ'$$

即

$$S = K[xQ_上 + (1-x)Q_下] \tag{4-71}$$

式中　x——流量比重因素，取值一般在 $0 \sim 0.5$ 之间。

如果已知河段入流量 $Q_{上,t}$，初始条件 $Q_{下,0}$ 和 S_0，根据式（4-67）和式（4-71）进行逐时段演算，可以得出河段出流过程 $Q_{下,t}$。这一流量演算方法称为马斯京根法，因最早在美国马斯京根河上使用而得名。

4.6.2 马斯京根流量演算

联解水量平衡方程式（4-67）和式（4-71），可得马斯京根流量演算方程为

$$Q_{下,2} = C_0 Q_{上,2} + C_1 Q_{上,1} + C_2 Q_{下,1} \tag{4-72}$$

其中　　$C_0 = \dfrac{0.5\Delta t - Kx}{K - Kx + 0.5\Delta t}, C_1 = \dfrac{0.5\Delta t + Kx}{K - Kx + 0.5\Delta t}, C_2 = \dfrac{K - Kx - 0.5\Delta t}{K - Kx + 0.5\Delta t}$　(4-73)

式中　C_0、C_1、C_2——K、x 的函数，且 $C_0 + C_1 + C_2 = 1$。

根据入流 $Q_{上,1}$、$Q_{上,2}$，时段初 $Q_{下,1}$，由式（4-72）推求出时段末 $Q_{下,2}$，通过逐时段连续演算，可以得出下断面出流过程线 $Q_下(t)$。

应用马斯京根法的关键是如何合理地确定 K、x 值，一般是采用试算法由实测资料通过试算求解。具体方法是针对某一次洪水，假定不同的 x 值，按式（4-70）计算 Q'，作 S—Q' 关系曲线，选择其中能使两者关系成为单一直线的 x 值，K 值则等于该直线的斜率。取多次洪水作相同的计算和分析，可以确定该河段的 K、x 值。

【例 4-11】 已知某河段 7 月一场实测洪水见表 4-12 第（1）～（3）栏，计算时段长 $\Delta t = 12h$，试分析该次洪水的马斯京根槽蓄方程参数 K、x。

表 4-12　　　　　　　　　马斯京根法 S 与 Q' 计算表

时间	$Q_上$ (m³/s)	$Q_下$ (m³/s)	$Q_上 - Q_下$ (m³/s)	ΔS (m³/s·Δt)	S (m³/s·Δt)	Q' (m³/s) $x=0.2$	Q' (m³/s) $x=0.3$
(1)	(2)	(3)	(4)	(5)	(6)	(7)	(8)
1 日 0 时	75	75	0		0	75	75
1 日 12 时	407	80	327	164	164	145	178
2 日 0 时	1693	440	1253	790	954	691	816
2 日 12 时	2320	1680	640	947	1901	1808	1872
3 日 0 时	2363	2150	213	427	2328	2193	2214
3 日 12 时	1867	2280	−413	−100	2228	2197	2156
4 日 0 时	1220	1680	−460	−437	1791	1588	1542
4 日 12 时	830	1270	−440	−450	1341	1182	1138
5 日 0 时	610	880	−270	−355	986	826	799

续表

时间	$Q_上$ (m³/s)	$Q_下$ (m³/s)	$Q_上-Q_下$ (m³/s)	ΔS (m³/s·Δt)	S (m³/s·Δt)	Q'(m³/s)	
						$x=0.2$	$x=0.3$
5 日 12 时	480	680	−200	−235	751	640	620
6 日 0 时	390	550	−160	−180	571	518	502
6 日 12 时	330	450	−120	−140	431	426	414
7 日 0 时	300	400	−100	−110	321	380	370
7 日 12 时	260	340	−80	−90	231	324	316
8 日 0 时	230	290	−60	−70	161	278	272
8 日 12 时	200	250	−50	−55	105	240	235
9 日 0 时	180	220	−40	−45	61	212	208
9 日 12 时	160	200	−40	−40	21	192	188

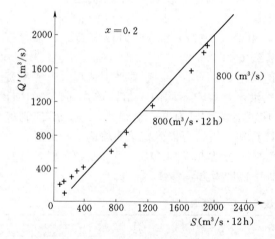

图 4-24 马斯京根法 S—Q'关系线

解：（1）计算每一时刻的 $Q_上$−$Q_下$，列于表 4-12 第（4）栏。

（2）由式（4-67）计算出

$$\Delta S=\frac{1}{2}(Q_{上,1}-Q_{下,1})\Delta t+\frac{1}{2}(Q_{上,2}-Q_{下,2})\Delta t$$

列于表 4-12 第（5）栏。

（3）逐时段累加 ΔS，得河段累积蓄水量 S，列于表 4-12 第（6）栏。

（4）假定 x 值，本例分别假设 $x=0.2$ 和 $x=0.3$，按式（4-70）计算 $Q'=xQ_上+(1-x)Q_下$，结果分别列于表 4-12 第（7）栏和第（8）栏。

（5）按表 4-12 第（7）栏和第（8）栏的数据，分别点绘两条 S—Q'关系线，其中以 $x=0.2$ 的 S—Q'更近似于直线（图 4-24），其斜率 $K=\Delta S/\Delta Q'=800\times12/800=12h$。

最终得出本次洪水的马斯京根槽蓄方程参数 $x=0.2$、$K=12h$。

【例 4-12】 已知某河段 6 月一次洪水的上断面入流过程，见表 4-13 第（1）、第（2）栏，试根据上例分析出的马斯京根槽蓄方程参数 $x=0.2$、$K=12h$，推求河道出流过程。

解： 将 $x=0.2$、$K=12h$、$\Delta t=12h$ 代入式（4-73）得 $C_0=0.231$、$C_1=0.538$、$C_2=0.231$，且 $C_0+C_1+C_2=1$，计算无误，代入式（4-72）得该河段流量洪水演算方程为

$$Q_{下,2} = 0.231Q_{上,2} + 0.538\,Q_{上,1} + 0.231\,Q_{下,1}$$

取河道初始出流量 $Q_{下,1} = Q_{上,1} = 250\text{m}^3/\text{s}$，用上述洪水演算方程，可算出河段下断面的流量，见表 4-13 第（6）栏。

表 4-13　　　　　　　　　　　　**马斯京根法洪水演算**

时间	$Q_上$	$C_0Q_{上,2}$	$C_1Q_{上,1}$	$C_2Q_{下,1}$	$Q_{下,2}$
(1)	(2)	(3)	(4)	(5)	(6)
10 日 12 时	250				250
11 日 0 时	310	72	135	58	265
11 日 12 时	500	116	167	61	344
12 日 0 时	1560	360	269	79	708
12 日 12 时	1680	388	839	164	1301
13 日 0 时	1360	314	904	321	1539
13 日 12 时	1090	252	732	356	1340
14 日 0 时	870	201	586	310	1097
14 日 12 时	730	169	468	253	890
15 日 0 时	640	148	393	206	747
15 日 12 时	560	129	344	173	646
16 日 0 时	500	116	301	149	566

4.6.3　关于马斯京根法中几个问题的讨论

（1）参数 K 反映了稳定流状态的河段的传播时间。在不稳定流情况下，流速随水位高低和涨落洪水过程而不同，所以河段传播时间也不相同，K 不是常数。当各次洪水分析出的 K 值变化较大时，应根据不同的流量取不同的 K 值。

（2）参数 x 除反映楔蓄对流量的作用外，还反映河段的调蓄能力。天然河道的 x 一般从上游向下游逐渐减小，大部分情况下介于 0.2～0.45 之间。对于一定的河段，在洪水涨落过程中基本稳定，但也有随流量增加而减小的趋势。在对洪水资料分析中，若发现 x 随流量变化较大时，可建立 $x—Q$ 关系线，对不同的流量取不同的 x。

（3）时段 Δt 最好等于河段传播时间，这样上游断面在时段初出现的洪峰，Δt 后就正好出现在下游断面，而不会卡在河段中，使河段的水面线出现上凸曲线。当演算的河段较长时，则可把河段划分为若干段，使 Δt 等于各段的传播时间，然后从上到下进行多河段连续演算，推算出下游断面的流量过程。

习　　　题

[4-1] 某流域 1981 年 5 月一次暴雨的逐时段雨量及净雨深见表 4-14，经分析

得流域稳定下渗率 $f_c = 0.4 \text{mm/h}$，试划分地面、地下净雨。

表 4-14　　　　　　　　　开峰峪水文站以上流域降雨及径流资料

时间	2 日 14~20 时	2 日 20 时~3 日 02 时	3 日 02~08 时	3 日 08~14 时	3 日 14~20 时
P (mm)	12.6	17.4	16.9	3.3	1.4
R (mm)	7.9	11.7	16.7	3.3	1.4

[4-2] 某流域 1992 年 6 月发生一次暴雨，实测降雨和流量资料见表 4-15。该次洪水的地面径流终止点在 27 日 1 时。试分析该次暴雨的初损量及平均后损率，并计算地面净雨过程。

表 4-15　　　　　　　　　某水文站一次实测降雨及洪水过程资料

时间	P (mm)	Q (m^3/s)	时间	Q (m^3/s)	时间	Q (m^3/s)
23 日 01 时		10	24 日 19 时	80	26 日 13 时	17
23 日 07 时	5.3	9	25 日 01 时	56	26 日 19 时	15
23 日 13 时	38.3	30	25 日 07 时	41	27 日 01 时	13
23 日 19 时	13.1	106	25 日 13 时	34	27 日 07 时	12
24 日 01 时	2.8	324	25 日 19 时	28	27 日 13 时	11
24 日 07 时		190	26 日 01 时	23	27 日 19 时	10
24 日 13 时		117	26 日 07 时	20	28 日 01 时	9

[4-3] 某流域面积 881km^2，1980 年 5 月一次实测洪水过程见表 4-16。根据产流方案，求得本次洪水的地面净雨历时为两个时段，净雨量分别为 14.5mm 和 9.3mm。

（1）试用分析法推求本次洪水的单位线。

（2）将所求的单位线转换为 6h 单位线。

（3）根据所求的单位线及表 4-16 的净雨过程推算流域出口断面的地面径流过程线。

表 4-16　　　　　　　　　　　单 位 线 分 析

时间	地面净雨量 R_s (mm)	实测流量 Q (m^3/s)	地下径流量 Q_g (m^3/s)	地面径流量 Q_s (m^3/s)	分析单位线 q' (m^3/s)	修正单位线 q (m^3/s)
10 日 16 时		18	18			
10 日 19 时	14.5	76	19			
10 日 22 时	9.3	240	20			
11 日 01 时		366	20			
11 日 04 时		296	21			

时间	地面净雨量 R_s （mm）	实测流量 Q （m³/s）	地下径流量 Q_g （m³/s）	地面径流量 Q_s （m³/s）	分析单位线 q' （m³/s）	修正单位线 q （m³/s）
11 日 07 时		243	21			
11 日 10 时		218	22			
11 日 13 时		172	23			
11 日 16 时		144	24			
11 日 19 时		118	24			
11 日 22 时		98	25			
12 日 01 时		78	25			
12 日 04 时		70	25			
12 日 07 时		62	26			
12 日 10 时		52	26			
12 日 12 时		40	26			
12 日 16 时		36	26			
12 日 19 时		33	27			
12 日 22 时		31	27			
13 日 01 时		30	28			
13 日 04 时		28	28			

[4-4] 利用表 4-16 资料推求瞬时单位线的参数 n、K，并转化为 6h 单位线，并根据表 4-17 的资料推求流域出口断面的地面径流流量过程线。

表 4-17　　　　　　　　　　某流域一次净雨过程

时间（h）	0～6	6～12	12～18	18～24
净雨量（mm）	15.3	21.8	0	4.2

第**5**章

水 文 预 报

5.1 概 述

5.1.1 水文预报概念

水文预报是工程水文学不可缺少的内容，主要是根据已知信息对未来一定时期内的水文情势作出定性或定量预报。已知信息广义上指对预报水文情势有影响的一切信息，最常用的是水文与气象要素信息，如降水、蒸发、流量、水位、冰情、气温等观测信息；预报的水文情势变量可以是任一水文要素，也可以是水文特征量，不同的情势量预报要求的已知信息不同、预报方法不同、预见期也不同。目前通常预报的水文要素有流量、水位、冰情和旱情。

洪水预报预见期就是洪水能提前预测的时间。在水文预报中，预见期的长与短并没有明确的时间界限。

5.1.2 水文预报作用

水文预报是防汛抗旱、有效地利用水资源以及水利水电工程设计、施工、调度、管理等的重要依据。水库防洪，常要求水库错峰、蓄洪减灾等，水库洪水及旱预报，科学调度，可以减少洪灾损失；水情预报准确，水库可以及时蓄水，增加兴利效益。我国许多大型水电站和综合利用的水库如新安江水电站、水口水库、青山水库等，由于采用先预报后调度模式，其发电效益和综合利用效益比不利用预报信息的调度模式显著提高。

做好水利工程施工期水文预报，对保障水利工程安全施工意义重大。不同的施工方式及施工阶段，水文预报内容和方法都不同。在未蓄水以前，主要处理不同导流方式下的水力学计算，蓄水后类似水库水文预报。除短期水文预报外，往往还要有中长期水文预报予以配合，以便对施工现场进行布设和处理。

在枯季，由于江河水量小，水资源供需矛盾较突出，如灌溉、航运、工农业生产、城市生活供水、发电以及环境需水等诸方面对水资源的需求常难满足。为合理调配水资源，枯季径流预报有一定的作用。此外，由于枯季江河水量少，水位低，是水利水电工程施工（沿江防洪堤、闸门维修等），特别是大坝截流期施工的宝贵季节。因此，为了确保施工安全，枯季径流预报肩负责任大。

5.2 短期洪水预报

短期洪水预报包括降雨径流预报、河段洪水预报以及考虑修正的实时洪水预报。降雨径流预报是按降雨径流形成过程的原理，利用流域内的降雨资料预报出流域出口断面的洪水过程。河段洪水预报是以河槽洪水波运动理论为基础，由河道上游断面的水位、流量过程预报下游断面的水位和流量过程。实时洪水预报指的是对将发生的未来洪水在实际时间进行预报，就目前预报方法而言这实际时间就是观测降雨及时进入数据库的时间。

5.2.1 降雨径流预报
5.2.1.1 预见期的确定

目前的短期洪水预报，都是据实测的降雨作为输入（已知条件）来预报未来的洪水，所以其预见期就是指洪水的平均汇流时间。在实际中具体确定预见期的方法有：对于源头流域可把主要降雨结束到预报断面洪峰出现这个时间差作为洪水预见期；而区间流域洪水预报或河段洪水预报，当区间来水对预报断面洪峰影响不大时，洪水预见期就等于上、下游断面间水流的传播时间。如果暴雨中心集中在区间（上断面没有形成有影响的洪水）流域，那么预见期就接近于区间洪水主要降雨结束到下游预报断面洪峰出现这个时差。假如降雨空间分布较均匀，上断面和区间都形成了有影响的洪水，则情况就复杂些，其预见期通常取河段传播时间和区间流域水流平均汇集时间的最小值。

一个特定流域，洪水预见期是客观存在的，是反映流域对水流调蓄作用的特征量，表达水质点的平均滞时，其大小与流域面积、流域形状、流域坡度、河网分布等地貌特征及降雨、洪水等水文气候特征有关，不同特征的洪水有不同的预见期。对于不同的洪水，由于降雨强度、降雨时空分布、暴雨中心位置与走向及水流的运动速度都是变化的，因此每一场洪水的预见期是不同的。例如，暴雨中心在上游，预见期就会长些，暴雨中心在下游，预见期就会短些。另外，暴雨强度和降雨的时间组合，也在一定程度上会影响预见期。对于不同的流域，地形、地貌特征都会影响预见期。这主要包括流域面积、坡度、坡长、河网密度、地表粗糙度和流域形状等。

预见期可据历史洪水资料来分析确定。对于一场洪水的预见期，可以据实测的流域平均降雨和流量过程确定，如图 5-1 所示

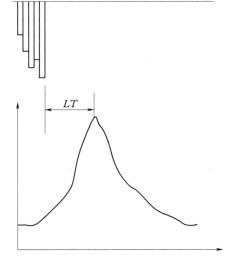

图 5-1 预见期确定

（图中 LT 为预见期）。对于流域的一系列历史洪水，可得一组预见期。如果这不同的洪水预见期变化不大，可简单的取其平均即可；如果差别较大，需建立预见期与影响因子（如暴雨中心位置、雨强、降雨时间分布等）之间的关系。

5.2.1.2　降雨径流计算

降雨径流预报是利用流域降雨量经过产流计算和汇流计算，预报出流域出口断面的径流过程。计算步骤通常分为四步。

（1）蒸散发计算。蒸发对于我国绝大多数流域可采用三层蒸发模型。有些南方湿润地区流域，第三层蒸发作用不大，可简化为二层；蒸发折算系数可是常数也可是变数，在南方湿润地区，通常只考虑汛期和枯季的差异即可，而在高寒地区，还要考虑冬季封冻带来的差异。因此蒸发折算系数的季节变化要视具体流域的蒸发特征而定。

（2）产流计算。产流主要据流域的气候特征，湿润地区选择蓄满产流，干旱地区选择超渗产流。另外如果流域地处高寒地区，产流结构中应考虑冰川积雪的融化、冬季的流域封冻等；如果流域内岩石、裂隙发育，喀斯特溶洞广布或在地下河的不封闭流域，产流要采用相应的特殊结构；还有一些人类活动作用强烈的流域，也应该具体分析选用合适的产流结构。例如，流域内中小水库或水土保持措施作用大时，应考虑这些水利工程对水流的拦截作用等。

（3）水源划分。考虑到坡地汇流阶段各种水源成分汇流特性不一样，采用的计算方法也不同，所以在汇流计算之前进行水源划分。常用的计算方法是通过稳定下渗率、下渗曲线等，将地下径流从总水源中划分出来。

（4）流域汇流计算。流域汇流计算可分为坡地汇流计算和河网汇流计算，按 4.5 节的方法进行。

【例 5-1】 白盆珠水库位于广东省东江一级支流西枝江的上游，坝址以上集雨面积 856km²。流域地处粤东沿海的西部，海洋性气候显著，气候温和，雨量丰沛。暴雨成因主要是锋面雨和台风雨，常受热带风暴影响。降雨年际间变化大，年内分配不均，多年平均年降雨量为 1800mm，实测年最大降雨量为 3417mm，汛期 4～9 月降雨量占年降雨量的 81% 左右；径流系数 0.5～0.7。流域内地势平缓，土壤主要有黄壤和砂壤，具有明显的腐殖层、淀积层和母质土等层次结构，透水性好。台地、丘陵多生长松、杉、樟等高大乔木；平原则以种植农作物和经济作物为主，植被良好。流域上游有宝口水文站，流域面积 553km²，占白盆珠水库坝址以上集雨面积的 64.6%。流域内有 7 个雨量站，其中宝口以上有 4 个，雨量站分布较均匀。流域属山区性小流域且受到地形、地貌等下垫面条件影响，洪水陡涨缓落，汇流时间一般 2～3h，有时更短；一次洪水总历时 2～5 天。流域的一次暴雨过程见表 5-1，所采用的参数见表 5-2，试计算这次暴雨过程产生的出口断面流量过程。

解： 根据流域水文、气象资料可以分析，宝口以上流域属于蓄满产流，采用蓄满产流模式进行计算，根据实测水文资料率定的参数见表 5-2。其中：K_c 为蒸散发折算系数，WU_m、WL_m 分别为上层、下层土壤蓄水容量，C 为深层散发系数，W_m 为流域平均蓄水容量，B 为蓄水容量曲线的指数，f_c 为稳定下渗率，C_g 为地下水退水系数。分水源采用 f_c 进行划分。地面径流汇流计算采用单位线，地下径流汇流计算采用线性水库。计算结果见表 5-3。

表 5-1　　　　　　　　　宝口以上流域一次暴雨过程

日期			蒸散发量 (mm)	降雨量 (mm)			
月	日	时		禾多布	马山	高潭	宝口
9	23	12	1.3	6.2	9.9	21.6	17.3
		15	1.3	7.6	16.0	20.6	12.6
		18	1.3	6.2	6.4	14.9	15.9
		21	1.3	8.8	17.2	29.4	18.5
	24	0	1.2	25.0	34.8	35.3	24.6
		3	0.9	29.9	29.2	43.9	37.8
		6	0.9	38.6	24.8	46.9	33.0
		9	0.9	6.9	7.5	6.1	12.3
		12	0.9	28.3	29.9	34.2	28.5
		15	0.9	25.6	42.7	39.8	75.4
		18	0.9	93.9	137.6	124	13.2
		21	0.9	85.3	90.8	85.0	75.9
	25	0	0.8	51.5	47.4	49.2	38.5
		3	1.1	39.8	70.3	42.1	97.7
		6	1.1	43.2	47.3	61.5	45.9
		9	1.1	20.5	13.3	15.8	13.1
		12	1.1	10.5	8.0	1.8	3.3
		15	1.1	7.4	8.4	7.6	10.9
		18	1.1	1.8	2.8	2.1	4.6
		21	1.1	0.2	0	0.3	0
	26	0	1.2	0	0	0	0
		3	2.1	0	0	0	0
		6	2.1	0	0	0	0
		9	2.1	0	0	0	0
		12	2.1	0	0	0	0
		15	2.1	0	0	0	0
		18	2.1	0	0	0	0
		21	2	0	0	0	0

表 5-2　　　　　　　　　宝口以上流域所采用的参数

单位线	时序	1	2	3	4	5	6	7	8	9	10	11
	q_i (m³/s)	0	40.0	80.0	130	100	80.0	48.0	20.0	10.0	5.00	0

其他参数 (单位)	K_c	WU_m (mm)	WL_m (mm)	C	W_m (mm)	B	f_c (mm/3h)	C_g
	1.0	20	60	0.16	140	0.2	10.4	0.972

表 5 - 3　　　　　　　　　宝口以上流域一次暴雨过程的洪水计算结果

日	时	时段数	P（mm）	R（mm）	R_s（mm）	R_g（m）	Q_s（m³/s）	Q_g（m³/s）	Q（m³/s）
	12	1	14.0	12.7	2.3	10.4	0.00	68.7	68.7
	15	2	14.1	12.8	2.4	10.4	9.20	81.6	90.8
23	18	3	11.0	9.7	0.0	9.7	28.0	93.3	121
	21	4	18.7	17.4	7.0	10.4	49.1	106	155
	24	5	29.7	28.5	18.1	10.4	82.2	118	200
	3	6	36.0	35.1	24.7	10.4	171	129	300
	6	7	38.3	37.4	27.0	10.4	365	141	506
	9	8	7.8	6.9	0.0	6.9	627	147	774
	12	9	30.5	29.6	19.2	10.4	781	157	938
24	15	10	42.6	41.7	31.3	10.4	866	168	1030
	18	11	93.8	92.9	82.5	10.4	849	178	1030
	21	12	84.1	83.2	72.8	10.4	1210	188	1400
	24	13	47.6	46.8	36.4	10.4	1750	198	1950
	3	14	56.4	55.3	44.9	10.4	2350	207	2560
	6	15	50.4	49.3	38.9	10.4	2620	216	2840
	9	16	16.5	15.4	5.0	10.4	2580	225	2810
	12	17	5.8	4.7	0	4.7	2340	226	2570
25	15	18	8.3	7.2	0	7.2	1840	229	2070
	18	19	2.6	1.5	0	1.5	1230	225	1460
	21	20	0.2	0	0	0	764	219	983
	24	21	0	0	0	0	390	213	603
	3	22	0	0	0	0	165	207	372
	6	23	0	0	0	0	71.4	201	272
	9	24	0	0	0	0	24.5	195	220
	12	25	0	0	0	0	2.50	190	193
	15	26	0	0	0	0	0	184	184
	18	27	0	0	0	0	0	179	179
	21	28	0	0	0	0	0	174	174
		29					0	169	169
26		30					0	165	165
		31					0	160	160
		32					0	156	156
		33					0	151	151
		34					0	147	147
		35					0	143	143
		36					0	139	139
		37					0	135	135
		38					0	131	131

5.2.2　河段洪水预报

河段洪水预报是根据河段洪水波运行和变形规律，利用河段上断面的实测水位（流量），预报河段下断面未来水位（流量）的方法。本节主要介绍河段洪水演算的相应水位（流量）法。

5.2.2.1 基本原理

相应水位是指河段上、下游站同位相的水位。相应水位（流量）预报，简要地说就是用某时刻上游站的水位（流量）预报一定时间（如传播时间）后下游站的水位（流量）。

在天然河道里，当外界条件不变时，水位的变化总是由于流量的变化所引起的，相应水位的实质是相应流量，所以研究河道水位的变化规律，就应当研究河道中形成这个水位的流量的变化规律。

设在某一不太长的河段中，上、下游站间距为 L，t 时刻上游站流量为 $Q_{u,t}$，经过传播时间 τ 后，下游站流量为 $Q_{l,t+\tau}$，若无旁侧入流，上、下游站相应流量的关系为

$$Q_{l,t+\tau}=Q_{u,t}-\Delta Q \tag{5-1}$$

如在传播时间 τ 内，河段有旁侧入流加入，并在下游站 $t+\tau$ 时刻形成的流量为 $q_{t+\tau}$，则

$$Q_{l,t+\tau}=Q_{u,t}-\Delta Q+q_{t+\tau} \tag{5-2}$$

式中 u,l——上游站和下游站（以下同）；

  ΔQ——上、下游站相应流量的差值，它随上、下游站流量的大小和附加比降不同而异，其实质是反映洪水波变形中的坦化作用。

另一方面洪水波变形引起的传播速度变化，在相应水位（流量）法中主要体现在传播时间关系上，其实质是反映洪水波的推移作用。

传播时间是洪水波以波速由上游运动到下游所需的时间，其基本公式为

$$\tau=\frac{L}{c} \tag{5-3}$$

式中 τ——传播时间；

  L——上、下游站间距；

  c——波速。

在棱柱形河道里洪水波波速 c 与断面平均流速 $\overline{V}$ 间的关系为

$$c=\lambda\,\overline{V} \tag{5-4}$$

式中 λ——断面形状系数，或称波速系数，它取决于断面形状和流速计算公式。

所以传播时间的推求公式为

$$\tau=\frac{L}{\lambda\,\overline{V}} \tag{5-5}$$

式（5-1）及式（5-5）是河道相应水位（流量）预报的基本关系式。$q_{t+\tau}$ 可用推求旁侧入流的方法预报。

在无旁侧入流的天然棱柱形河道中，洪水波在运动中的变形随水深及附加比降不同而异。所以式（5-1）、式（5-2）中的 ΔQ 及式（5-5）中的 τ，是水位和附加比降的函数，即 $Q_{l,t+\tau}$ 和 τ 值均依 $Q_{u,t}$ 和比降的大小等因素而定。但在相应水位（流量）法中，不直接计算 ΔQ 值和 τ 值，而是推求上游站流量（水位）与下游站流量（水位）及传播时间的近似函数关系，即

$$Q_{l,t+\tau}=f(Q_{u,t},Q_{l,t}) \tag{5-6}$$

或 $$Q_{l,t+\tau}=f(Q_{u,t}) \tag{5-7}$$

又 $$\tau=f(Q_{u,t},Q_{l,t}) \tag{5-8}$$

或 $$\tau=f(Q_{u,t}) \tag{5-9}$$

式（5-6）～式（5-9）中，流量 Q 用水位 Z 代换，意义相同。

5.2.2.2　洪峰水位（流量）预报

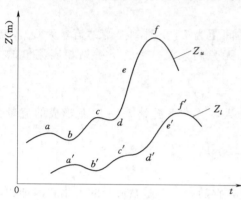

对于区间来水比例不大，河槽稳定的河段，若没有回水顶托等外界因素影响，那么影响洪水波传播的因素较单纯，上、下游站相应水位过程起伏变化较一致，则在上、下游站的水位（流量）过程线上，常常容易找到相应的特征点：峰、谷和涨落洪段的反曲点等，如图 5-2 所示。利用这些相应特征点的水位（流量）即可制作预报曲线图。

从河段上、下游站实测水位资料，摘录相应的洪峰水位值及其出现时间（表 5-4），就可点绘相应洪峰水位（流量）关系曲线及其传播时间曲线，如图 5-3 所示，其关系式为

图 5-2　某河段上、下游站相应水位过程线

$$Z_{p,l,t+\tau}=f(Z_{p,u,t}) \tag{5-10}$$

$$\tau=f(Z_{p,u,t}) \tag{5-11}$$

式中　$Z_{p,u,t}$——上游站 t 时刻洪峰水位；

　　　$Z_{p,l,t+\tau}$——下游站 $t+\tau$ 时刻洪峰水位，下标 p 表示洪峰（以下同）。

表 5-4　　　　　　　　　长江某河段上、下游站洪峰水位要素表

上游站洪峰		下游站同时水位 $Z_{l,t}$ (m)	下游站洪峰		传播时间 τ (h)
出现日期 τ （年.月.日时：分）	水位 $Z_{u,t}$ (m)		出现日期 $t+\tau$ （年.月.日时：分）	水位 $Z_{l,t+\tau}$ (m)	
(1)	(2)	(3)	(4)	(5)	(6)
1974.6.13 02：00	112.40	52.95	1974.6.14 08：00	54.08	30
1974.6.22 14：00	116.74	54.85	1974.6.23 17：00	57.30	27
1974.7.31 10：00	123.78	61.13	1974.8.1 17：00	62.76	31
1974.8.12 15：00	137.21	70.62	1974.8.13 08：00	71.43	17
…	…	…	…	…	…

图 5-3 是一种最简单的相应关系，但有时遇到上游站相同的洪峰水位，只是由于来水峰型不同（胖或瘦）或河槽"底水"不同，导致河段水面比降发生变化，影响到传播时间和下游站相应水位预报值。这时如加入下游站同时水位（流量）作参数，可以提高预报方案精度，如图 5-4 所示。

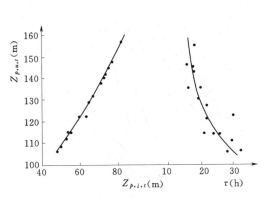
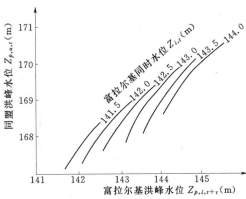

图 5-3 长江某河段上、下游站洪峰水位及
传播时间关系图

图 5-4 嫩江同盟—富拉尔基
洪峰水位关系曲线

在建立相应水位关系时，要注意河道特性及应用历史洪水资料，使高水外延有一定的根据。

5.2.2.3 以支流水位为参数的洪峰水位（流量）相关法

有支流河段的洪峰水位预报，通常取影响较大的支流相应水位（流量）为参数，建立上、下游站洪峰水位关系曲线，其通式为

$$Z_{p,l,t} = f(Z_{p,u,t-\tau}, Z_{1,t-\tau_1}) \qquad (5-12)$$

式中　$Z_{p,l,t}$——t 时刻下游站洪峰水位；

$Z_{p,u,t-\tau}$——$t-\tau$ 时刻上游站洪峰水位；

$Z_{1,t-\tau_1}$——$t-\tau_1$ 时刻支流站的相应水位；

τ_1——支流站水位所需传播时间。

当有两条支流汇集时，可建立以两条支流相应水位为参数的关系曲线，如图 5-5 所示，其关系通式为

$$Z_{p,l,t} = f(Z_{p,u,t-\tau}, Z_{1,t-\tau_1}, Z_{2,t-\tau_2}) \qquad (5-13)$$

式中　τ、τ_1、τ_2——衢县、淳安和金华到芦茨埠的传播时间。

5.2.3 实时洪水预报

实时洪水预报的基本任务是根据采集的实时雨量、蒸发、水位等观测资料信息，对未来将发生的洪水作出洪水总量、洪峰及发生时间、洪水发生过程等情势的预测。水文现象受到自然界中众多因素的影响，这些影响因素大部分具有不确定性的时变特征，给人们在认识和掌握水文现象运动规律造成困难。因此，人们在水文预报中所采用的各种方法或模型都不可能将复杂的水文现象模拟得十分确切，水文预报估计值与实际出现值的偏离，即预报误差是不可避免的。实时洪水预报就是利用在作业预报过程中，不断得到的预报误差信息，运用各种理论和方法及时地校正、改善预报估计值或水文预报模型中的参数，使以后阶段的预报误差尽可能减小，预报结果更接近实测值。

随着现代科学技术的迅猛发展，电子计算机、遥感、遥测以及现代通信新技术在

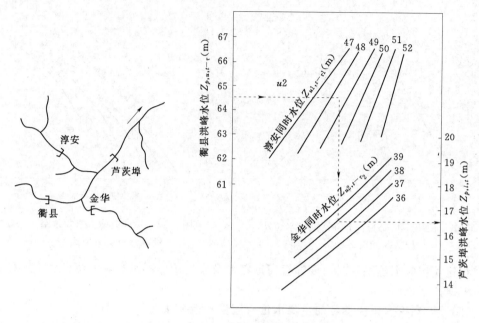

图 5-5　衢县—芦茨埠洪峰水位关系曲线

水文领域中的广泛应用，使得水文预报中能迅速得到反馈的实测信息，从而为水文预报的实时校正提供依据。自前，常用的预报方法或水文模型中，一般都只能根据已知的输入进行计算或模拟，没有处理反馈信息的结构。而采用实时校正的方法和技术就能使其成为联机实时预报系统的组成部分，因此，实时洪水预报是现代水文预报技术发展的一个重要方面。

　　实时修正技术的研究方法很多，归纳起来，按修正内容划分，可分为模型误差修正、模型参数修正、模型输入修正、模型状态修正和综合修正五类。模型误差修正，以自回归方法为典型，即据误差系列，建立自回归模型，再由实时误差，预报未来误差；模型参数和状态修正，有参数状态方程修正，自适应修正和卡尔门滤波修正等方法；模型输入修正，主要有滤波方法和抗差分析；综合修正方法，就是前四者的结合。

　　这里主要介绍应用较多的误差自回归模型（Auto Regression Model，简称 AR 模型），该模型的意义、结构和参数估计等详见相关文献。

5.2.3.1　误差 AR 模型

　　这里将误差看作为研究变量。一般而言，误差在时序上存在相依性，其可由一个 p 阶自回归模型来描述

$$\varepsilon_1 = c_1\varepsilon_{t-1} + c_2\varepsilon_{t-2} + \cdots + c_p\varepsilon_{t-p} + \xi_t \tag{5-14}$$

其中
$$\varepsilon_t = Q_t - QC_t$$

式中　ε_t——t 时刻的模型计算误差；

　　　ξ_t——t 时刻的残差。

　　Q_t 为观测系列，即

$$Q_1, Q_2, \cdots, Q_t$$

QC_t 为模型计算系列，即

$$QC_1, QC_2, \cdots, QC_t$$

由 Q_t 和 QC_t 计算得误差系列，即

$$\varepsilon_1, \varepsilon_2, \cdots, \varepsilon_t$$

将 ε_t 系列分别代入自回归式（5-14）有

$$\begin{cases} \varepsilon_{p+1} = c_1\varepsilon_p + c_2\varepsilon_{p-1} + \cdots + c_p\varepsilon_1 + \xi_{p+1} \\ \varepsilon_{p+2} = c_1\varepsilon_{p+1} + c_2\varepsilon_p + \cdots + c_p\varepsilon_2 + \xi_{p+2} \\ \quad\quad\quad\quad\quad\vdots \\ \varepsilon_t = c_1\varepsilon_{t-1} + c_2\varepsilon_{t-2} + \cdots + c_p\varepsilon_{t-p} + \xi_t \end{cases} \quad (5-15)$$

令

$$Y = \begin{bmatrix} \varepsilon_{p+1} \\ \varepsilon_{p+2} \\ \vdots \\ \varepsilon_t \end{bmatrix}, \quad X = \begin{bmatrix} \varepsilon_p & \varepsilon_{p-1} & \cdots & \varepsilon_1 \\ \varepsilon_{p+1} & \varepsilon_p & \cdots & \varepsilon_2 \\ \vdots & \vdots & \vdots & \vdots \\ \varepsilon_{t-1} & \varepsilon_{t-2} & \cdots & \varepsilon_{t-p} \end{bmatrix}, \quad C = \begin{bmatrix} c_1 \\ c_2 \\ \vdots \\ c_p \end{bmatrix}, \quad E = \begin{bmatrix} \xi_{p+1} \\ \xi_{p+2} \\ \vdots \\ \xi_t \end{bmatrix}$$

那么式（5-15）变为向量表示的 $AR(p)$ 模型

$$Y = XC + E \quad (5-16)$$

5.2.3.2 参数确定

设定式（5-16）中的参数向量 C 不随时间改变，那么可用最小二乘法来确定参数向量 C。

由式（5-16）得

$$E = Y - XC \quad (5-17)$$

$$E^T E = (Y - XC)^T(Y - XC) \Rightarrow \min \quad (5-18)$$

对式（5-18）求导得

$$-X^T Y + X^T X \hat{C} = 0 \quad (5-19)$$

$$\hat{C} = (X^T X)^{-1} X^T Y \quad (5-20)$$

5.2.3.3 修正效果评价

效果评价，通常从原模型效果、修正后模型效果和修正效果三方面来分析。原模型效果就是只用模型进行预报，不考虑任何实时信息进行误差修正的预报效果。修正后模型效果就是模型计算加上实时信息进行误差修正的预报总效果。修正效果就是相对于原模型误差的效果。

原模型效果定量评价的确定性系数为

$$DC_0 = \frac{1 - \sum\limits_{i=1}^{LT}(QC_i - Q_i)^2}{\sum\limits_{i=1}^{LT}(Q_i - \overline{Q})^2} \quad (5-21)$$

式中　$Q, \overline{Q}$——实测流量和其均值；

　　　QC_i——模型计算值；

LT——计算时段数。

修正后模型效果定量评价的确定性系数为

$$DC_t = \frac{1 - \sum\limits_{i=1}^{LT}(QC_i^u - Q_i)^2}{\sum\limits_{i=1}^{LT}(Q_i - \overline{Q})^2} \tag{5-22}$$

式中　QC^u——实时信息进行误差修正的预报值。

修正效果定量评价系数为

$$DC_u = \frac{1 - \sum\limits_{i=1}^{LT}(QC_i^u - Q_i)^2}{\sum\limits_{i=1}^{LT}(Q_i - QC_i)^2} \tag{5-23}$$

经推导可得

$$DC_u = \frac{DC_t - DC_0}{1 - DC_0} \tag{5-24}$$

式 (5-21) 的效果系数值完全取决于原模型的效果,与实时修正方法无关;式 (5-22) 的效果系数值与原模型的效果和实时修正效果都有关系;只有式 (5-24) 的效果系数值只与修正方法有关。因此,一般修正效果,宜用式 (5-23) 计算。

5.2.3.4　应用举例

图 5-6 是一次洪水的实测流量、模型计算流量和实时修正后的流量过程比较,具体结果见表 5-5。本例 AR (2) 自回归模型模拟误差,其确定的模型为

$$\hat{\varepsilon}_{t+1} = 25.89 + 1.24\varepsilon_t - 0.37\varepsilon_{t-1} \tag{5-25}$$

根据表 5-5 的资料,分别由式 (5-21)、式 (5-22) 和式 (5-24) 计算可得

$$DC_0 = 0.837$$

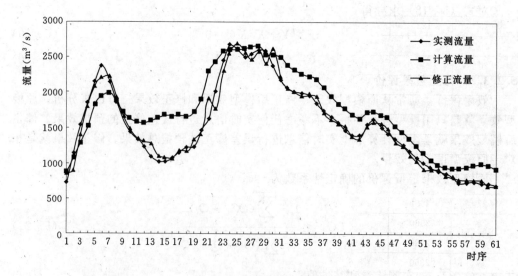

图 5-6　流量过程比较图

$$DC_t = 0.963$$
$$DC_u = 0.773$$

这表明：实时误差修正将确定性系数由 0.837 提高到 0.963，明显提高了预测精度。DC_u 为 0.773 表明：通过修正使原模型的不确定性部分中 77.3% 转化为确定性部分，即预报可靠性加大。

表 5 - 5　　　　　　　　　　洪水实时修正结果表　　　　　　　单位：m^3/s

时序	Q	QC	QC^u	时序	Q	QC	QC^u
1	732	877	877	32	2070	2380	2057
2	1150	1080	923	33	2000	2320	2017
3	1550	1290	1404	34	1980	2250	1942
4	1850	1530	1800	35	1970	2220	1977
5	2140	1810	2084	36	1860	2180	1944
6	2370	1950	2214	37	1740	2060	1729
7	2170	2010	2213	38	1650	1940	1635
8	1900	1880	1937	39	1570	1840	1572
9	1650	1730	1669	40	1480	1780	1526
10	1450	1630	1497	41	1390	1690	1392
11	1340	1580	1360	42	1400	1630	1343
12	1250	1560	1303	43	1550	1720	1519
13	1090	1600	1278	44	1610	1740	1588
14	1020	1630	1086	45	1530	1680	1555
15	1050	1680	1086	46	1440	1660	1496
16	1080	1650	1068	47	1340	1540	1296
17	1160	1690	1190	48	1250	1450	1257
18	1220	1650	1177	49	1150	1340	1140
19	1220	1710	1347	50	1080	1250	1062
20	1460	1900	1425	51	1010	1150	921
21	1630	2290	1899	52	954	1050	931
22	2020	2410	1778	53	902	975	950
23	2450	2580	2314	54	864	948	846
24	2660	2600	2557	55	811	930	827
25	2600	2590	2686	56	722	931	788
26	2490	2600	2564	57	760	956	777
27	2550	2630	2464	58	755	979	768
28	2580	2670	2585	59	738	1010	778
29	2580	2520	2412	60	723	980	699
30	2360	2530	2611	61	697	747	703
31	2190	2480	2221				

5.3 施 工 洪 水 预 报 *

本节施工洪水预报主要以水库施工期洪水预报为例进行讲解。水库施工期水文预报的要求与处理方法、施工方式及施工阶段有关。在未蓄水以前，主要处理不同导流方式下的水力学计算，蓄水后类似水库水文预报。

在中小河流上筑坝，一般采用一次围堰、隧洞导流方式，即在围堰截流前先开凿隧洞或明渠，截流后上游来水由隧洞或明渠下泄。在大江大河上筑坝，一般采取分期围堰、明渠导流方式，因不同施工阶段的水流条件不同，围堰上游壅水现象多变，尤其是二期围堰上游戗体合拢过程中，龙口处的水流流态复杂，给施工水文预报工作带来不少困难。

施工区的来水量预报主要由上游邻近水文站的预报洪水过程经河道演算后求得。除短期水文预报外，往往还要有中长期水文预报予以配合，以便对施工现场进行布设和处理。围堰的设计标准一般能抵御 20 年一遇的或稍大一些的洪水，抗洪能力不强，因此要特别提防非汛期的局地性暴雨形成的洪水，如汛末和枯水期的中小洪水，以免围堰过水，淹没基坑。

以下介绍分期围堰各施工阶段的水文预报方法。

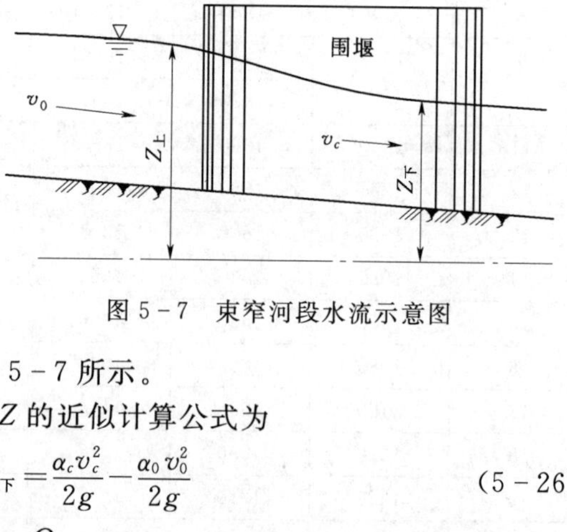

图 5-7 束窄河段水流示意图

5.3.1 明渠导流期的水位（流量）预报

天然河道被第一期围堰束窄后，在导流明渠上游形成壅水，水位增高，如图 5-7 所示。

围堰处束窄河段的上、下游水位差 ΔZ 的近似计算公式为

$$\Delta Z = Z_上 - Z_下 = \frac{\alpha_c v_c^2}{2g} - \frac{\alpha_0 v_0^2}{2g} \tag{5-26}$$

其中

$$v_0 = \frac{Q}{A_上}$$

$$v_c = \frac{Q}{A_c}$$

式中 $Z_上$、$Z_下$——围堰上、下游水位，m；

v_0——行进流速，即围堰上游断面平均流速，m/s；

v_c——最大收缩断面平均流速，m/s；

α_0、α_c——能量校正系数（或称动能因素），一般取 1.0～1.1；

$A_上$——上游过水断面面积，m^2；

A_c——最大收缩断面面积，m^2；

Q——坝址断面预报流量，m^3/s。

如果围堰高度大，上游壅水河段长，由上游邻近水文站流量演算推求坝址断面流量时，应考虑壅水河段槽蓄量增大后的影响。围堰上游壅水河段的水流速度也发生变

化，可分别计算波速与传播时间，则自上游邻近水文站至围堰的传播时间由两部分组成：壅水河段以上的原天然河流传播时间和壅水河段的传播时间。后者与壅水高度、壅水河段长度有关，可绘制 $\tau = f(Q, Z_\pm)$ 关系曲线。

5.3.2 截流期的水位、流速预报

截流期水文预报的主要内容是二期上游围堰合龙过程中的龙口水位、流速预报和坝体泄水时的水位、流量预报。

围堰合龙施工一般在枯水季进行，河流来水量属枯季径流预报，详见 5.4 节。

在围堰戗堤不断推进过程中，过水断面不断减小，流速增大，上游壅水。因施工使过水断面形状多变，且不稳定，在围堰合龙过程中要不断测量流速和水位，及时修正预报值。

5.3.2.1 龙口上、下游水位和流速极限预报

龙口过水断面的水流要素一般都按水力学中的宽顶堰计算，并分为自由出流和淹没出流两种情况（图 5-8）。

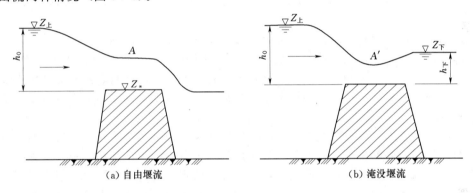

（a）自由堰流　　　　　　　　　　（b）淹没堰流

图 5-8　龙口宽顶堰水流示意图

当 $\dfrac{h_\mathrm{下}}{h_0} < 0.8$ 时，为自由堰流，计算流量的近似公式为

$$Q = \varphi A \sqrt{Z_\pm - \overline{Z}_*} \tag{5-27}$$

式中　$Z_\pm$——围堰上游水位，m；

A——相应于 $Z_\pm$ 时的龙口过水断面面积，m^2；

$\overline{Z}_*$——龙口底部的平均高程，m；

φ——流量系数，$\varphi = 1.33 \sim 1.70$。

当 $\dfrac{h_\mathrm{下}}{h_0} > 0.8$ 时，为淹没堰流，计算流量的公式为

$$Q = \varphi' A' \sqrt{2g(Z_\pm - Z_\mathrm{下})} \tag{5-28}$$

式中　A'——相应于 $Z_\pm$ 时的龙口过水断面面积，m^2；

φ'——流量系数，有侧收缩时，$\varphi' = 0.88 \sim 1.00$；

$Z_\mathrm{下}$——围堰下游水位，m。

5.3.2.2 初蓄期的水库水位与出流量预报

围堰合龙后，工程进入初蓄期，边施工边蓄水，坝前蓄水渐增，水位上升。此时

导流方式常采用坝体梳齿缺口泄水、坝体泄流洞泄水、隧洞泄水等，且或有闸门控制，或无闸门控制，其泄流量都按水力学公式计算，可查阅有关的科技书籍。

5.4 枯 水 预 报[*]

5.4.1 概述

流域内降雨量较少，通过河流断面的流量过程低落而比较稳定的时期，称为枯水季节或枯水期，其间所呈现出的河流水文情势称为枯水。在枯季，由于江河水量小，水资源供需矛盾较突出，如灌溉、航运、工农业生产、城市生活供水、发电以及环境需水等诸方面对水资源的需求常难满足。为合理调配水资源，做好枯季径流预报是很有必要的。此外，由于枯季江河水量少，水位低，是水利水电工程施工（沿江防洪堤、闸门维修等），特别是大坝截流期施工的宝贵季节。因此，为了确保施工安全，枯季径流预报肩负重大责任，枯季径流的起伏变动常常是枯季径流预报关注的对象。

枯水期的河流流量主要由汛末滞留在流域中的蓄水量的消退而形成，其次来源于枯季降雨。流域蓄水量包括地面、地下蓄水量两部分。地面蓄水量存在于地表洼地、河网、水库、湖泊和沼泽之中；地下蓄水量存在土壤孔隙、岩石裂隙和层间含水带之中。由于地下蓄水量的消退比地面蓄水量慢得多，故长期无雨后河流中水量几乎全由地下水补给。

我国大部分地区属季风气候区，枯季降雨稀少，河川的枯季径流主要依赖流域蓄水补给，控制断面的流量过程一般呈较稳定的消退规律，因此目前枯季径流预报方法大多是根据这一特点，以控制断面的退水规律为依据的河网退水预报。但由于枯季径流还受地下水运动的制约，因此，要改进枯季径流预报的方法和提高预报精度，还必须加强地下水变化规律的研究。

5.4.2 枯季径流的消退规律

对于由地下水补给的河流，可以认为地下蓄水量 W_g 与出流量 Q_g 之间为线性关系，其退水公式可由下面的水量平衡方程和蓄量方程导出，即

$$-Q_g(t) = \frac{dW_g(t)}{dt} \tag{5-29}$$

$$W_g(t) = K_g Q_g(t) \tag{5-30}$$

将式（5-30）代入式（5-29），整理后得

$$\frac{dQ_g(t)}{Q_g(t)} = -\frac{1}{K_g} dt \tag{5-31}$$

式（5-31）的解为

$$Q_g(t) = Q_g(0) e^{-\beta_g t} \tag{5-32}$$

其中

$$\beta_g = \frac{1}{K_g}$$

式中 $Q_g(0)$——退水开始即 $t=0$ 时的流量，m^3/s；

$\qquad\qquad \beta_g$——地下水退水指数。

同理，由河网蓄水量补给的枯季径流，其蓄泄关系也呈线性，则出流量 $Q_r(t')$ 的消退规律为

$$Q_r(t)=Q_r(0)\text{e}^{-\beta_r t} \qquad\qquad (5-33)$$

其中
$$\beta_r=\frac{1}{K_r}$$

式中 $Q_r(0)$——退水开始即 $t=0$ 时的流量；

$\qquad\qquad \beta_r$——河网蓄水量的退水指数。

一般情况下，河网蓄水量的消退速度大于地下水的消退速度，故 $\beta_r>\beta_g$，即 $K_g>K_r$。

如果流域的退水过程是上述两种补给的结果，一般不分割水源，可用一个总的退水公式表示为

$$Q(t)=Q_0(t)\text{e}^{-\frac{t}{K}} \qquad\qquad (5-34)$$

退水流量的水源组成不同，K 值并非常数，即蓄泄为非线性关系，一般取为折线，其斜率分别代表河网蓄水量补给和地下蓄水量补给为主的消退系数 K_r 和 K_g。

枯季蒸散发的强弱往往影响退水规律，对于地下水埋深浅，蒸发率季节变化大的流域尤为显著。由于我国冬季气温低，蒸散发能力弱，因此退水过程平缓。

5.4.3 枯季径流预报方法

常用的枯季径流预报方法有三种：退水曲线法、前后期径流量相关法和河网蓄水量法。值得注意的是枯季径流预报的预报时段较长，常取日或旬，与洪水预报的预报时段以小时为单位不同。这里将简要介绍前后期径流量相关法。

此法实际上是退水曲线的另一种形式，只不过计算时段多为月或季。

由式（5-30）和式（5-32）可得

$$W_g(t)=K_g Q_g(0)\text{e}^{-\frac{t}{K_g}} \qquad\qquad (5-35)$$

则相邻时段 $(0\sim t_1，t_1\sim t_2)$ 间的蓄水量关系可表示为

$$\frac{W_g(t_1)-W_g(t_2)}{W_g(0)-W_g(t_1)}=\frac{\text{e}^{-t_1/K_g}-\text{e}^{-t_2/K_g}}{1-\text{e}^{-t_1/K_g}} \qquad\qquad (5-36)$$

若 K_g 为常数，则相邻时段前后期平均流量呈线性关系，如图 5-9 所示。式（5-36）运用于以地下水补给为主的枯季径流预报。

如果预见期内有较大降雨量，则需考虑降雨量的影响，可以将预见期内降雨作参考，建立如图 5-10 形式的相关图。预报时降雨参数为未知量，需由长期天气预报提供，其误差必然直接影响径流预报精度。图 5-10 中 9 月基本流量系地下水补给的水量，不包括地表径流量。

由于受多种因素的影响，水文预报难免存在误差。因此，水文预报精度优劣需要作出评定。具体的评定要求与方法，可以参照水文情报预报相关规范和其他文献。

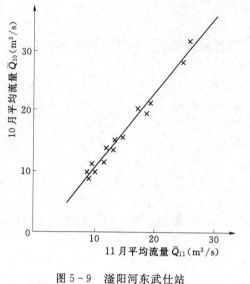

图 5-9　滏阳河东武仕站
$\overline{Q}_{11月} = f(\overline{Q}_{10月})$ 关系曲线

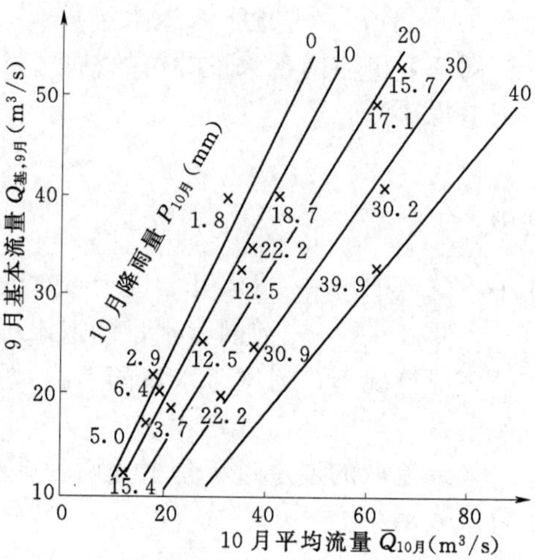

图 5-10　官厅站 $\overline{Q}_{10月} = f(Q_{基,9月}, P_{10月})$
关系曲线

习　题

[5-1]　由实测资料摘录到某河段上、下游站相应洪峰水位及传播时间，如表 5-6 所示，要求：

（1）点绘相应洪峰水位及传播时间关系曲线。

（2）当已知该河段 8 月 10 日 08 时上游站洪峰水位 $Z_上 = 26.00$m 时，求下游站的洪峰水位及其出现时间。

表 5-6　　　　　　　某河段上、下游站相应洪峰水位及传播时间摘录

上游站洪峰水位				下游站洪峰水位				传播时间 τ (h)
日　期			水位（m）	日　期			水位（m）	
月	日	时：分		月	日	时：分		
4	28	17：30	22.28	4	29	04：00	8.74	10.50
6	2	01：30	27.28	6	2	08：00	10.10	6.50
6	7	07：30	24.27	6	7	16：00	9.22	9.00
6	16	14：15	23.33	6	16	22：00	8.98	7.75
6	22	00：00	25.16	6	22	06：00	9.35	6.00
6	28	16：45	22.59	6	29	02：00	8.72	9.25
7	14	11：15	23.11	7	14	09：00	8.89	7.75

[5-2]　表 5-7 是一次复式洪水过程的计算结果。其中 $Q(t)$ 表示实测洪水过程，$QC(t)$ 表示计算洪水过程。假设该次洪水可以采用自回归模型进行修正，试确

定 2 阶自回归模型的参数并计算修正后的流量。

表 5-7　　　　　　　　一　次　洪　水　过　程　　　　　　单位：m³/s

时序	Q (t)	QC (t)	时序	Q (t)	QC (t)	时序	Q (t)	QC (t)
1	732	877	22	2020	2410	43	1550	1720
2	1150	1080	23	2450	2580	44	1610	1740
3	1550	1290	24	2660	2600	45	1530	1680
4	1850	1530	25	2600	2590	46	1440	1660
5	2140	1810	26	2490	2600	47	1340	1540
6	2370	1950	27	2550	2630	48	1250	1450
7	2170	2010	28	2580	2670	49	1150	1340
8	1900	1880	29	2580	2520	50	1080	1250
9	1650	1730	30	2360	2530	51	1010	1150
10	1450	1630	31	2190	2480	52	954	1050
11	1340	1580	32	2070	2380	53	902	975
12	1250	1560	33	2000	2320	54	864	948
13	1090	1600	34	1980	2250	55	811	930
14	1020	1630	35	1970	2220	56	722	931
15	1050	1680	36	1860	2180	57	760	956
16	1080	1650	37	1740	2060	58	755	979
17	1160	1690	38	1650	1940	59	738	1010
18	1220	1650	39	1570	1840	60	723	980
19	1220	1710	40	1480	1780	61	697	947
20	1460	1900	41	1390	1690			
21	1630	2290	42	1400	1630			

第 **6** 章

水 文 统 计

6.1 概　述

水文现象是一种自然现象，它具有必然性的一面，也具有偶然性的一面。

必然现象是指在一定条件下事物在发展、变化中必然会出现的现象。例如，流域上的降水或融雪必然沿着流域的不同路径，流入河流、湖泊或海洋，形成径流。这是一种必然的结果。

偶然现象是指在一定条件下事物在发展、变化中可能出现也可能不出现的现象。如上所述，降水必然形成径流，但是，河流上任一断面的流量每年每月都不相同，属于偶然现象，或称随机现象。统计学的任务就是要从偶然现象中揭露事物的规律。这种规律需要从大量的随机现象中统计出来，称为统计规律。

研究随机现象统计规律的学科称为概率论，而由随机现象的一部分试验资料去研究总体现象的数字特征和规律的学科称为数理统计学。概率论与数理统计学是密切相联的，数理统计学必须以概率论为基础，概率论往往把由数理统计所揭露的事实提高到理论认识。

水文统计的任务就是研究和分析水文随机现象的统计变化特性，并以此为基础对水文现象未来可能的长期变化做出在概率意义下的定量预估，以满足工程规划、设计、施工以及运行期间的需要。例如，在流域上设计一个水库，为保证水库防洪安全，就必须了解水库运营期内可能发生的最大洪水。水库运行期一般在 100 年以上，要预测这么长时期内可能发生的最大洪水，显然成因分析法是不可能的。在这种情况下，只能以水文统计方法加以研究。具体来说就是凭借较长时期观测的洪水资料，探索洪水统计变化规律（以概率分布曲线表示），由此估计出在水库运营期内可能出现的洪水（概率预测），作为水库防洪安全设计的重要依据。

本章将简要回顾事件、概率、频率、概率加法和乘法定理等概率的基本概念，随机变量及其概率分布和均值、均方差、变差系数、偏态系数等统计参数，在扼要介绍正态分布的基础上，着重论述我国水文频率计算所采用的皮尔逊Ⅲ型（简称 P-Ⅲ

型）频率曲线及其参数估计方法，如矩法和适线法等，最后重点介绍了相关关系的概念、简单直线相关、曲线选配等相关分析内容。

6.2 概率的基本概念

6.2.1 事件

在概率论中，对随机现象的观测或观察叫做随机试验，随机试验的结果称为事件。事件可以是数量性质的，例如河流某断面处最大洪峰流量值，也可以是属性性质的。例如刮风、下雨等。事件可以分为如下三种：

（1）必然事件。在每次试验中一定会出现的事件叫做必然事件。例如，长江汉口站年最大洪峰大于零、每年都存在汛期或非汛期等，这是必然事件。

（2）不可能事件。在任何一次试验中都不会出现的事件叫做不可能事件。例如，流域内普遍连续降雨而河道出口处水位下降、某地年降水天数超过 365 天（一年按 365 天计）等，这是不可能事件。

（3）随机事件。在一次随机试验中可能出现也可能不出现的事件叫做随机事件。例如，河流某断面每年出现的最大洪峰可能大于某一个数值，也可能小于某一个数值，事先不能确定，这是随机事件。随机事件通常用 A，B，C，…来表示，简称为事件。

6.2.2 概率

一定条件下，随机事件在试验中可能出现也可能不出现，但不同随机事件其出现的可能性大小可能不相同。为了解随机事件出现的可能性大小，必须要有个数量标准，这个数量标准就是随机事件的概率。

随机事件的概率计算公式为

$$P(A) = \frac{k}{n} \qquad (6-1)$$

式中　$P(A)$——在一定条件组合下，出现随机事件 A 的概率；

　　　　k——出现事件 A 的结果数；

　　　　n——在试验中所有可能出现的结果数。

显然，必然事件的概率等于 1，不可能事件的概率等于 0，随机事件的概率介于 0 与 1 之间。

式（6-1）只适用于古典型随机试验，即试验的所有可能结果都是等可能的，且试验可能结果的总数是有限的。事实上，水文事件不一定具备这种性质。为了计算在一般情况下随机事件的概率，下面介绍随机事件频率的概念。

6.2.3 频率

设随机事件 A 在重复 n 次试验中出现了 m 次，则称

$$P(A) = \frac{m}{n} \qquad (6-2)$$

为事件 A 在 n 次试验中出现的频率。

当试验次数 n 不大时，事件的频率有明显的随机性，但当试验次数足够大时，事件 A 出现的频率具有一定的稳定性。随着试验的无限增大，事件的频率稳定在某一个数附近，此时频率趋于概率。正因如此，对于水文现象，可以将频率作为概率的近似值。

6.2.4 概率加法定理和乘法定理

对于 A 和 B 两个事件，若 A 与 B 不能同时发生，则称 A 与 B 为互斥事件。例如，掷一颗骰子观察朝上一面点数，掷一次只能得一种点数，其余五种点数都不可能出现。如两个事件彼此互斥，则两事件之和出现的概率等于这两个事件的概率之和，即

$$P(A+B) = P(A) + P(B) \tag{6-3}$$

式中 $P(A+B)$ ——实现事件 A 或事件 B 的概率；

$P(A)$ ——事件 A 的概率；

$P(B)$ ——事件 B 的概率。

例如，一颗骰子投掷一次，出现 1 点（记为事件 A）或 2 点（记为事件 B）的概率为

$$P(A+B) = P(A) + P(B)$$
$$= \frac{1}{6} + \frac{1}{6} = \frac{1}{3}$$

对于任意的两个事件 A 和 B，则有

$$P(A+B) = P(A) + P(B) - P(AB)$$

若 A、B 是随机试验 S 的两个事件，在事件 A 发生的前提下，事件 B 发生的概率称为事件 B 在条件 A 下事件 B 的条件概率，记作 $P(B|A)$。

例如，在上游某支流发生洪峰的条件下，要预报下游站发生最大洪峰的可能性，便是条件概率问题。

由此可以推证，两事件积的概率，等于其中一事件的概率乘以另一事件在已知前一事件发生条件下的条件概率，即

$$P(AB) = P(A) \cdot P(B|A), P(A) \neq 0$$
$$P(AB) = P(B) \cdot P(A|B), P(B) \neq 0$$

【例 6-1】 设 100 件产品中，有 5 件次品，任意从中抽取一件不放回，再从中抽取一件，求解两次抽取都是合格产品的概率。

设 A 为第一次抽得合格产品的事件，B 为第二次抽得合格产品的事件，则

$$P(A) = \frac{95}{100}$$

由于第一次抽得的一件合格产品未放回，故第二次抽取时产品总数应该是 $100-1=99$，合格产品数应该是 $95-1=94$，故

$$P(B|A) = \frac{94}{99}$$

则

$$P(AB) = P(A) \cdot P(B|A) = \frac{95}{100} \times \frac{94}{99} = 0.902$$

上面是就条件概率来说的，如果两个事件是相互独立的，即任一事件的发生不影响另一事件发生的概率，则

$$P(A \mid B) = P(A)$$

或

$$P(B \mid A) = P(B)$$

由此推得，两个独立事件共同出现的概率 $P(AB)$ 等于这些事件各自出现概率的乘积，即

$$P(AB) = P(A)P(B) \tag{6-4}$$

例如，一颗骰子连掷 2 次，求两次均得 1 点的概率。设 A 与 B 分别为第一、第二次掷骰子出现 1 点，由于 A 与 B 相互独立，故两次均得 1 点的概率为

$$P(AB) = P(A)P(B) = \frac{1}{6} \times \frac{1}{6} = \frac{1}{36}$$

6.3　随机变量及其概率分布

概率论的重要基本概念，除事件、概率外，还有随机变量。

6.3.1　随机变量

随机试验的结果一般为一个数量。若结果不是数量，也可通过适当方式转换为用数量表示。这样的量随着试验的重复可以取得不同的数值，而且带有随机性，称这样的变量为随机变量。简言之，随机变量是在随机试验中测量到的数量。水文现象中的随机变量一般是指某种水文特征值，如某水文站的年径流、洪峰流量等。

随机变量可分为两大类型：离散型随机变量和连续型随机变量。

1. 离散型随机变量

若随机变量仅能取得有限个数值或可列的无限个数值，则称为离散型随机变量。

例如，掷一颗骰子，出现的点数只可能取得 1，2，3，4，5，6 共六种数值，这些"出现点数"就是随机变量。

2. 连续型随机变量

若随机变量可以取得一个有限连续区间或无限连续区间的任何数值，则称此随机变量为连续型随机变量。

例如，河流水文站的流量和水位，可以在 0 和极限值之间变化，因而它们可以是 0 与极限值之间的任何数值。

6.3.2　随机变量的概率分布

随机变量可以取得所有可能值中的任何一个值。例如，随机变量 X 可能取 x_1，也可能取 x_2，x_3，…，但是取某一可能值的机会是不同的，有的机会大，有的机会小。所以，随机变量的取值与其概率有一定的对应关系，一般将这种关系称为随机变量的概率分布。对离散型随机变量，其概率分布一般以分布列表示，即：

X	x_1	x_2	…	x_n	…
$P(X = x_n)$	p_1	p_2	…	p_n	…

其中，p_n 为随机变量 X 取值 x_n（$n=1, 2, \cdots$）的概率。它满足下列两个条件：

(1) $p_n \geqslant 0 (n=1, 2, \cdots)$；

(2) $\sum\limits_{n=1}^{\infty} p_n = 1$。

对于连续型随机变量而言，由于它的所有可能取值有无限多个，而取某一个值的概率为零。因此，无法研究个别值的概率，只能研究某个区间的概率，或研究事件 $X \geqslant x$ 的概率、$X \leqslant x$ 的概率。水文学习惯研究事件 $X \geqslant x$ 的概率及其分布。

事件 $X \geqslant x$ 的概率 $P(X \geqslant x)$ 随着随机变量取值 x 而变化，所以 $P(X \geqslant x)$ 是 x 的函数，这个函数称为随机变量 X 的分布函数，记为 $F(x)$，即

$$F(x) = P(X \geqslant x) \tag{6-5}$$

$F(x)$ 代表随机变量 X 不小于某一取值 x 的概率。其几何图形如图 6-1 (b) 所示，图中纵坐标表示变量 x，横坐标表示概率分布函数值 $F(x)$，在数学上称此为随机变量的概率分布曲线，而在水文学上通常称为随机变量的累积频率曲线，简称频率曲线。

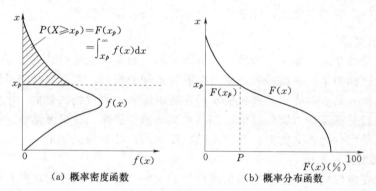

(a) 概率密度函数　　　　　　(b) 概率分布函数

图 6-1　随机变量的概率密度函数和概率分布函数

在图 6-1 (b) 中，当 $X = x_p$ 时，由分布曲线上查得 $F(x) = P(X \geqslant x_p) = P$，这说明随机变量不小于 x_p 的可能性是 $P(\%)$。

由概率加法定理，随机变量 X 落在区间 $[x, x+\Delta x)$ 内的概率，可表示为

$$P(x + \Delta x > X \geqslant x) = F(x) - F(x + \Delta x) \tag{6-6}$$

从式 (6-6) 可知，随机变量 X 落入区间 $[x, x+\Delta x)$ 的概率与区间长度 Δx 之比值为 $\dfrac{F(x) - F(x+\Delta x)}{\Delta x}$。

表示 X 落入区间 $[x, x+\Delta x)$ 的平均概率，而

$$\lim_{\Delta x \to 0} \frac{F(x) - F(x+\Delta x)}{\Delta x} = -\lim_{\Delta x \to 0} \frac{F(x+\Delta x) - F(x)}{\Delta x} = -F'(x) \tag{6-7}$$

$F'(x)$ 为分布函数 $F(x)$ 的一阶导数。

令

$$f(x) = -F'(x) = \frac{-\mathrm{d}F(x)}{\mathrm{d}x} \tag{6-8}$$

$f(x)$ 为分布函数导数的负值，刻画了密度的性质，称为概率密度函数，或简称

密度函数。密度函数 $f(x)$ 的几何曲线称为密度曲线，如图 6-1（a）所示。

实际上，分布函数与密度函数是微分与积分的关系，因此，如果已知 $f(x)$，便可通过积分求出 $F(x)$，即

$$F(x) = P(X \geqslant x) = \int_x^\infty f(x) \mathrm{d}x \qquad (6-9)$$

其对应关系如图 6-1 所示。

下面通过一个实例进一步具体说明概率密度曲线和分布曲线的意义。

表 6-1   某站年降水量分组频率计算表

年降水量（mm）分组组距 $\Delta x = 200$		次数（年）		频率（%）		组内平均频率密度 $\dfrac{\Delta P}{\Delta x}$（1/mm）
组上限值	组下限值	组内	累积	组内 ΔP	累积 P	
(1)	(2)	(3)	(4)	(5)	(6)	(7)
2299.9	2100	1	1	1.6	1.6	0.000080
2099.9	1900	2	3	3.2	4.8	0.000160
1899.9	1700	3	6	4.8	9.6	0.000240
1699.9	1500	7	13	11.3	20.9	0.000565
1499.9	1300	13	26	21.0	41.9	0.001050
1299.9	1100	18	44	29.1	71.0	0.001455
1099.9	900	15	59	24.2	95.2	0.001210
899.9	700	2	61	3.2	98.4	0.000160
699.9	500	1	62	1.6	100.0	0.000080
合计		62		100.0		

某站测得 62 年年降水量资料，将这 62 年年降水量数值按大小分组，统计计算各组出现的次数、频率、累积次数、累积频率及组内平均频率密度（表 6-1）。第（3）栏为各组内出现的次数。第（4）栏为将第（3）栏自上而下逐组累加的次数，它表示年降水量不小于该组下限值 x 出现的次数。第（5）、第（6）栏是分别将第（3）、第（4）栏相应各数值除以总次数 62，即换算为相应的频率。第（7）栏是将第（5）栏的组内频率 ΔP，再除以组距 Δx（本例为 200mm），它表示频率沿 x 轴上各组所分布的密集程度。

以第（7）栏各组的平均频率密度值 $\Delta P/\Delta x$ 为横坐标，以年降水量 x（各组下限值）为纵坐标，按组绘成直方图，如图 6-2（a）所示。各个长方形面积表示各组的频率，所有长方形面积之和等于 1。这种频率密度随着随机变量取值 x 而变化的图形，称为频率密度图。频率密度值的分布情况，一般是沿纵轴 x 轴数值的中间区段大，而上下两端逐渐减小。如果资料年数无限增多，分组组距无限缩小，频率密度直方图就会变成光滑的连续曲线，频率趋于概率，则称为随机变量的概率密度曲线（概率密度函数），如图 6-2（a）中虚线所示铃形曲线。

以第（6）栏的累积频率 P 为横坐标，以年降水量的各组下限值 x 为纵坐标，绘

成如图6-2（b）所示的实折线，表示不小于 x 的频率随着随机变量取值 x 而变化的图形，称为频率分布图。同样，如资料年数无限增多，组距无限缩小，实折线就会变成S形的光滑连续曲线如图6-2（b）中虚线所示，频率趋于概率，则称为随机变量的概率分布曲线（概率分布函数）。

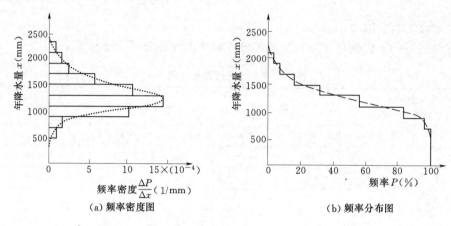

（a）频率密度图　　　　　　　　　　（b）频率分布图

图6-2　某站年降水量频率密度图和频率分布图

上述的说明只是为初学者易于理解，而实践中并不进行这样复杂的计算。生产实际中推求分布曲线的方法将在下面详细讨论。

6.3.3　随机变量的统计参数

从统计数学的观点来看，随机变量的概率分布曲线或分布函数较完整地描述了随机现象。然而在许多实际问题中，随机变量的分布函数不易确定，或有时不一定都需要用完整的形式来说明随机变量，而只要知道个别代表性的数值，能说明随机变量的主要特征就够了。例如，某地的年降水量是一个随机变量，各年的降水量不同，具有一定的概率分布曲线，若要了解该地年降水量的概括情况，就可以用多年平均年降水量这个数量指标来反映。这种能说明随机变量的统计规律的某些数字特征，称为随机变量的统计参数。

水文现象的统计参数反映其基本的统计规律，能概括水文现象的基本特性和分布特点，这也是频率曲线估计的基础。

统计参数有总体统计参数与样本统计参数之分。所谓总体是某随机变量所有取值的全体，样本则是从总体中任意抽取的一个部分，样本中所包括的项数则称为样本容量。水文现象的总体通常是无限的，它是指自古至今以至未来长远岁月所有的水文系列。虽然，水文随机变量的总体是不知道的，只能靠有限的样本观测资料去估计总体的统计参数或总体的分布规律。也就是说，由样本统计参数来估计总体统计参数。水文计算中常用的样本统计参数有均值、均方差、变差系数、偏态系数、矩等。

6.3.3.1　均值

设某水文变量的观测系列（样本）为 x_1，x_2，$\cdots$，x_n，则其均值为

$$\overline{x} = \frac{x_1 + x_2 + \cdots + x_n}{n} = \frac{1}{n}\sum_{i=1}^{n} x_i \qquad (6-10)$$

均值表示系列的平均情况，可以说明这一系列总水平的高低。例如，甲河多年平均流量 $\overline{Q}_{\text{甲}} = 2460\text{m}^3/\text{s}$，乙河多年平均流量 $\overline{Q}_{\text{乙}} = 20.1\text{m}^3/\text{s}$，说明甲河的水量比乙河丰富。均值不但是频率曲线分布的一个重要参数，而且是水文现象的一个重要特征值。

式（6-10）两边同除以 $\overline{x}$，则得

$$\frac{1}{n}\sum_{i=1}^{n}\frac{x_i}{\overline{x}} = 1$$

式中 $\dfrac{x_i}{\overline{x}}$——模比系数，常用 K_i 表示。

由此可得

$$\overline{K} = \frac{K_1 + K_2 + \cdots + K_n}{n} = \frac{1}{n}\sum_{i=1}^{n}K_i = 1 \qquad (6-11)$$

式（6-11）说明，当把变量 X 的系列用其相对值即用模比系数 K 的系列表示时，则其均值等于1，这是水文统计中的一个重要特征。

6.3.3.2　均方差

由以上分析可知，均值能反映系列中各变量的平均情况，但不能反映系列中各变量值离散的程度。例如，有两个系列：

第一系列：5，10，15；

第二系列：1，10，19。

这两个系列的均值相同，都等于10，但其离散程度很不相同。直观地看，第一系列只变化于5～15之间，而第二系列的变化范围则增大到1～19之间。

研究离散程度是以均值为中心来考查的。因此，离散特征参数可用相对于分布中心的离差来计算。设以平均数 $\overline{x}$ 代表分布中心，随机变量与分布中心的离差为 $x - \overline{x}$。因为随机变量的取值有些是大于 $\overline{x}$ 的，有些是小于 $\overline{x}$ 的，故离差有正有负，其平均值为零。为了使离差的正值和负值不致相互抵消，一般取 $(x - \overline{x})^2$ 的平均值的开方作为离散程度的计量标准，并称为均方差，也称标准差，即

$$\sigma = \sqrt{\frac{\sum_{i=1}^{n}(x_i - \overline{x})^2}{n}} \qquad (6-12)$$

均方差取正号，它的单位与 x 相同。不难看出，如果各变量取值 x_i 距离 $\overline{x}$ 较远，则 σ 大，即此变量分布较分散；如果 x_i 离 $\overline{x}$ 较近，则 σ 小，变量分布比较集中。

按式（6-12）计算出上述两个系列的均方差为：$\sigma_1 = 4.08$，$\sigma_2 = 7.35$，显然它能说明第二系列离散程度更大。

6.3.3.3　变差系数

均方差虽然能说明系列的离散程度，但对均值不相同的两个系列，用均方差来比较其离散程度就不合适了。例如，有两个系列

第一系列：5，10，15，$\overline{x} = 10$；

第二系列：995，1000，1005，$\overline{x} = 1000$。

按式（6-12）计算它们的均方差 σ 都等于4.08，说明这两系列的绝对离散程度

是相同的，但因其均值一个是 10，另一个是 1000，它们对均值的相对离散程度就很不相同了。可以看出，第一系列中的最大值和最小值与均值之差都是 5，这相当于均值 $5/10 = 1/2$；而在第二系列中，最大值和量小值与均值之差虽然也都是 5，但只相当于均值的 $5/1000 = 1/200$，在近似计算中，这种差距甚至可以忽略不计。

为了克服以均方差衡量系列离散程度的这种缺点，数理统计中用均方差与均值之比作为衡量系列相对离差程度的一个参数，称为变差系数（C_v），又称离差系数或离势系数。变差系数为一无因次的数，用小数表示，其计算公式为

$$C_v = \frac{\sigma}{\overline{x}} = \sqrt{\frac{\sum_{i=1}^{n}(K_i - 1)^2}{n}} \qquad (6-13)$$

从式（6-13）可以看出，变差系数 C_v 可以理解为变量 X 换算成模比系数 K 以后的均方差。

在上述两系列中，第一系列的 $C_v = \frac{4.08}{10} = 0.408$，第二系列的 $C_v = \frac{4.08}{1000} = 0.00408$，这就说明第一系列的离散程度远比第二系列大。

对水文现象来说，C_v 的大小反映了河川径流在多年中的变化情况。例如，由于南方河流水量充沛，丰水年和枯水年的年径流量相对来说变化较小，所以南方河流的 C_v 一般比北方河流要小。

6.3.3.4 偏态系数

变差系数只能反映系列的离散程度，它不能反映系列在均值两边的对称程度。在水文统计中，主要采用偏态系数 C_s 作为衡量系列不对称（偏态）程度的参数，其计算公式为

$$C_s = \frac{\dfrac{\sum_{i=1}^{n}(x_i - \overline{x})^3}{n}}{\sigma^3} = \frac{\sum_{i=1}^{n}(x_i - \overline{x})^3}{n\sigma^3} \qquad (6-14)$$

式（6-14）右端的分子、分母同除以 $\overline{x}^3$，得

$$C_s = \frac{\sum_{i=1}^{n}(K_i - 1)^3}{nC_v^3} \qquad (6-15)$$

偏态系数也为一无因次数。当系列对于 $\overline{x}$ 对称时，$C_s = 0$，此时随机变量大于均值与小于均值的出现机会相等，亦即均值所对应的频率为 50%。当系列对于 $\overline{x}$ 不对称时，$C_s \neq 0$。其中，若正离差的立方占优势时，$C_s > 0$，称为正偏；若负离差的立方占优势时，$C_s < 0$，称为负偏。正偏情况下，随机变量大于均值比小于均值出现的机会小，亦即均值所对应的频率小于 50%，负偏情况下则刚好相反。

例如，有一个系列：300，200，185，165，150，其均值 $\overline{x} = 200$，均方差 $\sigma = 52.8$，按式（6-15）计算得 $C_s = 1.59 > 0$，属正偏情况。从该系列可以看出，大于均值的只有 1 项，小于均值的则有 3 项，但 C_s 却大于 0，这是因为大于均值的项数虽少，其值却比均值大得多，离差的三次方就更大；而小于均值的各项离差的绝对值都

比较小，三次方所起的作用不大。

有关上述概念如从总体分布的密度曲线来看，就会更加清楚。如图 6-3 所示，曲线下的面积以均值 $\overline{x}$ 为界，对 $C_s=0$，左边等于右边；对 $C_s>0$，左边大于右边；对 $C_s<0$，左边则小于右边。

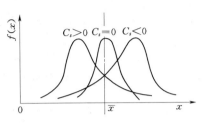

图 6-3 C_s 对密度曲线的影响

对于总体统计参数，通常用 EX 或 $E(X)$ 表示均值（或称数学期望），而离势系数及偏态系数仍用 C_v 和 C_s 表示。

6.3.3.5 矩

以上所述参数，均可以用矩来表示。矩的概念及其计算在水文计算中经常遇到，所以这里有必要作概括的介绍。

矩在力学中广泛地用来描述质量的分布（静力矩、惯性矩），而在统计学中常用矩来描述随机变量的分布特征。矩可分为原点矩和中心矩两种。

1. 原点矩

随机变量 X 对原点离差的 r 次幂的数学期望 $E(X^r)$，称为随机变量 X 的 r 阶原点矩，以符号 m_r 表示，即

$$m_r = E(X^r) \quad r=0,1,2,\cdots,n$$

对离散型随机变量，r 阶原点矩为

$$m_r = E(X^r) = \sum_{i=1}^{n} x_i^r p_i \tag{6-16}$$

对连续型随机变量，r 阶原点矩为

$$m_r = E(X^r) = \int_{-\infty}^{\infty} x^r f(x) \mathrm{d}x \tag{6-17}$$

当 $r=0$ 时，$m_0 = E(X^0) = \sum_{i=1}^{n} p_i = 1$，即零阶原点矩就是随机变量所有可能取值的概率之和，其值等于 1。

当 $r=1$ 时，$m_1 = E(X^1)$，即一阶原点矩就是数学期望，也就是算术平均数。

2. 中心矩

随机变量 X 对分布中心 $E(X)$ 离差的 r 次幂的数学期望 $E\{[X-E(X)]^r\}$，称为 X 的 r 阶中心矩，以符号 μ_r 表示，即

$$\mu_r = E\{[X-E(X)]^r\}$$

对离散型随机变量，r 阶中心矩为

$$\mu_r = E\{[X-E(X)]^r\} = \sum_{i=1}^{n} [x_i - E(X)]^r p_i \tag{6-18}$$

对连续性随机变量，r 阶中心矩为

$$\mu_r = E\{[X-E(X)]^r\} = \int_{-\infty}^{\infty} [X-E(X)]^r f(x) \mathrm{d}x \tag{6-19}$$

显然，零阶中心矩为 1，一阶中心矩为零，即

$$\mu_0 = \int_{-\infty}^{\infty} [x - E(X)]^0 f(x) \mathrm{d}x = \int_{-\infty}^{\infty} f(x) \mathrm{d}x = 1$$

及

$$\mu_1 = \int_{-\infty}^{\infty} [x - E(X)] f(x) \mathrm{d}x$$

$$= \int_{-\infty}^{\infty} x f(x) \mathrm{d}x - E(X) \int_{-\infty}^{\infty} f(x) \mathrm{d}x$$

$$= E(X) - E(X) = 0$$

当 $r=2$ 时，由式（6-12）可知，随机变量 X 的二阶中心矩就是标准差的平方（称为方差），即

$$\mu_2 = E\{[X - E(X)]^2\} = \sigma^2$$

当 $r=3$ 时，$\mu_3 = E\{[X - E(X)]^3\}$。由式（6-15）可知，$C_s = \mu_3 / \sigma^3$。

这样就可非常清楚地看到，均值、离势系数和偏态系数都可用各种矩来表示。

必须说明，在统计分析时，有时需要由原点矩推求中心矩，有时则需由中心矩推求原点矩。它们之间的关系可以按照基本定义推求出来。

6.4　水文频率分布及参数估计

6.4.1　分布线型

水文频率计算的两个基本内容分别是分布线型及参数估计。下面主要介绍我国水文计算中常用的一些分布线型及参数估计方法。

连续型随机变量的分布是以概率密度曲线和分布曲线来表示的，这些分布在数学上有很多类型。我国水文计算中常用的有正态分布、皮尔逊Ⅲ型分布、对数正态分布和 Gumbel 分布等。

《水利水电工程设计洪水计算规范》（SL 44—2006）规定，频率曲线的线型一般应采用皮尔逊Ⅲ型，特殊情况，经分析论证后可采用其他线型。为此，这里以论述皮尔逊Ⅲ型频率曲线为主，并扼要介绍正态分布。

6.4.1.1　正态分布

自然界中许多随机变量如水文测量误差、抽样误差等一般服从或近似服从正态分布。正态分布的概率密度函数为

$$f(x) = \frac{1}{\sigma \sqrt{2\pi}} \mathrm{e}^{-\frac{(x-a)^2}{2\sigma^2}} \quad -\infty < x < +\infty \tag{6-20}$$

式中　a——平均数（总体均值 EX）；

　　　σ——标准差；

　　　e——自然对数的底。

正态分布的密度曲线的特点如下：

（1）单峰。

（2）对于均值 a 对称，即 $C_s = 0$。

（3）曲线两端趋于无限，并以 x 轴为渐近线。

式（6-20）只包括两个参数，即均值 a 和均方差 σ。因此，若某个随机变量服从正态分布，只要求出它的 a 和 σ 值，则分布便可确定。

可以证明，正态分布曲线在 $a\pm\sigma$ 处出现拐点，并且

$$P_\sigma = \frac{1}{\sigma\sqrt{2\pi}}\int_{\overline{x}-\sigma}^{\overline{x}+\sigma} e^{-\frac{(x-a)^2}{2\sigma^2}}\,dx = 0.683 \tag{6-21}$$

$$P_\sigma = \frac{1}{\sigma\sqrt{2\pi}}\int_{\overline{x}-3\sigma}^{\overline{x}+3\sigma} e^{-\frac{(x-a)^2}{2\sigma^2}}\,dx = 0.997 \tag{6-22}$$

正态分布的密度曲线与 x 轴所围成的面积应等于 1。由式（6-21）和式（6-22）可以看出，$a\pm\sigma$ 区间所对应的面积占全面积的 68.3%，$a\pm3\sigma$ 区间所对应的面积占全面积的 99.7%。

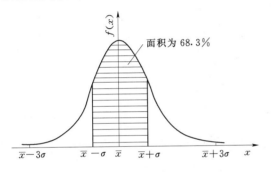

图 6-4　正态分布密度曲线

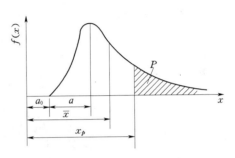

图 6-5　皮尔逊Ⅲ型概率密度曲线

6.4.1.2　皮尔逊Ⅲ型分布（P-Ⅲ型分布）

英国生物学家皮尔逊通过很多资料的分析研究，提出一种概括性的曲线簇，包括 13 种分布曲线，其中第Ⅲ型曲线被引入水文计算中，成为当前水文计算中常用的频率曲线。

皮尔逊Ⅲ型曲线是一条一端有限一端无限的不对称单峰曲线（图 6-5），数学上称为伽玛分布，其概率密度函数为

$$f(x) = \frac{\beta^\alpha}{\Gamma(\alpha)}(x-a_0)^{\alpha-1}e^{-\beta(x-a_0)} \tag{6-23}$$

式中　$\Gamma(\alpha)$——α 的伽玛函数；

α，β，a_0——皮尔逊Ⅲ型分布的形状、尺度和位置参数，$\alpha>0$，$\beta>0$。

显然，α、β、a_0 确定以后，该密度函数也随之确定。可以推证，这三个参数与总体的三个统计参数 EX、C_v、C_s 具有下列关系

$$\left.\begin{array}{l} \alpha = \dfrac{4}{C_s^2} \\[2mm] \beta = \dfrac{2}{EXC_vC_s} \\[2mm] a_0 = EX\left(1-\dfrac{2C_v}{C_s}\right) \end{array}\right\} \tag{6-24}$$

皮尔逊Ⅲ型密度曲线的形状主要取决于参数 C_s（或 α），从图 6-6 可以区分为以下四种形状：

　　（1）当 $0<\alpha<1$，即 $2<C_s<\infty$ 时，密度曲线呈乙形，以 x 轴和 $x=b$ 直线为渐近线。

　　（2）当 $\alpha=1$，即 $C_s=2$ 时，密度曲线退化为指数曲线，仍呈乙形，但左端截至在曲线起点，右端仍伸到无限。

　　（3）当 $1<\alpha<2$，即 $\sqrt{2}<C_s<2$ 时，密度曲线呈铃形，左端截至在曲线起点，且在该处与直线 $x=b$ 相切，右端无限。

　　（4）当 $\alpha\geqslant 2$，即 $C_s\leqslant\sqrt{2}$ 时，密度曲线呈铃形，起点处曲线与 x 轴相切，右端无限。

　　以上各种形状的曲线是对正偏而言的。

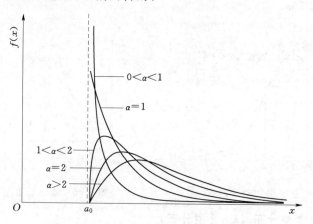

图 6-6　皮尔逊Ⅲ型密度曲线形状变化图

　　水文计算中，一般需求出指定频率 P 所对应的随机变量 x_p，这要通过对密度曲线进行积分，求出不小于 x_p 的累计频率 P 值，即

$$P = P(x \geqslant x_p) = \int_{x_p}^{\infty} \frac{\beta^{\alpha}}{\Gamma(\alpha)}(x-a_0)^{\alpha-1}\mathrm{e}^{-\beta(x-a_0)}\mathrm{d}x \qquad (6-25)$$

　　直接由式（6-25）计算 P 值非常麻烦，实际做法是通过变量转换，根据拟定的 C_s 值进行积分，并将成果制成专用表格，从而使计算工作大大简化。

令
$$\Phi = \frac{x-EX}{EXC_v} \qquad (6-26)$$

则有
$$x = EX(1+C_v\Phi) \qquad (6-27)$$

$$\mathrm{d}x = EXC_v\mathrm{d}\Phi \qquad (6-28)$$

　　Φ 是标准化变量，称为离均系数，Φ 的均值为零，标准差为 1。这样经标准化变化后，将式（6-27）、式（6-28）代入式（6-25），简化后可得

$$P(\Phi \geqslant \Phi_P) = \int_{\Phi_P}^{\infty} f(\Phi; C_s)\mathrm{d}\Phi \qquad (6-29)$$

　　式（6-29）中被积函数只含有一个待定参数 C_s，其他两个参数 EX 和 C_v 都包括在 Φ 中，因而只要假定一个 C_s 值，便可从式（6-29）通过积分求出 P 和 Φ 之间的关系。C_s、P 和 Φ_P 的对应数值表见附表 1。

在进行频率计算时，由样本估计出的 C_s 值，查 $\varPhi$ 值表得出不同 p 的 $\varPhi_P$ 值，然后利用估计出的 $\bar{x}$、C_v 值，通过式（6-27）即可求出与各种 p 相应的 x_p 值，从而可绘出频率曲线。如何求得皮尔逊Ⅲ型分布曲线的参数 EX、C_v 和 C_s，这是下面讨论的参数估计问题。

6.4.2 参数估计

在概率分布函数中都含有一些表示分布特征的参数，例如皮尔逊Ⅲ型分布曲线中就包含有 EX、C_v、C_s 三个参数。水文频率曲线线型选定之后，为了具体确定出概率分布函数，就得估计出这些参数。由于水文现象的总体通常是无限的，无法取得，这就需要用有限的样本观测资料去估计总体分布线型中的参数，故称为参数估计。

由样本估计总体参数的方法很多，例如矩法、概率权重矩法、线性矩法、权函数法以及适线法等。在一般情况下，这些方法各有其特点，均可独立使用。但是在我国工程水文计算中通常采用适线法，而其他方法估计的参数，一般作为适线法的初估值。

6.4.2.1 矩法

矩法是用样本矩估计总体矩，并通过矩和参数之间的关系，来估计频率曲线参数的一种方法。该法计算简便，事先不用选定频率曲线线型，因此是频率分析计算中较为常见的一种方法。

设随机变量 X 的分布函数为 $F(x)$，则 x 的 r 阶原点矩和中心矩分别为

$$m_r = \int_{-\infty}^{+\infty} x^r f(x) \mathrm{d}x \tag{6-30}$$

和

$$\mu_r = \int_{-\infty}^{+\infty} [x - EX]^r f(x) \mathrm{d}x \tag{6-31}$$

式中　EX——随机变量 X 的数学期望；

　　　$f(x)$——随机变量 X 的概率密度函数。

由于各阶原点矩和中心矩都与统计参数之间有一定的关系。因此，可以用矩来表示参数。

对于样本，r 阶样本原点矩 $\hat{m}_r$ 和 r 阶样本中心矩 $\hat{\mu}_r$ 分别为

$$\hat{m}_r = \frac{1}{n} \sum_{i=1}^{n} x_i^r \quad r = 1, 2, \cdots \tag{6-32}$$

和

$$\hat{\mu}_r = \frac{1}{n} \sum_{i=1}^{n} (x_i - \bar{x})^r \quad r = 2, 3, \cdots \tag{6-33}$$

式中　n——样本容量。

常用的由前三阶样本矩表示的样本统计参数见式（6-10）、式（6-13）和式（6-15）。由于样本的随机性，它们与相应的总体参数一般情况下并不相等。但是，笔者希望由样本系列计算出来的统计参数在统计平均意义上尽可能与相应总体参数接近，若差异较大需做修正。

样本特征值的数学期望与总体同一特征值比较接近，如 n 足够大时，其差别更微小。经过证明，样本原点矩 $\hat{m}_r$ 的数学期望正好是总体原点矩 m_r，但样本中心矩 $\hat{\mu}_r$ 的

数学期望不恰是总体的中心矩 μ_r，要把 $\hat{\mu}_r$ 经过修正后，再求其数学期望，则可得到 μ_r。这个修正的数值称为该参数的无偏估计量，然后应用它作为参数估计值。

于是均值的无偏估计仍为样本估计值，即

$$\overline{x} = \frac{1}{n} \sum_{i=1}^{n} x_i$$

样本二阶中心矩的数学期望为

$$E(\hat{\mu}_2) = \frac{n-1}{n} \mu_2$$

或

$$E\left(\frac{n}{n-1}\hat{\mu}_2\right) = \mu_2$$

因此，C_v 的近似无偏估计量为

$$C_v = \sqrt{\frac{n}{n-1}} \sqrt{\frac{\sum_{i=1}^{n}(K_i-1)^2}{n}}$$

$$= \sqrt{\frac{\sum_{i=1}^{n}(K_i-1)^2}{n-1}} \qquad (6-34)$$

样本三阶中心矩的数学期望为

$$E(\hat{\mu}_3) = \frac{(n-1)(n-2)}{n^2} \mu_3$$

或

$$E\left[\frac{n^2}{(n-1)(n-2)}\hat{\mu}_3\right] = \mu_3$$

因此，C_s 的近似无偏估计量为

$$C_s = \frac{n^2}{(n-1)(n-2)} \frac{\sum_{i=1}^{n}(K_i-1)^3}{nC_v^3}$$

$$\approx \frac{\sum_{i=1}^{n}(K_i-1)^3}{(n-3)C_v^3} \qquad (6-35)$$

必须指出，用上述无偏估值公式算出来的参数作为总体参数的估计时，只能说有很多个同容量的样本资料，用上述公式计算出来的统计参数的均值，可望等于或近似等于相应总体参数。而对某一个具体样本，计算出的参数可能大于总体参数，也可能小于总体参数，两者存在误差。因此，由有限的样本资料算出的统计参数，去估计总体的统计参数总会出现一定的误差，这种由随机抽样而引起的误差，在统计上称抽样误差。为叙述方便，下面以样本平均数为例说明样本抽样误差的概念和估算方法。

样本平均数 $\overline{x}$ 可看成一种随机变量。既然它是一种随机变量，那么就具有一定的概率分布，称此分布为样本平均数的抽样分布。抽样分布愈分散表示抽样误差愈大，反之亦然。对某个特定样本的平均数而言，它对总体平均数 EX 的离差便是该样本平均数的抽样误差。对于容量相同的各个样本，其平均值的抽样误差当然是不同的。由

于 EX 是未知的,对某一特定的样本,其样本平均值的抽样误差无法准确地求得,只能在概率意义下作出某种估计。样本平均数的抽样误差与其抽样分布密切相关,其大小可以用表征抽样分布离散程度的均方差 $\sigma_{\bar{x}}$ 来度量。为了着重说明度量的是误差,一般将其改称为样本平均数的均方误。据中心极值定理,当样本容量足够大时,样本平均数的抽样分布趋近于正态分布。这样,其关系为

$$P(\bar{x}-\sigma_{\bar{x}}\leqslant EX\leqslant\bar{x}+\sigma_{\bar{x}})=68.3\%$$

和

$$P(\bar{x}-3\sigma_{\bar{x}}\leqslant EX\leqslant\bar{x}+3\sigma_{\bar{x}})=99.7\%$$

这就是说,如果随机抽取一个样本,以此样本的均值作总体均值的估计值时,有 68.3% 的可能性,其误差不超过 $\sigma_{\bar{x}}$;有 99.7% 的可能性,其误差不超过 $3\sigma_{\bar{x}}$。

上述对样本平均数抽样误差的分析,可以适用于其他样本参数。C_v 和 C_s 的抽样误差可以用 C_v 的抽样均方误差 σ_{C_v} 和 C_s 的抽样均方误差 σ_{C_s} 来度量。根据数理统计理论,可推导出各参数均方误差的公式。当总体为皮尔逊Ⅲ型分布(C_s 为 C_v 的任意倍数)时,样本参数的均方误差公式为

$$\sigma_{\bar{x}}=\frac{\sigma}{\sqrt{n}} \tag{6-36}$$

$$\sigma_{\sigma}=\frac{\sigma}{\sqrt{2n}}\sqrt{1+\frac{3}{4}C_s^2} \tag{6-37}$$

$$\sigma_{C_v}=\frac{C_v}{\sqrt{2n}}\sqrt{1+2C_v^2+\frac{3}{4}C_s^2-2C_vC_s} \tag{6-38}$$

$$\sigma_{C_s}=\sqrt{\frac{6}{n}\left(1+\frac{3}{2}C_s^2+\frac{5}{16}C_s^4\right)} \tag{6-39}$$

表 6-2 列出 $C_s=2C_v$ 时各特征数的抽样误差,由表 6-2 可见,$\bar{x}$ 及 C_v 的误差小,而 C_s 的误差特大。当 $n=100$ 时,C_s 的误差还在 40%~126% 之间。$n=10$ 时,则在 126% 以上,就是说,超出了 C_s 本身的数值。水文资料一般都很短($n<100$),直接由矩法算得的 C_s 值,抽样误差太大。

表 6-2 　　　　　　　　　$C_s=2C_v$ 时样本参数的均方误（相对误差）　　　　　　%

参数 C_v \ n	$\bar{x}$				C_v				C_s			
	100	50	25	10	100	50	25	10	100	50	25	10
0.1	1	1	2	3	7	10	14	22	126	178	252	399
0.3	3	4	6	9	7	10	15	23	51	72	102	162
0.5	5	7	10	16	8	11	16	25	41	58	82	130
0.7	7	10	14	22	9	12	17	27	40	56	80	126
1.0	10	14	20	32	10	14	20	32	42	60	85	134

6.4.2.2 适线法

根据估计的频率分布曲线和样本经验点据分布配合最佳来优选参数的方法叫做适线法（亦叫配线法）。该法自 20 世纪 50 年代开始即在我国水文频率计算中得到较为

广泛应用，层次清楚，方法灵活，操作容易，目前已是我国水利水电工程设计洪水规范中规定的主要参数估计方法。它的实质乃是通过样本的经验分布去探求总体的分布。适线法包括传统目估适线法及计算机优化适线法。

1. 经验频率曲线

图 6-7 所示的折线状的经验分布曲线，如果消除折线而画成一条光滑的曲线，水文计算中习惯上称此曲线为经验频率曲线，在样本确定的情况下，这条曲线基本上取决于样本中每一项在图上的位置，即每一项的纵、横坐标。纵坐标为每一项的数值，若不考虑观测误差，则是确定的；横坐标为每一项的频率，是用一定的公式估算出来的。因此，经验频率曲线的形状与每一项频率的估算，关系极为密切。对于图6-7上所示的经验分布曲线，样本中每一项的经验分布曲线，样本中每一项的经验频率，是用 $\frac{m}{n}$ 计算的，其中 m 是"不小于 x 的次数"（即序数），n 相当于"出现次数"的总和（即样本容量）。若所掌握的资料是总体，这样计算并无不合理之处，但用于样本资料就有问题了。例如，当 $m=n$ 时，最末项的频率 $P=100\%$，这几乎就是说样本末项为总体中的最小值。这是不符合事实的，因为比样本最小值更小的数值今后仍可能出现。因而必须探求一种更合理的估算经验频率的方法。

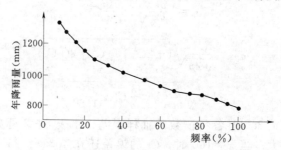

图 6-7 某地年降雨量的经验分布曲线

2. 经验频率

经验频率的估算在于对样本序列中的每一项估算其对应的频率。系列中由大到小排序排在第 m 项的频率按照规范要求其计算公式为

$$P=\frac{m}{n+1} \tag{6-40}$$

式 （6-40） 在水文计算中通常称为期望值公式，以此估计经验频率。

由于频率这个名词比较抽象，为便于理解，有时采用重现期这个词。所谓重现期是指在许多实验中，某一事件重复出现的时间间隔的平均数，即平均的重现间隔期。频率与重现期的关系有两种表示方法，具体如下：

（1）当研究暴雨洪水时，一般 $P<50\%$，采用

$$T=\frac{1}{P} \tag{6-41}$$

式中 T——重现期，以年计；

P——频率，以小数或百分数计。

例如，当暴雨或洪水的频率采用 $P=1\% = 0.01$ 时，代入式（6-41）得 $T=100$ 年，称此暴雨为百年一遇的暴雨或洪水。

（2）当研究枯水问题时，一般 $P > 50\%$，采用

$$T = \frac{1}{1-P} \tag{6-42}$$

例如，对于 $P = 80\% = 0.80$ 的枯水流量，将 $P = 0.80$ 代入式（6-42），得 $T=5$ 时，称此为5年一遇的枯水流量。

由于水文现象一般并无固定的周期性，所谓的百年一遇的暴雨或洪水，是指不小于这样的暴雨或洪水在长时期内平均100年可能发生一次，而不能认为每隔100年必然遇上一次。

在估算随机变量的经验频率时，除上述的期望值公式外，还有其他公式，但当前工程实际中很少应用，这里不再赘述。

3. 目估适线法

目估适线法估计频率曲线参数的具体步骤如下：

（1）将实测资料由大到小排列，计算各项的经验频率，在频率格纸上点绘经验点据（纵坐标为变量的取值，横坐标为对应的经验频率）。

（2）选定水文频率分布线型（一般选用皮尔逊Ⅲ型）。

（3）假定一组参数 $\bar{x}$、C_v 和 C_s。为了使假定值大致接近实际，可用矩法或其他方法求出3个参数的值，作为第一次的 $\bar{x}$、C_v 和 C_s 的假定值。当用矩法估计时，因 C_s 的抽样误差太大，一般不计算 C_s，而根据经验假定 C_s 为 C_v 的某一倍数。

（4）根据初估的 $\bar{x}$、C_v 和 C_s，查附表1或附表2，计算 x_p 值。以 x_p 为纵坐标，p 为横坐标，即可得到频率曲线。将此线画在绘有经验点据的图上，看与经验点据配合的情况，若不理想，则修改参数（主要调整 C_v 以及 C_s）再次进行计算。

（5）根据频率曲线与经验点据的配合情况，从中选择一条与经验点据配合较好的曲线作为采用曲线。相应于该曲线的参数便看作是总体参数的估值。

为了避免上述配线时修改参数的盲目性，需要了解统计参数对频率曲线的影响。

（1）均值 EX 对频率曲线的影响。当皮尔逊Ⅲ型频率曲线的另外两个参数 C_v 和 C_s 不变时，由于均值 EX 的不同，可以使频率曲线发生很大的变化，把 $C_v = 0.5$、$C_s = 1.0$，而 EX 分别为50、75、100 的3条皮尔逊Ⅲ型频率曲线同绘于图6-8中，从图中可以看出下列规律：

1）C_v 和 C_s 相同时，由于均值不同，频率曲线的位置也就不同，均值大的频率曲线位于均值小的频率曲线之上。

2）均值大的频率曲线比均值小的频率曲线陡。

（2）变差系数 C_v 对频率曲线的影响。为了消除均值的影响，以模比系数 K 为变量绘制频率曲线，如图6-9所示（图中 $C_s = 1.0$）。当 $C_v = 0$ 时，说明随机变量的取值都等于均值。故频率曲线即为 $K=1$ 的一条水平线。C_v 越大，说明随机变量相对于均值越离散。因而频率曲线将越偏离 $K=1$ 的水平线。随着 C_v 的增大，频率曲线的偏离程度也随之增大，显得越来越陡。

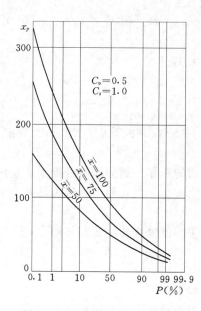

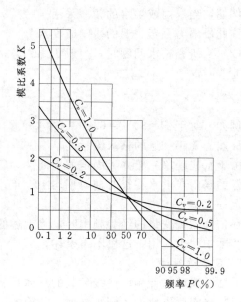

图 6 - 8　$C_v=0.5$、$C_s=1.0$ 时，
不同 EX 对频率曲线的影响

图 6 - 9　$C_s=1.0$ 时，各种 C_v
对频率曲线的影响

（3）偏态系数 C_s 对频率曲线的影响。图 6 - 10 为 $C_v=0.1$ 时各种不同的 C_s 对频率曲线的影响情况。从图 6 - 10 中可以看出，正偏情况下，C_s 越大时，频率曲线的中部越向左偏，且上段越陡，下段越平缓。

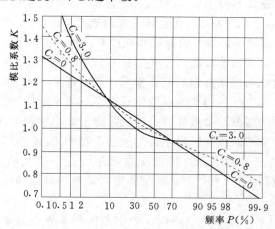

图 6 - 10　$C_v=0.1$ 时，各种 C_s 对频率曲线的影响

必须说明：图 6 - 8～图 6 - 10 所用的分格纸是频率格纸。在频率格纸上正态分布曲线为一条直线，因此如图 6 - 10 所示，当 $C_s=0$ 时，频率曲线变为一直线了。

下面通过一个例子进一步说明目估适线法的要领和具体步骤。

某站共有实测年径流量资料 47 年，总体分布曲线选定为皮尔逊Ⅲ型，试求其参数。计算步骤如下：

（1）将原始资料按大小次序排列，列入表6-3中第（4）栏。

（2）用公式 $P=\dfrac{m}{n+1}\times100\%$ 计算经验频率，列入表6-3中第（9）栏，并将 x 和 p 对应点绘于概率格纸上（图6-11）。

（3）计算序列的多年平均径流量 $\overline{x}=\left(\sum\limits_{i=1}^{n}x_i\right)/n=392.6$ 亿 m³。

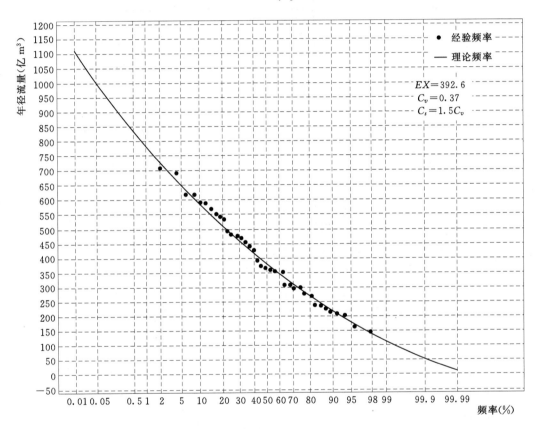

图6-11　某站年径流量频率曲线

表6-3　　　　　　　某站年径流量频率计算表（略去1970～1990年数据）

年份	年径流量 x_i（亿 m³）	序号	按大小排列的 x_i（亿 m³）	模比系数 K_i	(K_i-1)	$(K_i-1)^2$	$(K_i-1)^3$	$P=\dfrac{m}{n+1}$（%）
(1)	(2)	(3)	(4)	(5)	(6)	(7)	(8)	(9)
1949	687.9	1	705.9	1.80	0.80	0.64	0.51	2
1950	468.4	2	687.9	1.75	0.75	0.57	0.43	4
1951	489.2	3	618.2	1.57	0.57	0.33	0.19	6
1952	450.6	4	614.0	1.56	0.56	0.32	0.18	8

年份	年径流量 x_i （亿 m^3）	序号	按大小排列的 x_i （亿 m^3）	模比系数 K_i	(K_i-1)	$(K_i-1)^2$	$(K_i-1)^3$	$P=\dfrac{m}{n+1}$ （%）
(1)	(2)	(3)	(4)	(5)	(6)	(7)	(8)	(9)
1954	586.2	6	585.2	1.49	0.49	0.24	0.12	13
1955	567.9	7	567.9	1.45	0.45	0.20	0.09	15
1956	473.9	8	549.1	1.40	0.40	0.16	0.06	17
1957	357.8	9	539.0	1.37	0.37	0.14	0.05	19
1958	618.2	10	534.0	1.36	0.36	0.13	0.05	21
1959	391.0	11	489.2	1.25	0.25	0.06	0.01	23
1960	201.2	12	485.0	1.24	0.24	0.06	0.01	25
1966	452.4	13	474.0	1.21	0.21	0.04	0.01	27
1967	705.9	14	473.9	1.21	0.21	0.04	0.01	29
1968	585.2	15	468.4	1.19	0.19	0.04	0.01	31
1969	304.5	16	452.4	1.15	0.15	0.02	0.00	33
⋮	⋮	⋮	⋮	⋮	⋮	⋮	⋮	⋮
1991	241.0	38	276.0	0.70	−0.30	0.09	−0.03	79
1992	267.0	39	267.0	0.68	−0.32	0.10	−0.03	81
1993	305.0	40	241.0	0.61	−0.39	0.15	−0.06	83
1994	306.0	41	238.9	0.61	−0.39	0.15	−0.06	85
1995	238.9	42	228.0	0.58	−0.42	0.18	−0.07	88
1996	277.3	43	217.9	0.56	−0.44	0.20	−0.09	90
1997	142.5	44	208.5	0.53	−0.47	0.22	−0.10	92
1998	217.9	45	201.2	0.51	−0.49	0.24	−0.12	94
1999	208.5	46	165.3	0.42	−0.58	0.34	−0.19	96
2000	165.3	47	142.5	0.36	−0.64	0.41	−0.26	98
合计	18451.8		18451.8	47.00	0.00	5.84	0.73	

（4）计算各项的模比系数 $K_i = x_i/\bar{x}$，记入表 6-3 中第（5）栏，其总和应等于 n。

（5）计算各项的 (K_i-1)，列入表 6-3 中第（6）栏，其总和应为零。

（6）计算 $(K_i-1)^2$，列入表 6-3 中第（7）栏，可求得 C_v，即

$$C_v = \sqrt{\frac{1}{n-1}\sum_{i=1}^{n}(K_i-1)^2} = \sqrt{\frac{1}{46} \times 5.84} = 0.36$$

（7）计算 $(K_i-1)^3$，列于表 6-3 中第（8）栏，可求得 C_s，即

$$C_s = \frac{\sum_{i=1}^{n}(K_i-1)^3}{(n-3)C_v^3} = \frac{0.73}{44 \times 0.36^3} = 0.36$$

（8）首先选定矩法算出的 C_v、C_s，查附表 1，利用式 $K_p = \Phi_p C_v + 1$ 计算出 K_p 列于表 6-4 中第（2）栏，再由式 $X_p = K_p \overline{X}$，计算各种频率下的 X_p 值列于表 6-4 中第（3）栏。

根据表 6-4 中第（1）、第（3）栏对应数值点绘曲线，观察其与经验频率点吻合程度，发现频率曲线的中间部分略偏低，首尾部分明显偏于经验点据之下。故需要增大 C_v、C_s 值。

表 6-4   **频率曲线选配计算表**

频率 P（%）	第一次配线 $\overline{x}=392.6$ $C_v=0.36$，$C_s=C_v=0.36$		第二次配线 $\overline{x}=392.6$ $C_v=0.37$，$C_s=2C_v=0.74$		第三次配线 $\overline{x}=392.6$ $C_v=0.37$，$C_s=1.5C_v=0.555$	
	K_p	x_p	K_p	x_p	K_p	x_p
(1)	(2)	(3)	(4)	(5)	(6)	(7)
1	1.93	758.7	2.06	808.5	2.01	789.7
5	1.63	638.5	1.67	656.0	1.66	651.2
10	1.47	577.8	1.49	584.3	1.49	584.1
20	1.30	508.5	1.29	505.5	1.30	508.5
50	0.98	384.3	0.96	375.7	0.97	379.7
75	0.75	293.7	0.74	289.0	0.74	289.6
90	0.56	218.1	0.56	220.0	0.55	217.6
95	0.45	175.4	0.47	186.3	0.45	178.0
99	0.25	100.0	0.32	127.2	0.28	111.2

（9）重新选取 $C_v=0.37$、$C_s=2C_v=0.74$，查表求出各 K_p 值并计算出各 x_p 值，列入表 6-4 中第（4）、第（5）栏中，并根据第（1）、第（5）栏中的数值点绘曲线，发现频率曲线中间部分尚可，但首尾明显偏于经验点据之上，故需要减小 C_s。

（10）$C_v=0.37$，重新选取 $C_s=1.5C_v=0.555$，查表求出各 K_p 值并计算出各 x_p 值，列入表 6-4 中第（6）、第（7）栏中，并根据第（1）、第（7）栏中的数值点绘曲线（图 6-11）。该线与经验点据配合较好，即取为最后采用的频率曲线，其参数

为：$\overline{x} = 392.6$，$C_v = 0.37$，$C_s = 1.5C_v = 0.555$。为了清楚表明点据和采用频率曲线的配合情况，在图 6-11 上仅绘出最后采用的频率曲线，而最初试配的两条频率曲线均未绘出。

适线法的关键在于"最佳配合"的判别，上例是由目估判断，通常称为目估适线。目估适线缺乏客观标准，成果在一定程度上受到人为因素的影响。为克服这一缺点，优化适线也常为许多设计单位使用。它是通过采用优化方法使经验数据与采用的数学频率曲线纵向离差总平方和（一般采用纵向离差平方和或纵向离差绝对值之和）达到最小，此时所对应参数即为计算机优化适线法估计参数。

6.4.2.3　其他方法

上述适线法在我国普遍应用，但无可讳言，该方法仍然存在不足之处，例如选取的经验频率公式，其合理性尚缺乏令人信服的科学论证；优化适线时的最佳准则尚无公认的定论，特别是目估适线时存在普遍主观任意性。因此，在应用适线法优化参数时要慎重；同时在某些情况下，也可以考虑选用其他的方法。

为了减少矩法估计值的抽样误差，水文研究人员基于矩法相继提出了一些改进方法。这些方法就统计性能而言，不失为一类优良的参数估计法，因此下面作简要介绍。

1. 权函数法

该法均值 $\overline{x}$、C_v 值仍是根据矩法进行求解计算，仅利用权函数法对 C_s 进行估计。该法中矩的计算（以离散形式表示）公式为

$$\begin{cases} E(x) = \dfrac{1}{n} \sum (x_i - \overline{x}) \varPhi(x_i) \\ H(x) = \dfrac{1}{n} \sum (x_i - \overline{x})^2 \varPhi(x_i) \end{cases} \qquad (6-43)$$

式（6-43）中 $\varPhi(x_i)$ 为权函数，一般采用正态概率密度函数

$$\varPhi(x) = \frac{1}{S \sqrt{2\pi}} \exp\left[-\frac{(x-\overline{x})^2}{2S^2}\right]$$

C_s 值的计算公式为

$$C_s = -4S \frac{E(x)}{H(x)} \qquad (6-44)$$

权函数的引入使估计 C_s 只用到二阶矩，此外增加了靠近均值各项的权重削减了远离均值各项的权重，从而有效地提高了 C_s 的估计精度。

2. 概率权重矩法

概率权重矩法是利用三个低阶矩求解参数。概率权重矩的离散形式可表示为

$$\begin{cases} M_{1,0,0} = \dfrac{1}{n} \sum x_i = \overline{x} \\ M_{1,1,0} = \dfrac{1}{n} \sum x_i P_i \\ M_{1,2,0} = \dfrac{1}{n} \sum x_i P_i^2 \end{cases} \qquad (6-45)$$

式中　P_i——与 x_i 对应的频率值，可选择合理的经验频率公式进行计算。

在求得式（6-45）中各概率权重矩的基础上，根据概率权重矩与有关参数之间的关系，可对参数值 C_v 和 C_s 进行估计，对于均值 $\bar{x}$ 仍采用传统矩法进行估计。

该法的特点是在求矩时不仅利用序列各项大小的信息，而且还利用序位信息，特别是只需序列值一次方的计算而避免高次方，估计出的参数，其抽样误差明显比一般矩法减少。

3. 线性矩法

线性矩法是上述概率权重矩法的线性组合，其前三阶线性矩为

$$\begin{cases} I_1 = M_{1,0,0} = \bar{x} \\ I_2 = 2M_{1,1,0} - M_{1,0,0} \\ I_3 = 6M_{1,2,0} - 6M_{1,1,0} + M_{1,0,0} \end{cases} \tag{6-46}$$

基于线性矩的估计值最终可以得到参数 C_v 和 C_s 的估计值，均值 $\bar{x}$ 同样采用传统矩法进行估计。

据最近研究，线性矩法和概率权重矩法理论上是一致的。它们实际估计结果可能存在一些差异，是在计算过程上存在数值计算误差所致。不过，线性矩法其主要优点是便于区域频率计算与分析。

6.5 相 关 分 析

6.5.1 相关关系的概念

自然界中的许多现象之间有着一定的联系，它们之间既不是函数关系，也不是完全无关。例如，降水与径流之间、上下游洪水之间、水位与流量之间等都存在着这样的联系。相关分析就是要研究两个或多个随机变量之间的联系。

在水文计算中，经常遇到某一水文要素的实测资料系列很短，而与其有关的另一要素的资料却比较长，这样就可以通过相关分析把短期系列延长。此外，在水文预报中，也经常采用相关分析的方法。

但是在相关分析时，必须先分析它们在成因上是否确有联系，如果把毫无关联的现象，只凭其数字上的偶然巧合，硬凑出它们之间的相关关系，那是毫无意义的。

两种现象（变量）之间的关系一般可以有如下三种情况。

1. 完全相关（函数关系）

两个变量 X 与 Y 之间，如果每给定一个 x 值，就有一个完全确定的 y 值与之相应，则这两个变量之间的关系就是完全相关（或称函数关系）。其函数关系的形式可以是直线，也可以是曲线（图 6-12）。

2. 零相关（没有关系）

若两变量之间毫无联系或相互独立，则称为零相关或没有关系（图 6-13）。

3. 相关关系

若两个变量之间的关系界于完全相关和零相关之间，则称为相关关系。在水文计

算中，由于影响水文现象的因素错综复杂，有时为简便起见，只考虑其中最主要的一个因素而略去其次要因素。例如，径流与相应的降水量之间的关系，或同一断面的流量与相应水位之间的关系等。如果把它们的对应数值点绘在方格纸上，便可看出这些点虽有些散乱，但其关系有一个明显的趋势，这种趋势可以用一定的曲线（包括直线）来配合，如图 6 - 14 所示。

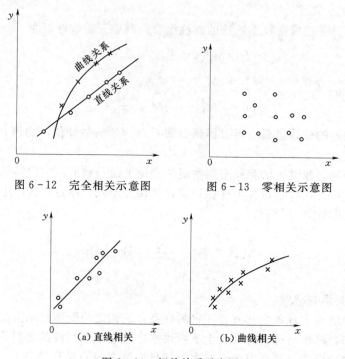

图 6 - 12　完全相关示意图　　　图 6 - 13　零相关示意图

图 6 - 14　相关关系示意图

以上研究两个变量（现象）的相关关系，一般称为简单相关。若研究 3 个或 3 个以上变量（现象）的相关关系，则称为复相关，在相关关系的图形上可分为直线相关和非直线相关两类。在水文计算中常用简单相关，水文预报中常用复相关。本节只介绍简单相关。

6.5.2 简单直线相关

6.5.2.1 相关图解法

设 x_i、y_i 代表两系列的观测值，共有 n 对，把对应值点绘于方格纸上，如果点据的平均趋势近似于直线，则可用直线来近似地代表这种相关关系。若点据分布较集中，可以直接利用作图的方法求出相关直线，叫做相关图解法。此法是先目估通过点群中间及 $(\bar{x}, \bar{y})$ 点，绘出一条直线，然后在图上量得直线的斜率 b，直线与纵轴的截距 a，则直线方程式 $y = a + bx$ 即为所求的相关方程。该法简便实用，一般情况下精度尚可。

现以某站年降雨量和年径流量资料的相关分析为例，说明相关图的绘制。

该站年降雨量 x 和年径流量 y 的同期资料如表 6 - 5 所示。

表 6-5			某站年降雨量和年径流量资料		
年份	年降雨量 x (mm)	年径流量 y (mm)	年份	年降雨量 x (mm)	年径流量 y (mm)
1954	2014	1362	1960	1306	778
1955	1211	728	1961	1029	337
1956	1728	1369	1962	1316	809
1957	1157	695	1963	1356	929
1958	1257	720	1964	1266	796
1959	1029	534	1965	1052	383

　　根据设计要求,需要延长该站的年径流量 y。从物理成因上分析,同一站的年降雨量和年径流量确有联系,根据过去水文计算的经验可知,它们之间的关系可近似为直线关系,又从水文年鉴上看该站年降雨量资料较长,因此可以作相关分析,用年降雨量资料延长年径流量资料。现以年降雨量 x 为横坐标,以年径流量 y 为纵坐标,将表 6-5 中各年数值点绘于图 6-15,得 12 个相关点。从图 6-15 可以看出,这些相关点分布基本上呈直线趋势。因此,可以通过点群中间按趋势目估绘出相关直线(如图 6-15 中的①线)。因为我们的目的是由较长期的年降雨量资料 x 延长较短期的年径流量资料 y,所以,在定线时要尽量使各相关点距离所定直线的纵向离差(Δy_i)

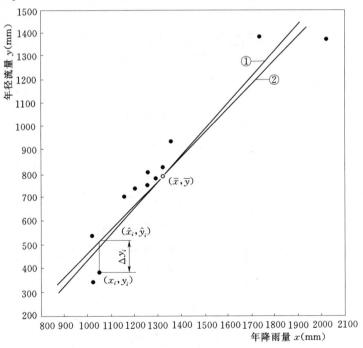

图 6-15　某站年降雨量和年径流量相关图
①—目估定线；②—计算的回归线

的平方和（$\sum \Delta y_i^2$）最小。

6.5.2.2 相关分析法

如果相关点距分布较散，则目估定线存在一定的任意性。为了减少任意性，最好采用分析法来确定相关线的方程。设直线方程的形式为

$$y = a + bx \tag{6-47}$$

式中　x——自变量；

　　　y——倚变量；

　　a，b——待定参数。

从图 6-15 可以看出，观测点与配合的直线在纵轴方向上的离差为

$$\Delta y_i = y_i - \hat{y}_i = y_i - a - bx_i$$

要使直线拟合"最佳"，须使离差 Δy_i 的平方和为"最小"，即使

$$\sum_{i=1}^{n}(\Delta y_i)^2 = \sum_{i=1}^{n}(y_i - \hat{y}_i)^2 = \sum_{i=1}^{n}(y_i - a - bx_i)^2 \tag{6-48}$$

为极小值。

欲使式（6-48）取得极小值，可分别对 a 及 b 求一阶导数，并使其等于零，即令

$$\left.\begin{array}{l} \dfrac{\partial \sum\limits_{i=1}^{n}(y_i - a - bx_i)^2}{\partial a} = 0 \\[4mm] \dfrac{\partial \sum\limits_{i=1}^{n}(y_i - a - bx_i)^2}{\partial b} = 0 \end{array}\right\}$$

解方程组，可得

$$b = \frac{\sum\limits_{i=1}^{n}(x_i - \overline{x})(y_i - \overline{y})}{\sum\limits_{i=1}^{n}(x_i - \overline{x})^2} = r\frac{\sigma_y}{\sigma_x} \tag{6-49}$$

$$a = \overline{y} - b\overline{x} = y - r\frac{\sigma_y}{\sigma_x}\overline{x} \tag{6-50}$$

$$r = \frac{\sum\limits_{i=1}^{n}(x_i - \overline{x})(y_i - \overline{y})}{\sqrt{\sum\limits_{i=1}^{n}(x_i - \overline{x})^2 \sum\limits_{i=1}^{n}(y_i - \overline{y})^2}}$$

$$= \frac{\sum\limits_{i=1}^{n}(K_{x_i} - 1)(K_{y_i} - 1)}{\sqrt{\sum\limits_{i=1}^{n}(K_{x_i} - 1)^2 \sum\limits_{i=1}^{n}(K_{y_i} - 1)^2}} \tag{6-51}$$

式中　σ_x、σ_y——x、y 系列的均方差；

　　　$\overline{x}$、$\overline{y}$——x、y 系列的均值；

r——相关系数，表示 x、y 间线性关系的密切程度。

将式（6-49）、式（6-50）代入式（6-47），得

$$y-\overline{y}=r\frac{\sigma_y}{\sigma_x}(x-\overline{x}) \tag{6-52}$$

式（6-52）称为 y 倚 x 的回归方程，它的图形称为 y 倚 x 的回归线，如图 6-15 中的②线所示。

$r\frac{\sigma_y}{\sigma_x}$ 为回归线的斜率，一般称为 y 倚 x 的回归系数，并记为 $R_{y/x}$，则

$$R_{y/x}=r\frac{\sigma_y}{\sigma_x} \tag{6-53}$$

必须注意，由回归方程所定的回归线只是观测点平均关系的配合线，观测点不会完全落在此线上，而是分布于两侧，说明回归线只是在一定标准情况下与实测点的最佳配合线。

以上讲的是 y 倚 x 的回归方程，即 x 为自变量，y 为倚变量，应用于由 x 求 y。若由 y 求 x，则要应用 x 倚 y 的回归方程。同理，可推得 x 倚 y 的回归方程为

$$x-\overline{x}=R_{x/y}(y-\overline{y}) \tag{6-54}$$

其中

$$R_{x/y}=r\frac{\sigma_x}{\sigma_y} \tag{6-55}$$

6.5.2.3 相关分析的误差

1. 回归线的误差

回归线仅是观测点据的最佳配合线，因此回归线只反映两变量间的平均关系，利用回归线来插补延长系列时，总有一定的误差，这种误差有的大，有的小，根据误差理论，其分布一般服从正态分布。为了衡量这种误差的大小，常采用均方误差来表示，如用 S_y 表示 y 倚 x 回归线的均方误，y_i 为观测点据的纵坐标，$\hat{y}_i$ 为由 x_i 通过回归线求得的纵坐标，n 为观测项数，则

$$S_y=\sqrt{\frac{\sum(y_i-\hat{y}_i)^2}{n-2}} \tag{6-56}$$

同样，x 倚 y 回归线的均方误差 S_x 为

$$S_x=\sqrt{\frac{\sum(x_i-\hat{x}_i)^2}{n-2}} \tag{6-57}$$

式（6-56）、式（6-57）皆为无偏估值公式。

回归线的均方误差 S_y 与变量的均方差 σ_y 从性质上讲是不同的。前者由观测点与回归线之间的离差求得，而后者由观测点与它的均值之间的离差求得。根据统计学上的推理，可以证明两者具有下列关系

$$S_y=\sigma_y\sqrt{1-r^2} \tag{6-58}$$

$$S_x=\sigma_x\sqrt{1-r^2} \tag{6-59}$$

如上所述，由回归方程式算出的 $\hat{y}_i$ 值，仅仅是许多 y_i 的一个"最佳"拟合或平均趋势值。按照误差原理，这些可能的取值 y_i 落在回归线两侧一个均方误差范围内

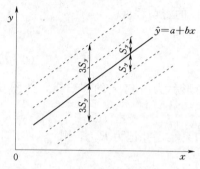

图 6-16 y 倚 x 回归线的误差范围

的概率为 68.3%，落在 3 个均方误差内的概率为 99.7%，如图 6-16 所示。

必须指出，在讨论上述误差时，没有考虑样本的抽样误差。事实上，只要用样本资料来估计回归方程中的参数，抽样误差就必然存在。可以证明，这样抽样误差在回归线的中段较小，而在上下端较大。使用回归线时，对此必须给予注意。

2. 相关系数及其误差

式（6-58）和式（6-59）给出了 S 与 σ、r 的关系。令 y 倚 x 时的相关系数记为 $r_{y/x}$，x 倚 y 时的相关系数记为 $r_{x/y}$，则有

$$r_{y/x} = \pm \sqrt{1 - \frac{S_y^2}{\sigma_y^2}} \tag{6-60}$$

$$r_{x/y} = \pm \sqrt{1 - \frac{S_x^2}{\sigma_x^2}} \tag{6-61}$$

两种情况下的相关系数是相等的，即

$$r = r_{y/x} = r_{x/y} = \frac{\sum_{i=1}^{n}(x_i - \overline{x})(y_i - \overline{y})}{\sqrt{\sum_{i=1}^{n}(x_i - \overline{x})^2 \sum_{i=1}^{n}(y_i - \overline{y})^2}} \tag{6-62}$$

且

$$r^2 \leqslant 1$$

相关程度密切与否，一般用 r^2 的大小来判定，称 r^2 为相关平方系数。由式（6-58）和式（6-59）可知：

（1）若 $r^2 = 1$，则均方误差 S_y（或 S_x）$= 0$，表示对应值 x_i、y_i 均落于回归线上，两变量间具有线性函数关系。

（2）若 $r^2 = 0$，则 $S_y = \sigma_y$ 或 $S_x = \sigma_x$，此时误差值达到最大值，说明以直线代表点据的误差达到最大，这两种变量没有关系，亦即前面说的零相关，也可能是非直线相关。

（3）若 $0 < r^2 < 1$，介于上述两种情况之间时，其相关程度密切与否，视 r 的大小而定。r 绝对值越大，均方误差 S_y（或 S_x）越小。当 r 越接近于 1，点据越靠近于回归直线，x、y 间的关系越密切。r 为正值时，表示正相关；r 为负值时，表示负相关。

点据分布和相关关系大小的示例，可参看图 6-17。

从以上分析可知，在直线相关的情况下，r 可以表示两变量相关的密切程度，所以将 r 作为直线相关密切程度的指标。但是相关系数 r 不是从物理成因推导出来的，而是从直线拟合点据的离差概念推导出来的，因此当 $r=0$（或接近于零）时，只表示两变量间无直线关系存在。

在相关分析计算中，相关系数是根据有限的实际资料（样本）计算出来的，不免带有抽样误差，因此，为了推断两变量之间是否真正存在着相关关系，必须对样本相关系数作统计检验。这种检验的实质在于找出一个临界的相关系数值 r_a，只有当样

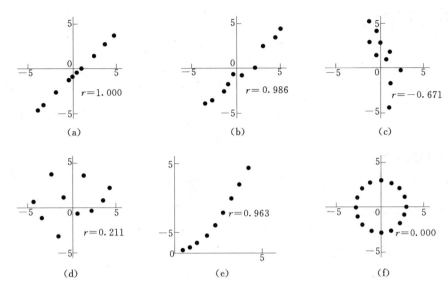

图 6-17　点据分布和相关关系大小说明图

本相关系数 $|r|$ 大于这个临界值，即 $|r|>r_a$ 时，才能在一定的信度水平下推断总体是相关的。统计检验的具体方法比较繁杂，这里不再赘述，请参考有关书籍。

　　除统计检验外，还可以通过相关系数的机误与相关系数的比较来粗略判断相关系数是否存在。按统计原理，相关系数的机误为

$$E_r = 0.6745 \frac{1-r^2}{\sqrt{n}} \tag{6-63}$$

一般当 $|r|>|4E_r|$ 时，则认为相关系数存在。

　　因此在相关时，为保证变量间相关性确实存在，用来建立相关关系的数据不能太少，一般 n 应在 12 以上。

　　下面通过实例说明相关分析的要领和步骤。

　　相关分析的目的是以较长期的年降雨量资料延长较短的年径流资料，所以这里以年降雨量为自变量 x，年径流量为倚变量 y。为了便于相关计算，有关计算数据列于表 6-6，由表 6-6 的计算成果，可进一步算出以下各值：

（1）均值

$$\overline{x}=\frac{15715}{12}=1310(\text{mm}), \quad \overline{y}=\frac{9440}{12}=787(\text{mm})$$

（2）均方差

$$\sigma_x = \overline{x}\sqrt{\frac{\sum_{i=1}^{n}(K_{x_i}-1)^2}{n-1}} = 1310\sqrt{\frac{0.544}{11}} = 291(\text{mm})$$

$$\sigma_y = \overline{y}\sqrt{\frac{\sum_{i=1}^{n}(K_{y_i}-1)^2}{n-1}} = 787\sqrt{\frac{1.818}{11}} = 320(\text{mm})$$

（3）相关系数

$$r = \frac{\sum\limits_{i=1}^{n}(K_{x_i}-1)(K_{y_i}-1)}{\sqrt{\sum\limits_{i=1}^{n}(K_{x_i}-1)^2 \sum\limits_{i=1}^{n}(K_{y_i}-1)^2}}$$

$$= \frac{0.947}{\sqrt{0.544 \times 1.818}} = 0.952$$

（4）回归系数

$$R_{y/x} = r\frac{\sigma_y}{\sigma_x} = 0.952 \times \frac{320}{291} = 1.046$$

（5）y 倚 x 的回归方程

$$y = \bar{y} + R_{y/x}(x - \bar{x}) = 1.046x - 583$$

（6）回归直线的均方误

$$S_y = \sigma_y \sqrt{1-r^2} = 320 \sqrt{1-(0.952)^2} = 98(\text{mm})$$

（7）相关系数的机误

$$E_r = 0.6745 \frac{1-r^2}{\sqrt{n}} = 0.018$$

$$4E_r = 0.072$$

所以 $r > 4E_r$，说明两变量间的相关关系存在。

表 6-6   某站年降雨量与年径流量相关计算表

年份	年降雨量 x (mm)	年径流量 y (mm)	K_x	K_y	K_x-1	K_y-1	$(K_x-1)^2$	$(K_y-1)^2$	(K_x-1) $\times(K_y-1)$
1954	2014	1362	1.54	1.73	0.54	0.73	0.292	0.533	0.394
1955	1211	728	0.92	0.92	-0.08	-0.08	0.006	0.006	0.006
1956	1728	1369	1.32	1.74	0.32	0.74	0.101	0.548	0.237
1957	1157	695	0.88	0.88	-0.12	-0.12	0.014	0.014	0.014
1958	1257	720	0.96	0.91	-0.04	-0.09	0.001	0.008	0.004
1959	1029	534	0.79	0.68	-0.21	-0.32	0.044	0.102	0.067
1960	1306	778	1.00	0.99	0.00	-0.01	0	0	0
1961	1029	337	0.79	0.44	-0.21	-0.56	0.044	0.314	0.118
1962	1310	809	1.00	1.03	0	0.03	0	0.001	0
1963	1356	929	1.03	1.18	0.03	0.18	0.001	0.032	0.005
1964	1266	796	0.97	1.01	-0.03	0.01	0.001	0	0
1965	1052	383	0.80	0.49	-0.20	-0.51	0.040	0.260	0.102
合计	15715	9440	12.00	12.00	0	0	0.544	1.818	0.947
平均	$\bar{x}=1310$	$\bar{y}=787$							

算出 y 倚 x 的回归方程之后，便可由已知的自变量 x 值，代入回归方程算出相应的倚变量 y 值。

上例中某站虽然只有1954～1965年共12年的年径流和年降雨同期观测资料，但降雨资料却比较长，是从1945年开始的。把1945～1953年的各年降雨量代入回归方程中，就可以将该站年径流量资料展延至21年（1945～1965年），如表6-7所示。表6-7中1945～1953年的各年年径流量就是通过这种相关计算的方法得到的。

表 6-7   某站年径流量展延成果表

年　　份	年降雨量 （mm）	年径流量 （mm）	年　　份	年降雨量 （mm）	年径流量 （mm）
1945	1265	741	1956	1728	1369
1946	1165	636	1957	1157	695
1947	1070	536	1958	1257	720
1948	1860	839	1959	1029	534
1949	922	383	1960	1306	778
1950	1460	947	1961	1029	337
1951	1195	668	1962	1316	809
1952	1330	809	1963	1356	929
1953	995	457	1964	1265	796
1954	2014	1362	1965	1052	383
1955	1211	728			

6.5.3　曲线选配

在水文计算中常常会碰到两变量不是直线关系，而是某种形式的曲线相关，如水位—流量关系、流域面积—洪峰流量关系。遇此情况，水文计算上多采用曲线选配方法，将某些简单的曲线形式，通过函数变换，使其成为直线关系，水文上常用的有幂函数和指数函数。

1.幂函数选配

幂函数的一般形式为

$$y = ax^n \tag{6-64}$$

式中　　a，n——待定参数。

对式（6-64）两边取对数，并令

$$\lg y = Y, \lg a = A, \lg x = X$$

则有

$$Y = A + nX \tag{6-65}$$

对 X 和 Y 而言就是直线关系。因此，如果将随机变量各点取对数，在方格纸上点绘 $(\lg x_1,\ \lg y_1)$、　$(\lg x_2,\ \lg y_2)$、…各点，或者在双对数格纸上点绘 $(x_1,\ y_1)$、$(x_2,\ y_2)$、…各点，这样，就可照上面所讲述的方法，作直线相关分析。

2. 指数函数选配

指数函数的一般形式为

$$y = ae^{bx} \tag{6-66}$$

式中　a、b——待定参数。

对式（6-66）两边取对数，且知 $\lg e = 0.4343$，则有

$$\lg y = \lg a + 0.4343bx \tag{6-67}$$

因此，在半数格纸上以 y 为对数纵坐标，x 为普通横坐标，式（6-67）在该图纸上呈直线形式，也可作直线相关分析。

习　　题

[6-1]　某城市位于甲、乙两河汇合处，假设其中任意一条河流泛滥都将导致该地区淹没，如果每年甲河泛滥的概率为 0.2，乙河泛滥的概率为 0.4，当甲河泛滥而导致乙河泛滥的概率为 0.3，求：

(1) 任一年甲、乙两河都泛滥的概率？

(2) 该地区被淹没的概率？

(3) 由乙河泛滥导致甲河泛滥的概率？

[6-2]　已知洪峰流量统计参数 $\overline{Q} = 100\text{m}^3/\text{s}$、$C_v = 0.5$、$C_s = 2.5C_v$，试绘频率曲线。并确定频率 $P = 1\%$、$P = 2\%$、$P = 5\%$ 时的设计洪峰流量。若 $C_s = 3.5C_v$，试绘频率曲线，并与 $C_s = 2.5C_v$ 时的频率曲线进行比较和分析。

[6-3]　某站有 24 年的实测年径流资料，见表 6-8，试用目估线推求年径流量频率曲线的三个参数，并对该法做出评述。

[6-4]　已知某河甲、乙两站的年径流模数 M（表 6-9），甲、乙两站的年径流量在成因上具有联系。试用图解法和分析法推求相关直线，并对这两种方法做出评述。

表 6-8　某站实测年径流资料

年份	年径流深 （mm）	年份	年径流深 （mm）
1952	538.3	1964	769.2
1953	624.9	1965	615.5
1954	663.2	1966	417.1
1955	591.7	1967	789.3
1956	557.2	1968	732.9
1957	998.0	1969	1064.5
1958	641.5	1970	606.7
1959	341.1	1971	586.7
1960	964.2	1972	567.4
1961	687.3	1973	587.7
1962	546.7	1974	709.0
1963	509.9	1975	883.5

表 6-9　某河甲、乙两站的年径流模数 M

年份	甲站年径流模数 $[10^{-3}\text{m}^3/(\text{s}\cdot\text{km}^2)]$	乙站年径流模数 $[10^{-3}\text{m}^3/(\text{s}\cdot\text{km}^2)]$
1975	3.5	5.4·
1976	4.6	6.5
1977	3.3	5.0
1978	2.9	4.0
1979	3.1	4.9
1980	3.8	5.6
1981	3.0	4.5
1982	2.8	4.2
1983	3.0	4.6
1984	4.0	6.1
1985	3.9	
1986	2.6	
1987	4.8	
1988	5.0	

第 **7** 章

设计年径流及年输沙量的分析计算

7.1 概 述

7.1.1 年径流的变化特征

在一个年度内，通过河流出口断面的水量，称为该断面以上流域的年径流量。它可用年平均流量、年径流深、年径流总量或年径流模数表示。

通过信息采集和处理，可以得到实测年径流量。将实测值按年份顺序点绘，便得到年径流量过程线图，图 7-1 为黄河陕县站和松花江哈尔滨站年平均流量过程线图。

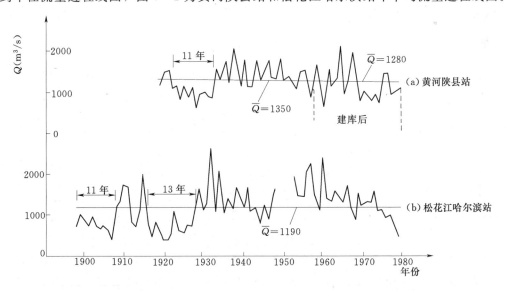

图 7-1　黄河陕县站（a）和松花江哈尔滨站（b）年径流过程线

对许多站年径流量过程线图的观察和分析，可以看出年径流变化的一些特性如下：

（1）径流具有大致以年为周期的汛期与枯季交替变化的规律，但各年汛期、枯季的历时有长有短，发生时间有早有迟，水量也有大有小，基本上年年不同，从不重复，具有偶然性质。

（2）年径流在年际间变化很大，有些河流丰水年径流量可达平水年的 2～3 倍，枯水年径流量只有平水年的 0.1～0.2 倍，表 7-1 列出了我国一些主要河流实测最丰年的年平均流量与最枯年的年平均流量的变幅。为了便于相互比较，表中采用丰水年模比系数 $K_丰$ 和枯水年模比系数 $K_枯$ 表示为

$$K_丰 = \frac{Q_丰}{\overline{Q}} \quad K_枯 = \frac{Q_枯}{\overline{Q}}$$

式中　$\overline{Q}$——多年平均流量。

表 7-1　　　　　　　实测最丰水年与最枯水年的年径流模比系数对照表

河名	测站	流域面积 F（km^2）	资料年数 n（年）	多年平均流量 $\overline{Q}$（m^3/s）	最丰水年模比系数 $K_丰$	最枯水年模比系数 $K_枯$	备注
松花江	哈尔滨	390526	78	1190	2.252	0.325	
鸭绿江	水丰	52912	55	811	1.56	0.560	
滦河	滦县	44100	41	148	2.736	0.343	
永定河	官厅	42500	23	43.1	2.183	0.348	建库前
	官厅		27	40.8	2.015	0.314	建库后
黄河	陕县	687869	40	1350	1.548	0.470	
	三门峡	688421	21	1280	1.695	0.566	建库后
淮河	蚌埠	121330	39	788	5.563	0.108	
长江	宜昌	1005501	100	14300	1.273	0.741	
	汉口	1488036	113	23400	1.329	0.615	
嘉陵江	北碚	157900	39	2110	1.479	0.540	
湘江	湘潭	81638	30	2040	1.475	0.436	
汉江	黄家港	95217	38	1230	2.041	0.362	
赣江	外洲	80948	30	2090	1.622	0.359	建库前
闽江	竹岐	54500	42	1750	1.526	0.486	
西江	梧州	329705	37	6990	1.574	0.465	
雅鲁藏布江	奴各沙	110415	21	532	1.799	0.628	
伊犁河	雅马渡	48421	26	373	1.327	0.751	

（3）年径流在多年变化中具有一定的周期性，存在丰水年组和枯水年组交替出现的现象。图 7-1（a）黄河陕县站曾出现过连续 11 年（1922～1932 年）的少水年组，而后的 1935～1949 年则基本上是多水年组。图 7-1（b）松花江哈尔滨站 1927 年以前的 30 年基本上是少水年组，而后的 1928～1966 年基本上是多水年组。浙江新安江水电站也曾出现过连续 13 年（1956～1968 年）的少水年组。这说明河流的年径流量具有或多或少的持续性，即逐年的径流量之间并非独立，具有较长的自相关关系。

（4）年径流的年内分配极不均匀，有些河流 1 个月的径流量集中了年径流量的30％，汛期的径流量可占年径流量的 50％～80％。即使年径流量相近的年份，由于年内分配的差异，给工程设计和水资源的利用带来难度，同样对年径流的分析与计算提出了更高的要求。

7.1.2　影响年径流的因素

在年径流的分析与计算中，研究其影响因素具有重要意义。通过对影响因素的分析研究，可以从物理成因方面去深入探讨径流的变化规律。此外，在径流资料短缺时，可以利用径流与有关因素之间的关系来推估径流特征值，有助于计算成果的合理性分析。

研究影响年径流量的因素，可从流域水量平衡方程式着手。以年为时段的流域水量平衡方程式为

$$y = x - z + \Delta u + \Delta w \tag{7-1}$$

由式（7-1）可知，年径流深 y 取决于年降水量 x，年蒸发量 z，时段始末的流域蓄水量变化 Δu 和流域之间的交换水量 Δw 四项因素。前两项属于流域的气候因素，后两项属于下垫面因素（指地形、植被、土壤、地质、湖泊、沼泽、流域大小等）。当流域完全闭合时，$\Delta w = 0$，影响因素只有 x、z 和 Δu 三项。

1. 气候因素对年径流量的影响

影响年径流的气候因素主要指影响水循环要素的降水量与蒸发量。显然，年降水量与年蒸发量对年径流量的影响程度随地理位置不同而有差异。在湿润地区，降水量较多，其中大部分形成了径流，年径流系数较高，年降水量与年径流量之间具有较密切的关系，说明年降水量对年径流量起着决定性作用，而流域蒸发的作用就相对较小。在干旱地区，降水量少，且极大部分耗于蒸发，年径流系数很低，年降水量与年径流量的关系不很密切，降水和蒸发都对年径流量起着相当大的作用。

对于以冰雪补给为主的河流，年径流量主要取决于前一年的降雪量和当年的气温。

2. 下垫面因素对年径流的影响

流域的下垫面因素主要从两方面影响年径流量，一方面通过流域蓄水增量 Δu 影响着年径流量的变化；另一方面通过对气候因素的影响间接地影响年径流量。以下简要介绍地形、湖泊和流域大小等主要因素对年径流的影响。

地形主要通过对气候因素——降水、蒸发、气温的影响，而间接对年径流量产生作用。地形对于降水的影响主要表现在山地对水汽的抬升和阻滞作用，使迎风坡降水量增大。增大的程度主要随水汽含量和抬升速度而定。

地形除对降水有影响外，还对蒸发有影响，一般气温随高程的增加而降低，因而使蒸发量减小，所以地形对蒸发和降水的作用，将使年径流量随高程的增加而加大。

湖泊（包括水库在内）一方面通过蒸发的影响而间接影响年径流量的大小，另一方面通过对流域蓄水量的调节而影响年径流量的变化。

湖泊增加流域的水面面积，由于一般陆面蒸发小于水面蒸发，因此湖泊的存在增加了蒸发量，从而使年径流量减少，这种影响可表示为

$$\Delta y = \Delta z = (z_水 - z_陆) f \tag{7-2}$$

式中　Δy——由于湖泊影响所致年径流量的减少量；

　　　Δz——由于湖泊影响所致年蒸发量的增加量；

　$z_水$，$z_陆$——水面蒸发量和陆面蒸发量；

　　　　f——湖泊率，即湖泊面积与流域面积之比。

　　由式（7-2）可知，年径流量的减少程度取决于湖泊率的大小和蒸发差额（$z_水 - z_陆$）。后者在不同的气候区内是不同的。在干旱地区，由于水面蒸发量和陆面蒸发相差很大，即（$z_水 - z_陆$）的数值很大，所以湖泊对减少年径流量的作用较显著。在湿润地区，由于水面蒸发与陆面蒸发相差不大，所以湖泊对年径流量的影响较小。

　　另外，较大的湖泊增大了流域的调节作用，使 Δu 值加大，对年径流变化产生作用。有湖泊的流域与无湖泊的流域相比，在 $\Delta u > 0$ 的多水年份，湖泊可以多储蓄部分水量，使年径流量减小；而在 $\Delta u < 0$ 的少水年份，湖泊则多放出一部分水量，使年径流量增加，因而起着减小径流年际变化的作用。

　　流域可被看做一个径流调节器，输入为降水，输出为径流。一般随着流域面积的增大，径流量的变化相应地减小。这是因为：①流域面积增大时，一般地下蓄水量相应加大；②随着流域面积的增加，流域内部各地径流的不同期性越加显著，所起的调节作用就更为明显。

　　3．人类活动对年径流量的影响

　　人类活动对年径流的影响包括直接影响和间接影响。直接影响如跨流域引水，直接减少（或增加）本流域的年径流量。间接影响如修水库、闸坝、塘堰等水利工程，旱地改水田、坡地改梯田、植树造林、种植牧草等措施，主要通过改变下垫面性质而影响年径流量。一般来说，这些措施都将使蒸发增加，从而使年径流量减少。

　　4．影响径流年内分配的因素

　　以上分析了气候因素和下垫面因素对年径流量的影响。现在扼要说明其对径流年内分配影响的差别。

　　以月为时段的流域水量平衡方程式为

$$y_月 = x_月 - z_月 + \Delta u_月 + \Delta w_月 \tag{7-3}$$

　　当流域完全闭合时，$\Delta w = 0$。对闭合流域而言，除降水量对径流量始终起作用外，其他两项因素蒸发 z 和流域蓄水变量 Δu 则随着计算时段的不同，对径流量所起的作用却有所差异。例如计算时段为多年，Δu 一项多年期间正负抵消，可以不计，而 z 的作用较明显；当计算时段缩短到研究一次洪水量时，蒸发可忽略不计，而 Δu 的作用很明显。计算时段为月时，Δz 和 Δu 都在起作用。

　　还须指出，即使计算时段都为月，由于位于年内不同时期，上述三项因素对月径流量的影响程度是不同的。在汛期，降雨对径流起着决定性作用；在枯季，枯水径流主要来自流域蓄水。此时 Δw 对枯季径流起很大作用。

7.1.3　工程规模与来水、用水、保证率的关系

　　上述年径流量的自然变化情势往往与用水部门的需水有矛盾。为了按时按量地满足用水部门的需水要求，必须兴建水利工程（如水库等），对天然径流加以人工调节，按用水要求改变径流过程。

各项水利工程的规模如何确定呢？今以确定灌溉水库的库容 V 为例说明如下：

在丰水年份由于降雨量多，河流中水量丰富，且作物要求的灌溉水量较少，来水与用水的矛盾不突出，解决这种丰水年份的灌溉要求，所需的工程规模（如水库的库容）较小。如图 7-2 中仅 8 月来水小于用水，要求水库供水以补充天然来水的不足，故用以满足灌溉用水所需的库容 V 较小。相反，在枯水年份，降雨量小，河流中水量也较枯，并且由于气温高，蒸发大，耗水很多，作物要求的灌溉水量却很大，来水与用水的矛盾就很突出。为了满足这种枯水年份的灌溉要求，水库的库容就要大得多，如图 7-3 所示。

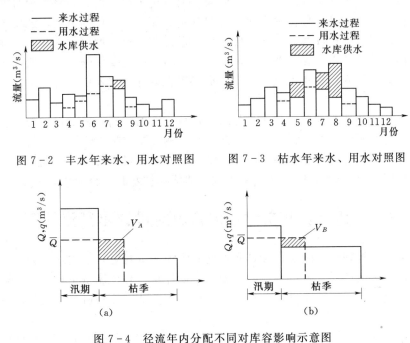

图 7-2　丰水年来水、用水对照图　　　图 7-3　枯水年来水、用水对照图

图 7-4　径流年内分配不同对库容影响示意图
———来水过程；— — —用水过程；▨水库供水

在同样的干旱年份，即使水量相同，但由于径流年内各月分配不同，对库容大小也有影响，如图 7-4（a）、（b）所示，两年的年平均流量 Q 相同，但图 7-4（b）年的径流年内分配（概化成汛期、枯季两个流量）较图 7-4（a）年的均匀，因此两年所需水库供水的数量也就不同，往往径流年内分配不均匀的年份所需库容较大，即 $V_A > V_B$。

对于不同的年份，来水与用水有各种可能的组合情况，各年所需的库容也就大小不一。例如某灌区有 30 年的年径流量资料和灌溉用水量资料，就可以求出 30 个大小不同的库容值 V_1、V_2、…、V_{20}、…、V_{30}。那么，应该用什么样的库容值来设计水库呢？建造的水库库容大些，灌溉用水的保证程度（即保证率）就高些，但投资要多；相反，库容小些，可节省投资，但灌溉用水的保证率就低些，遇到大旱或连续枯水年份，灌溉用水得不到保证，作物就要减产甚至失收。这里就牵涉到一个设计标准问题，也就是设计保证率问题。

以上通过兴修灌溉工程论述工程规模与来水、用水和保证率的关系具有一定普遍性，即水利工程的规模确定，需要分析四者的关系，只是工程的性质不同，具体要求有所差异而已。

综上所述，在规划设计阶段，涉水工程的规模一般由来水、需水的大小和希望解决矛盾的程度（即设计保证率）来决定的，即在规划设计阶段要分析工程规模、来水、用水、保证率四者之间的关系，经过技术经济比较来确定工程规模。

7.1.4　年径流与年输沙率计算任务

综上可知，在水利工程的规划设计阶段，要分析工程规模、来水、用水、保证率四者间的关系，其中设计保证率由用水部门确定，而各项工程的规模，还要依据来水与用水情况，经过分析计算后经技术经济比较后确定。有关城镇供水、农业灌溉、水力发电等用水量的计算将在有关专业课中介绍。本章的主要任务是分析研究年径流量和年输沙率的年际变化和年内分配规律，提供工程设计的主要依据——来水量和来沙量资料。

水利工程调节性能的差异和采用的水利计算方法的不同，要求提供的来水——年径流资料也有所不同。对于无调节性能的引水工程，要求提供历年（或代表年）的逐日流量过程资料；对于有调节性能的蓄水工程，则要求提供历年（或代表年）的逐月（旬）流量过程资料或各种时段径流量的频率曲线，供水利计算应用。

7.2　具有长期实测径流资料时设计年径流计算

在水利工程规划设计阶段，当具有长期实测径流资料时，通过水文分析计算预估未来径流量，按设计要求，可有三种类型：①设计年、月径流量系列；②实际代表年的年、月径流量；③设计代表年的年、月径流量。本节将分别讲述三类径流资料的分析计算方法。

径流资料的分析计算一般有三个步骤。首先，应对实测径流资料进行审查；其次，运用数理统计方法推求设计年径流量；最后，用代表年法推求径流年内分配过程。

7.2.1　水文资料审查

水文资料是水文分析计算的依据，它直接影响着工程设计的精度。因此，对于所使用的水文资料必须慎重地进行审查。这里所谓审查就是鉴定实测年径流量系列的可靠性、一致性和代表性。

1. 资料可靠性的审查

径流资料是通过水文站的实测和资料整编后获得的。因此，可靠性审查应从审查测验方法、测验的要素、资料整编方法和整编后的成果着手。一般可从如下方面进行：

（1）水位资料的审查。检查原始水位资料情况并分析水位过程线形状，从而了解当时的观测质量，分析有无不合理的现象。

（2）水位流量关系曲线的审查。检查水位流量关系曲线绘制和延长的方法，并分析历年水位流量关系曲线的变化情况。

（3）水量平衡的审查。根据水量平衡的原理，下游站的径流量应等于上游站径流量加区间径流量。通过水量平衡的检查即可衡量径流资料的精度。

1949年前的水文资料质量较差，审查时应特别注意。

2. 资料一致性的审查

应用数理统计法的前提是要求统计系列具有一致性，即要求组成系列的每个资料具有同一成因和同一基础。不同成因的资料和不同基础（如流域下垫面条件发生显著变化）的资料不得作为一个统计系列。就年径流量系列而言，它的一致性是建立在气候条件和下垫面条件的稳定性上的。当气候条件或下垫面条件有显著的变化时，资料的一致性就遭到破坏。一般认为气候条件的变化极其缓慢，可认为是相对稳定的；但下垫面条件可因人类活动而改变。在审查年径流量资料时应该考虑到这一点。《水利水电工程水文计算规范》（SL 278—2002）第3.2条规定："随着各类水利水电工程的兴建、水土保持措施的逐步实施以及分洪、溃口等情况发生，使径流及其过程发生明显变化，改变了径流系列的一致性，应对受影响的部分还原到天然状况。"如在测流断面上游修建了水库或引水工程，则工程建成后下游水文站实测资料的一致性就遭到破坏，引用该水文站的资料时，必须进行合理的修正，还原到修建工程前的同一基础上。常用水量平衡法、降雨径流相关法进行修正还原。一般来说，只要下垫面条件的变化不是非常显著，可以认为径流系列具有一致性。

3. 资料代表性的审查

应用数理统计法进行水文计算时，计算成果的精度取决于样本对总体的代表性，代表性高，抽样误差就小。因此，资料代表性审查对衡量频率计算成果的精度具有重要意义。

样本对总体代表性的高低可以理解为样本分布参数与总体分布参数的接近程度。由于总体分布参数是未知的，样本分布参数的代表性不能就其本身获得检验，通常只能通过与更长系列的分布参数作比较来衡量。下面讲述检验系列代表性的具体方法。

设某设计站具有1961～1990年共30年的年径流量（以后称设计变量）系列。为了检验这一系列的代表性，可选择与设计变量有成因联系、具有长系列的参证变量（例如具有1921～2010年共90年系列的邻近流域的年径流量）来进行比较。首先，计算参证变量长系列（1921～2010年）的分布参数（主要是均值和离势系数）；然后，计算参证变量1961～1990年系列的分布参数。假如两者的分布参数值大致接近，就可认为参证变量短系列（1961～1990年）具有代表性，从而认为，与参证变量有成因联系的设计变量的1961～1990年系列也具有代表性。

显然，应用上述方法，应具有下列两个条件：①设计变量与参证变量的时序变化具有同步性；②参证变量的长系列本身具有较高的代表性。

在实际工作中如选不到恰当的参证变量时，也可通过降水资料以及历史旱涝现象的调查和气候特性的分析，来论证年径流量系列的代表性。

7.2.2　设计年、月径流量系列的选取

实测径流系列经过审查和分析后，再按水利年排列为一个新的年、月径流系列。然后，从这个长系列中选出代表段的年月径流系列。代表段中应包括有丰水年、平水

年、枯水年，并且有一个或几个完整的调节周期；代表段的年径流量均值、离势系数应与长系列的相近。我们用这个代表段的年、月径流量系列来预估未来工程运行期间的年、月径流量变化。这个代表段就是水利计算所要求的所谓"设计年、月径流量系列"。

有了设计年月径流系列（来水）和相应年月的用水量系列，就可以逐年进行来水、用水平衡计算，求得逐年所需的库容值。例如，某一水利枢纽有 n 年径流资料，就可求得各年的库容值 V_1、V_2、…、V_n。将库容值由小到大重新排列，并计算各项的经验频率，点绘于概率格纸上，作出库容频率曲线。于是，可以由设计用水保证率 p，在频率曲线上查得相应的设计库容值 V_p，用以确定工程规模。这种推求设计库容值 V_p 的方法，在水利计算中称为长系列操作法、时历法或综合法，为了与下述的代表年法相应，本书又称为长期年法。

运用长系列操作法，保证率的概念比较明确，但对水文资料要求较高，必须提供设计年、月径流量系列。在实际工作中，一般不具备上述条件；同时，在规划设计阶段需要多方案进行比较，计算工作量太大。因此，在规划设计中小型水利工程时，广泛采用代表年法（实际代表法或设计代表年法）。

7.2.3　实际代表年的年、月径流量

实际代表年法就是从实测年、月径流量系列中，选出一个和几个实际年作为设计代表年，用其年径流分配过程直接与相应的用水过程相配合而进行调节计算，求出调节库容，确定工程规模。用这种方法求出的调节库容和特征指标，其频率不一定严格符合规定的设计频率，但大致接近。

对于灌溉工程常选出一个实际干旱年作为设计代表年。一般认为遇到这样的干旱年，供水会得到保证，就达到设计目的了。该法形象，简单，方便，在灌溉工程设计中应用广泛。对于水电工程，有时从实际资料中选出能代表丰、平、枯三种分配特性的实际年分别作丰、平、枯的设计代表年。挑选的原则通常是设计代表年的各设计时段径流量尽量分别接近设计要求的径流量。例如，对于丰水年，要求挑选的实际年，其年水量和枯季水量尽量接近设计丰水年要求的年水量和枯季水量。对平水年和枯水年可作类似说明。当选择的代表年，其时段的径流量和设计要求的相差较大时，就不能采用实际代表年了。下述的设计代表年可以代替实际代表年。

7.2.4　设计代表年的年、月径流量

水利工程的使用年限，一般长达几十年甚至几百年，要通过成因分析途径预估未来长期的径流过程是不可能的。上述以设计年、月流量或实际代表年的年、月径流量来预估工程运行期间年、月径流量变化是基于这样的概念，即历史上发生的事件在未来可能重现，换言之以历史上曾经出现的径流变化预估未来径流的可能变化。这是当前解决长期预估这个难题的一种可行方法，但存在明显的缺点，那就是历史事件绝不会重复而只能以大致相似的形式出现。受众多因素影响的径流量，其变化呈现出随机性。因此可以用统计方法来研究年径流量变化的统计规律。当我们认为年径流量是简单的独立随机变量时，年径流量系列即可作为随机系列，实测年径流量系列则为年径流量总体的一个随机样本。因此，可以由以往 n 年实测年径流系列求得的分布函数

（频率曲线）推断总体分布，并作为未来的工程运行期间年径流量的分布函数。以此分布函数推求各种频率的径流量作为未来可能出现各种径流量的预估。对于其他时段径流量（如年最小、最小1个月、3个月、枯季径流量），同样可以用数理统计法去研究它的变化规律。

设计代表年年径流量及年内分配的计算步骤为：①根据审查分析后的长期实测径流量资料，按工程要求确定计算时段，对各种时段径流量进行频率计算，求出指定频率的各种时段的设计流量值；②在实测径流资料中，按一定的原则选取代表年，对灌溉工程只选枯水年为代表年，对水电工程一般选丰水、平水、枯水三个代表年；③求设计时段径流量与代表年的时段径流量的比值，对代表年的径流过程按此比值进行缩放，即得设计的年径流过程线。

7.2.4.1　设计时段径流量的计算

1. 计算时段的确定

计算时段是按工程要求来考虑的。设计灌溉工程时，一般取灌溉期作为计算时段。设计水电工程时，因为枯水期水量和年水量决定着发电效益，可采取枯水期或年作为计算时段。

2. 频率计算

当计算时段确定后，就可根据历年逐月径流资料，统计时段径流量。若计算时段为年，则按水文年度或水利年度统计年、月径流量。水文年度是根据水文循环特性来划分的，而水利年度是通过工程运行特性来划分的，两者有时一致，有时不一致。一般根据研究对象设计要求，综合分析选择水文年度或水利年度。将实测年、月径流量按水文年或水利年度排列后，计算每一年度的年平均径流量，并按大小次序排列，即构成年径流量计算系列。若选定的计算时段为3个月（或其他时段），则根据历年逐月径流量资料，统计历年最枯3个月的水量，不固定起讫时间，可以不受水利年度分界的限制。同时，把历年最枯3个月的水量按大小次序排列，即构成计算系列。

《水利水电工程水文计算规范》（SL 278—2002）规定，径流频率计算依据的资料系列应在30年以上。

有了年径流量系列或时段径流量系列，即可推求指定频率的设计年径流量或指定频率的设计时段径流量。

配线时要考虑全部经验点据，如点据与曲线拟合不佳时，应侧重考虑中、下部点据，适当照顾上部点据。

年径流频率计算中，C_s/C_v 值按具体配线情况而定，一般可采用2~3。

3. 成果合理性分析

成果分析主要对径流系列均值、离势系数及偏态系数进行合理性审查，可通过影响因素的分析和径流的地理分布规律进行。

（1）多年平均年径流量的检查。影响多年平均年径流量的因素是气候因素，而气候因素是具有地理分布规律的，所以多年平均年径流量也具有地理分布规律。将设计站与上、下游站和邻近流域的多年平均径流量进行比较，便可判断所得成果是否合理。若发现不合理现象，应检查其原因，作进一步分析论证。

（2）年径流量离势系数的检查。反映径流年际变化程序的年径流量的 C_v 值也具有一定的地理分布规律。我国许多单位对一些流域绘有年径流量 C_v 等值线图，可据以检查年径流量 C_v 值的合理性。但是，这些年径流量 C_v 等值线图，一般是根据大中流域的资料绘制的，对某些具有特殊下垫面条件的小流域年径流量，其 C_v 值可能并不适合，在分析检查时应进行深入分析。一般来说，小流域的调蓄能力较小，它的年径流量变化比大流域大些。

（3）年径流量偏态系数的检查。基于大量实测年径流资料的频率计算结果表明：年径流量的 C_s 在一般情况下为 C_v 的 2 倍，即 $C_s = 2C_v$。如果设计采用的 C_s 偏离 2 倍，则要结合设计流域年雨量变化特性、下垫面条件和原始资料状况作全面分析。

7.2.4.2   设计代表年径流量的年内分配计算

7.1 节中已经说明，不同分配形式的年径流量对工程设计的影响不同。因此，在求得设计年径流量或设计时段径流量之后，还需要根据径流分配特性和水利计算的要求，确定它的分配。

在水文计算中，一般采用缩放代表年径流过程线的方法来确定设计年径流量的年内分配。

1. 代表年的选择

从实测的历年径流过程线中选择代表年径流过程线，可按下列原则进行：

（1）选取年径流量接近于设计年径流量的代表年径流量过程线。

（2）选取对工程较不利的代表年径流过程线。年径流量接近设计年径流量的实测径流过程线，可能不只一条。这时，应选取其中较不利的，使工程设计偏于安全。究竟以何者为宜，往往要经过水利计算才能确定。一般来说，对灌溉工程，选取灌溉需水季节径流比较枯的年份，对水电工程，则选取枯水期较长、径流又较枯的年份。

2. 径流年内分配计算

将设计时段径流量按代表年的月径流过程进行分配，有同倍比法和同频率法两种方法。

（1）同倍比法。常见的有按年水量控制和按供水期水量控制这两种同倍比法。用设计年水量与代表年的年水量比值或用设计的供水期水量与代表年的供水期水量之比值，即

$$K_年 = \frac{Q_{年,p}}{Q_{年,代}} \text{ 或 } K_供 = \frac{Q_{供,p}}{Q_{供,代}} \tag{7-4}$$

对整个代表年的月径流过程进行缩放，即得设计年内分配。

（2）同频率法。同倍比法在计算时段的确定上比较困难，而且当用水流量 q 不同时，计算时段随之而变，代表年的选择也将不同，实际工作中颇为不便。为了克服选定计算时段的困难，避免由于计算时段选取不当而造成误差，在同倍比法的基础上又提出了同频率法。

同频率法的基本思想是使所求的设计年内分配的各个时段径流量的频率都能符合设计频率，可采用各时段不同倍比缩放代表年的逐月径流，以获得同频率的设计年内分配。具体计算步骤如下：

（1）根据要求选定几个时段，如最小 1 个月、最小 3 个月、最小 6 个月、全年 4 个时段。

（2）做各个时段的水量频率曲线，并求得设计频率的各个时段径流量，如最小 1 个月的设计流量 $Q_{1,p}$，最小 3 个月的设计流量 $Q_{3,p}$（为最枯连续 3 个月月平均流量之和，其余类同），…。

（3）按选代表年的原则选取代表年，在代表年的逐月径流过程上，统计最小 1 个月的流量 $Q_{1,代}$，连续最小 3 个月的流量 $Q_{3,代}$，…，并要求长时段的水量包含短时段的水量在内，即 $Q_{3,代}$ 应包含 $Q_{1,代}$，$Q_{7,代}$ 应包含 $Q_{3,代}$，如不能包含，则应另选代表年。

以上论述的是设计时段径流量按代表年的月径流过程进行分配。对一些涉水工程，例如仅具日调节能力的水电站，月径流过程不能满足计算要求，而需要日径流过程。这时，可类似地按照求得月径流过程的方法推求日径流过程，不同之处只是前者设计代表年的径流过程以月平均流量表示，后者以日平均流量表示而已。

【例 7-1】 某水库具有 18 年的年、月径流资料，见表 7-2。设计保证率 $P = 90\%$ 的年、最小 3 个月、最小 5 个月的设计径流量见表 7-3。求设计年内分配过程。

表 7-2　　　　　　　　某站历年逐月平均流量表

年份	月 平 均 流 量 （m³/s）												年平均流量 $\overline{Q}$（m³/s）
	3	4	5	6	7	8	9	10	11	12	1	2	
1958～1959	16.5	22.0	43.0	17.0	4.63	2.46	4.02	4.84	1.98	2.47	1.87	21.6	11.9
1959～1960	7.25	8.69	16.3	26.1	7.15	7.50	6.81	1.86	2.67	2.73	4.20	2.03	7.78
1960～1961	8.21	19.5	26.4	24.6	7.35	9.62	3.20	2.07	1.98	1.90	2.35	13.2	10.0
1961～1962	14.7	17.7	19.8	30.4	5.20	4.87	9.10	3.46	3.42	2.92	2.48	1.62	9.64
1962～1963	12.9	15.7	41.6	50.7	19.4	10.4	7.48	2.97	5.30	2.67	1.79	1.80	14.4
1963～1964	3.20	4.98	7.15	16.2	5.55	2.28	2.13	1.27	2.18	1.54	6.45	3.87	4.73
1964～1965	9.91	12.5	12.9	34.6	6.90	5.55	2.00	3.27	1.62	1.17	0.99	3.06	7.87
1965～1966	3.90	26.6	15.2	13.6	6.12	13.4	4.27	10.5	8.21	9.03	8.35	8.48	10.4
1966～1967	9.52	29.0	13.5	25.4	25.4	3.58	2.67	2.23	1.93	2.76	1.41	5.30	10.2
1967～1968	13.0	17.9	33.2	43.0	10.5	3.58	1.67	1.57	1.82	1.42	1.21	2.36	10.9
1968～1969	9.45	15.6	15.5	37.8	42.7	6.55	3.52	2.54	1.84	2.68	4.25	9.00	12.6
1969～1970	12.2	11.5	33.9	25.0	12.7	7.30	3.65	4.96	3.18	2.35	3.88	3.57	10.3
1970～1971	16.3	24.8	41.0	30.7	24.2	8.30	6.50	8.75	4.52	7.96	4.10	3.80	15.1
1971～1972	5.08	6.10	24.3	22.8	3.40	3.45	4.92	2.79	1.76	2.23	8.76	8.60	7.24
1972～1973	3.28	11.7	37.1	16.4	10.2	19.2	5.75	4.41	4.53	5.59	8.47	8.89	11.3
1973～1974	15.4	38.5	41.6	57.4	31.7	5.86	6.56	4.55	2.59	1.63	1.76	5.21	17.7
1974～1975	3.28	5.48	11.8	17.1	14.4	14.3	3.84	3.69	4.67	5.16	6.26	11.1	8.42
1975～1976	22.4	37.1	58.0	23.9	10.6	12.4	6.26	8.51	7.30	7.54	3.12	5.56	16.9

（1）按主要控制时段的水量相近来选代表年，今选 1964～1965 年和 1971～1972 年作为枯水代表年。

（2）求各时段的缩放倍比 K。

1964～1965 年代表年

$$K_3 = \frac{Q_{3,p}}{Q_{3,\text{代}}} = \frac{4.00}{3.78} = 1.06$$

$$K_{5-3} = \frac{Q_{5,p} - Q_{3,p}}{Q_{5,\text{代}} - Q_{3,\text{代}}} = \frac{8.45 - 4.00}{9.05 - 3.78} = 0.844 \quad (7-5)$$

$$K_{12-5} = \frac{Q_{12,p} - Q_{5,p}}{Q_{12,\text{代}} - Q_{5,\text{代}}} = \frac{81.8 - 8.45}{94.5 - 9.05} = 0.858$$

式中 $Q_{3,p}$，$Q_{3,\text{代}}$——设计年和代表年最小 3 个月的月平均流量之和；

其他符号意义同前。

同理可以算出 1971～1972 年代表年的缩放倍比分别为 $K_3 = 0.756$，$K_{5-3} = 0.577$，$K_{12-5} = 0.993$。

(3) 计算设计枯水年年内分配，用各自的缩放倍比乘对应的代表年的各月流量而得，成果见表 7-4。

表 7-3   某水库时段径流量频率计算成果（P＝90%）   单位：m³/s

时段 t	均　　值	C_v	C_s/C_v	$Q_{t,p}$
12 个月	131	0.32	2.0	81.8
最小 5 个月	18.0	0.47	2.0	8.45
最小 3 个月	9.10	0.50	2.0	4.00

表 7-4   某站同频率法 P＝90%设计枯水年年内分配计算表   单位：m³/s

月　　份	3	4	5	6	7	8	9	10	11	12	1	2	全年总量
代表年（1964～1965 年）$Q_月$	9.91	12.5	12.9	34.6	6.9	5.55	2.00	3.27	1.62	1.17	0.99	3.06	94.5
缩放比 K	0.858	0.858	0.858	0.858	0.858	0.858	0.844	0.844	1.06	1.06	1.06	0.858	
设计枯水年 $Q_月$	8.50	10.7	11.3	29.7	5.92	4.76	1.69	2.76	1.71	1.24	1.05	2.62	81.8
代表年（1971～1972 年）$Q_月$	5.08	6.1	24.3	22.8	3.4	3.45	4.92	2.79	1.76	1.30	2.23	8.76	86.9
缩放比 K	0.993	0.993	0.993	0.993	0.993	0.993	0.577	0.577	0.756	0.756	0.756	0.993	
设计枯水年 $Q_月$	5.04	6.05	24.1	22.6	3.37	3.42	2.84	1.61	1.33	0.98	1.69	8.70	81.8

7.2.4.3 讨论

1. 设计年内分配

同倍比法是按同一倍比缩放代表年的月径流过程，求得的设计年内分配仍保持原代表年分配形状；而同频率法由于分段采用不同倍比缩放，求得的设计年内分配有可能不同于原代表年的分配形状，这时应对设计年内分配作成因分析，探求其分配是否符合一般规律。实际工作中为了使设计年内分配不过多地改变代表年分配形状，计算时段不宜取得过多，一般选取 2～3 个时段，如最小 1 个月、3 个月和 5 个月。

2. 代表年的选择

代表年分设计代表年和实际代表年。前者多用于水电工程，后者多用于灌溉工程。这是因为灌溉用水与当年的蒸发量和降水量的多少及其年内分配有关。如用设计代表年法，设计来水过程可按代表年的月径流过程缩放，与该代表年相配合的灌溉用水量如何求？即对蒸发和降水过程要不要缩放，用什么倍比缩放，这些问题较难处理。所以灌溉工程多采用实际代表年。对灌溉工程如何选择实际代表年呢？有几种方法如下：

在规划灌溉工程时，应对当地历史上发生过的旱情、灾情进行调查分析，确定各干旱年的干旱程度，明确其排位，最干旱年、次干旱年、再次干旱年、……，估计出各干旱年的经验频率，而后根据灌溉设计保证率选定其中某一干旱年作为代表年，就称为"实际代表年"。根据这一年的年月径流（来水）和用水资料规划设计工程规模。实际代表年法比较直观、简单。

也可通过灌溉用水量计算，求出历年的灌溉定额，作出其频率曲线，而后根据灌溉设计保证率由频率线求得设计灌溉定额。与该灌溉定额相应的年即可选作为实际代表年。有时为了简便计算，小型灌区也可按灌溉期（或主要需水期）的降水资料作频率分析，而后根据灌溉设计保证率由降水频率曲线求该设计降水量，与该降水量相应的年份作为实际代表年。

7.3 具有短期实测径流资料时设计年径流计算

在规划设计中小型水利水电工程时，往往遇到设计依据站仅有短期实测径流资料的情况。这时，由于径流资料系列短，如直接根据这些资料进行计算，求得的成果可能具有很大的误差。为了降低抽样误差，保证成果的可靠性，必须设法展延年、月径流资料。

在展延径流资料时，关键问题是合理选择作为展延依据的参证站。选择参证站时必须注意如下几点：

（1）参证站径流要与设计依据站的径流在成因上有密切联系，这样才能保证相关关系有足够的精度。

（2）参证站径流资料与设计依据站的径流资料应有相当长的平行观测期，以便建立可靠的相关关系。

（3）参证站必须具有足够长的实测资料，除用以建立相关关系的同期资料外，还要有用来展延设计依据站缺测年份的资料。

在实际工作中，通常利用参证站的径流量或降雨量作为参证资料来展延设计依据站的年、月径流量系列，有条件时，也可用本站的水位资料，通过已建立的水位流量关系来展延年、月径流。下面介绍利用参证站径流资料和降雨资料展延系列的方法。

7.3.1 利用径流资料展延
7.3.1.1 以邻近站年径流量展延年径流量

当设计依据站实测年径流量资料不足时，往往利用上下游、干支流或邻近流域测站的长系列实测年径流量资料来展延系列。其依据是：影响年径流量的主要因素是降雨和蒸发，它们在地区上具有同期性，因而各站年径流量之间也具有相同的变化趋势，可以建立相关关系。例如信江梅港站与弋阳站的年径流量之间就有很好的相关关系，相关系数达 0.99，如图 7-5 所示。

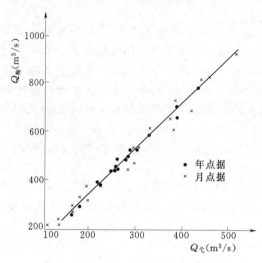

图 7-5　梅港与弋阳站年、月径流相关图

7.3.1.2　以邻近站月径流量展延年、月径流量

在设计依据站仅具有数年径流资料的情况下，不能建立上述年径流相关关系，可考虑建立月径流关系。另外有些情况下，不仅需要年径流而且要求月径流，亦可考虑建立月径流关系。

由于影响月径流量相关的因素较年径流量相关的因素要复杂，因此月径流量之间相关关系不如年径流量相关关系好。图 7-5 中月径流量相关点据较年径流量相关点据离散，因此用月径流量相关来插补展延径流量时，对成果要多做合理性分析。

7.3.2　利用降雨资料展延

7.3.2.1　以年降雨径流相关展延年径流量

以年为时段的闭合流域水量平衡方程为

$$y_年 = p_年 - z_年 + \Delta u_年 \tag{7-6}$$

式中　$y_年$——年径流深，mm；

　　　$p_年$——年降水量，mm；

　　　$z_年$——年蒸发量，mm；

　　　$\Delta u_年$——年蓄水量变化量，mm。

在湿润地区，由于年径流系数较大，$z_年$、$\Delta u_年$ 两项各年的变幅较小，所以 $y_年$ 和 $p_年$ 之间往往存在较好的相关关系，例如图 7-6 所示的白塔河柏泉站流域平均年降雨量与柏泉站年径流深相关图。在干旱地区，年降雨量中的很大部分耗于流域蒸发，年径流系数很小，因此年径流量与年降雨量之间关系微弱，很难定出相关线，插补的资料精度较低。

7.3.2.2　以月降雨径流相关法展延年、月径流量

有时由于设计依据站本身的径流资料年限较短，点据过少，不足以建立年降雨径流关系，这种情况在中小河流的水文计算中经常遇到。另外，在来水、用水调节计算时也需要插补展延月流量。因此，除了建立年降雨径流相关关系外，有时还需要建立月降雨径流相关关系，但两者关系一般不太密切，有时点据甚至离散到无法定相关线的程度。柏泉站的月降雨径流关系很差，勉强定线，精度不高，见图 7-7。

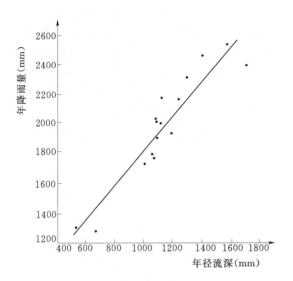

图 7-6 柏泉站以上流域年降雨径流相关图

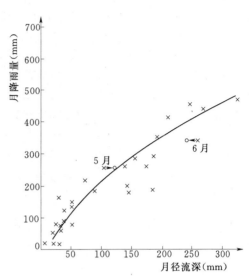

图 7-7 柏泉站以上流域月降雨径流相关图

点据离散的原因可根据以月为时段的闭合流域水量平衡方程式来分析，即

$$y_月 = p_月 - z_月 + \Delta u_月 \tag{7-7}$$

由于式（7-7）中 $\Delta u_月$ 一项的作用增大，当不同月份的前期降雨指数（反映 $\Delta u_月$）不同时，则相同的月降雨量可能产生差别较大的月径流量。另外按日历时间机械地划分月降雨和月径流，有时月末的降雨量所产生的径流量可能在下月初流出，造成月降雨与月径流不相应的情况。修正时，可将月末降雨量的全部或部分计入下个月降雨量；或者将在下月初流出的径流量计入上月径流量中，使与降雨量相应。这样月降雨径流关系中的部分点据可以更集中一些，如图 7-7 的 5 月和 6 月的点据所示。

枯水期降雨量少，其月径流量主要来自流域蓄水（即 Δu 项），几乎与当月降雨无关，所以月降雨径流关系一般是不好的，甚至无法定线。

7.3.3 相关展延系列时必须注意的问题

7.3.3.1 平行观测项数的多寡问题

假如平行观测项数过少，或观测时期气候条件反常，或其中个别年份有的偏高，其相关结果将歪曲两变量间本来的关系。利用这种不能反映真实情况的相关关系来展延系列，势必带来系统误差。显然，平行观测项数越多，则其相关关系越可靠。因此，用相关法展延系列时，要求设计变量与参证变量平行观测项数不得过少，一般应在 12～15 项以上。

7.3.3.2 辗转相关问题

如果一条河流或不同的河流仅有一个测站的资料年限较长，上、下游几个站均需借助这一测站的资料进行插补延长，有时还得用辗转相关。对于这种辗转插补延长的方法必须注意成果的精度。如图 7-8 所示，从长沙插补衡阳，衡阳插补祁阳，祁阳插补零陵，其各关系尚称密切。但若以长沙直接与零陵相关，则关系就不甚密切了，如图 7-8 第四象限所示。实际上，由长沙辗转插补零陵，是将两个系列数值的差异分散在各个中间关系中，表面上似乎第一、二、三象限的相关点据都很密切，但长沙和零陵的直接关系并不算好，对于零陵插补成果的精度是较差的。辗转相关常隐匿了实际上积累的巨大误差，给人以虚假现象，最终成为假相关。因此，最好不用辗转相关展延系列。若实在要用时，必须十分慎重，对于展延的成果应作合理性的分析，以凭取舍。有学者证明辗转相关插补延长的精度低于直接相关插补延长的精度。

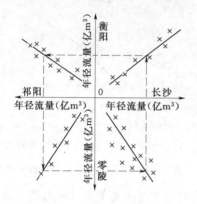

图 7-8　年径流量合轴相关图

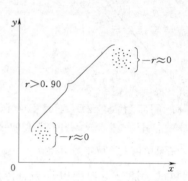

图 7-9　资料成群形成的假相关

7.3.3.3　假相关问题

为了说明假相关的概念，先看图 7-9～图 7-11。图 7-9 显示变量 x 和 y 之间的相关，在每一组中都是非常微弱的（接近于零），但是将两组资料组合在一起，相关系数却变得很高。这是一种假相关。图 7-10 显示，变量 x 和 y 无相关存在，但如该两变量除以第三变量 z 后，则 x/z 和 y/z 便显示出某种关系，如图 7-11 所示，该图似乎表示，在估计 y 时，x 能提供一定的信息，而事实上两者是无关系的，所以图 7-11 所显示的关系又是一种假相关。在建立相关关系时，当应用无因次量、标准化量，或含有相同变量时，最容易出现这样一种假相关。例如，用径流模数与流域面积相关就会造成假相关。因此，为了避免假相关，应直接就原始变量之间寻求关系。

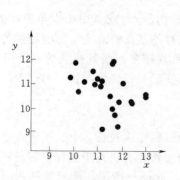

图 7-10　两变量无关系存在

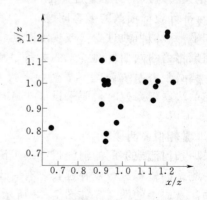

图 7-11　引入第三变量后形成的假相关

7.3.3.4 外延幅度问题

一般而言，利用实测资料建立的相关关系，只能反映在实测资料范围内的定量关系。若超出该范围插补展延资料，其误差将随外延的幅度加大而加大。因此，在实际应用相关线时，外延一般不宜超出实测资料范围以外太远。例如，对于年径流量不宜展延超过实测变幅的50%。

相关线反映的是平均情况下的定量关系。由相关线而得的插补值是平均值。而实际值则可大可小。对于展延后的系列，变化幅度将较实际情况为小。这使整个系列计算的变差系数偏小，最终影响成果的精度。因此，插补的项数以不超过实测值的项数为宜，最好不超过后者的一半。

7.4 缺乏实测径流资料时设计年径流计算

在进行面广量大的中小型水利水电工程的规划设计时，经常遇到小河流缺乏实测径流资料的情况，或者虽有短期实测径流资料但无法展延。在这种情况下，设计年径流量及年内分配只有通过间接途径来推求。目前常用的方法是水文比拟法和参数等值线法。

7.4.1 水文比拟法

水文比拟法就是将参证流域的径流资料特征参数、分析成果按要求有选择地移置到设计流域上来的一种方法。这种移置是以设计流域影响径流的各项因素与参证流域影响径流的各项因素相似为前提。因此，使用本方法最关键的问题在于选择恰当的参证流域。参证流域应具有较长的实测径流资料，其主要影响因素与设计流域相近。可通过历史上旱涝灾情调查和气候成因分析，查明两个流域气候条件的一致性，并通过流域查勘及有关地理、地质资料，论证两者下垫面情况的相似性。另外应注意两者流域面积也不宜相差太大。

经过分析论证选定参证流域后，可将参证流域的年、月径流资料、径流特征参数和径流分析成果移置到设计流域上来。具体移置时，有直接移置和修正移置两种情况。

7.4.1.1 直接移置

若设计和参证两流域的各种影响径流的因素非常相似，则可将参证流域的径流特征值、参数和分析成果，按设计要求有选择地直接移用到设计流域。例如，直接移用多年平均年径流深，代表年的径流深，年径流变差系数，偏态系数对变差系数的比值，径流年内分配比例系数，径流系数以及降雨和径流关系成果等。

例如，参证流域的多年平均年径流深为 $\overline{y}_{参}$，年平均流量的变差系数为 $C_{v参}$，偏态系数为变差系数的两倍，即 $C_{s参}=2C_{v参}$。设计流域紧邻参证流域，两流域影响径流的因素非常相似。为了推求设计流域的设计年径流，可以直接移用年径流的统计特征参数，即设计流域的参数和参证流域的相应参数认为是等同的，即

$$\left.\begin{array}{l} \overline{y}_{设}=\overline{y}_{参} \\ C_{v设}=C_{v参} \\ C_{s设}=2C_{v设} \end{array}\right\} \tag{7-8}$$

假定年径流量服从皮尔逊Ⅲ型分布，根据设计流域的三个参数，便可推求出所要求的设计年径流量。若要进一步推求设计年径流的年内分配，可直接移用参证流域的径流年内分配比例系数，通过已求得的设计年径流计算得到，其计算公式为

$$y_{月,设} = \frac{y_{月,参}}{y_{年,参}} y_{年,设} \tag{7-9}$$

式中　$y_{年,设}$，$y_{月,设}$——设计流域设计年径流深和相应的月径流深；

$\dfrac{y_{月,参}}{y_{年,参}}$——分配比例参数，由参证流域移用。

7.4.1.2　修正移置

当两流域的参数影响径流因素相似，但有些因素（如降雨、流域面积）却有不可忽略的差别。这时就要分析，哪些可以直接移置，哪些不能直接移置。对不能直接移植的，必须针对影响因素的差别，对移置值作适当修正。通常将此情况下的移置称作修正移置。实践表明：这是当前无径流资料情况下，推求设计径流成果最有效的方法之一，已得到普遍应用。

修正移置的关键在于：一是要查明两流域上哪些因素的差别是显著的；二是如何依据因素的差别作定量修正。例如，查明设计流域和参证流域多年平均年降雨量的差别显著（差异超过 5%）。在这种情况下，将参证流域的多年平均径流深移置到设计流域时，必须作雨量修正。修正方法一般为

$$\overline{y}_{设} = \frac{\overline{p}_{设}}{\overline{p}_{参}} \overline{y}_{参} \tag{7-10}$$

式中　$\overline{y}_{设}$，$\overline{y}_{参}$——设计流域和参证流域多年平均年径流深；

$\overline{p}_{设}$，$\overline{p}_{参}$——设计流域和参证流域的多年平均年降雨量。

$\overline{p}_{设}$ 和 $\overline{p}_{参}$ 一般由流域多站的雨量资料估计；若无雨量资料时可由多年平均等雨量线图上查得。

7.4.2　参数等值线图法

水文特征值主要指年径流量、时段径流量（包括极值流量如洪峰流量或最小流量）、年降水量（时段降水量、最大 1 日、3 日降水量）等。水文特征值的统计参数主要是均值、C_v。其中某些水文特征值的参数在地区上有渐变规律，可以绘制参数等值线图。参数等值线图的作用：①对某一水文特征值的频率计算成果进行合理性分析时，方法之一是统计参数在地区上的对比分析，而参数等值线图就是分析的工具，例如单站求得的年径流均值（以多年平均年径流深 $\overline{y}$ 表示）点在图上，如发现与等值线图不一致，就要对单站的计算成果进行深入分析、检查，找出其原因所在，作必要的说明或修正；②中小型水利水电工程的坝址处无实测水文资料时，可以直接利用参数等值线图进行地理插值，求得设计流域的统计参数（$\overline{y}$，C_v），进而求得指定频率下的设计值。

7.4.2.1　绘制水文特征值等值线图的依据和条件

水文特征值受到众多因素的影响，但可归结为气候因素和下垫面因素两大类。气候因素主要指降水、蒸发、气温等，在地区上具有渐变规律，是地理坐标的函数，一

般称气候因素为分区性因素。下垫面因素主要指土壤、植被、流域面积、河道坡度、河床下切深度等，在地区上的变化是不连续的、突变的，称为非分区性因素。

水文特征值受到上述两方面因素的影响。当影响水文特征值的因素主要是分区性因素（气候因素）时，则该水文特征值随地理坐标不同而发生连续变化，利用这种特性就可以在地图上作出它的等值线图。反之，有些水文特征值（如极小流量，固体径流量等）主要受非分区性因素（如土壤植被、河道坡度、河床下切深度等）影响，由于其值不随地理坐标而连续变化，就无法绘制等值线图。对某些水文特征值同时受分区性因素和非分区性因素的影响，若非分区因素通过适当方法予以消除而突出分区因素的影响，则消除非分区因素影响后的新特性便会显示出随地区变化的特性，可用等值线图表示其在面上的变化。

7.4.2.2 年径流量统计特征参数均值和变差系数的等值线图

1. 多年平均年径流深等值线图

影响闭合流域多年平均年径流量的主要因素是流域面积和气候因素（降水和蒸发）。将多年平均年径流量除以面积得多年平均年径流深。这样，多年平均年径流深便不受面积的影响，而主要受多年平均年降雨和蒸发的影响。由于降雨和蒸发的变化具有地带性的特征，因此多年平均年径流深的变化亦显示出地带性的特征。换言之，可以等值线表示其变化。

对属于一点的水文特征值（如降水量、蒸发量等），可在地图上把各观测点的特征值算出，然后把相同数值的各点连成等值线，即可构成该特征值的等值线图。但是对于径流深来说情况就有所不同了。任一测流断面处，以径流深度表示的径流深不是测流断面处的数值，而是流域平均值。所以在绘制多年平均年径流深等值线图时，不应点绘在测流断面处。当多年平均年径流深在流域上缓和变化时，例如大致呈线性变化，则流域面积形心处的数值与流域平均值十分接近。在实际工作中，一般将多年平均年径流深值点绘在流域面积形心处。但在山区，一般情况下，径流量有随高程增加而增加的趋势，所以多年平均年径流深值点绘在流域的平均高程处更为恰当。

按上述原则，将各中等流域的多年平均年径流深标记在各流域的形心（或平均高程）处，并考虑到各种自然地理因素（特别气候、地形的特点）勾绘等值线图，最后加以校核调整，构成适当比例尺的图形。

用等值线图推求无实测径流资料流域多年平均年径流深时，须首先在图上描出设计断面以上流域范围；其次定出该流域的形心。当流域面积较小，流域内等值线分布均匀的情况下，流域的多年平均年径流深可以由通过流域形心的等值线直接确定，或者根据形心附近的两条等值线按比例内插求得。如流域面积较大，或等值线分布不均匀时，则必须用加权平均法推求。

如图 7-12 所示，流域的多年平均年径流深的计算公式为

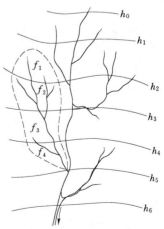

图 7-12 用等值线图求多年平均年径流量示意图

$$h = \frac{0.5(h_1+h_2)f_1+0.5(h_2+h_3)f_2+0.5(h_3+h_4)f_3+0.5(h_4+h_5)f_4}{F}$$

$$(7-11)$$

式中　　　h——设计断面以上流域站的多年平均年径流深，mm；

　　　　　F——全流域面积，km²；

f_1，f_2，…——两相邻等值线间的部分流域面积，km²；

h_1，h_2，…——等值线所代表的多年平均年径流深，mm。

　　用等值线图推求多年平均年径流深的方法，一般只用于中等流域。对于小流域来说，由于非分区性因素（如河槽下切深度、地下水埋藏深度等）的影响，多年平均年径流深的地理分布规律是不明显的。因此严格说来，不能用等值线图来推求小流域的多年平均年径流深。当必须对小流域使用等值线时，应该考虑到小流域不能全部截获地下水，它的多年平均年径流深比同一地区中等流域的数值为小，也就是说对由等值线图求得的数值应适当减小。

　　山区流域径流资料一般较少，径流在地区上的变化又较剧烈，因此，山区流域多年平均年径流深等值线图的绘制和使用较之平原地区更需慎重。

　　2. 年径流量变差系数 C_v 等值线图

　　由于影响年径流量变化的因素主要是气候因素。因此，年径流量 C_v 值具有地理分布规律，可用等值线图反映其在面上的变化特性。年径流量 C_v 值等值线图的绘制和使用方法，都与多年平均年径流量等值线图相似。但应注意，年径流量 C_v 值等值线图的精度一般较低，特别是用于小流域时估计值的误差可能较大（一般 C_v 估值偏小）。

7.4.3　缺乏实测资料时设计年径流计算

　　由等值线图可查得无资料流域的年径流统计参数 $\bar{y}$、C_v。至于偏态系数 C_s 值，根据水文比拟法直接移用参证流域 C_s 与 C_v 的比值，在多数情况下，常采用 $C_s = 2C_v$。求得上述三个统计参数后，可由已知的设计频率查皮尔逊Ⅲ型 Φ 值表，最终求得不同设计频率的年径流量。

　　根据求得的设计年径流量，利用水文比拟法来推求设计年径流量的年内分配，即直接移用参证流域各种设计代表年的月径流量分配比，最终乘以设计流域的设计年径流量即得设计年径流量的年内分配。当难以应用水文比拟法时，可从各省（自治区、直辖市）水文手册给出的各分区的径流丰、平、枯代表年分配比中选出适当的分配比进而求得设计成果。

7.5　设计枯水径流量分析计算

　　枯水流量是河川径流的一种特殊形态。枯水流量往往制约着城市的发展规模、灌溉面积、通航的容量和时间，同时，也是决定水电站保证出力的重要因素。

　　枯水径流的广义含义是枯水期的径流量。这样的含义颇为模糊，枯水期的流量尽管总趋势平稳，但仍然是缓慢变化的。所谓枯水期流量是指该时期什么特征的流量？为了科学地回答这一问题，必须明确两点：一是何种特性的流量；二是时段的长短，是以日、旬，还是以月作为时段。这里定义枯水期流量为最小流量，至于时段按需要分别采用日、旬和月等时段，为日平均最小流量、旬平均最小流量等。这些特殊时段的最小流量与一个涉水工程的兴利规划设计关系很大，受到普遍关注。

下面分别叙述有、无径流资料情况下的枯水径流量的计算。

7.5.1　有实测水文资料时的枯水流量计算

当设计代表站有长系列实测径流资料时，可按年最小选样原则，因枯期最小一般就是年最小，选取一年中设计时段的平均最小流量，组成样本系列。

枯水流量采用不足概率 q，即以不大于该径流的概率来表示，它和年最大值的频率 p 有 $q = 1 - p$ 的关系。因此在系列排队时按由小到大排列。除此之外，年枯水流量频率曲线的绘制与时段径流频率曲线的绘制基本相同，也常采用 P—Ⅲ型频率曲线适线。图 7-13 为某水文站不同时段的枯水流量频率曲线的示例。

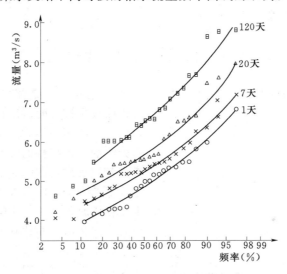

图 7-13　某水文站枯水流量频率曲线

对于枯水流量频率曲线，在某些河流上，特别是在干旱或半干旱地区的中、小河流上，还会出现时段流量为零的现象。此时按期望值公式计算经验频率会得到不合理的结果，为了改进经验频率的计算方法，此处介绍一种简易的实用方法。

设系列的全部项数为 n，其中非零项数为 k，零值项数为 $n-k$。首先把 k 项非零系列视作一个独立系列，按一般方法求出其频率。然后通过下列转换，即可求得全部系列的频率。其转换关系为

$$P_设 = \frac{k}{n} P_非 \tag{7-12}$$

式中　$P_设$——全系列的设计频率；

　　　$P_非$——非零系列的频率，以期望值公式计算。

在枯水流量频率曲线上，可能会出现在两端接近 $P = 20\%$ 和 $P = 90\%$ 处曲线转折现象。在 $P = 20\%$ 以下的部分是河网及潜水逐渐枯竭，径流主要靠深层地下水补给。在 $P = 90\%$ 以上部分，可能是某些年份有地表水补给，枯水流量偏大所致。

7.5.2 短缺径流资料时的枯水流量估算

当设计断面具有短期径流资料时，设计枯水流量的推求方法与7.3节所述方法基本相同，主要借助于参证站延长系列。但枯水流量较之固定时段的径流，其变化更为稳定。因此，在设计依据站与参证站建立枯水流量相关时，效果会更好一些。或者说，建立关系的条件可以适当放宽，例如用于建立关系的枯水期流量平行观测期的长度可以适当短一些。

在设计断面完全没有径流资料或资料较短无法展延时，常用的方法是水文比拟法。必须指出，为了寻求最相似的参证流域，要把分析的重点集中到影响枯水径流的主要因素上，例如流域的补给条件。若影响枯水径流的因素有显著差异时，必须采用修正移置。此外，对某些特殊情况，若条件允许，最好现场实测和调查枯水流量，例如在枯水期施测若干次流量（如10次），就可以和参证站的相应枯水流量建立关系，一次展延系列或作为修正移置的依据。

7.6 流 量 历 时 曲 线

径流的分配过程除用上述的流量过程表示外，还可用所谓流量历时曲线来表示。

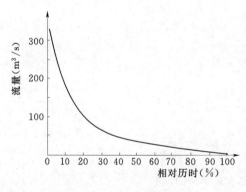

图 7-14 日流量历时曲线

这种曲线是按其时段所出现的流量数值及其历时（或相对历时）而绘成的，说明径流分配的一种特性曲线（图7-14）。如不考虑各流量出现的时刻而只研究所出现流量数值的大小，就可以很方便地由曲线上求得在该时段内不小于某流量数值出现的历时。流量历时曲线在水力发电、航运和给水等工程设计的水利计算中有着重要的意义，因为这些工程的设计不仅取决于流量的时序更替，而且还取决于流量的持续历时。

根据工程设计的不同要求，历时曲线可以用不同的方法绘制，并具有各种不同的时段，因而有各种不同的名称。

7.6.1 综合日流量历时曲线

综合日流量历时曲线是根据所有年份的实测日平均流量资料绘成的，它能反映流量在多年期间的历时情况。

在工程设计中，有时要求绘制丰水年（或枯水年）的综合日流量历时曲线，它是根据各丰水年（或枯水年）的实测平均流量资料绘成的。

此外，还有所谓丰水期（枯水期、灌溉期）的综合日流量历时曲线，它是根据所有各年丰水期（枯水期、灌溉期）的实测日平均流量资料绘成的。

7.6.2 代表年日流量历时曲线

代表年日流量历时曲线是根据某一年份的实测日平均流量资料绘成的。曲线的纵坐标为日平均流量或其相对值（模比系数），横坐标则为历时日数或相对历时（占全年的百分数）。

在工程设计中，常常需要各种代表年（丰水年、平水年、枯水年）的日流量历时曲线。绘制代表年日流量历时曲线时，代表年的选择应按照本章所述选择代表年的原则进行。

7.6.3 平均日流量历时曲线

平均历时曲线是以各年同历时的日平均流量的平均值为纵坐标，其相应历时为横坐标点绘的曲线。平均历时曲线是一种虚拟的曲线。与综合历时曲线相比，它的上部较低而下部较高，中间则大致与综合曲线重合。利用平均历时曲线的这种性质，有人建议一种根据平均历时曲线来绘制综合历时曲线的简化方法，即在历时为 $10\%\sim$ 90% 的范围内，用平均曲线的作图方法作图；在历时小于 10% 和历时大于 90% 的两端，则根据实测年份中绝对最大和最小日流量数值目估定线。

在有实测径流资料时，日流量历时曲线的绘制是将日平均流量做样本进行频率计算得到的频率曲线。

当缺乏实测径流资料时，综合或代表年日流量历时曲线的绘制，可按水文比拟法来进行，即把参证流域以模比系数为纵坐标的日流量历时曲线直接移用过来，再以设计流域的多年平均流量（用间接方法求出）乘纵坐标的数值，就得出设计流域的日流量历时曲线。

在选择参证流域时，必须使决定历时曲线形状的气候条件和径流天然调节程度相似。

天然调节程度是由一些下垫面因素，如流域面积大小、湖泊率、森林率、地质和水文地质条件决定。对于天然调节程度较大的流域，历时曲线比较平直。对于调节程度较小的流域，历时曲线则比较陡峻。

7.7　悬移质年输沙量及年内分配计算[*]

7.7.1　河流泥沙及其来源

河流中被水流输移或组成河床的固体颗粒称河流泥沙。它不仅包括在水流中运动或相对静止的粗细泥沙，还包括河道中的砾石与卵石。泥沙运动和沉积是河流中重要的水文现象，河流泥沙给修建水利工程带来不少问题和危害。如在多沙河流上修建水库，泥沙入库将发生淤积，库容逐渐减少，水库寿命缩短，防洪能力也逐渐降低；引水灌溉时，若河水含沙较多，则渠首渠系易发生淤积；引水发电时，会使泥沙进入水轮机组，引起过水部件发生磨损；对通航的河流，沿岸的冲刷与淤积也可能给航运造成困难。由此可见，泥沙问题影响国民经济的面很广。特别在我国，河流泥沙问题更为严重。我国河流众多，直接入海的泥沙平均每年达 20 亿 t 左右，其中黄河占 60%，长江占 25%。黄河含沙量之高，灾害之重闻名于世，长江含沙量虽然较小，但由于水量丰沛，年输沙量平均有 4.72 亿 t，也不可忽视。

流域内的土壤、岩石在热力、风力、水力的长期作用下，不断被风化剥蚀、侵蚀而形成了河流中的泥沙。河流泥沙主要来源于坡面侵蚀、河槽冲刷、风沙沉积和泥石流四种途径。

流域表层的土壤或岩石碎屑在风吹日晒、水冲以及地球重力的作用下，从原来所处状态剥离、冲刷、搬运而随径流注入河道的水土流失过程，称为坡面侵蚀。坡面侵蚀从形态上又有层状、沟状、陷穴、滑坡、塌岸等侵蚀类型。当降水发生在较为平整、植被较差的坡面上所形成的漫流会将土壤或岩石碎屑成层剥蚀，即层状侵蚀。若坡面起伏较大，水流向低洼处聚集，地面出现沿坡浅沟，这时即为浅沟侵蚀；浅沟加深扩展而形成沟壑时称为沟壑侵蚀；我国西北黄土高原的丘陵沟壑就是这样形成的。黄土地区，渗入土壤的雨水会将黄土中的碳酸钙溶解形成孔洞，水流沿孔洞运动而带走土壤，使之扩展成洞穴，直至洞穴周围土体不能支撑上部重量时，就下坍而成陷穴，这一过程即为陷穴侵蚀。坡地表面成片、成块滑落称为滑坡或者崩坍，其原因是由于地下潜流影响，地面坡度超出稳定极限；或地表坡度陡且植被差并在降雨径流冲刷下而造成的。

河道中水流冲刷河底或两岸的土壤或岩石，均称为河槽冲刷。河流上、中游因比降大，河底冲刷使河床下切是侵蚀主要形式。河流下游，水流有时失去平衡而左右摆动则会冲刷河岸，主要是冲刷岸滩，使河道断面变形。河槽冲刷增大了河水的含沙量。

强风吹过沙源区，会卷起地表泥沙颗粒。其中，稍大沙粒因重力作用移动距离小而降落在附近的河中，稍小沙粒则会被风挟带到远处再降落到河中。这也是河流泥沙的来源之一，但比重极小。

山区暴雨有时会形成挟带大量沙石等杂质的洪流，称为泥石流。泥石流会使得河流中的泥沙量骤增。

7.7.2　河流泥沙的分类与主要影响因素

河流中的泥沙，按其运动形式可大致分为悬浮于水中并随之运动的"悬移质"、受水流冲击沿河底移动或滚动的"推移质"，以及相对静止而停留在河床上的"河床质"三种。由于水流条件随时变化，三者之间的划分均以泥沙在水流中某一时刻所处的状态而定。随着水流条件的变化，它们可以相互转化。

河流泥沙的主要受气候条件、下垫面因素和人类活动的影响。降水、气温、湿度、风力等气候因素对河流泥沙影响很大。一般而言，降雨强度低，坡面径流小，土壤侵蚀也小；降雨的强度高而集中，则侵蚀量大，会使河流泥沙增多；气温、湿度、风力等因素与植被状况关系密切，也会间接影响河流泥沙含量。

地表坡度、土壤结构、地质条件、植被状况、河道形态等下垫面因素都直接影响到河流泥沙。地势平缓且植被良好的流域，河流泥沙含量小；地形起伏且植被差的流域，河流泥沙含量较大。黄土区因土壤疏松又富含碳酸钙，抗侵蚀力低，易于被暴雨径流冲刷，而使河流泥沙含量大。沙质土区域则由于雨水易于下渗，坡面径流冲刷作用小，但风蚀又较为突出。河道的纵比降、河段局部地形因为改变水流条件而使河槽冲淤发生变化，也就改变了河中水流挟带泥沙的状况。

破坏林地、陡坡开荒、开矿采油等人类活动会改变地表条件，加大侵蚀而导致河流泥沙增大；而流域治理、兴建淤地坝、植树造林等活动则可改善地表状况，减小侵蚀及河流泥沙。大型水利工程的兴建，有可能显著改变工程上下游河段的水流条件，影响到泥沙的时空分布和河势稳定。

因此，工程水文学研究河流泥沙的目的，在于预估未来工程运用期间河流泥沙的数量和变化规律，为水利工程规划设计提供有关泥沙的资料和数据。考虑到大多数河流都是以悬移质输沙量为主，加之推移质的实测资料很少，这里主要介绍悬移质年输沙量及年内分配的计算。

7.7.3 多年平均年输沙量的估算

表示输沙特性的指标有含沙量 ρ、输沙率 Q_s 和输沙量 W_s 等。单位体积的浑水内所含泥沙的重量，称为含沙量。单位时间流过河流某断面的泥沙重量，称为输沙率。年输沙量是从泥沙观测资料整编的日平均输沙率得来的。将全年逐日平均输沙率之和除以全年的天数，即得年平均输沙率，再乘以全年秒数，即得年输沙量。

当某断面具有长期实测泥沙资料时，可以直接计算它的多年平均值；当某断面的泥沙资料短缺时，则须设法将短期资料加以展延；当资料缺乏时，则需用间接方法进行估算。

7.7.3.1 具有长期资料情况

当某断面具有长期实测流量及悬移质含沙量资料时，可直接用这些资料算出各年的悬移质年输沙量，然后计算多年平均悬移质年输沙量，即

$$\overline{W}_s = \frac{1}{n} \sum_{i=1}^{n} W_{S_i} \tag{7-13}$$

式中　$\overline{W}_s$——多年平均悬移质年输沙量，kg；

　　　W_{S_i}——各年的悬移质年输沙量，kg；

　　　n——年数。

7.7.3.2 资料不足情况

当某断面具有长期实测流量但悬移质输沙量资料不足时，可根据资料的具体情况采用不同的处理方法。

若某断面具有长期年径流量资料和短期悬移质年输沙量资料系列，且足以建立相关关系时，可利用这种相关关系，由长期年径流量资料插补延长悬移质年输沙量系列，然后求其多年平均年输沙量。若当地汛期降雨侵蚀作用强烈或平行观测年数较短，上述年相关关系并不密切，则可建立汛期径流量与悬移质年输沙量的相关关系，插补延长悬移质年输沙量系列。

当年径流量与年输沙量的相关关系不密切，而某断面的上游或下游测站有长系列输沙量资料时，也可绘制该断面与上游（或下游）测站悬移质年输沙量相关图，如相关关系较好，即可用以插补展延系列。但须注意：两测站间应无支流汇入，河槽情况无显著变化，自然地理条件大致相同。

如悬移质实测资料系列很短，只有两三年，不足以绘制相关线时，则可粗略地假定悬移质年输沙量与年径流量的比值的平均值为常数，于是多年平均悬移质年输沙量 $\overline{W}_s$ 可由多年平均年径流量 $\overline{Q}$ 推算，即

$$\overline{W}_s = \alpha_s \overline{Q} \tag{7-14}$$

式中　$\overline{Q}$——多年平均年径流量，m³；

α_s——实测各年的悬移质年输沙量与年径流量之比的平均值。

7.7.3.3 资料缺乏情况

当缺乏实测悬移质资料时,其多年平均年输沙量可采用下述方法进行估算。

1. 侵蚀模数分区图法

输沙量不能完全反映流域地表被侵蚀的程度,更不能与其他流域的侵蚀程度相比较。因为流域有大有小,若它们出口断面所测得的输沙量相等,则小的流域被侵蚀的程度一定比大的流域严重。因此,为了比较不同流域表面的侵蚀情况,判断流域被侵蚀的程度,必须研究流域单位面积的输沙量,这个数值称为侵蚀模数。多年平均悬移质侵蚀模数的计算公式为

$$\overline{M}_s = \frac{\overline{W}_s}{F} \qquad (7-15)$$

式中 $\overline{M}_s$——多年平均悬移质侵蚀模数,t/km^2;

F——流域面积,km^2

$\overline{W}_s$——多年平均悬移质年输沙量,t。

在我国各省的水文手册中,一般均有多年平均悬移质侵蚀模数分区图。设计流域的多年平均悬移质侵蚀模数可以从图上所在的分区查出,将查出的数值乘以设计断面以上的流域面积,即为设计断面的多年平均悬移质年输沙量。必须指出,下垫面因素对河流泥沙径流的特征值影响很大。采用分区图算得的成果必然是很粗略的。而且这种分区图多为按大、中河流的测站资料绘制出来的,应用于小流域时,还应考虑设计流域的下垫面特点,以及小河含沙量与大中河流含沙量的关系作适当修正。

2. 沙量平衡法

设 $\overline{W}_{s,上}$ 和 $\overline{W}_{s,下}$ 分别为某河干流上游站和下游站的多年平均年输沙量,$\overline{W}_{s,支}$ 和 $\overline{W}_{s,区}$ 分别为上、下游两站间较大支流断面和除去较大支流以外的区间多年平均年输沙量,ΔS 表示上、下游两站间河岸的冲刷量(为正值)或淤积量(为负值),则可写出沙量平衡方程式为

$$\overline{W}_{s,下} = \overline{W}_{s,上} + \overline{W}_{s,支} + \overline{W}_{s,区} + \Delta S \qquad (7-16)$$

当上、下游或支流中的任一测站为缺乏资料的设计站,而其他两站具有较长期的观测资料时,即可应用式(7-16)推求设计站的多年平均年输沙量。$\overline{W}_{s,区}$ 和 ΔS 可由历年资料估计,如数量不大亦可忽略不计。

3. 经验公式法

当完全没有实测资料,而且以上的方法都不能应用时,可由经验公式进行粗估

$$\overline{\rho} = 10^4 \alpha \sqrt{J} \qquad (7-17)$$

式中 $\overline{\rho}$——多年平均年含沙量,g/m^3;

J——河流平均比降;

α——侵蚀系数,它与流域的冲刷程度有关,拟定时可参考下列数值:冲刷剧烈的区域 $\alpha = 6 \sim 8$,冲刷中等的区域 $\alpha = 4 \sim 6$,冲刷轻微的区域 $\alpha = 1 \sim 2$,冲刷极轻的区域 $\alpha = 0.5 \sim 1$。

7.7.4 输沙量的年际变化与年内分配

河流中挟带泥沙多寡,除河槽冲淤和局部塌岸外,主要取决于径流形成过程中地

表的侵蚀作用。流域地表的侵蚀与气候、地质、土壤、植被、人类活动等有着密切的关系。对于一个特定流域而言，气候是输沙量变化的主要因素。因此，在不同的旱涝年份，年输沙量显著不同。由于季节的变化，一年之中输沙量的各月分配也极不均匀；即使在汛期的一次洪水过程中，输沙量也具有一定的变化规律。为了水利工程规划设计和运行管理的需要，必须了解和掌握输沙量的变化规律。由于对推移质的测验尚有不少困难，观测资料不足，现只论述悬移质的变化规律。

7.7.4.1　悬移质输沙量的年际变化

悬移质输沙量的年际变化表现在各年输沙总量的差异上。在水文计算中，一般采用频率计算方法来确定悬移质输沙量年际变化的统计特征值。在有足够资料的情况下，可以直接算出悬移质年输沙量的均值$\overline{W}_s$、变差系数$C_{v,s}$和偏态系数$C_{s,s}$。在资料不足的情况下，可以设法建立悬移质年输沙量变差系数$C_{v,s}$与年径流量变差系数$C_{v,Q}$的相关关系，从而由年径流量变差系数确定悬移质年输沙量的变差系数，通常其计算公式为

$$C_{v,s} = KC_{v,Q} \qquad\qquad (7-18)$$

式中　K——系数，随河流特性而异，有些地区的水文手册列有此值。

由前述方法求得$\overline{W}_s$和$C_{v,s}$后，一般采用$C_{s,s} = 2C_{v,s}$的皮尔逊Ⅲ型频率曲线绘制悬移质年输沙量频率曲线，据此确定频率的悬移质年输沙量。

我国北方多沙河流悬移质观测资料统计结果表明，泥沙的年际变化远大于径流的年际变化，河流年输沙量的变差系数$C_{v,s}$一般比年径流的变差系数$C_{v,Q}$大。黄河中游地区$C_{v,s}$为$C_{v,Q}$的1.2～7.3倍，$C_{v,s}$值约在0.6～2.4之间变化；海河滹沱河上游区$C_{v,s}$为$C_{v,Q}$的1.2～2.4倍，$C_{v,s}$值约在1.0～1.2之间变化；辽河西北多沙地区$C_{v,s}$为$C_{v,Q}$的1.2～5.0倍，$C_{v,s}$值约在0.6～3.5之间变化（表7-5）。

表7-5　　　　　　　　　我国北方多沙河流悬移质统计参数表

流域	分区	$C_{v,S}$		$C_{v,S}/C_{v,Q}$		r_m	
		变幅	平均	变幅	平均	变幅	平均
黄河	陕北风沙区	0.91～2.20	1.55	0.63～7.34	6.67	3.02～5.00	4.02
	无定河以北黄丘区	0.90～1.04	0.95	1.51～2.51	2.02	2.20～2.81	2.45
	无定河黄丘区	0.55～0.65	0.62	1.24～3.20	2.10	2.02～2.25	2.13
	延安地区	0.81～0.90	0.84	1.81～2.30	2.05	2.20～3.02	2.61
	晋西北黄丘区	1.12～1.34	1.21	1.21～2.90	2.21	2.70～3.31	2.95
	泾河上中游地区	0.90～1.12	0.97	1.70～2.20	1.95	2.61～3.12	2.83
	渭河上游区	0.60～0.65	0.62	1.22～1.50	1.36	2.04～2.21	2.10
	关中地区	0.73～2.44	1.43	1.52～1.60	3.28	2.02～5.20	3.62
	汾河黄丘区	0.90～1.61	1.31	1.60～3.61	2.42	2.10～4.52	3.54
海河	滹沱河上游区	1.02～1.23	1.12	1.21～2.43	1.74	3.05～3.52	3.22
辽河	西北多沙地区	0.60～3.51	1.52	1.21～5.03	2.61	2.32～7.40	3.92

注　r_m为实测最大年输沙量与均值之比值。

7.7.4.2　悬移质输沙量的年内分配

悬移质输沙量的年内分配可由各月输沙量占全年输沙量的相对百分比表示。由于汛期暴雨洪水集中，侵蚀强烈，汛期输沙量的绝大部分集中在暴雨时期，因此，悬移质输沙量的年内分配过程基本上与径流量的年内分配过程相似，且与洪峰流量大小有关。但是，有些流域水沙分配有显著的差别，主要是由于各流域泥沙来源、侵蚀程度和雨量分布不同所造成。

同一流域各年输沙量的大小不同，其年内分配也不相同。在有长期实测泥沙资料的情况下，分析各年输沙量年内分配的规律，从中选出丰沙、平沙和枯沙三种代表年份，作为水工设计时的参考使用。在资料不足或缺乏时，则常用水文比拟法，移用参证流域输沙量的典型年内分配，作为设计流域悬移质输沙量的代表年内分配。

7.7.4.3　洪水过程中的输沙变化

天然河道中含沙量与流量存在着一定的关系，但由于沙量来源及水力条件的变化，两者关系较为复杂。有些河流洪水上涨，输沙相应增加，洪峰与沙峰相应出现，洪水消退，输沙也消退；而有些河流则不同，洪水消退，含沙量并不随之降低，常有沙峰迟于洪峰的现象。究其原因，或由于水流挟带泥沙的颗粒粗细不同，如河道水流挟带较粗颗粒的泥沙，当洪峰过后，流速降低，粗颗粒泥沙挟运受到限制，因而含沙量将随水流降落而削减；但如河道水流挟带很细的泥沙，由于不易沉降，虽然洪峰过后流速降低，但仍超过挟带泥沙的止动流速，因此泥沙仍被挟运。倘再遇上河岸坍塌，则洪峰过后才出现沙峰，此外，对于面积不太大的流域，由于各支流的单位面积产沙量有显著差异，而暴雨又往往集中在一个较小的地区，因此洪峰与沙峰之间往往不一定相应；但若河流的流域面积较大，水沙通过沿程河槽的调节作用，洪峰与沙峰就显得一致。可见，在水利工程设计和运用中，考虑排泄泥沙时，应对洪水过程中沙量的变化进行具体分析。

7.7.5　悬移质的颗粒级配

泥沙颗粒的形状、大小及其组合情况是泥沙最基本的几何特性。泥沙的水力特性和物理化学特性都与几何特性有关。由于组成泥沙颗粒粒径和形状的变化幅度很大，因而单颗泥沙的粒径不足以描述其性质，必须将泥沙分为不同粒径或粒径组（图 7 - 15）进行分析。泥沙的粒径是表示泥沙颗粒大小的一个量度。粒径的组合情况，常用颗粒级配曲线来表示，此曲线的横坐标表示泥沙粒径，纵坐标表示小于此种粒径的泥沙在全部泥沙中所占的百分数。这种颗粒级配曲线通常画在半对数坐标纸上（图 7 - 16）或频率格纸上。

从图 7 - 16 上的颗粒级配曲线可以看出泥沙粒径相对大小和泥沙粒径均匀程度。坡度较陡的曲线 I 代表粒径较均匀的沙样，曲线 II 代表粒径较小的沙样。

从颗粒级配曲线上，可以查出小于某一特定粒径的泥沙在总沙样中所占的重量百分比，通常均以所查到的百分数作为脚标附注在粒径 d 的下面来表示这些粒径的特征值，如 d_{65}、d_{50}、d_{35}、…。常用的特征值有两个：一个称为中值粒径 d_{50}，另一个称为平均粒径 $\bar{d}$。中值粒径是一个十分重要的特征粒径，此种粒径的泥沙在全部沙样

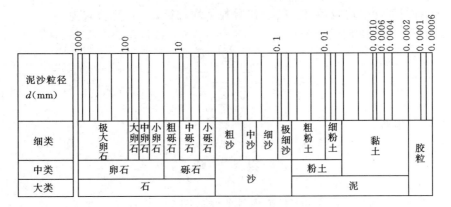

图 7-15 泥沙分类图

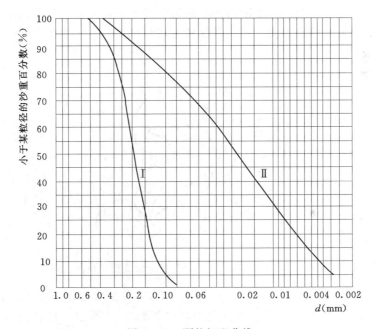

图 7-16 颗粒级配曲线

中大于或小于这一粒径的泥沙在重量上刚好相等。

平均粒径 d 也是一个重要的特征粒径；计算平均粒径的方法是把沙样按粒径大小分成若干组，定出每组上、下限粒径 d_{max} 和 d_{min}，以及这一组泥沙的重量在整个沙样总重量中所占的百分比 p_i，即

$$d_i = \frac{d_{max} + d_{min}}{2} \qquad (7-19)$$

或
$$d_i = \frac{1}{3}(d_{max} + d_{min} + \sqrt{d_{max} + d_{min}}) \qquad (7-20)$$

求出各组泥沙平均粒径 d_i，再求出颗粒平均粒径 d。计算公式为

$$d = \frac{\sum\limits_{i=1}^{n} p_i d_i}{\sum\limits_{i=1}^{n} p_i} \tag{7-21}$$

式中 n——组数。

习   题

[7-1]   某流域多年平均年径流深等值线如图 7-17 所示，要求：

（1）用加权平均法求流域的多年平均年径流深，其中部分面积值见表 7-6。

（2）用内插法查得流域重心附近的年径流深代表全流域的多年平均年径流深。

（3）试比较上述两种成果，哪一种比较合理？理由何在？在什么情况下，两种成果才比较接近？

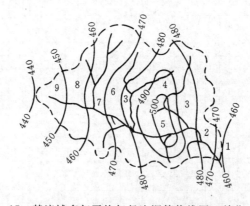

图 7-17   某流域多年平均年径流深等值线图（单位：mm）

[7-2]   某水利工程的设计站，有 1954～1971 年的实测径流资料。其下游有一参证站，有 1939～1971 年的年径流系列资料，如表 7-7 所示，其中 1953～1954 年、1957～1958 年和 1959～1960 年，分别被选定为 $P=50\%$、$P=75\%$ 和 $P=95\%$ 的代表年，其年内的逐月径流分配如表 7-8 所示。试求：

（1）根据参证站系列，将设计站的年径流系列延长至 1939～1971 年。

（2）根据延长前后的设计站年径流系列，分别绘制年径流频率曲线，并分析比较两者有何差别。

（3）根据设计站代表年的逐月径流分配，计算设计站 $P=50\%$、$P=75\%$ 和 $P=95\%$ 的年径流量逐月径流分配过程。

表 7-6   径流深等值线间部分面积表

部分面积编号	1	2	3	4	5	6	7	8	9	全流域
部分面积（km²）	100	1320	3240	1600	600	1840	2680	1400	680	13460

表 7-7				设计站与参证站的年径流系列					单位：m³/s
年份	参证站	设计站	年份	参证站	设计站	年份	参证站	设计站
1939	778		1950	878		1961	1050	752
1940	1060		1951	996		1962	782	569
1941	644		1952	703		1963	1130	813
1942	780		1953	788		1964	1160	775
1943	1029		1954	945	761	1965	676	547
1944	872		1955	1023	800	1966	1230	878
1945	932		1956	587	424	1967	1510	1040
1946	1246		1957	664	552	1968	1080	735
1947	933		1958	947	714	1969	727	519
1948	847		1959	702	444	1970	649	473
1949	1177		1960	859	643	1971	870	715

注　本表采用的水利年度为每年 7 月至次年 6 月。

表 7-8					设计站代表年月径流分配								单位：m³/s
年　份	月　份												全年
	7	8	9	10	11	12	1	2	3	4	5	6	
1953～1954	827	920	1780	1030	547	275	213	207	243	303	363	714	619
1957～1958	1110	1010	919	742	394	200	162	152	198	260	489	965	552
1959～1960	1110	1010	787	399	282	180	124	135	195	232	265	594	444

第 **8** 章

由流量资料推求设计洪水

8.1 概　述

8.1.1 洪水设计标准

为了抵御洪水灾害，兴建各类防洪工程；为了发电、灌溉兴建了兴利工程等。这些工程在运行期间必然承受着洪水的威胁，一旦工程失事将会造成灾害。因此，在设计各种涉水工程的水工建筑物时，必须高度重视工程本身的防洪安全，即必须全面考虑工程能经得住某种大洪水的考验而不会失事。所谓某种大洪水意指工程设计时选择的一种特定洪水。若此洪水过大，工程的安全度增大，但工程造价增多而不经济；若此洪水过小，工程造价降低，但遭受破坏的风险增大。如何选择较为合适的洪水作为依据，涉及一个标准问题，称为设计标准。我国曾分别于 1978 和 1988 年制定了山区、丘陵区部分和平原、滨海区部分的 SDJ 217—87《水利水电枢纽工程等级划分及设计标准》，经过多年的工程实践，于 1994 年颁发了统一的 GB 50201—94《防洪标准》作为强制性的国家标准，2014 年在 GB 50201—94 的基础上进行了修订，颁发了新的国家标准《防洪标准》GB 50201—2014。

在 GB 50201—2014 国家标准中明确了两种防洪标准的概念。一是上述的水工建筑物本身的防洪标准；二是与防洪对象保护要求有关的防洪区的防洪安全标准，如某一城市的防洪安全标准。这两个防洪安全标准的概念是有差别的，不能混淆。关于防洪区的防洪安全标准，是依据防护对象的重要性分级设定的。例如，确定城市防洪标准时，是根据城市社会经济地位的重要性划分成不同等级（4 级），不同等级城市取用不同标准（表 8-1），其他保护对象防洪标准的确定也是如此。

关于水利水电工程本身的防洪标准，是先根据工程规模、效益和在国民经济中的重要性，将水利水电枢纽工程分为五个等别，见表 8-2。水利水电枢纽工程包括各种水工建筑物，其中永久性水工建筑物又分为主要建筑物和次要建筑物。由于洪水对不同建筑物可能造成的危害不同，所以除了按照工程规模的大小划分其等别外，还按照水工建筑物的作用和重要性分为五个级别，见表 8-3。

表8-1 城市防护区的防护等级和防洪标准

防护等级	重要性	常住人口（万人）	当量经济规模（万人）	防洪标准（重现期：年）
Ⅰ	特别重要	≥150	≥300	≥200
Ⅱ	重要	<150，≥50	<300，≥100	200～100
Ⅲ	比较重要	<50，≥20	<100，≥40	100～50
Ⅳ	一般	<20	<40	50～20

注 当量经济规模为城市防护区人均GDP指数与人口的乘积，人均GDP指数为城市防护区人均GDP与同期全国人均GDP的比值。

表8-2 水利水电工程枢纽的等别

工程等别	水库		防洪		治涝	灌溉	供水	发电
	工程规模	总库容（亿m³）	城镇及工矿企业的重要性	保护农田面积（万亩）	治涝面积（万亩）	灌溉面积（万亩）	供水对象的重要性	装机容量（MW）
Ⅰ	大（1）型	≥10	特别重要	≥500	≥200	≥150	特别重要	≥1200
Ⅱ	大（2）型	<10，≥1.0	重要	<500，≥100	<200，≥60	<150，≥50	重要	<1200，≥300
Ⅲ	中型	<1.0，≥0.10	比较重要	<100，≥30	<60，≥15	<50，≥5	比较重要	<300，≥50
Ⅳ	小（1）型	<0.10，≥0.01	一般	<30，≥5	<15，≥3	<5，≥0.5	一般	<50，≥10
Ⅴ	小（2）型	<0.01，≥0.001		<5	<3	<0.5		<10

表8-3 永久性水工建筑物的级别

工程等别	水工建筑物级别		工程等别	水工建筑物级别	
	主要建筑物	次要建筑物		主要建筑物	次要建筑物
Ⅰ	1	3	Ⅳ	4	5
Ⅱ	2	3	Ⅴ	5	5
Ⅲ	3	4			

设计时根据建筑物级别选定不同频率作为防洪标准。这样，把洪水作为随机现象，以概率形式估算未来的设计值，同时以不同频率来处理安全和经济的关系。

设计永久性水工建筑物所采用的洪水标准，分为正常运用和非常运用两种情况，分别称为设计标准和校核标准。通常用正常运用的洪水来确定水利水电枢纽工程的设计洪水位、设计泄洪流量等水工建筑物设计参数，这个标准的洪水称为设计洪水。设计洪水发生时，工程应保证能正常运用，一旦出现超过设计标准的洪水，则水利工程一般就不能保证正常运用了。由于水利工程的主要建筑物一旦破坏，将造成灾难性的严重损失，因此规范规定洪水在短时期内超过设计标准时，主要水工建筑物仍不允许破坏，仅允许一些次要建筑物损毁或失效，这种情况就称为非常运用条件或标准，按照非常运用标准确定的洪水称为校核洪水。永久性水工建筑物的正常运用和非常运用的洪水标准见表 8 - 4。

表 8 - 4　　　　　　　　　　　水库工程水工建筑物的防洪标准

水工建筑物级别	防洪标准（重现期：年）				
	山区、丘陵区			平原区、滨海区	
	设计	校　核		设计	校核
		混凝土坝、浆砌石坝	土坝、堆石坝		
1	1000～500	5000～2000	可能最大洪水（PMF）或 10000～5000	300～100	2000～1000
2	500～100	2000～1000	5000～2000	100～50	1000～300
3	100～50	1000～500	2000～1000	50～20	300～100
4	50～30	500～300	1000～300	20～10	100～50
5	30～20	200～100	300～200	10	50～20

8.1.2　设计洪水的含义

一次洪水过程包含有若干特征，如洪峰和洪量，在一般情况下它们出现的频率是互不相等的。然而，过程本身并没有频率的概念，所以任何一场现实洪水过程的重现期或频率都是无法定义的。所谓设计洪水，实质上是指具有规定功能的一场特定洪水，其具备的功能是：以频率等于设计标准的原则，求得该频率的设计洪水，以此为据而规划设计出的工程，其防洪安全事故的风险率应恰好等于指定的设计标准。例如，某一水库工程的设计标准是以重现期表示为千年，以频率表示为 0.1%，就是指采用重现期千年或频率为 0.1% 的设计洪水作调洪演算所推求的水库设计洪水位，在未来水库长期运行中，每年最高库水位超过该设计水位的概率为 1‰。

根据指定设计标准计算的设计洪水，其功能是通过将其输入到流域防洪工程措施系统后得到体现的。经过系统作用（如水库调洪演算），不仅输出设计洪水位、防洪库容等工程设计参数，同时也输出其防洪后果，得到该系统的防洪安全事故风险率，该风险率恰好等于设计标准。

设计洪水包括设计洪峰流量、不同时段设计洪量及设计洪水过程线三个要素。推求设计洪水的方法有两种类型，即由流量资料推求设计洪水和由暴雨资料推求设计洪水。当必须采用可能最大洪水作为非常运用洪水标准时，则由水文气象资料推求可能最大暴雨，然后计算可能最大洪水。

8.2　设计洪峰流量及设计洪量的推求

8.2.1　洪水样本选取

进行洪水频率分析计算时，将连续的流量过程以年为时段划分开来，使时间坐标离散化，把每年作为一次实验。根据需要选取一些描述洪水的数字特征，从不同的角度来反映逐年洪水的特性。假定这些洪水特征为随机变量，具有相同的总体概率分布函数，从历年实测洪水资料中所求得的洪水特征系列，作为该随机变量从其总体分布中独立随机抽取的一组样本。

一般是取洪峰流量和指定时段内洪水总量作为描述一次洪水过程的数字特征。不管对单峰型还是复峰型洪水，洪峰流量 Q_m 可从流量过程线上直接得到。对洪量，在我国通常取固定时段的最大洪量 W_t，固定时段一般采用 1 天、3 天、5 天、7 天、15 天、30 天。大流域、调洪能力大的工程，设计时段可以取得长一些；小流域、调洪能力小的工程，可以取得短一些。

由于我国河流多属雨洪型，每年汛期要发生多次洪水，因此就存在如何从年内多次洪水中选定该年的洪水特征组成计算样本的问题，通常采用年最大值法选样：每年选取一个最大值，n 年资料可选出 n 项年极值，包括洪峰流量和各种时段的洪量。同一年内，各种洪水的特征值可以在不同场洪水中选取，以保证"最大"选样原则。这是目前水利水电部门水文设计中所采用的方法。图 8-1 为年最大值法选样的示意图。

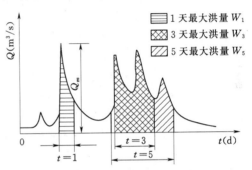

图 8-1　年最大值法选样示意图

8.2.2　洪水资料的审查和分析

选取的洪水资料是进行频率计算的基础，是决定成果精度的关键，必须充分重视洪水资料的审查和分析。分析内容包括资料的可靠性、一致性和代表性审查。

8.2.2.1　洪水资料可靠性审查

一般可作历年水位流量关系曲线的对照检查（特别是高水外延部分），审查点据离差情况及定线的合理性；通过上下游、干支流各断面的水量平衡及洪水流量、水位过程线的对照，流域的暴雨过程和洪水过程的对照等，进行合理性检查，从中发现问题。

检查的重点应放在观测及整编质量较差的年份，特别是战争年代及政治动乱时期的观测记录，同时应注意对设计洪水计算成果影响较大的大洪水年份进行分析。如发现有问题，应会同原整编单位作进一步审查，必要时作适当的修正。

8.2.2.2　洪水资料的一致性审查

洪水资料一致性指资料记载的这些洪水是在一致的流域下垫面和气候条件下形成的，即各洪水形成的基本条件未发生显著变化。在洪水的观测期内，如流域上修建了蓄水、引水、分洪、滞洪等工程或发生决口、溃坝、改道等事件，会使流域的洪水形成条件发生改变，因而洪水的统计规律也会改变。不同时期观测的洪水资料可能代表着不同的流域自然条件和下垫面条件，不能将这些洪水资料混杂在一起作为一个样本进行洪水频率分析。

8.2.2.3　洪水资料系列的代表性分析

洪水资料的代表性，反映在样本系列的统计特性能否代表总体的统计特性。洪水总体难以获得，一般认为，洪水系列较长，并能包括大、中、小等各种洪水，则推断该系列代表性较好。

通过古洪水研究、历史洪水调查、历史文献考证和系列插补延长等加大洪水系列的长度，增添信息量，是提高洪水系列代表性的基本途径。

8.2.3　历史洪水的调查和考证

在我国多数河流沿岸，多伴有历史悠久的居民点和世代在那里定居的人民的亲身经历和从祖辈流传下来的传说，这是取得历史洪水资料的一个重要来源。

在进行访问时，对于洪水发生的年份和日期，最好请老居民联系他们生活中及社会上重要事件发生的年月进行回忆，对最高洪水位则联系建筑物的具体部位，以求得比较确切的成果。在同一地点附近，应力求从不同人和不同实物得出同次洪水的几个洪痕高程，以便相互检验印证。对于近期大洪水，有时还可以调查到洪水位的涨落概况。

在历史上出现一次异常洪水时，当地居民常留下有关最高洪水位及洪水发生日期的碑记、刻字或痕迹，这类碑记和刻字目前在中国很多河流两岸仍可发现。例如长江干流上游曾发现多处标志着 1153 年、1227 年、1560 年、1788 年、1796 年、1860 年、1870 年等年最高洪水位的刻字和碑记；在黄河支流沁河上，也曾发现关于 1482 年最高洪水位的墨写字迹。

中国有古老的文化，过去大多数省、府、县在历代编有地方志，其中有专门记述历史上水旱灾害的情况，个别记载甚至远溯到距今 2000 多年前。早期的记载比较简略，且多遗漏，但在近 600 年的明清两代，记载就比较完整详细。还有一些专门记述中国各主要河流自然地理情况、历史上洪旱灾害和治理措施的书籍，如《水经注》、《行水金鉴》等。其中《行水金鉴》及其续集就有 483 卷。

此外，在明清两代的宫廷档案中，还可查到大水年各地关于水情和灾情的奏报。有时在沿河村镇，可以发现近一二百年内的私人笔记、日记、账本中有关历史洪水的记载。

在这类历史文献中，对于历史洪水多数只有定性的描述。但是，根据这些描述及其灾害范围，可以和已调查到最高洪水位的几次大洪水进行比较，以判断文献中洪水的相对大小，可以为估计历史洪水的稀遇程度提供参考。有的历史文献记载中，还有洪水涨幅或水深的具体数字。例如在《水经注》中记载，黄河干支伊河的龙门镇在公元 223 年曾发生特大洪水，水涨高四丈五尺（魏尺，合今 10.9m）。由于那里是岩石河床，估计断面变化不大，可推算其洪峰流量约为 20000m³/s。

历史洪水峰量的数值确定后，为了估计其经验频率（或重现期），还必须分析各次历史洪水调查考证期内的排列序号，以期能正确确定历史洪水的经验频率。通常把具有洪水观测资料的年份（其中包括插补延长年份）称为"实测期"。从最早的调查洪水发生年份迄今的这一段时期内、实测期以外的部分称为"调查期"。在调查期和实测期中，最大的几次洪水的排列序号往往是能够通过调查或由历史文献来确定的。根据它们在这段时期内排列的序号，就可以计算其经验频率。当然，在这个时期内也还会有那么一些洪水，由于难于定量而不能判定其确切排位，但可以参照历史文献中关于这些洪水的雨情、灾情的记载，把它们分成若干等级，再由每级中选取一两次可以定量的洪水作为该级的组中值或下限。分级统计洪水的洪峰流量和相应的经验频率，也可以作为洪水频率分析的依据。

调查期以前的历史洪水情况，有时还可通过历史文献资料的考证获得。通常把有历史文献资料可以考证的时期称为"考证期"。考证期中，一般只有少数历史洪水可以大致定量，多数是难以确切定量的。

8.2.4 特大洪水的处理
8.2.4.1 连序和不连序样本系列

洪水样本系列的组成一般包括两种情况：一种是系列中没有特大洪水值，即没有通过历史洪水调查考证或系列中没有提取特大值做单独处理，系列中各项数值直接按从大到小次序统一排位，各项之间没有空位，由大到小的秩次是相连的，这样的样本系列称为连序系列。另一种是系列中有特大洪水值，特大洪水与其他洪水值之间有空位，整个样本的排序是不连序的，这样的样本系列称为不连序系列。不管是连序样本还是不连序样本，都可以统一描述如下：

设自最远的调查考证年份至今的年数为 N，实测系列年数为 n，在 N 年内共有 a 个特大值，其中有 l 个来自实测系列，其他来自于调查考证。若 $a=0$，则 $l=a=0$，$N=n$，表明没有特大洪水，不连序样本就变成连序样本。一个不连序样本的组成如图 8-2 所示。

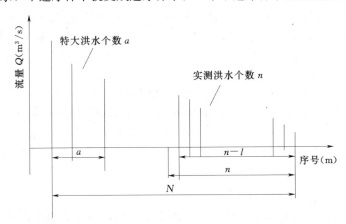

图 8-2 不连序样本的组成示意图

8.2.4.2 不连序样本系列的经验频率计算

对洪水样本系列中的各项对样本经验频率的计算通常有两种方法。

1. 统一处理法

将实测洪水与历史大洪水一起共同组成一个不连序的系列，认为它们共同参与组成一个包含若干个特大值最大重现期为 N 的样本，各项可在 N 年中统一排序。其中，为首的 a 项占据 N 年中的前 a 个序位，其经验频率采用数学期望公式

$$P_M = \frac{M}{N+1} \quad M=1,2,\cdots,a \tag{8-1}$$

而实测期 n 内的 $n-l$ 个一般洪水是 N 年样本的组成部分，由于它们都不超过 N 年中为首的 a 项洪水，因此其概率分布不再是从 0 到 1，而只能是从 P_a 到 1（P_a 是

第 a 项特大洪水的经验频率）。于是对实测期的一般洪水，假定其第 m 项的经验频率在 $(P_a, 1)$ 区间内线性变化，则

$$P_m = P_a + (1 - P_a) \frac{m-l}{n-l+1} \quad m = l+1, l+2, \cdots, n \tag{8-2}$$

2. 分别处理法

将特大值系列和实测系列作为从总体中独立抽出的两个随机连序系列，各项洪水在各自的系列中分别排序。其中，a 项特大洪水的经验频率仍采用式（8-1）计算；实测系列中 $n-l$ 项的经验频率按式（8-3）计算。

$$P_m = \frac{m}{n+1} \quad m = 1, 2, \cdots, n \tag{8-3}$$

同理，计算时，前 l 个特大洪水的序位保持"空位"，从 $m = l+1$ 开始计算其他各项的经验频率。

在我国，上述的统一处理法和分别处理法目前都在使用，这两种经验频率成果往往也是接近的。在使用分别处理法时，可能会出现历史洪水与实测洪水"重叠"的不合理现象，即末位几项特大洪水的经验频率大于首几项实测洪水的经验频率。统一处理法不会出现这种不合理的现象，加之该法的理论基础较坚强。所以，通常倾向于使用统一处理法。

【例8-1】 安康站位于汉江中游，自1935～1990年间有56年流量记录（1939～1942年为插补）。1983年实测流量31000m³/s，是这56年间的最大流量。通过文献考证及实地调查，得到历史洪水排位情况，按统一处理法和分别处理法计算的各项洪水经验频率见表8-5。

从表8-5中可以看出，对于1983年、1867年、1852年的洪水，虽然其发生年份在1832～1990年间（$N_3 = 159$），但其可在1693～1990年间（$N_2 = 298$）排位，所以其经验频率按照 N_2 计算。对于1921年的洪水，排在其前的三场洪水已抽到 N_2 中排位，但三场洪水仍占据 N_3 中的排位，1921年洪水的经验频率仍按第四排位在 N_3 中计算（对 N_3 这个调查考证期，$a = l = 3$）。

8.2.5 洪水频率曲线线型

针对洪水变量，目前还无法从理论上论证应该采用何种频率曲线线型（统计分布模型）描述其统计规律。为了使设计工作规范化，使各地设计洪水成果具有可比性和便于综合协调，世界各国在制定有关设计规范和手册时，通常选用对大多数长期洪水系列分布能较好拟合的线型作为统一的线型以供使用。

国际上关于线型的选用差别很大，常用的线型达20余种之多，包括极值 I 和 II 型分布、广义极值分布（GEV）、对数正态分布（L—N）、皮尔逊 III 型分布（P—III）及对数皮尔逊 III 型分布等。如美国主要以对数皮尔逊 III 型为主，英国以 GEV 型为主。在我国，20世纪60年代以来，通过对我国洪水极值资料的验证，认为皮尔逊 III 型能较好拟合我国大多数河流的洪水系列。此后，我国洪水频率分析一直采用皮尔逊 III 型曲线。但对于特殊情况，经分析研究，也可采用其他线型。

8.2.6 频率曲线参数估计

在洪水频率曲线参数估计方法中，我国规范统一规定采用适线法。适线法有两

表 8-5

安康洪水经验频率计算表

调查考证或实测期	系列年数		洪水		排位	经验频率	
	N	n	年份	$Q(m^3/s)$		统一处理法	分别处理法
调查考证期 N_1 (1068~1990年)	923		1583	36000	1	$P=\dfrac{1}{N_1+1}=\dfrac{1}{923+1}=0.00108$	$P=\dfrac{1}{N_1+1}=\dfrac{1}{923+1}=0.00108$
调查考证期 N_2 (1693~1990年)	298		1693	30000~36000	1	$P=0.00108+(1-0.00108)\dfrac{1}{298+1}=0.00442$	$P=\dfrac{1}{298+1}=0.00334$
			1983	31000	2	$P=0.00108+(1-0.00108)\dfrac{2}{298+1}=0.00776$	$P=\dfrac{2}{298+1}=0.00669$
			1867		3~4	$P=0.00108+(1-0.00108)\dfrac{3\sim4}{298+1}=0.0111\sim0.0144$	$P=\dfrac{3\sim4}{298+1}=0.0100\sim0.0134$
			1770		3~4	$P=0.00108+(1-0.00108)\dfrac{3\sim4}{298+1}=0.0111\sim0.0144$	$P=\dfrac{3\sim4}{298+1}=0.0100\sim0.0134$
			1852		5	$P=0.00108+(1-0.00108)\dfrac{5}{298+1}=0.0178$	$P=\dfrac{5}{298+1}=0.0167$
调查考证期 N_3 (1832~1990年)	159		1983		1	已抽到 N_2 中排序	已抽到 N_2 中排序
			1867		2	已抽到 N_2 中排序	已抽到 N_2 中排序
			1852		3	已抽到 N_2 中排序	已抽到 N_2 中排序
			1921	26000	4	$P=0.0178+(1-0.0178)\dfrac{4-3}{159-3+1}=0.0241$	$P=\dfrac{4}{159+1}=0.025$
			1832		5	$P=0.0178+(1-0.0178)\dfrac{5-3}{159-3+1}=0.0303$	$P=\dfrac{5}{159+1}=0.0313$
实测期 n (1935~1990年)		56	1983		1	已抽到 N_2 中排序	已抽到 N_2 中排序
			1974	23400	2	$P=0.0303+(1-0.0303)\dfrac{2-1}{56-1+1}=0.0476$	$P=\dfrac{2}{56+1}=0.0351$

种：一种是经验适线法（或称目估适线法）；另一种是优化适线法。

目估适线法已在第 6 章作了详细介绍。当该法用于洪水序列参数估计时，必须注意经验点据与曲线不能全面拟合的情况下，可侧重考虑上中部分的较大洪水点据，对调查考证期内为首的几次特大洪水，要作具体分析。一般来说，年代愈久的特大洪水对选定参数影响很大，但这些资料本身的误差可能较大。因此，所选曲线不宜机械地通过特大洪水点据，尽量避免对其他点群偏离过大，但也不宜脱离所选曲线大洪水点据过远。

目估适线法估计参数时，通常将矩法的估计值作为初始值。

在用矩法初估参数时，对于不连序系列，假定 $n-l$ 年系列的均值和均方差与除去特大洪水后的 $N-a$ 年系列的相等，即 $\bar{x}_{N-a}=\bar{x}_{n-l}$，$\sigma_{N-a}=\sigma_{n-l}$，可以导出参数计算公式为

$$\bar{x} = \frac{1}{N}\Big[\sum_{j=1}^{a} x_j + \frac{N-a}{n-l} \sum_{i=l+1}^{n} x_i \Big] \tag{8-4}$$

$$C_v = \frac{1}{\bar{x}} \sqrt{\frac{1}{N-1}\Big[\sum_{j=1}^{a}(x_j - \bar{x})^2 + \frac{N-a}{n-l} \sum_{i=l+1}^{n}(x_i - \bar{x})^2 \Big]} \tag{8-5}$$

式中　x_j——特大洪水，$j=1$，2，$\cdots$，a；

　　　　x_i——一般洪水，$i=l+1$，$l+2$，$\cdots$，n；

其余符号意义同式（8-2）。

偏态系数 C_s 属于高阶矩，矩法估计值抽样误差非常大。故不用矩法估计作为初值，而是参考地区规律选定一个 C_s/C_v 值。我国对洪水极值的研究表明，对于 $C_v \leqslant 0.5$ 的地区，可以试用 $C_s/C_v = 3 \sim 4$；对于 $0.5 < C_v \leqslant 1.0$ 的地区，可以试用 $C_s/C_v = 2.5 \sim 3.5$；对于 $C_v > 1.0$ 的地区，可以试用 $C_s/C_v = 2 \sim 3$。

目估适线法具有形象、灵活、简便等明显优点；但也存在不可忽视的缺点，那就是主观任意性。为了克服这一缺点，以优化适线代替目估适线。前者在第 6 章已简要介绍，这里不再赘述。

8.2.7　算例

某水文站自 1923～1970 年共有断续的实测洪峰流量资料 33 年。实测最大洪峰为 9200m³/s，发生在 1956 年；次大洪峰为 5470m³/s，发生在 1963 年。另外调查到 1913 年、1917 年、1928 年、1939 年及 1943 年共 5 年历史洪水，分别为 6740m³/s、5000m³/s、6510m³/s、6420m³/s 和 8000m³/s，并经考证可以断定从 1913 年以来未再发现超过 5000m³/s 的洪水。除此之外，1932 年洪水在群众记忆中略小于 1933 年，但未调查到数值。又据历史文献考证 1870 年洪水与 1956 年不相上下，而 1849 的洪水较 1870 年为大，并且自 1849 年以来，无遗漏比 1956 年更大的洪水。需根据这些资料推求该站千年一遇设计洪峰流量。

由现有资料不难看出，1849 年洪水是自 1849 年以来的最大洪水，在 1849～1970 年的 $N_1 = 122$ 年间排第 1 位；1870 年洪水和 1956 年洪水不相上下，排第 2 或第 3 位。1943 年、1913 年、1928 年、1939 年、1963 年和 1917 年的洪水则分别为 1913 年以来的第 2～7 位洪水，所以在 1913～1970 年的 $N_2 = 58$ 年间分别排第 2～7 位。

其余洪水在 $n=37$ 年的实测期（1923～1970 年）根据大小依次排序。据此分析求得各年洪峰流量的经验频率（按"分别处理法"公式计算）结果见表 8-6。

表 8-6　　　　　　　　　　某站洪峰流量经验频率计算表

洪　峰　流　量				经　验　频　率　计　算					
按时间次序排列		按数量大小排列		$P_1=\dfrac{M_1}{N_1+1}$		$P_2=\dfrac{M_2}{N_2+1}$		$P_3=\dfrac{m}{n+1}$	
年份	Q_m (m³/s)	年份	Q_m (m³/s)	M_1	P_1 (%)	M_2	P_2 (%)	m	P_3 (%)
1849	(>9200)	1849	(>9200)	1	0.8				
1870	(9200)	1870	(9200)	2～3	1.6～2.4				
1913	(6740)	1956	9200	2～3	1.6*～2.4*	空位		空位	
1917	(5000)	1943	(8000)			2	3.4*	空位	
1923	1740	1913	(6740)			3	5.1*		
1924	1470	1928	(6510)			4	6.8*	空位	
1925	3440	1939	(6420)			5	8.5*	空位	
1926	202	1963	5470			6	10.2*	空位	
1928	(6510)	1917	(5000)			7	11.9*		
1929	1850	1933	4450					6	15.8*
1932	(4000)	1932	(4000)					7	18.4*
1933	4450	1936	3470					8	21.1*
1934	862	1925	3440					9	23.7*
1935	1540	1937	2690					10	26.3*
1936	3470	1942	2650					11	28.9*
1937	269	1929	1850					12	31.6*
1939	(6420)	1954	1810					13	34.2*
1942	2650	1923	1740					14	36.8*
1943	(8000)	1953	1700					15	39.5*
1949	612	1952	1570					16	42.1*
1950	1300	1935	1540					17	44.7*
1951	1290	1924	1470					18	47.4*
1952	1570	1959	1450					19	50.0*
1953	1700	1950	1300					20	52.6*
1954	1810	1951	1290					21	55.3*
1955	1150	1955	1100					22	57.9*
1956	9200	1962	1020					23	60.5*
1957	830	1958	880					24	63.2*
1958	880	1934	862					25	65.8*
1959	1450	1957	832					26	68.4*
1960	406	1969	818					27	71.1*
1961	397	1964	744					28	73.7*

续表

洪　峰　流　量				经　验　频　率　计　算					
按时间次序排列		按数量大小排列		$P_1 = \dfrac{M_1}{N_1+1}$		$P_2 = \dfrac{M_2}{N_2+1}$		$P_3 = \dfrac{m}{n+1}$	
年份	Q_m (m^3/s)	年份	Q_m (m^3/s)	M_1	P_1 (%)	M_2	P_2 (%)	m	P_3 (%)
1962	1020	1970	710					29	76.3*
1963	5470	1966	676					30	78.9*
1964	744	1949	612					31	81.6*
1965	78	1967	575					32	84.2*
1966	676	1960	406					33	86.8*
1967	575	1961	397					34	89.5*
1968	302	1968	302					35	92.1*
1969	818	1926	202					36	94.7*
1970	710	1965	78					37	97.4*

注　1. 括号内数字表示调查洪水资料，其中 1849 年和 1870 年两次洪水，分别超过和接近 1956 年洪水，不能确切定量。另外 1932 年洪水量值大小在 1936 年和 1933 年洪水之间，也不能确切定量。
　　2. 标有"*"的数据为最终采用的经验频率数据。

　　根据表 8 - 6 中流量数据和计算的经验频率，点绘经验点据，如图 8 - 3 中圆形点据所示。必须说明 1956 年的点据，从偏于安全考虑经验频率采用 2.4%。采用矩法初估统计参数为：$\overline{Q} = 2142 m^3/s$，$C_v = 1.04$，$C_s = 2C_v$，对应的频率曲线见图 8 - 3 中之虚线。该频率曲线与经验点据的拟合不佳，所以调整参数，直到频率曲线与经验点据能最好拟合为止。经多次试算，最后选用 $\overline{Q} = 2200 m^3/s$，$C_v = 1.10$，$C_s = 2C_v$，得

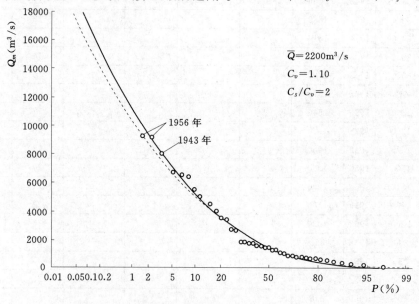

$$\overline{Q} = 2200 m^3/s$$
$$C_v = 1.10$$
$$C_s/C_v = 2$$

图 8 - 3　某站洪峰频率曲线

到的频率曲线见图 8-3 中之实线。据此组参数求得的千年一遇设计洪峰值 $Q_{0.1\%}=$ 17100m³/s。

8.2.8　设计成果的合理性分析

在洪水频率计算中，由于资料系列不长，常使计算所得的各项统计参数（$\overline{X}$、C_v、C_s），以及各种频率的设计特征值 x_p 带有或大或小的误差。而另一方面，这些参数或计算成果在不同历时之间，以及相同历时在上下游和相邻地区之间，客观上都存在一定的关系或地理分布规律。因此，可以综合同一地区各站成果，通过对比分析，作合理性检查。现有的合理性检查方法可归纳成如下几个方面。

8.2.8.1　本站的洪峰及各种历时洪量之间比较分析

1. 频率曲线对比分析

将同一站的各种不同历时洪量频率曲线的纵坐标变换成对应历时的平均流量，然后与洪峰流量的频率曲线一起点绘在同一张几率格纸上。各曲线应近于平行，互相协调；一般历时越短，坡度应略大；各曲线在实用范围内（$P=0.01\%\sim99\%$）不应相互交叉。

2. 统计参数或设计值之间的比较分析

可点绘本站的各项统计参数或设计值（作为纵坐标）和洪水历时（作为横坐标）的关系曲线。这种关系曲线一般呈现出下述特性：

（1）均值和设计值应随历时的增加而增加，但其增率则随历时增加而减小。而且，对于流域面积大、连续暴雨次数多的河流，其增率随历时增加而减小得慢一些，反之，其增率随历时增加而减小得快一些。

（2）C_v 一般随历时的增加而减小。但对于调蓄作用大且连续暴雨次数多的河流，随着历时的增加，C_v 反而增大，至某一历时达到最大值，然后再逐渐减小。

（3）偏态系数 C_s 值，由于观测资料短，计算成果误差很大，因此规律不明显。一般的概念是随着历时的增加，C_s 值逐渐减少。

8.2.8.2　上、下游洪水关系的分析

在同一条河流的上、下游之间，洪峰及洪量的统计参数一般存在较密切的关系。当上、下游气候、地形等条件相似时，洪峰（量）的均值应该由上游向下游递增，其模数则递减。C_v 值也由上游向下游减小。当上、下游气候、地形等条件不一致时，上、下游间的变化就比较复杂，需结合具体河流特点加以分析。

8.2.8.3　邻近河流洪水统计参数及设计值在地区分布上的分析

绘制洪峰、洪量的均值或设计值与流域面积的关系图，分析点据的分布是否与暴雨及地形等因素的分布相适应，可以判断成果的合理性。有时也可以将洪峰、洪量均值模数（即 $\overline{Q}/F^n$ 及 $\overline{W}/F^n$）及 C_v 绘成等值线图，并与暴雨的均值和 C_v 的等值线图进行比较，如发现有突出偏高偏低的现象，就要深入分析原因。

8.2.8.4　暴雨径流之间关系的分析

暴雨统计参数与相应时段洪量统计参数之间是有关系的，一般而言，洪量的 C_v 应大于相应时段暴雨量的 C_v。

以上介绍的设计成果合理性分析方法所依据的是洪水在时空变化上的一般统计特

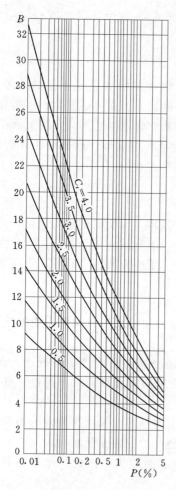

图 8-4　$P—C_s—B$ 图

性以及影响因素暴雨之间的一般参数特性。由于影响洪水的因素错综复杂，在一般性的大背景下会出现某种特殊性，所以分析时务必结合暴雨特性、下垫面条件、资料质量从多方面论证。

8.2.9　设计洪水值的抽样误差

设计洪水值由样本估计得到，是样本的函数，所以也是一个随机变量。由于样本容量的有限性和估计参数存在误差，设计洪水值也存在误差，通常采用设计洪水值抽样分布的均方误来表征误差。如果一个设计洪水值的抽样均方误小，则认为该估计值的有效性好、精度高；反之，有效性差，精度低。

对 P—Ⅲ 型分布，设计估计值抽样分布的标准差近似计算公式为

$$\sigma_{x_P} = \frac{\overline{x}C_v}{\sqrt{n}}B \qquad (8-6)$$

式中　$\overline{x}$, C_v——总体参数的估值；

　　　　n——样本容量；

　　　　B——C_s 和设计频率 P 的函数。

已制成 $P—C_s—B$ 图（也称为诺模图）可供查用，如图 8-4 所示。

由于设计洪水值存在着误差，而该值大小关系到工程投资、防洪效益和安全。因此，在某些情况下求得设计值以后，再加上一个安全修正值，以保证安全。通常将安全修正值（用 Δx_P 表示）取成 σ_{x_P} 的函数，即

$$\Delta x_P = \beta \sigma_{x_P} \qquad (8-7)$$

式中　β——可靠性系数，设计洪水规范中并没有明确规定，有时可取 $\beta = 0.7$。

但规范明确规定，经综合分析检查后，若成果有偏小的可能，对校核洪水的估计值应加安全修正值，但又不超过估计值的 20%。

8.3　设计洪水过程线的推求

设计洪水过程线是指具有某一设计标准的洪水过程线。但是，洪水过程线的形状千变万化，且洪水每年发生的时间也不相同，是一种随机过程，目前尚无完善的方法直接从洪水过程线的统计规律求出一定标准的过程线。尽管有人提出以建立的洪水随机模型模拟出大量洪水过程线作为工程未来运营期内可能遭遇到的各种洪水情势的预估以代替设计洪水过程线，但目前尚未达到可以方便使用的地步。为了适应工程设计要求，目前仍采用放大典型洪水过程线的方法，使设计过程线的洪峰流量和时段洪水

总量的数值等于设计值，其出现的频率等于设计标准，即认为所得的过程线是待求的设计洪水过程线。

8.3.1 典型洪水过程线的选取

典型洪水过程线是放大的基础，从实测洪水资料中选择典型时，资料要可靠，同时应考虑下列条件：

（1）选择峰高量大的洪水过程线，其洪水特征接近于设计条件下的稀遇洪水情况。

（2）要求洪水过程线具有一定的代表性，即它的发生季节、地区组成、洪峰次数、峰量关系等能代表本流域上大洪水的特性。

（3）从防洪安全着眼，选择对工程防洪运用较不利的大洪水典型，如峰型比较集中，主峰靠后的洪水过程。

一般按上述条件初步选取几个典型，分别放大，并经调洪计算，取其中偏于安全的作为设计洪水过程线的典型。

8.3.2 放大方法

常用的放大方法有同倍比放大法和同频率放大法。

8.3.2.1 同倍比放大法

用同一放大倍比 K 值，放大典型洪水过程线的流量坐标，使放大后的洪峰流量等于设计洪峰流量 Q_{mP}，或使放大后的控制时段 t_k 的洪量等于设计洪量 W_{kp}。

使放大后的洪峰流量等于设计洪峰流量 Q_{mp}，称为"峰比"放大，放大倍比为

$$K = \frac{Q_{mp}}{Q_{md}} \qquad (8-8)$$

使放大后的控制时段 t_k 的洪量等于设计洪量 W_{kp}，称为"量比"放大，放大倍比为

$$K = \frac{W_{kp}}{W_{kd}} \qquad (8-9)$$

式中 K——放大倍比；

Q_{mP}，W_{kP}——设计频率为 P 的设计洪峰流量和 t_k 时段的设计洪量；

Q_{md}，W_{kd}——典型洪水过程的洪峰流量和 t_k 时段的洪量。

按式（8-8）或式（8-9）计算放大倍比 K，然后与典型洪水过程线流量坐标相乘，就得到设计洪水过程线。

8.3.2.2 同频率放大法

在放大典型过程线时，按洪峰和不同历时的洪量分别采用不同倍比，使放大后的过程线的洪峰及各种历时的洪量分别等于设计洪峰和设计洪量。也就是说，经放大后的过程线，其洪峰流量和各种历时洪水总量的频率都符合同一设计标准，称为"峰、量同频率放大"，简称"同频率放大"。

洪峰的放大倍比 K_Q 为

$$K_Q = \frac{Q_{mp}}{Q_{md}} \qquad (8-10)$$

最大 1 天洪量的放大倍比 K_1 为

$$K_1 = \frac{W_{1p}}{W_{1d}} \tag{8-11}$$

式中　W_{1p}——最大 1 天设计洪量；

　　　W_{1d}——典型洪水的最大 1 天洪量。

按式（8-11）放大后，可得到设计洪水过程中最大 1 天的部分。对于其他历时，如最大 3 天，如果在典型洪水过程线上，最大 3 天包括了最大 1 天，因为这一天的过程已放大成 W_{1p}。因此，只需要放大其余两天的洪量，使放大后的这两天洪量 W_{3-1} 与 W_{1p} 之和，恰好等于 W_{3p}，即

$$W_{3-1} = W_{3p} - W_{1p} \tag{8-12}$$

所以这一部分的放大倍比为

$$K_{3-1} = \frac{W_{3P} - W_{1P}}{W_{3d} - W_{1d}} \tag{8-13}$$

同理，在放大最大 7 天中，3 天以外的 4 天内的倍比为

$$K_{7-3} = \frac{W_{7P} - W_{3P}}{W_{7d} - W_{3d}} \tag{8-14}$$

依次可得其他历时的放大倍比，如

$$K_{15-7} = \frac{W_{15P} - W_{7P}}{W_{15d} - W_{7d}} \tag{8-15}$$

如果典型洪水过程线上长历时不包括短历时，如最大 3 天不包括最大 1 天（某些复峰洪水过程可能如此），则按类似式（8-11）分别计算各历时的放大倍比。

在典型洪水过程线放大中，由于在两种历时衔接的地方放大倍比 K 不一致，因而放大后在交界处产生不连续现象，使过程线呈锯齿形。此时需要修匀，使其成为光滑曲线，修匀时需要保持设计洪峰和各种历时的设计洪量不变。修匀后的过程线即为设计洪水过程线。

8.3.2.3　两种放大方法的比较

同倍比放大法计算简便，常用于峰量关系好及多峰型的河流。其中，"峰比"放大常用于防洪后果主要由洪峰控制的水工建筑物，"量比"放大则常用于防洪后果主要由时段洪量控制的水工建筑物。此外，同倍比放大后，设计洪水过程线保持典型洪水过程线的形状不变。

同频率放大法常用于峰量关系不够好、洪峰形状差别大的河流。这种方法适用于有调洪作用的水利工程，例如调洪作用大的水库等。此法较能适应多种防洪工程的特性，解决控制时段不易确定的困难。目前大、中型水库规划设计中，主要是采用此法。另外，成果较少受典型不同的影响，放大后洪水过程线与典型洪水过程线形状可能不一致。

【例 8-2】　某枢纽百年一遇设计洪峰和不同时段的设计洪量计算成果见表 8-7，试用同频率法推求设计洪水过程线。

经分析选定典型洪水过程线（1969 年 7 月 4～10 日），计算各时段洪量，推算各时段放大倍比 K，成果见表 8-7。逐时段进行放大，修匀后得到设计洪水过程线，计算过程见表 8-8。修匀后的设计洪水过程线如图 8-5 所示。

表 8-7　　　　　　　　同频率放大法倍比计算表

时段 （天）	设计洪水 W_{tp} （亿 m³）	典型洪水 （1969 年 7 月 4 日 0 时～10 日 24 时）		放大倍比 K
		起迄日期	洪量 W_{td} （亿 m³）	
1	1.20	5 日 0～24 时	1.01	1.19
3	1.97	5 日 0 时～7 日 24 时	1.47	1.67
7	2.55	4 日 0 时～10 日 24 时	2.03	1.04
洪峰流量 （m³/s）	$Q_{mp}=2790$	$Q_{md}=2180$		1.28

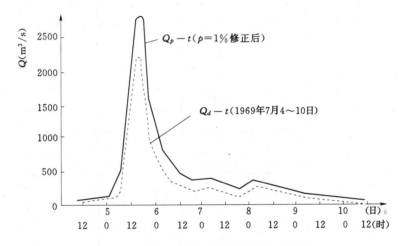

图 8-5　某工程百年一遇设计洪水过程线

表 8-8　　　　　　同频率法设计洪水过程线计算表 （$P=1\%$）

时序	典型洪水过程线				放大倍比 K	放大后流量 （m³/s）	修匀后设计洪水过程线 $Q_p(t)$ （m³/s）
	月	日	时	$Q_d(t)$ （m³/s）			
1	7	4	0	80	1.04	83.2	83.2
			12	70	1.04	72.8	72.8
2		5	0	120	1.04	125	
			0	120	1.19	143	134
			4	260	1.19	309	300
			12	1780	1.19	2120	2120
			14.5	2150	1.19	2560	2560
			15.5	2180	1.28	2790	2790

时序	典型洪水过程线				放大倍比 K	放大后流量 （m^3/s）	修匀后设计洪水过程线 $Q_p(t)$ （m^3/s）
	月	日	时	$Q_d(t)$ （m^3/s）			
			16.5	2080	1.19	2480	2480
			21.5	963	1.19	1150	1145
3	6	0	700	1.19	833	1000
		0	700	1.67	1170	
		3.5	484	1.67	808	730
		8	334	1.67	557	557
		11	278	1.67	464	464
		20	214	1.67	357	358
4	7	0	230	1.67	384	384
		5.5	256	1.67	428	427
		16	163	1.67	272	272
		19	159	1.67	266	265
		20	163	1.67	272	272
		0	270	1.67	450	360
5	8	0	270	1.04	281	
		0.7	281	1.04	292	360
		3.5	340	1.04	354	354
		11	249	1.04	259	259
6	9	0	140	1.04	146	146
		5.5	110	1.04	114	114
		13	99.3	1.04	103	103
7	10	0	83.0	1.04	86.3	86.3
		10	88.1	1.04	91.6	91.6
		24	62.0	1.04	64.5	64.5

8.4 设计洪水的地区组成

8.4.1 设计洪水地区组成概念

在研究流域开发方案，计算工程对下游的防洪作用，以及进行梯级水库或水库群联合调洪计算时，需要解决设计洪水的地区组成问题，即计算当下游设计断面处发生某标准的设计洪水时，上游各支流及其他水库地点，以及各区间所发生的洪水情况。

为了分析研究不同地区组成对防洪后果的影响，通常需要拟定若干个以不同地区来水为主的计算方案，并经调洪演算，从中选定可能发生而又能满足工程设计要求的设计洪水。

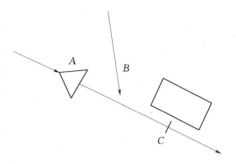

图 8-6 典型洪水地区组成图

图 8-6 是一个典型的洪水地区组成问题概化图，即上游是单个水库工程（A），下游有防洪目标（以 C 为代表断面），A 和 C 之间是无工程控制的区间 B。当 C 断面的防洪要求已确定时，如何进行水库 A 的防洪设计，以满足断面 C 的防洪要求；或者当水库 A 的调洪规则已确定时，考虑水库对下游 C 的防洪效果，这些都需要研究以 C 为设计断面，上游断面 A 及区间 B 两部分洪水组成的计算问题。对于由多级水库及防洪对象构成的防洪系统，其设计洪水组成问题的性质是类似的，只是组成单元增多，计算更为复杂。

8.4.2 洪水地区组成特性分析

为了解所研究地区洪水的组成特性，以及向设计条件外延时的变化情况，需要根据实测和调查的暴雨洪水资料，对设计流域内洪水来源和组成特点进行综合分析，这是拟定设计洪水地区组成方案的基础。

8.4.2.1 流域内暴雨地区分布特性的分析

分析暴雨中心位置及其变动情况、雨区的移动方向、在大暴雨情况下雨区范围的变化等，以便了解和分析流域内洪水的地区分布规律和各分区之间洪峰遭遇特性。例如，流域内暴雨中心经常稳定在某一分区，那么在研究洪水地区组成时，就应着重考虑该分区来水为主的组成方案。如当发生大暴雨或特大暴雨时，雨区将笼罩全流域，各分区暴雨的差异不大，那么在研究稀遇洪水的地区组成时，就应着重考虑各分区来水较均匀的方案。如果暴雨中心经常由上游向下游移动，而流域内的水库恰好位于上游，则水库断面洪峰与区间洪峰遭遇的可能性大；反之，则遭遇的可能性小。

8.4.2.2 不同量级洪水的地区组成及其变化特性分析

以设计断面各时段年最大流量及洪量的时间为准，从历年实测及调查洪水资料中，分年统计上游工程所在断面及区间的相应流量及洪量，计算各分区相应流量占设计断面洪峰及洪量的比例。从而可分析判断，随设计断面洪水的变化，各分区洪水组成比例的变化特性。

8.4.2.3 各分区洪水的峰量关系分析

点绘各分区峰、量相关图，分析峰、量关系的好坏及其变化情况。如峰量关系较好，且为线性关系，那么在研究洪水地区组成时，以各分区的洪量为控制放大各分区洪水过程线，与下游设计断面的设计洪水过程线相应性较好，由此计算的下游设计断面受水库调蓄影响后的设计洪水成果也较为可靠；反之，如某分区的峰量关系不好或峰量关系成非线性变化，那么各分区放大后的洪水过程线，与下游设计断面的设计洪水过程线的相应性就较差，此时应着重对峰量关系不好或非线性变化较大的分区洪水过程线进行调整，调整时应参照该分区峰量关系的变化幅度，并分析该分区洪峰加大或减小对下游设计断面设计洪水的影响。

8.4.2.4 各分区之间及与设计断面之间洪水遭遇特性分析

统计历年各分区之间及各分区与设计断面之间同次洪水的洪峰间隔时间，同洪峰间隔时间的洪次占总洪次的百分数，分析洪峰可能遭遇的程度。

以设计断面年最大洪量的起迄时间为准，分析各分区相应洪量起迄时间与该分区独立选样的年最大洪量起迄时间之间的差异，分析各分区相应洪水与年最大洪水是否属于同一场洪水。

8.4.3 设计洪水地区组成计算方法

现行设计洪水地区组成的计算常用典型年法和同频率组合法。

8.4.3.1 典型年法

从实测资料中选出若干个在设计条件下可能发生的，并且在地区组成上具有一定代表性（例如洪水主要来自上游、主要来自区间或在全流域均匀分布）的典型大洪水过程，按统一倍比对各断面及区间的洪水过程线进行放大，以确定设计洪水的地区组成。

放大的倍比一般采用下游控制断面某一控制时段的设计洪量，与该典型年同一历时洪量的比例。对于没有或很小削峰作用的工程，也可按洪峰的倍比放大。但要注意各断面及区间峰量关系不同所带来的问题（如上、下游水量不平衡等）。

本方法简单、直观，是工程设计中最常用的方法之一，尤其适合于地区组成比较复杂的情况。为了避免成果的不合理性，选择恰当的洪水典型是关键。洪水典型除应满足拟定设计洪水过程线时对典型选择的一般要求外，最好该典型中各断面的峰量数值比较接近于平均的峰量关系线（当不易满足时，可着重考虑对工程防洪设计影响较大的某一断面）。对中小流域，若经过分析发现当发生特大洪水时，洪水的地区组成有集中程度更高或有均化的趋势时，应尽可能选择与此相应的洪水典型。

在此法中，因全流域各地区洪水均采用同一个放大倍比，可能出现某些局部地区的洪水在放大后，其频率小于下游断面的设计洪水频率的情况。一般来说，特别是对于较大流域的稀遇设计洪水，这种情况是有可能发生的，但应检查该典型年是否确实反映了本流域特大洪水的地区组成特性。如果发生局部超标过多的情况，应对放大后成果作局部调控。若结果明显不合理，就不宜采用该典型年的组成，可另选其他典型年。

8.4.3.2 同频率组合法

本法的基本出发点是，按照工程情况指定某一局部地区的洪量与下游控制断面的洪量同为设计频率，其余洪量再根据水量平衡原则分配到流域的其他地区。

以图 8-6 所示的组成为例，断面 C 某一定控制时段的洪量为 W_C，上游水库 A 断面同一时段相应洪量为 W_A，区间相应洪量为 W_B，则 $W_B = W_C - W_A$（其起迄时间不一定完全相同，应考虑洪水传播时间的因素）。当下游断面 C 出现某一频率 P 的洪量 $W_{C,P}$ 时，上游及区间来水可以有多种可能组合。根据防洪要求，一般可考虑以下两种同频率组成情况：

（1）当下游断面发生设计频率 P 的洪量 $W_{C,P}$ 时，上游断面发生同频率洪量

$W_{A,P}$，而区间发生相应的洪量，即

$$W_B = W_{C,P} - W_{A,P} \tag{8-16}$$

（2）当下游断面发生设计频率 P 的洪量 $W_{C,P}$ 时，区间发生同频率洪量 $W_{B,P}$，而上游断面发生相应的洪量，则

$$W_A = W_{C,P} - W_{B,P} \tag{8-17}$$

上述两种同频率组成方案中，最后选用哪种组成作设计，要视分析的结果并结合工程性质和需要综合确定。

这两种组成只是有一定代表性的地区组成，是设计考虑的两种特殊情况，实际上它们既不是最可能出现的地区组成，也不一定是最恶劣的地区组成。此外，这两种组成出现的可能性也不一样。一般来说，当某部分地区的洪水与下游断面洪水的相关关系比较密切时，两者同频率组成的可能性比较大，反之若某部分地区的洪水与下游断面洪水的相关关系较差时，则不宜采用下游与该部分地区同频率地区组成的方式。若实测大洪水有某部分地区的洪水频率常显著小于下游断面洪水频率时，也不宜机械地采用同频率地区组成的方式。

8.5 汛期分期设计洪水与施工设计洪水 *

8.5.1 汛期分期设计洪水与施工设计洪水的概念

前面所讨论的设计洪水，都是以年最大洪水选样分析的，而不考虑它们在年内发生的具体时间或日期。如果洪水的大小和过程线形状在年内不同期有明显差异，那么从工程防洪运用的角度看，需要推求年内不同时期的设计洪水，例如主汛期或前汛期、后汛期等不同时期的设计洪水，为合理确定汛限水位、进行科学的防洪调度、缓解防洪与兴利的矛盾提供依据，这就是分期设计洪水问题。此外，在水利工程施工阶段，常需要推求施工期间的设计洪水，作为围堰、导流、泄洪等临时性工程的设计，以及制订施工进度计划的依据，这即是施工设计洪水问题。当施工设计洪水的分期与分期设计洪水的分期是一样时，上述两种设计洪水也即是一样的。

8.5.2 分期及选样
8.5.2.1 分期的原则

洪水分期的划分原则，既要考虑工程设计中不同季节对防洪安全和分期蓄水的要求，又要使分期基本符合暴雨和洪水的季节性变化及成因特点。为了便于分析，可根据本流域的资料，将历年各次洪水以洪峰发生日期或某一历时最大洪量的中间日期为横坐标，以相应洪水的峰量数值为纵坐标，点绘洪水年内分布图，并描绘平顺的外包线（图 8-7）。并结合气象分析中的降雨和暴雨特征、环流形势的演变趋势，进行对照分析，再具体划定洪水分期界限。分期后，同一分期内的暴雨洪水成因应基本相同，不同分期的洪水在量级或出现频率上应有差别。

对于施工设计洪水，具体时段的划分主要取决于工程设计的要求，但也要顾及水文现象的季节性，为选择合理的施工时段，安排施工进度等，常需要分出枯水期、平水期、洪水期的设计洪水或分月的设计洪水，有时甚至还要求把时段划分得更短。分

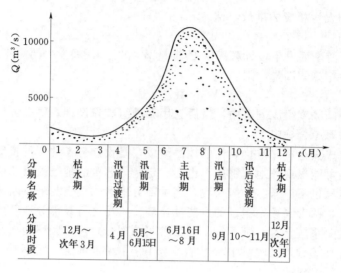

图 8 - 7   洪水分期示意图

期越短，相邻期的洪水在成因上没有显著差异，而同一期的洪水由于年际变差加大，频率计算的抽样误差也将更大。因此，一般分期不宜短于一个月。

8.5.2.2   选样

分期洪水的选样，一般是在规定时段内按年最大值法选择。由于洪水出现的偶然性，各年分期洪水的最大值不一定正好在所定的分期内，可能往前或往后错开几天。因此，在选样时有跨期或不跨期两种方法。

一次洪水过程位于两个分期时，视其洪峰或时段洪量的主要部分位于何期，就作为该期的样本，而对另一分期，就不作重复选样，这即是不跨期选样原则。跨期选样是考虑到邻期中靠近本期一定时段内的洪峰或洪量也可能在本期发生，所以选样时适当跨期，将其选做本期的样本系列。但跨期幅度一般不宜超过 5～10 日。历史洪水应按其发生日期，加入所属分期。

8.5.3   分期洪水频率分析计算

分期洪水频率分析计算方法和步骤，本质上与年最大洪水的频率分析是一样的。在实际计算时，应注意如下方面：

（1）在考虑历史洪水时，其重现期应遵循分期洪水系列的原则，在分期内考证。分期考证的历史洪水重现期应不短于其在年最大洪序列中的重现期。

（2）大型水利枢纽由于工程量巨大，施工期可延续几年之久，一般采取分期围堰的施工方式，即先在临时性围堰内施工，然后合龙闭气，使坝体逐渐上升。在此阶段为避免基坑遭受洪水淹没，设计洪水应当以洪峰为主要控制对象，并须对全年及分季（或分月）推求。大坝合龙初期，坝上游已有一小部分库容，可根据洪水特性来控制，同时适当考虑洪峰及短期（例如1～3天）的洪量。合龙后坝体上升阶段，坝上游已有一定的调蓄洪水能力并有永久性底孔泄洪，此时，设计洪水应以设计洪水总量为控制，考虑泄水孔的泄洪能力，用设计洪水过程线进行调洪演算，以推求库水位上升过程，为坝体施工的上升进度提供依据。

中小型水利枢纽施工一般在一两年内即可截流，只需推求全年及分季分月的设计洪峰，可以不考虑洪量。

（3）将各分期洪水的峰量频率曲线与全年最大洪水的峰量频率曲线，点画在同一张几率格纸上，检查其相互关系是否合理。如果在设计频率范围内发生交叉现象，应根据资料情况和洪水的季节性变化规律予以调整。一般来说，由于全年最大洪水在资料系列的代表性、历史洪水的调查考证等，均较分期洪水研究更充分一些，其成果相对较可靠。因此，调整的原则，应以分期历时较长的洪水频率曲线为准，如以年控制季，季控制所属月为宜。当各分期洪水相互独立时，其频率曲线和全年最大洪水的频率曲线之间存在一定的频率组合关系，可作为合理性检查的参考。

习　　题

[8-1]　某河水文站有实测洪峰流量资料共 30 年（表 8-9），根据历史调查得知 1880 年和 1925 年曾发生过特大洪水，推算得洪峰流量分别为 2520m³/s 和 2100m³/s。试用矩法初选参数进行配线，推求该水文站 200 年一遇的洪峰流量。

表 8-9　　　　　　　　　　　某河水文站实测洪峰流量表

年份	流量 Q （m³/s）	年份	流量 Q （m³/s）	年份	流量 Q （m³/s）	年份	流量 Q （m³/s）
1880	2520	1958	590	1966	200	1974	262
1925	2100	1959	650	1967	670	1975	220
1952	920	1960	240	1968	386	1976	322
1953	880	1961	510	1969	368	1977	462
1954	784	1962	960	1970	300	1978	186
1955	160	1963	1400	1971	638	1979	440
1956	470	1964	890	1972	480	1980	340
1957	1210	1965	790	1973	520	1981	288

[8-2]　某水库设计标准 $P=1\%$ 的洪峰和 1 天、3 天、7 天洪量，以及典型洪水过程线的洪峰和 1 天、3 天、7 天洪量列于表 8-10，典型洪水过程列于表 8-11，试用同频率放大法推求 $P=1\%$ 的设计洪水过程线。

表 8-10　　　　　　　　　某水库洪峰、洪量统计表

项　　目	洪峰 （m³/s）	洪量 [m³/(s·h)]		
		1 天	3 天	7 天
设计值（$P=1\%$）	3530	42600	72400	117600
典型值	1620	20290	31250	57620
起迄日期	21 日 9：40	21 日 8：00～ 22 日 8：00	19 日 21：00～ 22 日 21：00	16 日 7：00～ 23 日 7：00

表 8 - 11 典 型 洪 水 过 程

时 间	流量（m³/s）	时 间	流量（m³/s）
16 日 7：00	200	21：00	180
13：00	383	22：00	250
14：30	370	24：00	337
18：00	260	20 日 8：00	331
20：00	205	17：00	200
17 日 6：00	480	23：00	142
8：00	765	21 日 5：00	125
9：00	810	8：00	420
10：00	801	9：00	1380
12：00	727	9：40	1620
20：00	334	10：00	1590
18 日 8：00	197	24：00	473
11：00	173	22 日 4：00	444
14：00	144	8：00	334
20：00	127	12：00	328
19 日 2：00	123	18：00	276
14：00	111	21：00	250
17：00	127	24：00	236
19：00	171	23 日 2：00	215
20：00	171	7：00	190

第9章

由暴雨资料推求设计洪水

9.1 概 述

我国大部分地区的洪水主要由暴雨形成。在实际工作中，中小流域常因流量资料不足无法直接用流量资料推求设计洪水，而暴雨资料一般较多，因此可用暴雨资料推求设计洪水，特别是：

(1) 在中小流域上兴建水利工程，经常遇到流量资料不足或代表性差的情况，难于使用相关法来插补延长，因此，需用暴雨资料推求设计洪水。无资料地区小流域的设计洪水，一般都是根据暴雨资料推求的。

(2) 由于人类活动的影响，使径流形成的条件发生显著的改变，破坏了洪水资料系列的一致性。因此，可以通过暴雨资料，用人类活动后新的径流形成条件推求设计洪水。

(3) 为了论证设计成果的合理性，在某些情况下即使流量资料充足，也要用暴雨资料推求设计洪水。

(4) 可能最大洪水一般是用暴雨资料推求的。

由暴雨资料推求设计洪水的主要内容如下：

(1) 推求设计暴雨。根据实测暴雨资料，用统计分析和典型放大法求得。

(2) 推求设计洪水过程线。由求得的设计暴雨，利用产流方案推求设计净雨过程，利用流域汇流方案由设计净雨过程求得设计洪水过程。

由暴雨资料推求设计洪水，其基本假定是设计暴雨与设计洪水是同频率的。但这一假定在当前情况下是可以接受的。

本章将着重介绍由暴雨资料推求设计洪水的方法以及小流域设计洪水计算的一些特殊方法。对于可能最大暴雨和可能最大洪水只作简要介绍，详细可参看相关文献资料。

9.2 设计面暴雨量计算

设计面暴雨量一般有两种计算方法：当设计流域雨量站较多、分布较均匀、各站又有长期的同期资料、能求出比较可靠的流域平均雨量（面雨量）时，就可直接选取每年指定统计时段的最大面暴雨量，进行频率计算求得设计面暴雨量。这种方法常称为设计面暴雨量计算的直接法。另一种方法是当设计流域内雨量站稀少，或观测系列甚短，或同期观测资料很少甚至没有，无法直接求得设计面暴雨量时，只好先求流域中心附近代表站的设计点暴雨量，然后通过暴雨点面关系，求相应设计面暴雨量，本法被称为设计面暴雨量计算的间接法。

9.2.1   直接法推求设计面暴雨量

9.2.1.1   暴雨资料的收集、审查与统计选样

1. 暴雨资料收集

暴雨资料的主要来源是国家水文、气象部门所刊印的雨量站网观测资料，但也要注意收集有关部门专用雨量站的观测资料。强度特大的暴雨中心点雨量，往往不易通过雨量站观测到，因此必须结合调查收集暴雨中心范围和历史上特大暴雨资料，了解当时雨情，尽可能估计出调查地点的暴雨量。

2. 暴雨资料审查

我国暴雨资料按其观测方法及观测次数的不同，分为日雨量资料、自记雨量资料和分段雨量资料三种。日雨量资料一般是指当日 8：00 到次日 8：00 所记录的雨量资料（注意：气象部门是 0：00 到次日 0：00）。自记雨量资料是以 min 为单位记录的雨量过程资料。分段雨量资料一般以 1h、3h、6h、12h 等不同的时间间隔记录的雨量资料。

暴雨资料应进行可靠性审查，重点审查特大或特小雨量观测记录是否真实，有无错记或漏测情况，必要时可结合实际调查，予以纠正，检查自记雨量资料有无仪器故障的影响，并与相应定时段雨量观测记录比较，尽可能审定其准确性。

暴雨资料的代表性分析，可通过与邻近地区长系列雨量或其他水文资料，以及本流域或邻近流域实际大洪水资料进行对比分析，注意所选用暴雨资料系列是否有出现异常的情况。

暴雨资料一致性审查，可通过统计与成因两方面进行，但成因分析实际上有困难。对于求分期设计暴雨时，要注意暴雨资料的一致性，不同类型暴雨特性是不一样的，如我国南方地区的梅雨与台风雨，宜分别考虑。

3. 统计选样

在收集流域内和附近雨量站的资料并进行分析审查的基础上，先根据当地雨量站的分布情况，选定推求流域平均（面）雨量的计算方法（如算术平均法、泰森多边形法或等雨量线图法等），计算每年各次大暴雨的逐日面雨量。然后选定不同的统计时段，按独立选样的原则，统计逐年不同时段的年最大面雨量。

对于大、中流域的暴雨统计时段，我国一般取 1 日、3 日、7 日、15 日、30 日，其中 1 日、3 日、7 日暴雨是一次暴雨的核心部分，是直接形成所求的设计洪水部分；而统计更长时段的雨量则是为了分析暴雨核心部分起始时刻流域的蓄水状况。某流域有 3 个雨量站，分布均匀，可按算术平均法计算面雨量。选择结果为：最大 1 日面雨量 $x_{1日}=129.9$mm（7 月 4 日），最大 3 日面雨量 $x_{3日}=166.5$mm（8 月 22～24 日），

最大 7 日面雨量 $x_{7日}$＝234.0mm（7 月 1～7 日），1 日、3 日、7 日的最大面雨量选自两场暴雨。详见表9-1。

表 9-1　　　　最大 1 日、3 日、7 日面雨量统计（1986 年）　　　　单位：mm

时间	点　雨　量			面平均雨量	最大 1 日、3 日、7 日面雨量及起讫日期
	A 站	B 站	C 站		
6 月 30 日	5.3		0.2	1.8	
7 月 1 日	50.4	26.9	25.3	34.2	
7 月 2 日					
7 月 3 日	11.5	10.8	14.7	12.3	
7 月 4 日	134.8	125.9	124.0	129.9	
7 月 5 日	32.5	21.4	10.0	21.3	
7 月 6 日	5.6	10.5	4.7	6.9	
7 月 7 日	35.5	25.2	27.6	29.4	7 月 4 日为年最大 1 日，$x_{1日}$＝129.9mm；
7 月 8 日	3.7	7.1	1.4	4.1	8 月 22～24 日为年最大 3 日，$x_{3日}$＝166.5mm；
7 月 9 日	11.1	5.8	9.7	8.9	7 月 1～7 日为年最大 7 日，$x_{7日}$＝234.0mm
⋮　⋮	⋮	⋮	⋮	⋮	
8 月 18 日	6.6	0.2	6.9	4.6	
8 月 19 日	22.7	2.4	5.4	10.2	
8 月 20 日					
8 月 21 日					
8 月 22 日	42.6	51.7	54.8	49.7	
8 月 23 日	60.1	68.6	53.5	60.7	
8 月 24 日	81.8	54.1	32.3	56.1	
8 月 25 日	2.3	1.0	0.1	1.1	

9.2.1.2　面雨量资料的插补展延

在统计各年的面雨量资料时，经常遇到这样的情况：设计流域内早期（如 20 世纪 50 年代以前及 50 年代初期）雨量站点稀少，近期雨量站点多、密度大，如图9-1所示。一般来说，以多站雨量资料求得的流域平均雨量，其精度较以少站雨量资料求得的为高。为提高面雨量资料的精度，需设法插补展延较短系列的多站面雨量资料。一般可利用近期多站平均雨量 $x_多$ 与同期少站平均雨量 $x_少$ 建立关系。若相关关系好，可利用相关线展延多站平均雨量作为流域面雨量。为了解决同期观测资料较短、相关点据较少的问题，在建立相关关系时，可利用一年多次法选样，以增添一些相关点据，更好地确定相关线。

9.2.1.3　特大值的处理

实践证明，暴雨资料系列的代表性与系列中是否包含有特大暴雨有直接关系。一般的暴雨变幅不很大，若系列中不包含特大暴雨，统计参数 $\bar{x}$、C_v 往往会偏小。若在

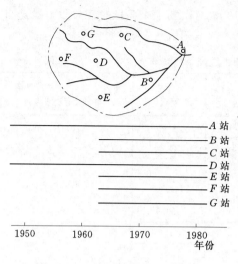

图 9-1   雨量站位置和观测年限

短期资料系列中，一旦加入一次罕见的特大暴雨，就可以使原频率计算成果完全改观。例如，福建长汀县四都站，根据 1972 年以前的最大 1 日雨量系列计算，其均值 $\overline{x}_{1日} = 102mm$，$C_v = 0.35$；$C_s = 3.5C_v$（频率曲线如图 9-2 中 1 线所示），据此计算求得万年一遇最大 1 日雨量为 332mm。而四都站，1973 年出现一次特大暴雨，实测最大 1 日雨量达 332mm，恰好相当于万年一遇的数值，在四都站年最大 1 日雨量的经验频率分布图上，1973 年的暴雨量点据高悬于其他点据之上（特大值未作处理，适线后得出图 9-2 中 3 线），C_v 值高达 1.10，与周围各站的 C_v 相差悬殊。这些均说明，原参数值偏小，而 1973 年暴雨参加计算后，参数值又明显偏高，由此可见，特大值对统计参数 $\overline{x}$、C_v 值影响很大，如果能够利用其他资料信息，正确估计出特大值的重现期，无疑会提高系列代表性。

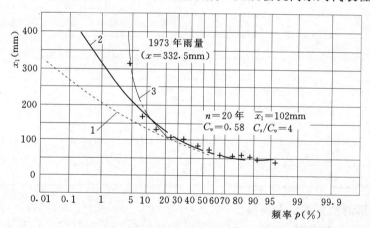

图 9-2   福建四都站最大 1 日雨量频率曲线

1—由 1973 年以前资料得出的频率曲线；2—把 1973 年暴雨作特大值处理后得出
的频率曲线；3—1973 年暴雨不作特大值处理得出的频率曲线

判断大暴雨资料是否属特大值，一般可从经验频率点据偏离频率曲线的程度、模比系数 K_p 的大小、暴雨量级在地区上是否很突出，以及论证暴雨的重现期等方面进行分析判断。近 50 年来，我国各地区出现过的特大暴雨，如河北省的"63·8"暴雨、河南省的"75·8"暴雨、内蒙古的"77·8"暴雨等均可作特大值处理。此外，国内外暴雨量历史最大值记录，也可供判断参考。

若本流域没有特大暴雨资料，则可进行暴雨调查，或移用邻近流域已发生过的特大暴雨资料。移用时要进行暴雨、天气资料的分析，当表明形成暴雨的气象因素基本一致，且地形的影响又不足以改变天气系统的性质时，才能把邻近流域的特大暴雨移用到设计流域，并在数量上加以修正，修正方法详见相关文献。

特大值处理的关键是确定重现期。由于历史暴雨无法直接考证，特大暴雨的重现期只能通过小河洪水调查并结合当地历史文献中有关灾情资料的记载来分析估计。一般认为，当流域面积较小时，流域平均雨量的重现期与相应洪水的重现期相近。例如，四都站 1973 年特大暴雨的重现期，通过洪水调查（流域面积 $F=166\text{km}^2$），了解到 1915 年洪水（乙卯年）是 120 多年来最大的，1973 年的洪水是 120 多年来的第二大洪水。据此估算，1973 年暴雨的重现期约在 60～70 年，经处理后重新适线，求得 $C_v=0.58$（图 9-2 中 2 线）。计算成果与邻近地区具有长期观测资料系列的测站比较尚协调一致。

必须指出，对特大暴雨的重现期必须作深入细致的分析论证，若没有充分的依据，就不宜作特大值处理。若误将一般大暴雨作为特大值处理，会使频率计算成果偏低，影响工程安全。

9.2.1.4 面雨量频率计算

面雨量统计参数的估计，我国一般采用适线法。我国水利水电工程设计洪水规范规定，其经验频率公式采用期望值公式，线型采用 P—Ⅲ型。根据我国暴雨特性及实践经验，我国暴雨的 C_s 与 C_v 的比值，一般地区为 3.5 左右；在 $C_v>0.6$ 的地区，约为 3.0；$C_v<0.45$ 的地区，约为 4.0。以上比值，可供适线时参考。

在频率计算时，最好将不同历时的暴雨量频率曲线点绘在同一张几率格纸上，并注明相应的统计参数，加以比较。各种频率的面雨量都必须随统计时段增大而加大，如发现不同历时频率曲线有交叉等不合理现象时，应作适当修正。

9.2.1.5 设计面暴雨量计算成果的合理性检查

以上计算成果可从下列各方面进行检查，分析比较其是否合理，而后确定设计面暴雨量。

（1）对各种历时的点面暴雨量统计参数，如均值、C_v 值等进行分析比较（点暴雨量计算将在下面"间接法推求设计面暴雨量"作介绍），而面暴雨量的这些统计参数应随面积增大而逐渐减小。

（2）将直接法计算的面暴雨量与下面将介绍的间接法计算的结果进行比较。

（3）将邻近地区已出现的特大暴雨的历时、面积、雨深资料与设计面暴雨量进行比较。

9.2.2 间接法推求设计面暴雨量
9.2.2.1 设计点暴雨量的计算

推求设计点暴雨量，此点最好在流域的形心处，如果流域形心处或附近有一观测资料系列较长的雨量站，则可利用该站的资料进行频率计算，推求设计点暴雨量。实际上，往往长系列的站不在流域中心或其附近，这时，可先求出流域内各测站的设计点暴雨量，然后绘制设计暴雨量等值线图，用地理插值法推求流域中心点的设计暴雨量。

进行点暴雨系列的统计时，一般亦采用定时段年最大法选样。暴雨时段长的选取与面暴雨量情况一样。如样本系列中缺少大暴雨资料，则系列的代表性不足，频率计算成果的稳定性差，应尽可能延长系列，可将气象一致区内的暴雨移置于设计地点，同时要估计特大暴雨的重现期，以便合理计算其经验频率，特大值处理方法同前。点设计暴雨频率计算及合理性检查的原则亦同面设计暴雨量。

由于暴雨的局地性，点暴雨资料一般不宜采用相关法插补。我国水利水电工程设计洪水规范建议采用以下方法插补展延：

（1）距离较近时，可直接借用邻站某些年份的资料。

（2）一般年份，当相邻地区测站雨量相差不大时，可采用邻近各站的平均值插补。

（3）大水年份，当邻近地区测站较多时，可绘制次暴雨或年最大值等值线图进行插补。

（4）大水年份缺测，用其他方法插补较困难，而邻近地区已出现特大暴雨，且从气象条件分析有可能发生在本地区时，可移用该特大暴雨资料。移用时应注意相邻地区气候、地形等条件的差别，作必要的移置订正，如用均值比修正。

（5）如与洪水的峰量关系较好，可建立暴雨和洪水峰量的相关关系，插补大水年份缺测的暴雨资料。并根据有关点据的分布情况，估计其可能包含的误差范围。

绘制设计暴雨等值线时，应考虑暴雨特性与地形的关系。进行插值推求流域中心设计暴雨时，亦应尽可能考虑地区暴雨特性，在直线内插的基础上可以适当调整。

在暴雨资料十分缺乏的地区，可利用各地区的水文手册中的各时段年最大暴雨量的均值及 C_v 等值线图，以查找流域中心处的均值及 C_v 值，然后取 C_s/C_v 的固定倍比，确定 C_s 值，即可由此统计参数对应的频率曲线推求设计暴雨值。

9.2.2.2 设计面暴雨量的计算

流域中心设计点暴雨量求得后，要用点面关系折算成设计面暴雨量。暴雨的点面关系在设计计算中，又有以下两种区别和用法：定点定面关系和动点动面关系。

1.定点定面关系

如流域中心或附近有长系列资料的雨量站，流域内有一定数量且分布比较均匀的其他雨量站资料时，可以用长系列站作为固定点，以设计流域作为固定面，根据同期观测资料，建立各种时段暴雨的点面关系。也就是，对于一次暴雨某种时段的固定点暴雨量，有一个相应的固定面暴雨量，则在定点定面条件下的点面折减系数 α_0 为

$$\alpha_0 = x_F / x_0$$

式中 x_F、x_0——某种时段固定面及固定点的暴雨量。

有了若干次某时段暴雨量，则可有若干个 α_0 值。对于不同时段的暴雨量，则又有不同的 α_0 值。于是，可按设计时段选几次大暴雨 α_0 值，加以平均，作为设计计算用的点面折减系数。将前面所求得的各时段设计点暴雨量，乘以相应的点面折减系数，就可得出各种时段设计面暴雨量。

应该指出，在设计计算情况下，理应用设计频率的 α_0 值，但由于暴雨量资料不多，作 α_0 的频率分析有困难，因而近似地用大暴雨的 α_0 平均值，这样算出的设计面暴雨量与实际要求是有一定出入的。如果邻近地区有较长系列的资料则可用邻近地区固定点和固定流域的或地区综合的同频率点面折减系数。但应注意，流域面积、地形条件、暴雨特性等要基本接近，否则不宜采用。

2. 动点动面关系

在缺乏暴雨资料的流域上求设计面暴雨量时，可以暴雨中心点面关系代替定点定面关系，即以流域中心设计点暴雨量及地区综合的暴雨中心点面关系去求设计面暴雨量。这种暴雨中心点面关系（图 9-3）是按照各次暴雨的中心与暴雨分布等值线图求得的，各次暴雨中心的位置和暴雨分布不尽相同，所以说是动点动面关系。

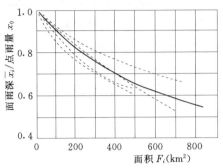

图 9-3 某地区 3 天暴雨点面关系图
---各次实测暴雨；——地区平均暴雨

显然，这个方法包含了 3 个假定：①设计暴雨中心与流域中心重合；②设计暴雨的点面关系符合平均的点面关系；③假定流域的边界与某条等雨量线重合。这些假定，在理论上是缺乏足够根据的，使用时，应分析几个与设计流域面积相近的流域或地区的定点定面关系作验证，如差异较大，应作一定修正。

必须指出：在间接法推求面暴雨量时，应优先使用定点定面关系，同时由于大中流域点面雨量关系一般都很微弱，所以通过点面关系间接推求设计面暴雨的偶然误差较大。在有条件的地区应尽可能采用直接法。

9.3 设计暴雨时空分配计算

9.3.1 设计暴雨时程分配计算

设计暴雨时程分配计算方法与设计年径流的年内分配计算和设计洪水过程线的计算方法相同。一般用典型暴雨同频率控制缩放。

9.3.1.1 典型暴雨的选择和概化

典型暴雨过程应在暴雨特性一致的气候区内选择有代表性的面雨量过程，若资料不足也可由点暴雨量过程来代替。所谓有代表性是指典型暴雨特征能够反映设计地区情况，符合设计要求，如该类型出现次数较多，分配形式接近多年平均和常遇情况，雨量大，强度也大，且对工程安全较不利的暴雨过程。所谓较不利的过程通常指暴雨核心部分出现在后期，形成洪水的洪峰出现较迟，对安全影响较大的暴雨过程。在缺乏资料时，可以引用各省（自治区、直辖市）水文手册中按地区综合概化的典型雨型（一般以百分数表示）。

9.3.1.2 缩放典型过程，计算设计暴雨的时程分配

选定了典型暴雨过程后，就可用同频率设计暴雨量控制方法，对典型暴雨分段进行缩放。不同时段控制放大时，控制时段划分不宜过细，一般以 1 日、3 日、7 日控制。对暴雨核心部分 24h 暴雨的时程分配，时段划分视流域大小及汇流计算所用的时段而定，一般取 1h、2h、3h、6h、12h、24h 控制。

9.3.1.3 算例

【例 9-1】 某流域百年一遇各种时段设计暴雨量如表 9-2 所示。

表 9 - 2　　　　　　　　　　　　各 时 段 设 计 暴 雨 量

时段（日）	1	3	7
设计面雨量 x_{tp} （mm）	303	394	485

选定的典型暴雨日程分配和设计暴雨日程分配计算见表 9 - 3。最大 24h 设计及典型暴雨的时程分配见表 9 - 4。

表 9 - 3　　　　　　　　　　暴雨日程分配（同频率法）

日程 / 雨量及分配比		1	2	3	4	5	6	7
x_{1p} 303mm	典型分配比（%）						100	
	设计雨量（mm）						303	
$x_{3p} - x_{1p}$ 91mm	典型分配比（%）					40		60
	设计雨量（mm）					36		55
$x_{3p} - x_{1p}$ 91mm	典型分配比（%）	30	33	37	0			
	设计雨量（mm）	27	30	34	0			
设计暴雨过程（mm）		27	30	34	0	36	303	55

表 9 - 4　　　　　　　面设计暴雨最大 1 日的时程分配（同倍比法）

项　目	设计暴雨的时段（2h）雨量过程												24h
时段序号	1	2	3	4	5	6	7	8	9	10	11	12	全日雨量
典型分配（%）	2.9	3.4	3.9	5.2	10.5	44.1	8.7	6.1	5.0	4.0	3.3	2.9	100
设计暴雨（mm）	8.8	10.3	11.7	15.8	31.8	133.6	26.4	18.5	15.2	12.1	10.0	8.8	303

9.3.2　设计暴雨的地区分布

梯级水库或水库承担下游防洪任务时，需要推求流域上各部分的洪水过程，因此需给出设计暴雨量在面上的分布。其计算方法与设计洪水的地区组成计算方法相似。

如图 9 - 4 所示，在推求防洪断面 B 以上流域的设计暴雨量时，必须分成两部分：一部分来自防洪水库 A 以上流域的暴雨，另一部分来自水库 A 以下至防洪断面 B 这一区间面积上的暴雨。在实际工作中，一般先对已有实测大暴雨资料的地区组成进行分析，了解暴雨中心经常出现的位置，统计 A 库以上和区间暴雨所占的比重等。作为选定设计暴雨面分布的依据，再从工程规划设计的安全与经济考虑，选定一种可能出现而且偏于不利的暴雨面分布形式，进行设计暴雨的模拟放大。常采用的有以下两种方法：典型暴雨图法和同频率控制法。

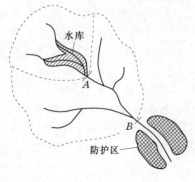

图 9 - 4　防洪水库与防护区

9.3.2.1　典型暴雨图法

从实际资料中选择暴雨量大的一个暴雨图形（等雨量线图）移置于流域上。为安全计，常把暴雨中心置放在 AB 区间，而不是置放在流域中心。这样可使区间暴雨所占比例最大，对防洪断面 B 更为不利。然后量取防洪断面 B 以上流域范围内的典型暴雨等雨量线图，分别求出水库 A 以上流域的典型面雨量 x_A 和区间 AB 的典型面雨量 x_{AB}，乘以各自的面积，得水库 A 以上流域的总水量（$W_A = x_A F_A$）和区间 AB 的总水量（$W_{AB} = x_{AB} F_{AB}$），并求得它们所占的相对比例。设计暴雨总量（$W_{Bp} = x_{Bp} F_B$）按它们各自所占的比例分配，即得设计暴雨量在水库 A 以上和区间 AB 上的面分布。最后通过设计暴雨时程分配计算，得出两部分设计暴雨过程。

9.3.2.2　同频率控制法

对防洪断面 B 以上流域的面雨量和区间 AB 面积上的面雨量分别进行频率计算，求得各自的设计面雨量 x_{Bp}、x_{ABp}。按同频率原则考虑，采取防洪断面 B 以上流域发生指定频率 p 的设计面暴雨量时，区间 AB 面积上也发生同频率暴雨，水库以上流域则为相应雨量（其频率不定），即

$$x_A = \frac{x_{Bp} F_B - x_{ABp} F_{AB}}{F_A}$$

9.4　可 能 最 大 降 水 计 算[*]

可能最大降水（Probable Maximum Precipitation，简称 PMP）含有降水上限的意义。水汽是降水的原料，还得有天气系统使水汽上升冷却凝结致雨。根据气象原理，一个地区空气中的水汽含量及上升运动的强度是有限的，同时维持水汽输送的天气系统的生命也是有限的，因而一定历时的降水量也应有其上限。对于 PMP，我国习惯称为可能最大暴雨。

求得可能最大降水及其分布，然后合理地考虑流域的下垫面情况，进行产汇流分析计算，就能求得可能最大洪水（Probable Maximum Flood，简称 PMF）提供工程设计之用。此处可能最大洪水是指合理地考虑水文与气象条件的最严重遭遇而发生的洪水。合理一词，强调的是其恰当与可能，而不是一味求其量大。

《水利水电工程设计洪水计算规范》（SL 44—2006）对所提出的计算方法进行了更详细的说明，使 PMP 和 PMF 的研究得到更大的推广和发展。我国《水利水电工程等级及标准》（SL 252—2000）中规定："对于一级大型土石坝，应以可能最大洪水（PMF）或重现期 10000 年标准作为校核洪水。"又如核电站，其防洪措施需要特别安全，自然必须以可能最大洪水作为防洪设计标准。我国各设计单位先后对国内多座水利水电工程以及核电工程进行了 PMP/PMF 的估算，使 PMP/PMF 这门学科在中国得到进一步的发展。

9.4.1　基本气象要素

下面介绍一些与 PMP 估算有关的气象学和天气知识。

9.4.1.1   气压 P

静止大气中某一高度上的气压值，等于其单位面积上所承受的大气柱的重量，单位以百帕（hPa）或毫米水银柱高（mmHg）表示。

$$1\text{hPa}=10^3\,\text{dyn/cm}^2=\frac{3}{4}\text{mmHg}$$

$$1\text{mmHg}=\frac{4}{3}\text{hPa}$$

9.4.1.2   露点 t_d

保持气压及水汽含量不变，降温使水汽刚达到饱和时的温度称为露点温度，简称露点。在气压一定时，露点的高低只与空气中水汽含量有关，水汽含量越多，露点越高，所以露点是反映水汽含量的物理量。由于空气常处于不饱和状态，所以露点常比实际空气温度低，只有当空气达到饱和时两者才相等。气温等于露点 t_d 时的饱和水汽压 e_s，就是当时实际大气的水汽压 e，即

$$e=6.11\times10^{\frac{7.45t_d}{235+t_d}}(\text{hPa})$$

比湿 q 是气压 P 与露点 t_d 的函数，即 $q=q(P,t_{d,p})$，$t_{d,p}$ 表示 P 气压层的露点。可以证明，水汽压 e（大气中的水汽所产生的压力）、比湿 q（一团湿空气中，水汽质量与该团空气总质量之比）、露点 t_d 三者之间的关系为

$$q=622\,\frac{e}{P}=\frac{3800}{P}\times10^{\frac{7.45t_d}{235+t_d}}(\text{g/kg})$$

式中 P——大气压力，hPa。

【例 9-2】   已知在 850hPa 的大气层中，露点温度 $t_d=20℃$，则该大气层的比湿 q 为

$$q=\frac{3800}{850}\times10^{\frac{7.45\times20}{235+20}}=17.2(\text{g/kg})$$

9.4.1.3   气温的绝热变化

如果一个封闭的系统在变化过程中不与外界发生热量交换，这种变化过程称为绝热过程。空气在和外界没有热量交换的情况下体积膨胀或压缩称为空气的绝热变化。

根据计算，干空气绝热上升或下降 100m 时，其温度降低或增高约 1℃，这称为干空气绝热直减率，用 r_d 表示，$r_d=1℃/100\text{m}$。此处 r_d 为一定值，可用二维坐标的绝热线图表示，如图 9-5 所示。干空气或未饱和湿空气做垂直运动时的温度变化是遵循干绝热线——r_d 线。

饱和空气绝热直减率用 r_m 表示，显然 r_m 略小于 r_d 而且不是常数。当饱和空气绝热上升时，最初有较多的水汽凝结，释放的潜热较多，此时 r_m 比 r_d 小得多，此后水汽凝结越来越少，放出的潜热也越少，r_m 就渐渐接近 r_d（此时 r_m 线的切线平行于 r_d 线）。湿绝热线——r_m 线，如图 9-5 所示。

由于气象上海拔的观测往往是以气压读数来表示的，而高度的线性变化对应于气压的对数变化，所以实用上绝热线图的纵坐标一般都以气压对数 $\ln P$ 来表示，称为温度对数压力图，如图 9-6 所示。

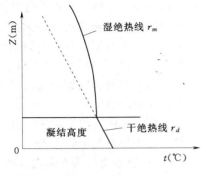

图 9-5 绝热线图

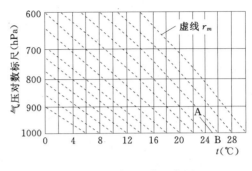

图 9-6 温度对数压力图

水汽凝结后，若凝结的水滴、冰晶留在气块中，随气块作垂直运动，称之为湿绝热过程（可逆过程）。若凝结物有一部分或全部作为降水脱离气块降落到地面，称之为饱和假绝热过程（不可逆过程）。

饱和假绝热过程这个概念对于 PMP 估算是很重要的。在可能最大暴雨计算中，往往假定大暴雨期间自地面至高空各层空气全部呈饱和状态，即各层的温度 t 均等于该层的露点 t_d，不论气团呈湿绝热过程或是饱和假绝热过程，露点 t_d 的垂直分布将遵循湿绝热线 r_m 线。也就是说，只要知道地面（$P_0 = 1000\text{hPa}$）的露点值，就可求出不同气压层的露点值。

9.4.1.4 可降水量 W

可降水量是 PMP 计算中一种常用的湿度单位，它是大气中水汽含量的一种特殊表达方式。所谓可降水量是指截面为单位面积的空气柱中，自气压为 P_0 的地面至气压为 P（一般取 $P = 300 \sim 200\text{hpa}$）的高空等压面间的总水汽量全部凝结后，所相当的水量，用 g/cm^2 表示。由于水的密度 $\rho_{\text{水}} = 1\text{g/cm}^3$，所以习惯上可降水量 W 用 mm 表示。它的含义是：如果气柱内的水汽全部凝结降落，那么在地面上所形成的水层有多深。

换言之，只要知道地面露点 t_{d,p_0} 的数值，就可用数值积分的方法求出地面至某一层面的可降水量。按照这个道理，可以制成可降水量 $W_{p_0}^p (t_{d,p_0})$ 查算表，通常是制成以海平面 $Z_0 = 0$（或 $P_0 = 1000\text{hPa}$）的露点 $t_{d,o}$ 为参数、自海平面至高度 Z（或气压 P）之间的可降水量查算表 $W_0^z (t_{d,P_0})$，可参见相关文献。

9.4.2 代表性露点和可能最大露点

9.4.2.1 典型暴雨代表性露点 $t_{d,r}$ 的选定

前面已经讲过，可以由地面露点反映饱和假绝热气柱的可降水量，所以一场暴雨的代表性可降水量，便可以由某一或某些地点、在特定时间的地面露点来反映，这个地面露点称为"代表性露点"。它所对应的可降水量就反映了暴雨暖湿气团输入雨区的水汽量。选定暴雨代表性露点的方法如下：

（1）在大雨区边缘水汽入流方向一侧，选取几个测站。作为暴雨期间的地面代表性测站，如图 9-7 所示。

（2）每个测站的地面露点的选取是在包括雨量最大 24h 及其以前的 24h 共 48h 时

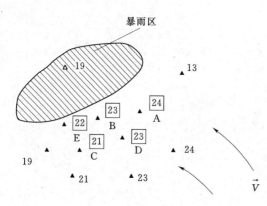

图 9-7　雨区代表性露点计算图（单位：℃）

段内，选取其中持续 12h 最高地面露点，作为该站的代表性露点。这样选取的理由是：①水汽须要持续一定历时才会对暴雨产生显著的影响；②可以避免由于偶然误差和局部因素所造成的短历时露点波动的影响。

（3）取各地面站代表性露点的平均值，作为该场暴雨的地面代表性露点。

9.4.2.2　可能最大代表性地面露点 $t_{d,m}$ 的选定

在 PMP 计算中，经常要用到可能最大露 $t_{d,m}$，其确定方法有两种：历史最大露点法和频率计算法。

1. 历史最大露点法

当地区测站地面露点资料足够长（一般大于 30 年），则分月选用历年中最大的持续 12h 地面代表性露点，进而求得全年的可能最大露点。

2. 频率计算法

当计算地区测站露点资料较短（一般少于 30 年）时，则分月进行频率计算，一般取 $P=2\%$ 的露点值 $t_{d,p=2\%}$ 作为该站某月的可能最大露点值，再选取各月中的最大者，作为全年的可能最大露点值 $t_{d,m}$。

9.4.3　可能最大降水计算

多年来求 PMP 的传统方法是放大实测暴雨。这种方法包括：①当地暴雨放大，是将实测特大暴雨的水汽加以极大化（水汽放大、水汽效率放大、水汽风速放大等），1980 年后，对流域面积在 686 万～100 万 km² 之间的 40 余个工程，绝大多数工程采用了此种方法；②暴雨移置放大，是将极大化的暴雨移置到设计地区，移置对象多为"35·7"、"63·8"、"75·8"罕见特大暴雨，我国半数以上工程使用了该方法，核电工程大多采用该方法确定可能最大暴雨；③暴雨组合放大，面积大于 1 万 km²，设计时段超过 5 天的大流域，半数以上采用暴雨组合法；④暴雨时面深概化法，将这些极大化暴雨的时—面—深关系加以外包，作为 PMP 的估值，在美国和其他一些国家应用较为广泛，世界气象组织出版的手册中，详细介绍了该方法。国内已在昌化江大广坝、长江支流清江水布垭、黄河小花区间等使用了该方法。

用实测特大暴雨作为模型可以将暴雨的因子归为两大类，即水汽含量——可降水量 W 和除了水汽以外的其他因子组合——辐合及垂直运动（有时称为效率 η），由于效率不易直接计算，通常以雨湿比（P/W）作为反映效率的指标，雨湿比不仅与台风、低涡、冷锋等天气系统有关，而且受距海远近、地形等因素的影响。我国有三个高值区：东南沿海区 $P/W>10$；华北太行山前和黄土高原区 $P/W>10$；四川盆地区 $P/W>8$。武夷山、秦岭北侧为相对低值区 $P/W<4$；西部的新疆、甘肃以及青藏高原 $P/W<2.5\sim3$。

9.4.3.1 当地暴雨放大

1. 水汽放大

当暴雨已是高效时，这种模型假定可降水量与雨量呈线性关系，即水汽放大公式为

$$x_m = (W_m/W)x \tag{9-1}$$

式中 W，W_m——实测大暴雨的可降水量和最大可降水量；

         x，x_m——实测暴雨量及 W_m 相应的暴雨量。

式 (9-1) 是用实测特大暴雨作为模型推求 PMP 的基本公式。问题在于如何去求可降水 W 和 W_m。

暴雨期间水汽源源不断地向降雨落区输送，但输送量是有变化的。应当怎样去选定一种可降水量来代表这场暴雨的水汽呢？这就是所谓代表性可降水问题。可降水当然可以用高空资料直接推算，但在许多地区，高空资料缺乏，只能通过地面露点来推求，于是变成选取代表性露点问题了。

最大可降水量，通常用各主要等压面多年实测露点极值，换算成比湿，然后垂直积分，即可求出 200hPa 以下气柱内的水汽总含量作为可降水的近似物理上限值；也可由地面历史 12h 持续最大露点按饱和假绝热过程推求。由于地面露点资料多，一般认为 30～50 年记录中 12h 持续最大露点的可降水量已接近于 W_m。

我国的不少省份已制成持续 12h 最大露点等值线图，我国可降水量的近似物理上限值为：东部 W_m 最大，达 93mm；越深入内陆 W_m 值越小，最小值出现于青藏高原，在 20mm 以下。我国绝大多数暴雨的露点介于 23～26℃ 之间。

2. 水汽效率放大

在缺乏高效暴雨的情况下，要推求 PMP 必须对水汽和动力因子进行放大，而效率是表示动力因子的一种较好方法。

当暴雨还达不到高效时，推求可能最大暴雨可采用水汽效率放大的方法，即

$$P_m = (\eta_m W_m)/(\eta W)x = (\eta_m/\eta)(W_m/W)x \tag{9-2}$$

$$\eta = i/W$$

式中 η_m，η——最大暴雨效率及典型暴雨效率，η_m 可取各场暴雨 η 的极大值 1/h%；

         i——降雨强度，mm/h。

3. 水汽风速联合放大

对于风速 V 或入流指标 VW 与相应的流域平均雨量 P 有正相关趋势，且暴雨期间入流风向和风速较为稳定的流域，可以考虑采用水汽风速放大法。

从暴雨水汽入流方向选取入流代表站。因为大部分水汽通常在 3000m 以下的低层进入暴雨系统，所以一般用低层风来估算水汽入流。按国外经验，地面以上 1000m 及 1500m 高度的风，最能代表水汽入流。因为若太接近地面，风速受下垫面影响而缺乏代表性。根据我国经验，风指标以选离地面 1500m 以内风速为宜，地面高程低于 1500m 的地区，采用 850hPa 高度上的风；地面高程超过 1500m（或 3000m）时，可采用 700hPa（或 500hPa）高度上的风。具体计算时，一般是通过分析比较选取某一大气层（或高度）的高空风资料为代表。热带地区，则找出向暴雨区输送水汽的主要大气层，放大时仅限于该大气层。

在时间的选择上。因风有日变化，以取 24h 平均值为好。一般认为，低层最大 24h 风运动是整层运动的指标，有如地面露点是整层水汽含量指标一样，最大降雨时期 24h 风的观测值通常最能代表暴雨的水汽入流。对于历时较短的暴雨，要用实际历时内的平均风速。在计算时，采用 0h 和 12h（或 8h 和 20h 根据资料情况选定）两个时刻风速的平均值（风是矢量）。如风向比较稳定可取各时刻风速的算术平均，否则需取合成风矢量的均值。

极大化指标的选择可以根据暴雨期间的实测风资料进行。但对 $(VW)_m$ 和 $V_m W_m$ 的选择，必须保证所选用的暴雨与暴雨模式（实测典型暴雨）天气形势及影响系统的相似性。按历史最大记录确定 $(VW)_m$ 指标，可在实测资料中选取与典型暴雨风向接近的实测最大风速 V 及其相应的水汽 W，得 VW，从中选取最大值 $(VW)_m$ 作为极大指标。$V_m W_m$ 指标，可选取多年实测的最大值 V_m，再寻找实测最大 W_m 值，用其乘积 $V_m W_m$ 作为极大指标。

水汽风速联合放大公式为

$$x_m = (V_m/V)(W_m/W)x \qquad\qquad (9-3)$$

式中　　V_m，V——最大风速和典型暴雨的风速，m/s。

各场次典型暴雨合成风速和风向的计算公式为

$$\overline{V} = \sqrt{\overline{V_S^2} \pm \overline{V_W^2}}$$

式中　　$\overline{V}_S$，$\overline{V}_W$——南风和西风风速，m/s。

9.4.3.2　移置暴雨放大

1. 移置可能性分析

由天气系统可以判断某一场暴雨是否可以移置，但这只是移置的必要条件。还必须研究地形条件是否可以移置，因为暴雨是受这两大条件所限制的。特别是地形对降水的影响，虽已研究多年，还未达到实用精度的计算方法，因此只能在地形相差不远的情况下，例如同为非山区或者地理地形条件相近的山区，才可移置暴雨。

凡天气条件能够产生具有相同降水特征（往往称为降雨机制）的暴雨，同时地形特征（相似的坡度与地表情况）也相类似的区域称为一致区。在分析某一特定地区的暴雨时，往往感到暴雨样本不足，可将一致区内的暴雨移置到研究地区来，这样就可以使研究地区得到很有意义的资料，邹进上等根据近 30 年来水文站和气象站的实测与调查 24h 最大暴雨极值和均值，综合考虑暴雨强度及其分布特点、发生季节、暴雨天气系统、地理因素（包括地形、海拔高度和海陆性质），对我国暴雨进行了初步分区研究，得出 10 个暴雨气候一致区和各区暴雨的成因及其特征，可供 PMP 计算中判定移置范围的初步参考。

当水汽自源地向暴雨区输送时，如有山脉横阻，就成为水汽障碍。障碍会使输入的可降水量减少。经验证明，障碍每增高 30m 约使降水量减少 1%，这称为削减。水汽障碍可以根据与入流风向正交的山脉面求得。但当水汽遇到孤立的高峰，气流往往绕峰腰而过，求山脉平均高度时，不计这种特高的孤峰高程。水汽障碍，特别是高大山脉可以使迎风坡面的可降水部分或大部分释放，而在背风坡面只有少量可降水转化为降水量，甚至出现沙漠就是明证。另外，暴雨系统越过高山大岭时，其结构发生动力性质的变化。例如太行山为海河与汾河流域的分水岭，山脊高程一般为 1000～

1700m，高峰在 2000m 以上，整个山脊呈南北及西南—东北向，山脊以西为背风区。河北省海河指挥部勘测设计院，根据近 500 年来的历史资料的考证分析，大清河以南太行山背风区的暴雨较山前迎风坡同次暴雨要削减很多。基于许多事实，高山大岭往往是可移置区的边界线，暴雨只能在界线以内移置而不得越过它。具体说来，应当避免越过高出降雨落区 1000m 以上的山脉作暴雨移置。也要避免降雨落区与设计流域高差大于 1000m 作移置。在美国则限制这两个数字为 700m。

2. 移置的具体步骤

第一步是查明拟移置暴雨发生的时间、地点及其天气成因，一张等雨量线图（或者时—面—深曲线）和普通的天气图就可以了。

第二步是由天气条件初步拟定一致区。

根据上述特大暴雨的分析研究，提出哪些特征因子造成这次特大暴雨和这些因子能发生及同时遭遇的地区范围。

台风路径一般有专门资料可查。对于气旋等天气系统的移行路径，各省气象部门也多有研究。

第三步是考虑地形、地理条件的限制，确定移置界线。

短历时（1h 以内）暴雨量只相当于当地水汽全部凝结的水量，其分布比较不受地域性限制，因而地形对暴雨的影响是指地形对长历时暴雨的影响。前面说过高山大岭往往是一致区的边界，但沿山脊方向的移置是可以的。

某种气团所在的位置和属性也决定了一致区的范围，有些暴雨不能移置于形成暴雨气团活动范围以外的地区。

海滨暴雨可在沿海移置，但向内地移置的范围不能过大。内地暴雨移置必须限于主要山脉不致屏蔽海洋入流水汽的区域以内，除非这种屏蔽在原暴雨区与拟移用地区是多见的，并且暴雨不因之而显著减小。

估算特定流域的 PMP 时，只须决定某场暴雨是否能够移置于这个流域之内，无须勾绘一致区界线，但绘制 PMP 等值线图时，就需要这种界线了。

第四步是进行改正与调整。

3. 移置改正

移置改正是对设计流域和暴雨原地由于区域的几何形状、地理、地形等条件的差异而造成降雨量的改变作定量的估算。也就是说，移置改正，一般包括流域形状改正、地理改正、地形和障碍调整改正三项。

（1）流域形状改正。众所周知，面积大小相等的两个流域，若其几何形状不同，则在一定的暴雨天气形势下，它们所承受的雨量大小也将随之而异。这就是流域形状改正的根据所在。将移置对象的暴雨等值线按上述的雨图安置办法定位，原封不动地搬移到设计流域，使雨量受到设计流域边界形状的控制，即为流域形状改正。

（2）地理改正。地理改正又称位移改正或位移水汽改正。此为不考虑高程差异，仅考虑位移距离，即因地理位置（经纬度）上的差异而造成的水汽条件不同所作的改正。这种改正系按设计流域和暴雨原地的最大露点来进行。如两地高差不大，但距离较远，致使水汽条件不同所作的改正，其计算公式为

$$K_1 = \frac{(W_{Bm})_{ZA}}{(W_{Am})_{ZA}} \tag{9-4}$$

式中　　K_1——地理改正系数；

W_{Am}，W_{Bm}——移置区和设计流域的最大可降水，mm；

ZA——移置区地面高程。

括号外的下标代表计算可降水时所取的气柱底面（地面）高程（高出 1000hPa 的数），一般取流域平均高程或入流边界平均高程。用可能最大露点 t_{dAm} 来进行计算。选可能最大露点的测站最好与选暴雨代表性露点的测站相同。

W_{Bm} 的求法稍有差别。即在选取可能最大露点 t_{dBm} 时，所取的测站位置，应与移置对象在选取暴雨代表性露点 t_{dA} 时所取测站的位置（包括距暴雨中心的距离和方位）相对应。

（3）地形和障碍调整改正。地形改正指移置前后两地区地面平均高程不同或水汽入流方向障碍高程差异使入流水汽增减而作的改正。

地形对降水的影响是相当复杂的，一般说来，可以分为直接影响和间接影响两个方面。直接影响又可分为以下 4 个方面：①高程增加引起可降水的削减；②迎风坡气流抬升、冷却引起降水量的增加；③背风坡由于气流下沉增温，不利于降水的生成；④液态水被风吹入流域以内或吹出流域以外。在暴雨移置中，一般只考虑前两个方面的影响。

间接影响系指地形对天气系统的发展与移动的影响。如山脉对气旋和锋面的阻滞，甚至导致变性，"死水区"对旋涡发展的影响等。在暴雨移置中是假定移置前后天气系统不变，因此对间接影响可不予考虑。

地形对水汽影响的改正有障碍改正和高程改正两种。前者是指设计地区在水汽入流方向受到山脉阻挡使入流水汽减少而作的改正；后者是指由于移置后两个地区的地面高程不同，使水汽变化而作的改正。必须注意这两种改正只能取其中一种。即当遇到既有障碍改正又有高程改正的情况，应根据水汽输送情况和地理、地形条件进行分析，选其影响较大者。

这两种改正，其基本原理和计算公式是相同的，即假定水汽障碍并不改变暴雨系统的结构，它仅截断迎风侧面的一段气柱中的可降水。因此，水汽障碍对设计流域可降水的减少量，就等于相应于障碍高度的那段气柱中的可降水。

地理、地形水汽改正都是按最大露点来计算的。这是因为，从理论上说，一个地区的最大露点就代表了该地区水汽因子的上限；而从物理成因上来看，这个上限值是决定于地理地形条件的。换言之，两个地区的最大露点，实际上就反映了两者的地理地形条件对水汽影响的差异。

地形改正计算公式为

$$K_2 = \frac{(W_{Bm})_{ZB}}{(W_{Bm})_{ZA}}$$

式中　　K_2——高程或入流障碍高程水汽改正系数；

ZB——设计区地面或障碍高程。

实测资料表明，在山脉迎风坡的一定高度范围内，雨量是随高程的增加而增加的。这说明只考虑基底抬高后可降水减少而使雨量减小的削减效应是不够的，还须同时考虑因地形抬升使上升速度加强而使雨量增加的强化效应。有人认为两者可以相互抵偿，甚至有余，因而可以不考虑高程水汽改正，至少对于移置前后基底高差小于700m 的不作高程水汽改正，强烈地方性暴雨在高差小于 1500m 时也不作高程水汽改正。

高差小于 1500m 时，对强烈的局部性雷暴雨不作高程调整。

4. 暴雨放大

水汽放大是指所选择的暴雨虽较实测的强度大、历时短，水汽条件非常充沛，但从典型暴雨的代表性露点与历史最大露点比较，或与水汽源地的海温相比，可以看出典型暴雨的水汽含量并没有达到可能的最大值，因此有必要进行水汽放大。

水汽放大公式为

$$K_{Ww} = \frac{(W_{Am})_{ZA}}{(W_A)_{ZA}} \tag{9-5}$$

式中　K_{Ww}——水汽放大系数；

　$(W_A)_{ZA}$——移置对象的可降水，mm。

5. 暴雨移置的改正和放大综合系数

采用先放大后移置水汽放大系数 $K_{Ww} = (W_{Am})_{ZA}/(W_A)_{ZA}$，地理改正系数 $K_1 = (W_{Bm})_{ZA}/(W_{Am})_{ZA}$，地形改正系数 $K_2 = (W_{Bm})_{ZB}/(W_{Bm})_{ZA}$，则综合系数为

$$K = K_1 K_2 K_{Ww} = \frac{(W_{Bm})_{ZB}}{(W_A)_{ZA}} \tag{9-6}$$

该方法适用于罕见特大暴雨的放大。

此外，还有暴雨组合法，它的适用条件是：设计流域内缺少长历时大范围的特大暴雨资料。该方法主要适用于流域面积大、设计洪水历时长的工程。

9.5　由设计暴雨推求设计洪水

求得设计暴雨后，进行流域产流、汇流计算，可求得相应的洪水过程。有关产流、汇流分析计算的原理和方法在第 4 章中已阐明。本节主要介绍在设计条件如暴雨强度及总量较大、当地雨量、流量资料不足等情况下，计算中应注意的问题。

9.5.1　设计 P_a 的计算

设计暴雨发生时流域的土壤湿润情况是未知的，可能很干（$P_a = 0$），也可能很湿（$P_a = I_m$），所以设计暴雨可与任何 P_a 值（$0 \leqslant P_a \leqslant I_m$）相遭遇，这是属于随机变量的遭遇组合问题。目前生产上常用下述三种方法求设计条件下的土壤含水量，即设计 P_a。

9.5.1.1　取设计 $P_a = I_m$

在湿润地区，当设计标准较高，设计暴雨量较大，P_a 的作用相对较小。由于雨水充沛，土壤经常保持湿润情况，为了安全和简化，可取 $P_a = I_m$。

9.5.1.2　扩展暴雨过程法

在拟定设计暴雨过程中，加长暴雨历时，增加暴雨的统计时段，把核心暴雨前面

一段也包括在内。例如，原设计暴雨采用 1 日、3 日、7 日 3 个统计时段，现增长到 30 日，即增加 15 日、30 日 2 个统计时段。分别作上述各时段雨量频率曲线，选暴雨核心偏在后面的 30 日降雨过程作为典型，而后用同频率分段控制缩放得 7 日以外 30 日以内的设计暴雨过程（图 9 - 8）。后面 7 日为原先缩放好的设计暴雨核心部分，是推求设计洪水用的。前面 23 日的设计暴雨过程用来计算 7 日设计暴雨发生时的 P_a 值，即设计 P_a。

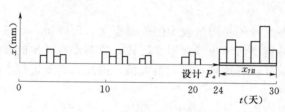

图 9 - 8   30 日设计暴雨过程

当然，30 日设计暴雨过程开始时的 P_a 值（即初始值）如何定仍然是一个问题，不过初始 P_a 值假定不同，对后面的设计 P_a 值影响甚微，因为初始 P_a 值要经过 23 日的演算，才到设计暴雨核心部分。一般可取 $P_a = \frac{1}{2} I_m$ 或 $P_a = I_m$。

9.5.1.3   同频率法

假如设计暴雨历时为 t 日，分别对 t 日暴雨量 x_t 系列和每次暴雨开始时的 P_a 与暴雨量 x_t 之和即 $x_t + P_a$ 系列进行频率计算，从而求得 x_{tp} 和 $(x_t + P_a)_p$，则与设计暴雨相应的设计 P_a 值可由两者之差求得，即

$$P_{ap} = (x_t + P_a)_p - x_{tp}$$

当得出 $P_{ap} > I_m$ 时，则取 $P_{ap} = I_m$。

上述三种方法中，扩展暴雨过程法用得较多，$P_{ap} = I_m$ 方法仅适用于湿润地区。在干旱地区包气带不易蓄满，故不宜使用。同频率法在理论上是合理的，但在实用上也存在一些问题，它需要由两条频率曲线的外延部分求差，其误差往往很大，常会出现一些不合理现象，例如设计 P_a 大于 I_m 或设计 P_a 小于零的情况。

9.5.2   产流方案和汇流方案的应用

9.5.2.1   外延问题

设计暴雨属于稀遇的大暴雨，往往超过实测的暴雨很多，在推求设计洪水时，必须外延有关的产流、汇流方案。

湿润地区的产流方案常采用 $(x + P_a)$ 与 y 形式的相关图，其关系线上部的斜率 $\frac{dy}{dx} = 1.0$，即相关线为 45°线，外延起来比较方便。干旱地区多采用初损后损法，就需要对相关图在外延时必须考虑设计暴雨的雨强因素的影响，如图 9 - 9 所示）。

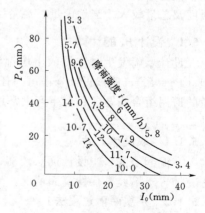

图 9 - 9 P_a — i — I_0 相关图

目前采用的流域汇流方案都属于"线性系统"。在实测暴雨范围内应用这些方案作汇流计算时，其误差一般可以控制在容许范围之内，当用于罕见的特大暴雨时，线性假定有可能导致相当大的误差。虽然有些人提出了不少的"非线性系统"，但由于受到资料所限，这些方案都还未得到充分论证，未得到广泛应用。

在工程设计部门，一般注意汇流方案在特大暴雨条件下的适用性，尽量选用实测大洪水资料分析得到的汇流方案，以期与设计条件相近，避免外延过远而扩大误差。不少部门的实践经验说明，用一般常遇洪水分析得出的单位线来推算设计洪水，与由特大洪水资料分析的单位线推流，成果可能相差很大，其差值可达 20% 左右。如果当地缺乏大洪水资料，只好参照有关汇流方案非线性处理的方法作适当修正，这时需要十分慎重和多方论证分析。

9.5.2.2 移用问题

如果设计流域缺乏实测降雨径流资料，无法直接分析产流、汇流方案，就得解决移用问题。

产流方案一般采用分区综合方法，如山东省水文手册上就有适用于不同地区的 14 条次降雨径流相关线，供各个分区查用，汇流方案一般采用单位线的综合成果。

【例 9-3】 某中型水库，集水面积为 341km²，为了防洪复核，根据实测雨洪资料，拟采用暴雨资料来推求 $P=2\%$ 的设计洪水，步骤如下：

(1) 设计暴雨计算。根据本流域洪水涨落较快和水库调洪能力不强的特点，设计暴雨的最长统计时段采用 1 日。通过点暴雨频率计算及参数的地区协调，得 $\overline{x}_{1日}=110mm$、$C_v=0.58$、$C_s=3.5C_v$，求得 $P=2\%$ 的最大 1 日的设计点暴雨量为 296mm，而通过动点动面的暴雨点面关系图，用流域面积 341km² 查图得暴雨点面折减系数为 0.92，则 $P=2\%$ 的最大 1 日面设计暴雨量 $x_{面1p}=296\times0.92=272mm$。

按该水库所在地区的暴雨时程分配，求得设计暴雨过程如表 9-5 所示。

表 9-5   **$P=2\%$设计暴雨过程分配**

时段数（$\Delta t=6h$）	1	2	3	4	合计
占最大 1 日的百分数（%）	11	63	17	9	100
设计暴雨（mm）	29.9	171.3	46.2	24.6	272
设计净雨（mm）	7.9	171.3	46.2	24.6	250
地下净雨（mm）	2.4	9.0	9.0	9.0	29.4
地面净雨（mm）	5.5	162.3	37.2	15.6	220.6

(2) 设计净雨过程的推求。用同频率法求得设计 P_a 值为 78mm，本流域的 $I_m=100mm$，降雨损失 22mm，求得设计净雨过程如表 9-5 所示。

根据对实测洪水资料分割得来的地下径流过程和净雨过程的分析，求得本流域的稳定下渗率为 1.5mm/h。由设计净雨过程中扣除地下净雨（等于稳渗率乘以净雨历时）得地面净雨过程（表 9-5）。其中第一时段的净雨历时 $t_c=\dfrac{7.9}{29.9}\times6\approx1.6h$，地下净雨 $R_g=f_ct_c=1.5\times1.6=2.4mm$，故第一时段地面净雨为 5.5mm，其余类推。

（3）设计洪水过程的推求。根据实测雨洪资料，分析得大洪水的单位线，如表 9-6 中的第（3）栏。由设计地面净雨过程通过单位线推求，得设计地面径流过程，成果如表 9-6 中第（5）栏所示。

把地下径流过程概化成等腰三角形出流，其峰值出现在设计地面径流停止时刻（第 13 时段），地下径流过程的底长为地面径流底长的 2 倍，即 $T_下 = 2 \times T_面 = 2 \times 13 \times 6 = 156 \text{h}$，则

$$W_下 = 0.1 \times R_g \times F = 0.1 \times 29.4 \times 341 \times 10^4 = 1000 \times 10^4 (\text{m}^3)$$

$$Q_{m下} = \frac{2W_下}{T_下} = \frac{2 \times 1000 \times 10^4}{156 \times 3600} = 35.6 (\text{m}^3/\text{s})$$

地下径流过程如表 9-6 中第（6）栏所示。

地面径流过程加上地下径流过程即得 $P = 2\%$ 的设计洪水过程，如表 9-6 中第（7）栏所示。

表 9-6　　　　　　　　　设计洪水过程推算表

时段数 (Δt=6h)	地面净雨 h (mm)	单位线 纵坐标 q (m³/s)	部分流量过程（m³/s）				地面径流 流量过程 Q_s (m³/s)	地下径流 流量过程 Q_R (m³/s)	洪水流量 过程 Q (m³/s)
			$\frac{5.5}{10}q$	$\frac{162.3}{10}q$	$\frac{37.2}{10}q$	$\frac{15.6}{10}q$			
(1)	(2)	(3)	(4)				(5)	(6)	(7)
0		0	0				0	0	0
1	5.5	8.4	4.6	0			4.6	2.7	7.3
2	162.3	49.6	27.3	136.3	0		163.0	5.5	168
3	37.2	33.8	18.6	805.0	31.2	0	855	8.2	863
4	15.6	24.6	13.5	548.6	184.5	13.1	760	11.0	771
5		17.4	9.6	339.3	125.7	77.4	612	13.7	626
6		10.8	5.9	282.4	91.5	52.7	433	16.4	447
7		7.0	3.8	175.3	64.7	38.4	282	19.2	301
8		4.4	2.4	113.6	40.2	27.1	183	21.9	205
9		1.8	1.0	71.4	26.6	16.8	115	24.7	140
10		0	0	29.0	16.4	10.9	56.5	27.4	83.9
11				0	6.7	6.9	13.6	30.1	43.7
12					0	2.8	2.8	32.9	35.7
13						0	0	35.6	35.6
14								32.9	32.9
15								30.1	30.1
16								27.4	27.4
17									
18									
合计	220.6	157.8					3480.5		

注　1. 核算单位线净雨深 $h_u = \frac{\sum q_i \Delta t}{F} = \frac{157.8 \times 21600}{1000 \times 341} \approx 10.0$ （mm）。

　　2. 核算地面径流总量 $h_s = \frac{\sum Q_{si} \Delta t}{F} = \frac{3480.5 \times 21600}{1000 \times 341} \approx 220.6$ （mm）。

9.6　小流域设计洪水计算

9.6.1　概述

小流域设计洪水计算广泛应用于中、小型水利工程中，如修建农田水利工程的小水库、撇洪沟，渠系上交叉建筑物如涵洞、泄洪闸等，铁路、公路上的小桥涵设计，城市和工矿地区的防洪工程，都必须进行设计洪水计算。与大、中流域相比，小流域设计洪水具有以下三方面的特点。

（1）在小流域上修建的工程数量很多，往往缺乏暴雨和流量资料，特别是流量资料。

（2）小型工程一般对洪水的调节能力较小，工程规模主要受洪峰流量控制，因而对设计洪峰流量的要求，高于对设计洪水过程的要求。

（3）小型工程的数量较多，多分布面广，计算方法应力求简便，使广大技术人员易于掌握和应用。

小流域设计洪水计算工作已有 100 多年的历史，计算方法在逐步充实和发展，由简单到复杂，由计算洪峰流量到计算洪水过程。归纳起来，有经验公式法、推理公式法、综合单位线法以及水文模型等方法。本节主要介绍推理公式法和经验公式法。小流域设计洪水中的推理公式法实际上属于由暴雨推求设计洪水的途径。

9.6.2　小流域设计暴雨

小流域设计暴雨与其所形成的洪峰流量假定具有相同频率。因小流域缺少实测暴雨系列，故多采用以下步骤推求设计暴雨：按省（自治区、直辖市）水文手册及《暴雨径流查算图表》上的资料计算特定历时的暴雨量；将特定历时的设计雨量通过暴雨公式转化为任一历时的设计雨量。

9.6.2.1　年最大 24h 设计暴雨量计算

小流域一般不考虑暴雨在流域面上的不均匀性，多以流域中心点的雨量代替全流域的设计面雨量。小流域汇流时间短，成峰暴雨历时也短，从几十分钟到几小时，通常小于 1 天。以前自记雨量记录很少，多为 1 日的雨量记录，大多数省（自治区、直辖市）和部门都已绘制 24h 暴雨统计参数等值线图。在这种情况下，应首先查出流域中心点的年最大 24h 降雨量均值 $\bar{x}_{24}$ 及 C_v 值，再由 C_s 与 C_v 之比的分区图查得 C_s/C_v 的值，由 $\bar{x}_{24}$、C_v 及 C_s 即可推出流域中心点的某频率的 24h 设计暴雨量。

随着自记雨量计的增设及观测时段资料的增加，有些省（自治区、直辖市）已将 6h、1h 的雨量系列进行统计，得出短历时的暴雨统计参数等值线图（均值、C_v、C_s），从而可求出 6h 及 1h 的设计频率的雨量值。

9.6.2.2　暴雨公式

1. 暴雨公式形式

前面推求的设计暴雨量为特定历时（24h、6h、1h 等）的设计暴雨，而推求设计洪峰流量时需要给出任一历时的设计平均雨强或雨量。通常用暴雨公式，即暴雨的强

度—历时关系将年最大 24h（或 6h 等）设计暴雨转化为所需历时的设计暴雨，目前水利部门多采用的暴雨公式为

$$a_{t,p} = \frac{S_p}{t^n} \tag{9-7}$$

式中　　$a_{t,p}$——历时为 t，频率为 p 的平均暴雨强度，mm/h；

　　　　S_p——$t=1$h，频率为 p 的平均雨强，俗称雨力，mm/h；

　　　　n——暴雨参数或称暴雨递减指数。

或　　　　　　　　　　　　　　$x_{t,p} = S_p t^{1-n} \tag{9-8}$

式中　　$x_{t,p}$——频率为 p，历时为 t 的暴雨量，mm。

2. 暴雨公式参数确定

暴雨参数可通过图解分析法来确定。对式（9-8）两边取对数，在对数格纸上，$\lg a_{t,p}$ 与 $\lg t$ 为直线关系，即 $\lg a_{t,p} = \lg S_p - n \lg t$，参数 n 为此直线的斜率，$t=1$h 的纵坐标读数就是 S_p，如图 9-10 所示。由图 9-10 可见，在 $t=1$h 处出现明显的转折点。当 $t \leqslant 1$h 时，取 $n = n_1$；$t > 1$h 时，则 $n = n_2$。

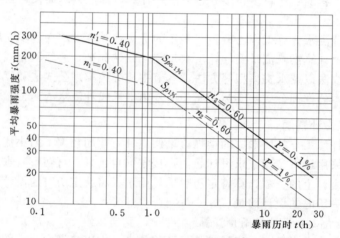

图 9-10　暴雨强度—历时—频率曲线

图 9-10 上的点据是根据分区内有暴雨系列的雨量站资料经分析计算而得到的。首先计算不同历时暴雨系列的频率曲线，读取不同历时各种频率的 $x_{t,p}$，将其除以历时 t，得到 $a_{t,p}$；然后以 $a_{t,p}$ 为纵坐标，t 为横坐标，即可点绘出以频率 P 为参数的 $\lg a_{t,p}$—P—$\lg t$ 关系线。

暴雨递减指数 n 对各历时的雨量转换成果影响较大，如有实测暴雨资料分析得出能代表本流域暴雨特性的 n 值最好。小流域多无实测暴雨资料，需要利用 n 值反映地区暴雨特征的性质，将本地区由实测资料分析得出的 n（n_1，n_2）值进行地区综合，绘制 n 值分区图，供无资料流域使用。一般水文手册中均有 n 值分区图。

S_p 值可根据各地区的水文手册，查出设计流域的 $\bar{x}_{24}$、C_v，计算出 $x_{24,p}$，然后由式（9-9）计算得出。如地区水文手册中已有 S_p 等值线图，则可直接查用。

S_p 及 n 值确定之后，即可用暴雨公式进行不同历时暴雨间的转换。24h 雨量

$x_{24,p}$ 转换为 t h 的雨量 $x_{t,p}$，可以先求 1h 雨量 $x_{1,p}$（即 S_p），再由 S_p 转换为 t h 雨量。

因

$$x_{24,p} = a_{24,p} \times 24 = S_p \times 24^{(1-n_2)} \qquad (9-9)$$

则

$$S_p = x_{24,p} \times 24^{(n_2-1)}$$

由求得的 S_p 转求 t h 雨量 $x_{t,p}$ 的计算公式如下：

当 1h < t ≤ 24h 时

$$x_{t,p} = S_p t^{(1-n_2)} = x_{24,p} \times 24^{(n_2-1)} \times t^{(1-n_2)} \qquad (9-10)$$

当 t ≤ 1h 时 $\qquad x_{t,p} = S_p t^{(1-n_1)} = x_{24,p} \times 24^{(n_2-1)} \times t^{(1-n_1)} \qquad (9-11)$

上述以 1h 处分为两段直线是概括大部分地区 $x_{t,p}$ 与 t 之间的经验关系，未必与各地的暴雨资料拟合很好。如有些地区采用多段折线，也可以分段给出各自不同的转换公式，不必限于上述形式。

设计暴雨过程是进行小流域产汇流计算的基础。小流域暴雨时程分配一般采用最大 3h、6h 及 24h 作同频率控制，各地区水文图集或水文手册均载有设计暴雨分配的典型，可供参考。

9.6.3 设计净雨计算

由暴雨推求洪水过程，一般分为产流和汇流两个阶段。为了与设计洪水计算方法相适应，下面着重介绍利用损失参数 μ 值的地区综合规律计算小流域设计净雨的方法。

损失参数 μ 是指产流历时 t_c 内的平均损失强度。图 9-11 表示 μ 与净雨过程的关系。从图 9-11 可以看出，$i \leq \mu$ 时，降雨全部耗于损失，不产生净雨；$i > \mu$ 时，损失按 μ 值进行，超渗部分（图 9-11 中阴影部分）即为净雨量。由此可见，当设计暴雨和 μ 值确定后，便可求出任一历时的净雨量及平均净雨强度。

为了便于小流域设计洪水计算，各省（自治区、直辖市）水利水文部门在分析大量暴雨洪水资料之后，均提出了

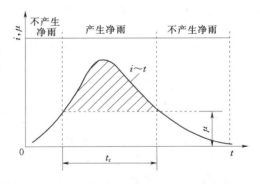

图 9-11 降雨过程与入渗过程示意图

决定 μ 值的简便方法。有的部门建立单站 μ 与前期影响雨量 P_a 的关系，有的选用降雨强度 $\bar{i}$ 与一次降雨平均损失率 $\bar{f}$ 建立关系，以及 μ 与 $\bar{f}$ 建立关系，从而运用这些 μ 值作地区综合，可以得出各地区在设计时应取的 μ 值。具体数值可参阅各地区的水文手册。

9.6.4 由推理公式推求设计洪水的基本原理

推理公式，英、美称为"合理化方法"（Rational method），苏联称为"稳定形势公式"。推理公式法是根据降雨资料推求洪峰流量的最早方法之一，至今已有 130 多年。

9.6.4.1 推理公式的形式

假定流域产流强度 γ 在时间、空间上都均匀，经过线性汇流推导，可得出所形成

洪峰流量的计算公式为

$$Q_m = 0.278\gamma F = 0.278(\alpha - \mu)F \qquad (9-12)$$

式中　α——平均降雨强度，mm/h；

　　　μ——损失强度，mm/h；

　　　F——流域面积，km²；

　0.278——单位换算系数；

　　　Q_m——洪峰流量，m³/s。

在产流强度时空均匀情况下，流域汇流过程可用图 9-12 表示。

从图 9-12 可知，当产流历时 $t_c \geqslant \tau$（流域汇流时间）时，会形成稳定洪峰段，其洪峰流量 Q_m 由式（9-12）给出。Q_m 仅与流域面积和产流强度有关。式（9-12）很容易用等流时线法导出。

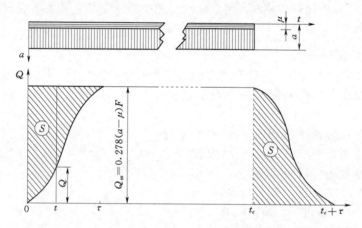

图 9-12　均匀产流条件下流域汇流过程示意图

当 $t_c \geqslant \tau$ 时，称为全面汇流情况，此时，可以直接使用式（9-12）推求洪峰流量；当 $t_c < \tau$ 时，称为部分汇流情况，即其洪峰流量只是由部分流域面积的净面形成，此时，不能正常使用推理公式，否则所求洪峰流量将偏大。

9.6.4.2　推理公式的应用

实际上产流强度随时间、空间是变化的，从严格意义上讲，是不能使用推理公式作汇流计算的。但对于小流域设计洪水计算，推理公式法计算简单，且有一定精度，故目前它是水利水电部门最常用的一种小流域汇流计算方法。

对于实际暴雨过程，Q_{mp} 的计算方法如下：假定所求设计暴雨过程如图 9-13，产流计算采用损失参数 μ 法。

对于全面汇流情况

$$Q_m = 0.278(a - \mu)F = 0.278\left(\frac{h_\tau}{\tau}\right)F \qquad (9-13)$$

式中　h_τ——连续 τ 时段内最大产流量。

对于部分汇流情况，因为不能正常使用推理公式，所以陈家琦等人在作一定假定后，得

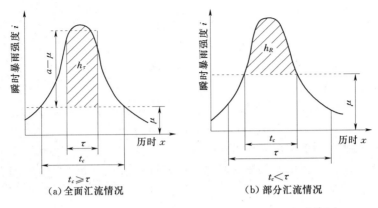

图 9-13　$t_c \geqslant \tau$ 与 $t_c < \tau$ 时参与形成洪峰流量的径流深图

$$Q_m = 0.278 \left(\frac{h_R}{\tau} \right) F \tag{9-14}$$

式中　h_R——产流历时内的产流量。

9.6.5　北京水科院推理公式的导出与应用

北京水科院推理公式是陈家琦等人在经过两年的研究后于 1958 年提出的，目前它是我国水利水电工程设计洪水规范推荐使用的小流域设计洪水计算方法。

9.6.5.1　公式推导

在此只作简单介绍，详细可参阅相关参考文献。

1. 设计暴雨过程

假定了一条各时段同频率的设计暴雨过程，如图 9-14 所示。

此构造的设计暴雨过程有以下 4 个性质：

（1）相对 $x = x_0$ 而言，暴雨过程线是对称的。

（2）当 $x \to x_0$ 时，瞬时雨强 $i(x_0)$ 为无穷大。

（3）图中阴影部分面积 A 恰好等于时段长为 t 的设计暴雨量 $x_{t,p}$（用暴雨公式计算），即

$$A = x_{t,p} = S_p t^{1-n}$$

（4）$i(x)$ 难于用显式表示。

2. 产流历时 t_c 与产流量计算

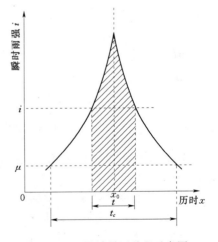

图 9-14　设计暴雨过程示意图

要根据损失参数 μ 求 t_c，必须首先建立瞬时雨强 i 与 t 的函数关系（从图 9-14 可知它们是一一对应且成反比关系）。根据推导可得

$$i(t) = \frac{\mathrm{d}x_{t,p}}{\mathrm{d}t} = \frac{\mathrm{d}(S_p t^{1-n})}{\mathrm{d}t} = (1-n) S_p t^{-n} \tag{9-15}$$

这样只要令 $i(t) = \mu$，所对应的 t 即为 t_c，则

$$t_c = \left[\frac{(1-n)S_p}{\mu} \right]^{\frac{1}{n}} \tag{9-16}$$

产流量 h_R 的计算公式（时段长为 t_c）为

$$h_R = S_p t_c^{1-n} - \mu t_c = S_p t_c^{1-n} - (1-n)S_p t_c^{-n} t_c = n S_p t_c^{1-n} \tag{9-17}$$

3. 流域汇流时间 τ 的计算

用推理公式推求设计洪峰流量，τ、t_c 都是必不可少的。τ 的经验公式为

$$\tau = 0.278 L/(m J^{1/3} Q_m^{1/4}) \tag{9-18}$$

式中 L——流域最远点的流程长度，km；

J——沿最远流程的平均纵比降（以小数计）；

m——汇流参数；

Q_m——洪峰流量，m^3/s。

4. 用推理公式求设计洪峰流量 Q_{mp}

（1）$t_c \geqslant \tau$ 的情况

$$Q_{mp} = 0.278 \left(\frac{h_\tau}{\tau} \right) F = 0.278 \left(\frac{x_{\tau,p} - \mu \tau}{\tau} \right) F = 0.278 (a_\tau - \mu) F \tag{9-19}$$

（2）$t_c < \tau$ 的情况（部分汇流）

$$h_R = n S_p t_c^{1-n}$$

$$Q_{mp} = 0.278 \left(\frac{h_R}{\tau} \right) F = 0.278 \left(\frac{n S_p t_c^{1-n}}{\tau} \right) F \tag{9-20}$$

经过整理，可得北京水科院推理公式为

$$\begin{cases} Q_{mp} = 0.278 \left(\dfrac{S_p}{\tau^n} - \mu \right) F \\ \tau = 0.278 \dfrac{L}{m J^{1/3} Q_{mp}^{1/4}} \end{cases} \quad t_c \geqslant \tau \tag{9-21}$$

$$\begin{cases} Q_{mp} = 0.278 \left(\dfrac{n S_p t_c^{1-n}}{\tau} \right) F \\ \tau = 0.278 \dfrac{L}{m J^{1/3} Q_{mp}^{1/4}} \end{cases} \quad t_c < \tau \tag{9-22}$$

对于以上方程组，只要知道 7 个参数：F、L、J、n、S_p、μ、m，便可求出 Q_{mp}。求解方法有图解法、试算法等。

9.6.5.2   设计洪峰流量计算实例

下面结合例子说明图解法求 Q_{mp} 的过程。

【例 9-4】   江西省××流域上需要建小水库 1 座。要求用推理公式计算 $P=1\%$ 的设计洪峰流量。

计算步骤如下：

（1）流域特征参数 F、L、J 的确定。

F 为出口断面以上的流域面积，在适当比例尺地形图上勾绘出分水岭后，用求积仪量算。

L 为从出口断面起，沿主河道至分水岭的最长距离，在适当比例尺的地形图上用

分规量算。

J 为沿 L 的坡面和河道平均比降，见本书第 2 章。

本例中，已知流域特征如下：

$$F=104\text{km}^2, L=26\text{km}, J=8.75‰$$

（2）设计暴雨参数 n 和 S_p 的确定

$$S_p=x_{24,p}\times24^{n-1}=ax_{1d,p}\times24^{n-1}$$

暴雨衰减指数 n 由各省（自治区、直辖市）实测暴雨资料分析定量，查当地水文手册即可获得，一般 n 的数值以定点雨量资料代替面雨量资料，不作修正。

现从江西省水文手册中查得设计流域最大 1 日雨量的参数为

$$\overline{x}_{1d}=115\text{mm}, C_{v1d}=0.42, C_{s1d}=3.5C_{v1d}$$
$$n_2=0.60, x_{24,p}=ax_{1d,p}=1.1x_{1d,p}$$

由 C_{s1d} 及 P 查得 $\Phi_p=3.312$

所以 $S_p=x_{24,p}\times24^{n_2-1}=1.1\times115\times(1+0.42\times3.312)\times24^{0.60-1}=84.8(\text{mm/h})$

（3）设计流域损失参数和汇流参数的确定。可查有关水文手册，本例查得的结果是 $\mu=3.0\text{mm/h}$、$m=0.70$。

（4）用图解法求设计洪峰流量。假定 $t_c\geqslant\tau$，将有关参数代入全面汇流公式（9-21），得到 Q_{mp} 及 τ 的公式为

$$Q_{mp}=0.278\left(\frac{84.8}{\tau^{0.6}}-3\right)\times104=\frac{2451.7}{\tau^{0.6}}-86.7 \tag{9-23}$$

$$\tau=\frac{0.278\times26}{0.7\times0.00875^{1/3}Q_{mp}^{1/4}}=\frac{50.1}{Q_{mp}^{1/4}} \tag{9-24}$$

假定一组 τ 值代入式（9-23）中，算出相应的一组 Q_{mp} 值，再假定一组 Q_{mp} 值代入式（9-24）中，算出一组 τ 值，成果见表 9-7。

表 9-7 　　　　　　　　　Q_{mp}—τ 关系计算成果表

$Q_{mp}=\frac{2451.7}{\tau^{0.6}}-86.7$			$\tau=50.1/Q_{mp}^{1/4}$		
τ	$2451.7/\tau^{0.6}$	Q_{mp}	Q_{mp}	$Q_{mp}^{1/4}$	τ
8	704.1	617.4	400	4.5	11.2
10	615.8	529.1	450	4.6	10.9
12	552.0	465.3	500	4.73	10.6
14	503.3	416.6	600	4.95	10.1

将计算的两组数据 τ—Q_{mp} 和 Q_{mp}—τ 绘在一张方格纸上，见图 9-15，纵坐标表示洪峰流量 Q_{mp}，横坐标表示时间 τ，两条曲线的交点处对应的 Q_{mp} 即为所求设计洪峰流量。由图 9-15 读出 $Q_{mp}=510\text{m}^3/\text{s}$，$\tau=10.55\text{h}$。

计算得

$$t_c=\left[\frac{(1-n_2)S_p}{\mu}\right]^{\frac{1}{n_2}}=\left(\frac{0.4\times84.8}{3.0}\right)^{1/0.6}=57(\text{h})$$

本例题 $\tau=10.55\text{h}<t_c=57\text{h}$，所以采用全面汇流公式计算是正确的。

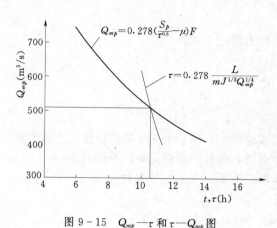

图 9 - 15 Q_{mp} — τ 和 τ — Q_{mp} 图

9.6.6   小流域设计洪水计算的经验公式法

计算洪峰流量的地区经验公式是根据一个地区各河流的实测洪水和调查洪水资料，找出洪峰流量与流域特征、降雨特性之间的相互关系，建立起来的关系方程式。这些方程都是根据某一地区实测数据制定的，只适用于该地区，所以称为地区经验公式。

影响洪峰流量的因素是多方面的，包括地质地貌特征（植被、土壤、水文地质等）、几何形态特征（集水面积、河长、比降、河槽断面形态等）以及降雨特性。地质地貌特征往往难于定量，在建立经验公式时，一般采用分区的办法加以处理。因此，经验公式的地区性很强。

我国水利、交通、铁道等部门，为了修建水库、桥梁和涵洞，对小流域设计洪峰流量的经验公式进行了大量的分析研究，在理论上和计算方法上都有所创新，在实用上已发挥了一定的作用。但是，此类公式受实测资料限制，缺乏大洪水资料的验证，不易解决外延问题。

9.6.6.1   单因素公式

目前，各地区使用的最简单的经验公式是以流域面积作为影响洪峰流量的主要因素，把其他因素用一个综合系数表示，其形式为

$$Q_{mp} = C_p F^n \tag{9-25}$$

式中　Q_{mp}——设计洪峰流量，m^3/s；

$\quad\quad F$——流域面积，km^2；

$\quad\quad n$——经验指数；

$\quad\quad C_p$——随地区和频率而变化的综合系数。

在各省（自治区、直辖市）的水文手册中，有的给出分区的 n、C_p 值，有的给出 C_p 等值线图。对于给定设计流域，可根据水文手册查出 C_p 及 n 值，并量出流域面积 F，从而算出 Q_{mp}。

式（9-25）过于简单，较难反映小流域的各种特性，只有在实测资料较多的地区，分区范围不太大，分区暴雨特性和流域特征比较一致时，才能得出符合实际情况的成果。

9.6.6.2   多因素公式

为了反映小流域上形成洪峰的各种特性，目前各地较多地采用多因素经验公式，公式的具体形式有

$$Q_{mp} = C h_{24p} F^n \tag{9-26}$$

$$Q_{mp} = C h_{24p}^a f^\gamma F^n \tag{9-27}$$

$$Q_{mp} = C h_{24p}^a J^\beta f^\gamma F^n \tag{9-28}$$

式中　　　f——流域形状系数，$f = F/L^2$；

　　　　　h_{24p}——设计年最大 24h 净雨量，mm；

α，β，γ，n——指数；

　　　　　C——综合指数。

　　以上指数、综合系数是通过使用地区实测资料分析得出的。

　　选用因素的个数以多少为宜，可从两方面考虑：①能使计算成果提高精度，使公式的使用更符合实际，但所选用的因素必须能通过查勘、测量、等值线图内插等手段加以定量；②与形成洪峰过程无关的因素不宜随意选用，因素与因素之间关系十分密切的不必都选用，否则无益于提高计算精度，反而增加计算难度。

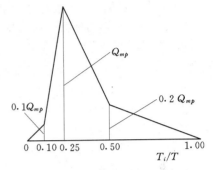

9.6.7　小流域设计洪水过程

　　一些中小型水库，能对洪水起一定的调蓄作用，此时即需要设计洪水过程线。通过对有

图 9 - 16　概化洪水过程线

实测资料地区的洪水过程线分析，求得能概括洪水特征的平均过程线，图 9 - 16 是江西省根据全省集水面积在 650km² 以下的 81 个水文站、1048 次洪水资料分析得出的概化洪水过程线模式，图中 T 为洪水历时，其计算公式为

$$T = 9.66 \frac{W}{Q_m} \tag{9 - 29}$$

式（9 - 29）中 Q_m、W、T 的单位分别为 m³/s，10^4 m³ 及 h。应用时规定洪水总量 W 按 24h 设计暴雨所形成的径流深 R（mm）计算，即

$$W = 0.1 RF (10^4 \text{m}^3) \tag{9 - 30}$$

式中　F——流域面积，km²。

　　由于设计洪峰流量 Q_m 已知，将 Q_m 及 W 代入式（9 - 29），可算出 T。再将各转折点的流量比值 Q_i/Q_m 乘以 Q_m，便得出各转折点的流量值，此即设计洪水过程线。

　　一般情况下，为了简化还可以用概化三角形作为设计洪水过程线。此外，我国有些地区水文手册中有典型的无因次洪水过程线，该过程线以 Q_i/Q_m 为纵坐标，t_i/T 为横坐标，称为标准化过程线，使用时用 Q_m 及 T 分别乘以标准化过程线，便得到设计洪水过程线。

习　　　题

　　[9 - 1]　已知某雨量站各历时的年最大平均雨强的统计参数如表 9 - 8 所示，求短历时暴雨公式（$P = 1\%$，$P = 10\%$）$a_{t,p} = \dfrac{S_p}{t^n}$ 中的 S_p 值和 n 值。

表 9 - 8　　　　　　　　　　**某雨量站各历时年最大平均雨强的统计参数**

历　　时（h）	0.5	1	3	6	12	24
平均雨强均值（mm/h）	62.5	44.9	22.0	14.7	9.3	5.8
C_v	0.35	0.35	0.40	0.40	0.45	0.45
C_s/C_v	3.0	3.0	3.0	3.0	3.0	3.0

[9-2]　用推理公式法计算 $P=1\%$ 的设计洪峰流量。

已知条件：①流域面积 $F=78\text{km}^2$，主河长 $L=14.6\text{km}$，河道纵比降 $J=0.026$；②最大 24h 暴雨参数 $\bar{x}_{24}=110\text{mm}$，$C_v=0.50$，$C_s=3.5C_v$，暴雨递减指数 $n=0.65$；③损失参数 $\mu=2.0\text{mm/h}$；④汇流参数 $m=0.218\theta^{0.38}$（$\theta=L/J^{\frac{1}{3}}$）。在求得 Q_{mp} 和 τ 后，为什么要用产流历时 t_c 来检验？

[9-3]　已知设计暴雨和产、汇流计算方案，推求 $P=1\%$ 的设计洪水。

资料及计算步骤如下：

（1）已知平垣站以上流域（$F=992\text{km}^2$）$P=1\%$ 的最大 24h 设计面雨量为 152mm，其时程分配按 1969 年 7 月 4 日 13 时～5 日 13 时的实测暴雨进行（表 9-9），Δt 取 3h，可求得设计暴雨过程。

表 9 - 9　　　　　　　　　　**典型暴雨面雨量过程**

时间	7月4日13～16时	7月4日16～19时	7月4日19～22时	7月4日22时～7月5日1时	7月5日1～4时	7月5日4～7时	7月5日7～10时	7月5日10～13时	合计
面雨量（mm）	1.8	5.6	20.4	1.8	44.6	34.0	27.4	7.2	142.8

（2）设计净雨计算：本流域位于湿润地区，同频率法求得设计 $P_a=82\text{mm}$，$I_m=100\text{mm}$，稳渗率 $f_c=1.5\text{mm/h}$。由设计暴雨扣损，得地面、地下净雨过程（列表）。

（3）设计洪水计算：地面净雨采用大洪水分析得来的单位线（成果见表 9-10）进行地面汇流计算，地下净雨采用三角形过程的地下汇流计算，再加深层基流 $40\text{m}^3/\text{s}$，叠加得设计洪水过程线（列表）。

$$\frac{\sum q \times \Delta t \times 3600}{F} = \frac{918.8 \times 3 \times 3600}{992 \times 10^3} = 10.0\text{mm}$$

表 9 - 10　　　　　　　　　　**3h 10mm 的 单 位 线**

时段数（Δt=3h）	0	1	2	3	4	5	6	7	8	9	10	11	12	合计
q（m³/s）	0	68.9	237	258	184	91.9	44.1	21.1	8.3	2.8	1.8	0.92	0	918.8

第10章

排涝水文计算*

10.1 概 述

10.1.1 涝灾的形成

因暴雨产生的地面径流不能及时排除，使得低洼区淹水造成财产损失，或使农田积水超过作物耐淹能力，造成农业减产的灾害，称为涝灾。因地下水位过高或连续阴雨致使土壤过湿而危害作物正常生长造成的灾害，称为渍害。本章重点讨论涝灾。

降雨过量是发生涝灾的主要原因，灾害的严重程度往往与降雨强度、持续时间、一次降雨总量和分布范围有关。我国南方地区的降雨总量大、频次高，汛期容易成涝致灾。北方年雨量虽然小于南方，但雨期比较集中，降雨强度相对较大。因此，北方形成的涝灾程度也是非常严重的。

涝灾最易发生在地形平坦的地区，可以分为平原坡地、平原洼地、水网圩区及城市地区等几类易涝区。

（1）平原坡地。平原坡地主要分布在大江大河中下游的冲积平原或洪积平原，地域广阔、地势平坦，虽有排水系统和一定的排水能力，但在较大降雨情况下，往往因坡面漫流缓慢或洼地积水而形成灾害。我国属于平原坡地类型的易涝地区，主要是淮河流域的淮北平原，东北地区的松嫩平原、三江平原与辽河平原，海滦河流域的中下游平原，长江流域的江汉平原等，其余零星分布在长江、黄河及太湖流域。

（2）平原洼地。平原洼地主要分布在沿江、河、湖、海周边的低洼地区，其地貌特点接近平原坡地，但因受河、湖或海洋高水位的顶托，丧失自排能力或排水受阻，或排水动力不足而形成灾害。沿江洼地如长江流域的江汉平原，受长江高水位顶托，形成平原洼地；沿湖洼地如洪泽湖上游滨湖地区，自三河闸建成后由湖泊蓄水而形成洼地；沿河洼地如海河流域的清南、清北地区，处于两侧洪水河道堤防的包围之中。

（3）水网圩区。在江河下游三角洲或滨湖冲积平原、沉积平原，水系多为网状，水位全年或汛期超出耕地地面，因此必须筑圩（垸）防御，并依靠动力排除圩内积水。当排水动力不足或遇超标准降雨时，则形成涝灾，如太湖流域的阳澄淀泖地区，淮河下游的里下河地区，珠江三角洲，长江流域的洞庭湖、鄱阳湖滨湖地区等，均属这一类型。

（4）城市地区。城市面积远小于天然流域集水面积，一般需划分为若干管道排水片，每个排水片由雨水井收集降雨产生的地面径流。因此，城市雨水井单元集流面积是很小的，地面集流时间在 10min 之内；管道排水片服务面积也不大，一个排水片的汇流时间一般不会超过 1h，加之城市地势平坦、不透水面积大，短历时高强度的暴雨会在几十分钟造成城市地面严重积水。由于对流雨具有形成速度快，无法预测的特点，造成城市地面暴雨积水的突发性。

10.1.2　排水系统

在平原地区，排水系统是排除地区涝水的主要工程措施，分为农田排水系统和城市排水系统两大类。

农田排水系统的功能是排除农田中的涝水及坡面径流，减少淹水时间和淹水深度，为农作物的正常生长创造一个良好的环境。按排水功能可分为田间排水系统和主干排水系统。田间排水系统包括畦、格田、排水沟等单元，这些排水单元本身具有一定的蓄水容积，在降雨期可以拦蓄适量的雨水，超过大田蓄水能力的涝水通过田间排水系统输送至主干排水系统。主干排水系统的主要功能是收集来自田间排水系统的出流及坡地径流，迅速排至出口。主干排水系统与田间排水系统相对独立，基本单元是排水渠道，根据区域排水要求，还可能具备堤防、泵站、水闸、涵洞等单元。

城市排水系统的功能是排除城市或村镇涝水，保证道路通畅和居民正常的生活。按排水功能可分为雨水排水系统和河渠排水系统。雨水排水系统主体单元为雨水口、检查井、排水管网、提升泵站、出水口等，主要功能是收集城市地面的雨水，排入河渠排水系统。河渠排水系统的功能及组成与主干排水系统类同，主要功能是收集来自雨水排水系统的出流，迅速排至出口。

在我国平原地带，尤其是沿江、沿河和滨湖地区地势平坦，由于汛期江河水位经常高于地面高程，常圈堤筑圩（也称垸），形成一个封闭的防洪圈。由于常受外部江河高水位顶托，圩内涝水不能自流外排，必须通过泵站强排。因此，圩（垸）是由堤防、水闸、排水泵站组成的独立的排水体系，在遭遇暴雨时的排涝模式为：当圩外河道水位低于圩内水位时，打开水闸将圩内的涝水自排出去；当外河水位高于圩内水位时，关闭水闸，开启排水泵站，依靠动力向圩外河道排除涝水。

10.1.3　排涝标准

排涝标准是排水系统规划设计的主要依据，有两种表达方式：一是以排除某一重现期的暴雨所产生的涝水作为设计标准。如 10 年一遇排涝标准是表示排涝系统在保护区不受灾的前提下，可靠地排除 10 年一遇暴雨所产生的涝水；二是不考虑暴雨的重现期，而以排除某一量级降雨所产生的涝水作为设计标准，如江苏省农田排涝标准采用的是 1 日 200mm 雨量不受涝。比较排涝标准的两种表达方式，第一种方式以暴雨重现期作为排涝标准，频率概念比较明确，易于对各种频率暴雨所产生的涝灾损失进行分析比较，但需要收集众多雨量资料来推求设计暴雨；第二种方式直接以敏感时段的暴雨量为设计标准，比较直观，且不受水文气象资料系列变化的影响，但缺乏明确的涝灾频率的概念。应该注意的是，在确定排涝标准时，系统的排涝时间是非常重要的，排涝时间是指设计条件下排水系统排除涝水所需时间。如 1 日雨量产生的涝水是 2 日排出还是 3 日排出，则是两个不同标准，显然是前者标准高、设计排涝流量大、农田可能的淹水历时短、排涝工程规模和投资高。根据调查统计，我国农村地区的排涝标准一般为 5～20 年暴雨重现期。

城市排水片集水面积小、汇流时间快，城市管道排水标准是按照短历时暴雨重现期作为设计标准的。设计暴雨重现期根据排水片的土地利用性质、地形特点、汇水面积和气象特点等因素确定，一般为 0.5～2 年。对于重要干道、立交道路的重要部分、重要地区或短期积水即能引起严重损失的地区，可采用较高的设计重现期，一般选用 2～5 年。城市排水系统设计暴雨重现期较低，且一个城市包含有较多排水片，每年会发生多次排水片地面积水状况。由于城市地区设计条件下不允许地面积水，且城市地区河道调蓄能力相对较小、排涝历时短，尽管设计暴雨重现期低，但设计排涝模数远大于农村。

10.2　农业区排涝计算

平原地区河道坡度平缓，流向不定，又经常受人为措施如并河、改道、开挖、疏浚、建闸的影响，破坏了水位和流量资料的一致性，无法直接根据流量资料通过频率计算来推求设计排水流量，通常采用由设计暴雨来推求设计流量的途径。

10.2.1　设计暴雨计算

设计暴雨计算首先必须选择合适的设计暴雨历时，应根据排涝面积、地面坡度、土地利用条件、暴雨特性及排水系统的调蓄能力等情况决定。以农业为主的排水区，水面率相对较高，沟塘和水田蓄水能力较强，农作物一般具有一定的耐淹能力，涝水可以在大田滞蓄一段时间，设计暴雨历时可以取得长一些，一般以日为单位。根据我国华北平原地区的实测资料分析，对于 100～500km² 的排水面积，洪峰流量主要由 1 日暴雨形成；500～5000km² 的排水面积，洪峰流量一般由 3 日暴雨形成。在上述两种情况下，应分别采用 1 日和 3 日作为设计暴雨历时。对于具有滞涝容积的排水系统，则应考虑采用更长历时的暴雨。我国绝大部分地区设计暴雨历时为 1～3 日。

在推求设计暴雨时，当排水面积较小时，可用点雨量代表面雨量；当排水面积较大时，需要采用面雨量计算。设计暴雨具体计算方法见第 9 章。

10.2.2　入河径流计算

在缺乏资料条件下，由设计暴雨推求设计排涝水量时，也可以采用比较简单的降雨径流相关法，具体计算方法及参数可以在当地水文手册上查到。但是，平原区人类活动频繁，土地利用性质多样，水文特性也比较复杂，这种方法比较粗糙，且无法推求入河流量过程。如果水文、气象及农业试验资料比较充分，可将下垫面划分为水面、水田、旱地及非耕地等几种土地利用类别，通过产流、坡面汇流或排水计算，得出河渠的径流量。各种类别土地利用面积上的进入河渠径流量之和即为入河径流总量。

10.2.2.1　水面产流

水面产流采用水量平衡方程计算，即降雨量与蒸发量之差

$$R = P - E_0 \tag{10-1}$$

式中 R——水面产流量，mm；

　　　P——降雨量，mm；

　　　E_0——水面蒸发量，mm。

水面产流量直接进入排水河渠。

10.2.2.2 水田入河流量

设水稻生长的适宜水深范围为 $H_1 \sim H_2$，雨后水田最大允许蓄水深 H_3。在正常情况下，水田引排水的一般方式为：当由于水田蒸散发使蓄水深度 $H < H_1$ 时，水田引水灌溉至 H_2；当降雨期 $H > H_3$ 时，水田以最大排水能力 H_e 为上限排水；当 $H_1 \leqslant H < H_3$ 时，水田不引不排以减少动力消耗。因此，水田引排水量的计算公式为

$$R = \begin{cases} H - H_2 & H < H_1 \\ 0 & H_1 \leqslant H < H_3 \\ H - H_3 & 0 < H - H_3 < H_e \\ H_e & H - H_3 \geqslant H_e \end{cases} \tag{10-2}$$

计算结果 $R > 0$，表示水田排水；$R < 0$，表示水田引水。水田 $t+1$ 日初始水深采用水量平衡方程逐日递推

$$H_{t+1} = H_t + P_t - E_t - I_t - R_t \tag{10-3}$$

式中 I——水田下渗量，mm；

　　　E——水田蒸散发量，mm。

表 10-1 列出南方某地水稻各生育阶段灌水层深度（$H_1 - H_2 - H_3$）可供参考。

表 10-1 水稻各生育阶段灌水层深度（$H_1 - H_2 - H_3$）　　　　单位：mm

生育阶段	早　稻	中　稻	双季晚稻
返青	10—30—50	10—30—50	20—40—70
分蘖初期	20—50—70	20—50—70	10—30—70
分蘖盛期	20—50—80	30—60—90	10—30—80
拔节孕穗	30—60—90	30—60—120	20—50—90
抽穗开花	10—30—80	10—30—100	10—30—50
乳熟	10—30—60	10—20—60	10—20—60
黄熟	10—20	落干	落干

水田蒸散发量与水稻生长季节、气象条件、土壤条件、水稻品种等有关。可是针对具体地区，分水稻生长季节或分月与水面蒸发值建立相关关系，即

$$E = cE_0 \tag{10-4}$$

在水田产流计算公式中，共有 H_e、H_1、H_2、H_3、I、c 等 6 个参数。其中，H_e 反映了农田的排水能力，其他 5 个参数与当地水文、气象、土壤、水稻品种及生长季节有关。一般以本地农业试验资料为基础，结合实测灌溉和排水资料综合分析确定。

由式（10-2）可知，暴雨期水田产流量是指已经排出水田的水量，直接进入圩内排水河渠。

如果不考虑水田逐日排水过程，水田产流量计算的简化公式为

$$R = P - E - \Delta H \tag{10-5}$$

式中　E——水田蒸散发量，mm；

　　　ΔH——水田允许蓄水增量，等于雨后水田最大蓄水深与平均适宜水深之差，mm。

10.2.2.3　旱地及非耕地入河流量

易涝地区多属于湿润地区，根据近年的科学研究和生产实践，可以采用新安江模型推求产流量及入河径流过程。模型参数根据实测水文和气象资料率定，缺乏实测流量资料的地区可以采用地区综合参数。新安江模型已经考虑了坡面汇流计算，模型的输出流量就是入河径流过程。

如果资料条件不足以采用新安江模型进行产流计算，也可以简单地计算旱地产流量

$$R = P - I \tag{10-6}$$

式中　I——次降雨损失，mm，可以由水文手册提供的方法推求。

10.2.3　圩（垸）排涝模数计算

设计排涝模数是设计排涝流量与排水面积的比值。

$$M = \frac{Q}{F} \tag{10-7}$$

式中　M——排涝模数，$\text{m}^3/(\text{s} \cdot \text{km}^2)$；

　　　Q——设计排涝流量，m^3/s；

　　　F——排水面积，km^2。

如果已知设计排涝模数，则可得出设计排涝流量，作为设计排水沟渠或排涝泵站的依据，其计算公式为

$$Q = MF \tag{10-8}$$

排涝模数主要取决于设计条件下的入河流量及圩内沟渠调蓄库容。为了保证圩区沟渠具有一定的调蓄库容以降低排涝动力，在汛期需预降圩内沟渠水位，圩内沟渠调蓄库容等于沟渠水面率与预降水深的乘积。

在以农业为主的排水区，农作物有水稻、旱作物、经济作物等，大部分农作物具有一定的耐淹能力，故暴雨形成的涝水可以在农作物耐淹期限内滞留在农田中。如果允许的耐淹时间为 T 日，则暴雨产生的涝水在 T 日内排出，农作物基本不受灾。农业圩的排涝模数可按 t 日暴雨 T 日排出计算，而沟渠调蓄库容中的涝水可在 T 日后排出，其计算公式为

$$M = \frac{R - \alpha \Delta Z}{3.6 KT} \tag{10-9}$$

式中　M——设计排涝模数，$\text{m}^3/\text{s/km}^2$；

　　　R——t 日暴雨产生涝水总量，mm；

　　　α——圩内水面率；

　　　ΔZ——圩内沟渠预降水深，mm；

　　　K——日开机时间，h/d；

T——排涝天数，d。

农作物的受淹时间和淹水深度是有一定的限度的，超过这样的范围，农作物正常的生长就会受到影响，造成减产甚至绝收。在产量不受影响的前提下，农作物允许的受淹时间和淹水深度，称为农作物的耐涝能力或耐淹时间、耐淹深度。一般，对于小麦、棉花、玉米、大豆、甘薯等旱作物，当积水深 10cm 时，允许的淹水时间应不超过 1~3 日。而蔬菜、果树等一些经济作物耐淹时间更短。水稻虽然是喜水好湿作物，大部分生长期内适于生长在一定水层深度的水田里，在耐淹水深范围内数天内，对水稻生长影响不大。但如果水田中积水深超过水稻的耐淹能力，同样会造成水稻的减产，其中以没顶淹水危害最大。除返青外，没顶淹水超过 1 日就会造成减产的现象。因此，在制定农业区排涝标准时，对于旱地设计排涝历时取值为 1~3 日，水田为 3~5 日。一般，圩区平均排涝时间不宜大于 3 日，有条件的地区应该适当降低排涝时间。

为了及时腾空圩内调蓄库容，预防下次暴雨，圩内沟渠及农田中滞留的涝水需在一定的时限内全部排出，圩内沟渠恢复到雨前水位，按此要求计算得一定设计标准下的最低排涝模数。

$$M_0 = \frac{R}{3.6 K T_m} \tag{10-10}$$

式中　M_0——最小排涝模数，$\mathrm{m^3/(s \cdot km^2)}$；

　　　　T_m——排涝时限，d。

【例 10-1】　某圩位于湿润地区，地势平坦，汇水面积为 12km²，其中水面占 8%，水田占 48%，其他为旱地及非耕地。排涝标准为 1 日 200mm 暴雨 2 日排出，每日排涝泵站开机时间为 20h。已知水田适宜水深为 30~60mm，雨后最大蓄水深为 120mm，旱地及非耕地设计条件下的降雨损失量按 30mm 计，降雨日的蒸散发量忽略，试推求该圩设计排涝模数。

解：（1）水面产流量按式（10-1）推求得

$$R_1 = 200 \text{mm}$$

（2）水田产流量按式（10-5）推求得

$$R_2 = 200 - \left(120 - \frac{30+60}{2}\right) = 125 (\text{mm})$$

（3）旱地及非耕地产流量按式（10-6）推求得

$$R_3 = 200 - 30 = 170 (\text{mm})$$

（4）总产流量为各类土地产流量的面积权重和，即

$$R = 0.08 \times 200 + 0.48 \times 125 + (1 - 0.08 - 0.48) \times 170 = 150.8 (\text{mm})$$

（5）可调蓄水深按 0.5m 计，按式（10-9）计算得设计排涝模数为

$$M = \frac{150.8 - 0.08 \times 500}{3.6 \times 20 \times 2} = 0.769 [\mathrm{m^3/(s \cdot km^2)}]$$

10.2.4　区域排涝模数计算

动力排水系统的建设及运行费用较高，如果排水区域地势较高，应尽可能采用自排方式。对于排水面积较大的区域，一般不可能对区域涝水全部采用泵站强排模式，

此时，区域排涝干河的规模取决于设计条件下排水区最大涝水流量，不宜采用式 (10-9) 直接计算区域排涝模数。

影响平原地区最大涝水流量的主要因素有设计暴雨径流深、排水面积、流域形状、地面坡度、地面覆盖、河网密度、排水沟渠特性等。在生产实践中，人们根据实测暴雨径流资料分析，得出排涝模数的经验公式为

$$M = CR^m F^n \tag{10-11}$$

式中 R——设计暴雨径流深，mm；

       F——排水面积，km^2；

       C——综合系数；

       m——峰量指数；

       n——递减指数。

在式 (10-11) 中，综合系数 C 反映除设计径流深 R、排水面积 F 以外的其他因素对排涝模数的影响，如地面坡度、地面覆盖、河网密度、排水沟渠特性、流域形状等；峰量指数 m 反映排水流量过程的峰与量的关系；递减指数 n 一般为负值，反映了随着排涝面积的增大而排涝模数减少。

针对式 (10-11)，各地区选用一些具有实测资料的排水区域进行了大量的统计分析，确定了公式中的各项系数和指数 (表 10-2)，供排水系统规划设计时参考使用。

表 10-2   排涝模数经验公式地区参数

地 区		适用范围 (km^2)	C	m	n	设计暴雨历时 (d)
江苏省	苏北平原区	10~100	0.0256	1.0	−0.18	3
		100~600	0.0335	1.0	−0.24	3
		600~6000	0.0490	1.0	−0.30	3
河北省	平原区	30~1000	0.040	0.92	−0.33	3
	平原湖区	<500	0.0135	1.0	−0.201	3
		>500	0.017	1.0	−0.238	3
	黑龙港区	200~1500	0.032	0.92	−0.25	3
		>1500	0.058	0.92	−0.33	3
安徽省	淮北平原区	500~5000	0.026	1.0	−0.25	3
河南省	豫东及沙颍河平原区		0.030	1.0	−0.25	1
山东省	鲁北地区		0.034	1.0	−0.25	—
	沂沭泗流域邳苍地区	100~500	0.017	1.0	−0.25	1
	沂沭泗流域湖西地区	2000~7000	0.031	1.0	−0.25	3
辽宁省	中部平原区	>50	0.0127	0.93	−0.176	3
山西省	太原地区		0.031	0.82	−0.25	—

必须指出，式 (10-11) 将很多因素的影响都综合在 C 值中，造成 C 值的不稳

定。一般规律是：暴雨中心位于流域上游，净雨历时长，地面坡度小，流域形状系数小，河网调蓄能力强，则 C 值小；反之则大。因此，应根据流域、水系、降雨特性对 C 值进行适当的修正。

10.3 城 市 排 涝 计 算

城市地区土地覆盖类型复杂，不透水面积比重较大，在城市排水系统的规划设计中，产流计算一般是采用径流系数法。对于调蓄能力较小的管道排水系统，设计规模受最大流量控制，只需推求设计流量。如果在规划设计中需考虑排水系统的调蓄功能，需要推求设计流量过程线。

10.3.1 设计暴雨计算

10.3.1.1 设计暴雨强度

城市不允许地面积水，雨水必须即时排入河渠，径流汇集时间短。城市雨水排水系统设计暴雨历时取得较短，一般以 min 或 h 为单位，如 5min、10min、30min、45min、60min、120min；城市河渠排水系统具有一定调蓄能力，一般取为 1h、3h、6h、12h、24h 等。

设计雨量计算可以根据第 9 章中推求设计暴雨的方法进行。但在大部分情况下，城市设计雨量计算采用暴雨强度公式，常见的计算公式形式为

$$q = \frac{167A(1+C\lg T)}{(t+b)^n} \qquad (10-12)$$

式中　　q——设计暴雨平均强度，$L/(s \cdot hm^2)$；

　　　　T——设计暴雨重现期，年；

　　　　t——设计暴雨历时，min；

A、b、C、n——参数。

由于城市地面排水系统设计重现期较低，推求城市暴雨公式的选样方法采用年多次法或超定量法，一般平均每年选取 3~5 次降雨的时段雨量。

根据我国各城市气象站实测短历时雨量资料，有关部门得出对应于暴雨公式 (10-12) 的各项参数，见表 10-3。

表 10-3　　　　　　　　我国部分城市暴雨强度公式参数

城市名称	A	C	b	n
北京	11.98	0.811	8	0.711
上海	17.812	0.823	10.472	0.796
天津	22.95	0.85	17	0.85
重庆	16.9	0.775	$12.8T^{0.076}$	0.77
石家庄	10.11	0.898	7	0.729
太原	8.66	0.867	5	0.796
包头	9.96	0.985	5.4	0.85

城市名称	A	C	b	n
哈尔滨	17.3	0.9	10	0.88
长春	9.581	0.8	5	0.76
沈阳	11.88	0.77	9	0.77
大连	11.377	0.66	8	0.8
济南	28.14	0.753	17.5	0.898
南京	17.9	0.671	13.3	0.8
合肥	21.56	0.76	14	0.84
杭州	60.92	0.844	25	1.038
宁波	18.105	0.768	13.265	0.778
南昌	8.3	0.69	1.4	0.64
福州	6.162	0.63	1.774	0.567
厦门	5.09	0.745	0	0.514
郑州	18.4	0.892	15.1	0.824
汉口	5.886	0.65	4	0.56
长沙	23.47	0.68	17	0.86
广州	14.52	0.533	11	0.668
深圳	5.84	0.745	0	0.441
海口	14	0.4	9	0.65
南宁	63	0.707	21.1	0.119
西安	6.041	1.475	14.72	0.704
银川	1.449	0.881	0	0.477
兰州	6.83	0.96	8	0.8
西宁	1.844	1.39	0	0.58
乌鲁木齐	1.168	0.82	7.8	0.63
成都	16.8	0.803	$12.8T^{0.231}$	0.768
贵阳	11.3	0.707	$9.35T^{0.031}$	0.698
昆明	4.192	0.775	0	0.496

注　T 为暴雨重现期（年）。

10.3.1.2 设计暴雨过程

在城市排水系统的规划与设计中，有时需考虑排水系统的调蓄功能，如排水系统优化设计、超载状态分析、溢流计算，调节池及河湖设计等，这就需要知道设计暴雨过程，以便推求设计流量过程线。原则上，当已知设计雨量时，可以根据第9章提出的由典型暴雨采用同频率缩放方法推求设计暴雨过程。

由于城市排水区域一般是采用暴雨公式推求的设计雨量，此时可以采用瞬时雨强公式推求设计暴雨过程。根据式（10-12），令 $a = A(1 + C \lg T)$，可以推导出以雨峰为坐标原点的瞬时雨强公式为

$$I = \begin{cases} \dfrac{a[(1-n)t_1/r+b]}{(t_1/r+b)^{n+1}} & （雨峰前） \\[2ex] \dfrac{a[(1-n)t_2/(1-r)+b]}{[t_2/(1-r)+b]^{n+1}} & （雨峰后） \end{cases} \tag{10-13}$$

式中　I——瞬时雨强，mm/min；

　　t_1，t_2——雨峰前和雨峰后时间，min；

　　r——雨峰前历时与总降雨历时之比，可采用各次降雨事件的平均值或地区综合值。

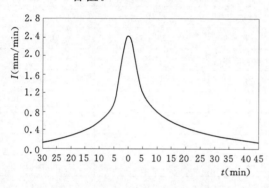

图 10-1　瞬时降雨强度过程线

由瞬时降雨强度过程线（图 10-1）可转换为时段雨强过程线，得出的暴雨过程的各时段的雨量频率均满足设计频率的要求。

10.3.2　设计流量计算

10.3.2.1　管道设计流量

在雨水排水系统设计中，管道尺寸大小是依据设计暴雨条件下通过的最大流量来确定的。通常是采用推理公式推求设计流量，即

$$Q_p = \alpha q_\tau F \tag{10-14}$$

式中　Q_p——设计流量，L/s；

　　α——径流系数；

　　τ——集流时间，min；

　　q_τ——设计暴雨强度，L/(s·hm^2)；

　　F——汇水面积，hm^2。

设计暴雨强度 q_τ 可以采用暴雨公式推求，以排水区域的集流时间 τ 作为设计降雨历时，其计算公式为

$$\tau = t_c + m t_f \tag{10-15}$$

式中　t_c——地面集流时间，min；

　　t_f——排水管内雨水流行时间，min；

　　m——折减系数，暗管取 2，明沟取 1.2。

地面集流时间 t_c 的取值视坡面流距离长短、地形坡度和地面覆盖情况而定，一般可选用 5~10min，也可以采用经验公式估算，如运动波公式为

$$t_c = 1.359 L^{0.6} n^{0.6} i^{-0.4} J^{-0.3} \tag{10-16}$$

式中　L——坡面流长度，m；

　　n——地面糙率；

　　i——设计降雨强度，mm/min；

　　J——地面平均坡度。

城市各处下垫面差别很大，径流系数也各自不同，应采用按面积加权平均的径流系数，其计算公式为

$$\alpha = \frac{\sum \alpha_i f_i}{F} \qquad (10-17)$$

式中　α_i——对应于面积 f_i 的径流系数。

各种地面覆盖的径流系数，可以查城市排水手册得出，见表 10-4。如果缺乏比较确切的土地利用分类资料，也可以根据区域土地利用特点，采用表 10-5 查算区域径流系数。

表 10-4　　　　　　　　　　**分类地表径流系数查算表**

地面覆盖类型	地表径流系数	地面覆盖类型	地表径流系数
屋面	0.90	干砖及碎石路面	0.40
混凝土和沥青路面	0.90	非铺砌地面	0.30
块石路面	0.60	公园绿地	0.15
级配碎石路面	0.45		

表 10-5　　　　　　　　　　**区域地表径流系数查算表**

区　域　类　型	地表径流系数
建筑稠密的中心区（铺砌面积>70%）	0.6~0.8
建筑较密的居住区（铺砌面积 50%~70%）	0.5~0.7
建筑较稀的居住区（铺砌面积 30%~50%）	0.4~0.6
建筑很稀的居住区（铺砌面积<30%）	0.3~0.5

【例 10-2】　已知南京市城区某住宅区汇水面积 86hm²，其中屋面和道路面积占 64%，其他为绿地，且地面坡度较大；管道排水系统设计标准为抵御 1 年重现期暴雨，住宅区自上而下管道长度为 1152m，管道平均流速 1.2m/s，试推求该住宅区管道出口设计流量。

解：（1）分析地面集流时间。该住宅区地面坡度较大，地面汇流速度较快，取 $t_c = 5$min。

（2）计算雨水管流时间。管道长度与平均管流速度

$$t_f = 1152/1.2/60 = 16(\text{min})$$

（3）计算排水区集流时间。取暗管折减系数 $m = 2$，按式（10-15）计算

$$\tau = 5 + 2 \times 16 = 37\text{min}$$

（4）推求设计暴雨强度。由表 10-3 查得南京市暴雨强度公式参数，将 $A = 17.9$、$C = 0.671$、$b = 13.3$、$n = 0.8$ 及 $t = 37$min、$T = 1$ 年代入暴雨强度公式（10-12），得

$$q_\tau = \frac{167 \times 17.9(1 + 0.671\lg1)}{(37 + 13.3)^{0.8}} = 130.1[\text{L}/(\text{s} \cdot \text{hm}^2)]$$

（5）计算平均径流系数。查表 10-4 得出屋面和道路径流系数为 0.9，绿地径流

系数为 0.15，按式（10-17）计算

$$\alpha = 0.9 \times 0.64 + 0.1 \times (1 - 0.64) = 0.63$$

（6）推求设计流量。按式（10-14）计算

$$Q_p = 0.63 \times 130.1 \times 86 = 7049(\text{L/s})$$

10.3.2.2 设计流量过程线

在排水系统的优化设计、超载分析、溢流计算、调节池设计、圩区排涝计算中，需推求设计流量过程线。由设计净雨推求设计流量过程线的计算方法有等流时线方法、综合单位线方法、水文水力模型等，但这些方法对资料要求高及计算比较复杂。本节介绍几种比较简单的方法。

1. 概化三角形法

对于一个雨水排水系统，由推理公式可以计算出设计流量 Q_p，可以简单地将设计流量过程线概化为峰高为 Q_p，底宽为 2τ 的等腰三角形。概化三角形法简单易行，但是没有考虑到降雨随时间分布的不均匀性，也不能用于超过 τ 时间的降雨过程。

2. 概化等流时线法

将排水区域划分为汇流时间分别为 $1\Delta t$、$2\Delta t$、$\cdots$、$n\Delta t$ 的等流时面积，假定等流时面积随汇流时间是均匀增加的，即 $f_1 = f_2 = \cdots = f_n = F/n$。据此，可以根据等流时线方法，由排水区域的设计净雨过程可以推求出设计流量过程线。由于这一假定与推理公式的假定是相同的，得出的洪峰流量等于推理公式计算出的设计流量。

3. 三角形单位线法

假定排水区域的单位线为一底宽 $\tau + \Delta t$ 的等腰三角形。取单位净雨强度 $r = 1\text{L}/(\text{s} \cdot \text{hm}^2)$，则单位线的径流总量为 $\Delta t F$，由此推求出单位线峰高为

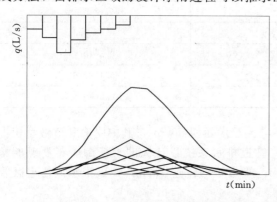

图 10-2 三角形单位线法

$$q_m = \frac{2\Delta t}{\tau + \Delta t} F \qquad (10-18)$$

按单位线的倍比假定和叠加假定，由排水区域的设计净雨过程可以推求出设计流量过程线，如图 10-2 所示。应该注意的是这一方法得出的洪峰流量并不等于推理公式计算出的设计流量。

10.3.3 城市圩（垸）排涝模数计算

对于城市雨水管道的出流，可以按照管道设计最大流量为上限控制进入河道，得出河渠排水系统的入流过程线。由于设计条件下城市不允许地面积水，除河渠排水系统储蓄部分水量，其余涝水必须及时排除出圩外。根据入流过程线，以河渠排水系统调蓄库容为控制，确定城市圩（垸）的设计排涝流量 Q_s，推求排涝模数 M。可以采用图 10-3 所示的割平头方法计算推求排涝模数，即

$$M = \frac{W_T - V}{3600TF} \qquad (10-19)$$

式中　M——排涝模数，$m^3/(s \cdot km^2)$；

$\quad\quad F$——汇水面积，km^2；

$\quad\quad V$——调蓄库容，m^3；

$\quad\quad T$——调蓄库容蓄满历时，h；

$\quad W_T$——在蓄满历时 T 内入流总量，m^3。

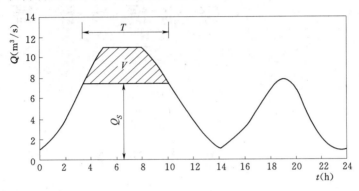

图 10-3　城区排涝模数计算示意图

为了及时腾空调蓄库容，预防下次暴雨洪涝，城市圩内河渠排水系统滞留的涝水一般需在 24h 内全部排出。

习　　题

[10-1]　广东省某圩汇水面积为 $8km^2$，其中水面占 $0.9km^2$，水田占 $5.2km^2$。设计雨量为 240mm，按 2 日排出，每日排涝泵站开机时间为 22h。设计条件下雨前水田水深为 40mm，雨后最大蓄水深为 80mm；旱地及非耕地径流系数为 0.75；降雨日的蒸散发量忽略。试推求该圩设计排涝模数。

[10-2]　已知北京市某住宅区，汇水面积 $64hm^2$，其中屋面和道路面积占 54%，裸土面积占 12%，其他为绿地；管道排水系统设计标准为抵御 2 年重现期暴雨，如果住宅区雨水的管流时间为 25min，试推求该住宅区管道出口设计流量。

[10-3]　某城市圩，设计逐时入河径流为 2.0mm、9.1mm、18.5mm、12.4mm、7.0mm、2.6mm，河道水面率 6.4%，可调蓄水深 0.5m，试推求排涝模数。

第11章

径 流 调 节 计 算

11.1 基 本 概 念

我国受东南、西南季风的影响,降雨时空分布极不均匀。汛期 4 个月集中全年雨量的 60%~80%。年内各月径流量相差更大,浙江省乌溪江湖南镇站 1968 年 6 月径流量为 11 月径流量的 66.8 倍。降水量和径流量的年际变化也很大,淮河蚌埠站 1921 年年径流(719 亿 m^3)是 1978 年(26.9 亿 m^3)的 26.7 倍。此外,我国主要江河都出现过连续枯水年和连续丰水年。降雨径流除时间上分配不均外,全国水土资源很不平衡,长江流域及其以南地区的耕地占全国耕地面积的 38%,而河川径流量占全国 83%;黄、淮、海、辽四河流域内耕地面积占全国的 42%,但河川年径流量只占全国的 8%。我国是世界上水力资源最丰富的国家,全国水能蕴藏量 6.76 亿 kW,但位于人烟稀少的雅鲁藏布江与西南其他国际河流的水能蕴藏量占全国的 37%;长江、黄河的水力资源,也主要位于我国西部和西南部山区的上游河段。人口稠密、经济发达的东部地区水力资源相当贫乏。

11.1.1 径流调节的涵义

河川径流在时间上分配不均匀,往往难以满足用水部门的需要,使总水量不能充分利用。大多数用水部门(例如灌溉、发电、航运等)都有特定的过程要求。天然径流过程往往与需水过程不能吻合。例如,我国很多流域在水稻插秧期需水较多,而这时河川径流量却往往很少;冬季发电需水量较多,而一般河流都处于枯水期。为充分利用河川径流,就需要兴建水利工程,人为地将天然径流在时间上重新进行分配,以满足各水利部门对水量的需要。从防灾的角度考虑,由于河川径流年内大部分水量往往集中于汛期几个月,而河槽宣泄能力有限,常造成洪水泛滥,为了减轻洪涝灾害,也需要对河川径流进行控制和调节。除在时间上进行径流调节外,还需要通过跨流域调水工程在地区上进行径流调节,例如引江济黄、引松济辽、引滦入津和正在修建的南水北调工程等。

狭义的径流调节的涵义:通过建造水利工程(闸坝和水库等),控制和重新分配河川径流,人为地增减某一时期或某一地区的水量,以适应各用水部门的需要。更简洁地说，就是通过兴建蓄水和调节工程，调节和改变径流的天然状态，解决供需矛盾，达到兴利除害的目的。

广义的径流调节的涵义：人类对整个流域面上（包括地面及地下）径流自然过程的一切有意识的干涉。例如流域上众多的群众性水利工程的蓄水、拦水、引水措施，各种农林措施和水土保持工程等，其目的都在于拦蓄地表径流，增加流域入渗，以防止水土流失，有利于防洪和兴利。这种广义的径流调节情况多样，需要大量调查对比资料和特定的综合估算方法。一般可把它归为水文分析中人类活动对径流影响的估算问题。本章主要阐述以水库为中心的狭义的径流调节计算。

11.1.2 径流调节的分类

建造水库调节河川径流，是解决来水与需水之间矛盾的一种常用的、有效的方法。根据不同的自然条件和要求，从不同角度对径流调节进行分类，有助于了解水库设计与运行中的不同特点。

11.1.2.1 按调节周期分类

调节周期是指水库一次蓄泄循环经历的时间，即水库从库空到库满再到库空所经历的时间。根据调节周期，水库可分为无调节、日调节、周调节、年（季）调节和多年调节等。

1. 无调节、日调节和周调节

无调节是指调节周期为零，供水过程与来水过程一致，常见于发电与航运。日调节、周调节等短期调节，通常用于发电、供水水库。枯水期河川径流在一天或一周内的变化一般较小，而用电负荷和生产生活用水在白天和夜晚，或工作日和休息日之间，差异甚大。有了水库，就可把夜间或休息日用水少时的多余水量，蓄存起来用以增加白天或工作日的正常供水。这种调节称日调节和周调节。

2. 年调节或季调节

我国一般河川径流季节变化很大。洪水期和枯水期水量相差悬殊，而多数用水部门如发电、航运、供水等，在一年内需水量变化不大。因此往往感到枯水期水量不足，洪水期过剩。这就要求在一年范围内进行天然径流的重新分配，将汛期多余水量调剂到枯水期使用，称为年调节或季调节，其调节周期为一年。

3. 多年调节

如果水库很大可将丰水年多余的水量蓄入库内，弥补枯水年水量的不足，就称为多年调节。这种水库的有效库容一般并非年年蓄满或放空，它的调节周期要经过若干年。

在特定的位置上，水库库容越大，其调节径流的周期（即蓄满—放空—蓄满的循环时间）就越长，调节和利用径流的程度也越高。多年调节水库一般可同时进行年、周和日的调节。年调节水库可同时进行周和日的调节。

11.1.2.2 按服务目标分类

径流调节可分为灌溉、发电、供水、航运及防洪除涝等。它们在调节要求和特点上各有不同。但目前水库已较少为单目标开发，一般都是以一二个目标为主进行综合利用径流调节。在多目标开发中，按调节的对象和重点可分为洪水调节和枯水调节两大类。前者重点在于削减洪峰和调蓄洪量，后者则是为了增加枯水期的供水量，以满足各用水部门的要求。

11.1.2.3 其他形式的调节

其他形式的调节包括补偿调节、反调节、库群调节等。

（1）补偿调节。当水库与下游用水部门的取水口间、有区间入流时，因区间来水不能控制，故水库调度要视区间来水多少，进行补偿调节。

（2）反调节。日调节的水电站下游，若有灌溉取水或航运要求时，往往需要对水电站的放水过程进行一次再调节，以适应灌溉或航运的需要，称为反调节。

（3）库群调节。河流上有多个水库时，如何研究它们的联合运行，以最有效地满足各用水部门的要求，库群调节是更复杂的径流调节，也是开发和治理河流的发展方向。

11.1.3　水库特性曲线

在河流上拦河筑坝形成人工的水体用来进行径流调节，这就是水库。一般地说，坝筑得越高，水库的容积（简称库容）就越大。但在不同的河流上，即使坝高相同，其库容也很不相同，这主要与库区内的地形有关。如库区内地形开阔，则库容较大，如为一峡谷，则库容较小。此外，河流的纵坡对库容大小也有影响，坡降小的库容较大，坡降大的库容较小。根据库区河谷形状，水库有河道型和湖泊型两种。

水库的形体特征，其定量表示主要就是水库水位面积关系和水库水位容积关系。

为绘制水库水位面积和水库水位库容关系曲线，一般可根据 1/10000～1/5000 比例尺的地形图（图 11-1），用求积仪求得不同高程时水库的水面面积，如果有数字化地形图，利用 GIS 软件可以方便地量算出水库水面面积，然后以水位为纵坐标，以水库面积为横坐标，画出水位面积关系曲线。再以此为基础可分别计算各相邻高程之间的部分容积，自河底向上累加得相应水位之下的库容，即可画出水位库容的关系曲线。相邻高程间的部分容积计算公式为

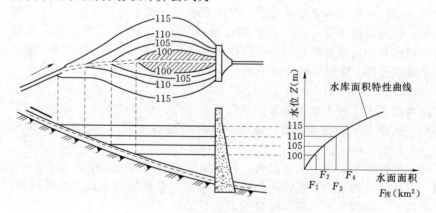

图 11-1　水库面积特性绘法示意图

$$\Delta V = \frac{F_1 + F_2}{2} \Delta Z \qquad (11-1)$$

式中　ΔV——相邻高程间（即相邻两条等水位线间）的容积，m^3；

　　F_1，F_2——相邻上、下两条等水位的水库面积，m^2；

ΔZ——相邻上、下两条等水位的水位差，m。

或用较精确的公式

$$\Delta V = \frac{1}{3}(F_1 + \sqrt{F_1 F_2} + F_2)\Delta Z \qquad (11-2)$$

水库水位面积和库容曲线的一般形状，如图 11-2 所示。

总库容是水库最主要的一个指标。通常按总库容的大小，把水库区分为五级，见表 8-2 第（2）、（3）栏。

11.1.4 水库的特征水位和相应库容

在水库规划设计中水利计算的任务，就是要根据河流的水文条件和各用水部门的需水及保证率，通过调节计算和经济论证，来确定水库的各种特征水位及相应库容。它们是确定主要水工建筑物的尺寸（如坝高和溢洪道大小），估算工程效益（如防洪、灌溉、发电、航运、供水等）的基本依据。

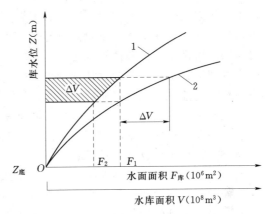

图 11-2 水库水位面积和库容曲线
1—水库面积特性；2—水库容积特性

11.1.4.1 死水位和死库容

在正常运用情况下，水库允许消落的最低水位称为死水位。死水位以下的库容称为死库容或垫底库容。死库容在一般情况下是不能动用的，除非特殊干旱年份，为了满足应急供水或发电需要，经慎重研究，才允许临时动用死库容内的部分存水。

确定死水位所应考虑的主要因素包括：①保证水库在使用年限内有足够的供泥沙淤积的库容；②保证水电站所需要的最低水头和自流灌溉必要的引水高程；③满足库区航深和渔业的要求；④满足旅游、水质方面的要求。

11.1.4.2 正常蓄水位和兴利库容

在正常条件下，为了满足兴利部门枯水期的正常用水，水库在供水期初应蓄到的水位称为正常蓄水位。正常蓄水位又称正常高水位或设计蓄水位。它是供水期可长期维持的最高水位。正常蓄水位到死水位之间的库容，是水库实际可用于调节径流的库容，称为兴利库容，又称调节库容或有效库容。正常蓄水位与死水位之间的水位差称为工作深度或消落深度。

正常蓄水位是设计水库时需确定的重要参数，它直接关系到一些主要水工建筑物的尺寸、投资、淹没、人口迁移及政治、社会、环境影响等许多方面，因此，需要经过充分的技术经济论证，全面考虑，综合分析确定。

11.1.4.3 防洪限制水位和结合库容

水库在汛期允许蓄水的上限水位称为防洪限制水位，又称汛期限制水位（简称汛限水位）。多数水库汛限水位低于正常高水位，汛限水位到正常高水位之间的库容称为结合库容，又称重叠库容。该库容在汛期用于防洪，在枯季用于兴利，由此可见，所谓防洪限制水位，实际上是结合库容的下边界相应的水位。

并非所有的水库都适合设置结合库容,设置结合库容的必要条件是,水库所在流域必须有较明确的汛期和枯季交替时间界面,如果水库所在流域汛期和枯季分季不明,就不适合设置结合库容。如果水库所在流域不仅存在明显的汛期和枯季交替界面,而且还存在明显的洪水大小的阶段差异,则该水库还具备了设置分期防洪限制水位的必要条件。但具备设置防洪限制水位必要条件的水库,并不一定适合设置汛限水位,影响汛限水位设计的因素很多,必须综合考虑技术经济因素,引水建筑物高程与通航水深要求、泥沙淤积以及对发电等其他兴利部门的影响。

11.1.4.4 防洪高水位和防洪库容

当遭遇下游防护对象的设计标准洪水时,水库从防洪限制水位开始,按一定规则调洪演算,为控制下泄流量而拦蓄洪水,在坝前达到的最高水位称防洪高水位。防洪高水位与防洪限制水位之间的库容称为防洪库容。当有不同时期防洪限制水位时,防洪库容指最低的汛期限制水位与防洪高水位之间的库容。

11.1.4.5 设计洪水位和拦洪库容

当水库遭遇大坝设计标准洪水时,水库从防洪限制水位开始,按一定规则调洪演算,为控制下泄流量而拦蓄洪水,在坝前达到的最高水位称设计洪水位。它是正常运用情况下允许达到的最高水位,也是水工建筑物稳定计算的主要依据。设计洪水位与防洪限制水位之间的库容称为拦洪库容。由于大坝的设计标准一般要比下游防护对象的防洪标准高,所以设计洪水位一般高于防洪高水位。

11.1.4.6 校核洪水位和调洪库容

当水库遭遇大坝校核标准洪水时,从防洪限制水位开始,按一定规则调洪演算,为控制下泄流量而拦蓄洪水,在坝前达到的最高水位称校核洪水位。它是非常运用情况下允许达到的最高水位。校核洪水位与防洪限制水位之间的库容称为调洪库容。

11.1.4.7 总库容

校核洪水位以下的全部库容,称为水库总库容。

校核洪水位加上一定的风浪高和安全超高,就是坝顶高程。水库各种特征水位及其相应库容,如图 11-3 所示。

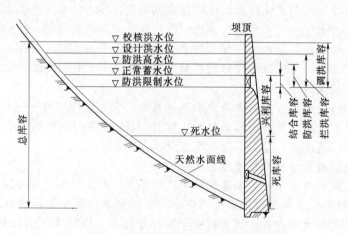

图 11-3 水库特征水位和相应库容示意图

11.1.5　设计保证率

水库在多年工作期间正常用水得到保证的程度常用正常供水保证率（简称设计保证率）来表示。设计保证率有三种不同的衡量方法，即按保证供水的数量，按保证供水的历时，按保证供水的年数来衡量。三者都是以多年工作期中的相对百分数表示。目前在水库的规划设计中最常用的是第三种衡量方法。例如灌溉水库、年调节以上的水电站、工业和民用供水工程等都用水库在多年工作期中能保证正常工作的相对年数表示，即

$$P(\%)=\frac{总年数-破坏年数}{总年数}\times100\%=\frac{正常工作年数}{总年数}\times100\% \qquad (11-3)$$

无调节或日调节水电站及航运部门一般用正常工作的相对日数（历时）表示保证率，即

$$P(\%)=\frac{总历时-破坏历时}{总历时}\times100\%=\frac{正常工作历时}{总历时}\times100\% \qquad (11-4)$$

设计保证率的高低与用水部门的重要性和工程的等级有关。设计保证率越高，用水部门的正常工作受破坏的机会就越小，但所需的水库容积就越大。反之，如设计保证率越低，则库容可以较小，但正常工作破坏的机会就多。保证率是对工程投资和经济效益影响很大的一个参数。水利计算的任务，是通过调节计算获得设计保证率、库容和调节流量之间的关系，为进一步的经济分析和参数选择提供足够的方案。

11.2　年调节水库径流调节计算方法

11.2.1　径流调节计算基本原理

水库蓄水量变化过程的计算称为径流调节计算。它首先将整个调节周期划分为若干较小的计算时段，然后逐时段进行水量平衡计算，单时段水量平衡公式为

$$V_t-V_{t-1}=(Q_{入,t}-\sum Q_{用,t}-Q_{蒸,t}-Q_{渗,t}-Q_{弃,t})\Delta T \qquad (11-5)$$

式中　V_t，V_{t-1}——第 t 时段末、初水库的蓄水量，m^3；

　　　　$Q_{入,t}$——第 t 时段平均入库流量，m^3/s；

　　　　$\sum Q_{用,t}$——第 t 时段各用水部门的综合用水流量，m^3/s；

　　　　$Q_{蒸,t}$——第 t 时段蒸发损失，m^3/s；

　　　　$Q_{渗,t}$——第 t 时段渗漏损失，m^3/s；

　　　　$Q_{弃,t}$——第 t 时段的无益弃水流量，m^3/s；

　　　　ΔT——计算时段长，s。

时段 ΔT 的长短，根据调节周期的长短及入流和需水变化情况而定。对于日调节水库，ΔT 可取小时为单位；年调节水库 ΔT 可加长，一般枯水季按月，洪水期按旬或更短的时段。选择时段过长会使计算所得的调节流量或调节库容产生较大的误差，且总是偏于不安全。选择时段越短，计算工作量越大。

11.2.2　年调节水库时历法

一般说来，径流调节计算的任务有两类：

（1）在已知天然来水过程和用水部门需水过程的情况下，求水库所需兴利库容。

（2）在已知来水过程和水库兴利库容的情况下，求水库可提供的调节流量。

本节以年调节水库为例，分别介绍时历法的三种基本方法——列表法、简化水量平衡公式法和差积曲线法。

在水利计算中一般不用日历年，而采用水利年。水利年以水库蓄泄循环过程作为一年的起迄点，通常取水库开始蓄水作为一年的起点，以水库放空作为一年的终点。水利年不一定每年正好 12 个月，调节计算时应根据实测流量资料确定。

11.2.2.1 列表法

列表法调节计算能较严格、较细致地考虑需水和水量损失随时间的变化。它是一种最通用的方法。

【例 11-1】 已知某年来水与用水部门的需水量过程如表 11-1 中第（2）栏和第（3）栏，采用 3 月至次年 2 月作为水利年进行调节计算，取计算时段 ΔT 为一个月，求该年所需兴利库容。

解： 建立计算表 11-1。

表 11-1 中第（1）栏为月份，由于一年内不同月份的天数不同，所以每个计算时段的实际秒数并不相同，在列表法调节计算时可以仔细地考虑这一点。但在实用上，为了简便起见，ΔT 一般采用常数，即取平均值 $\Delta T = 1$ 月 $= 30.4\text{d} = 2626560\text{s}$。第（2）栏该年的入库流量对于水利计算而言是已知的，第（3）栏用水部门需水量根据用水部门需水量和各用水部门之间的相互关系计算确定。

当 ΔT 为固定常数时，在水利计算中常用（流量·时间）为单位来表示水量，例如 $[(\text{m}^3/\text{s}) \text{月}]$ 或 $[(\text{m}^3/\text{s}) \text{日}]$。$1 [(\text{m}^3/\text{s}) \text{日}] = 1\text{m}^3/\text{s} \times 86400\text{s} = 86400\text{m}^3$。同理 $1 [(\text{m}^3/\text{s}) \text{月}] = 2626560\text{m}^3$。采用这种单位可以大大简化调节计算。

表 11-1 中的第（4）栏和第（5）栏分别表示各月的余水、亏水量（来水量与用水量的差值）。

本例中 9 月至次年 2 月为亏水期，6 个月总亏水量 67.8 $[(\text{m}^3/\text{s}) \text{月}]$，即 1.78 亿 m^3，也就是说为了保证全年各月 20.0m^3/s 的用水流量，水库在亏水期需要补充 67.8 (m^3/s) 月的水量。

本例中 3 月到 8 月为余水期，6 个月总余水量为 194.3 $[(\text{m}^3/\text{s}) \text{月}]$。余水期多余的水量远远超过亏水期所缺少的水量。所以余水期只需要蓄 67.8 $[(\text{m}^3/\text{s}) \text{月}]$ 的水量，即可满足本年用水需要，此数据即为该年所需兴利库容，表示该年必须有 67.8 $[(\text{m}^3/\text{s}) \text{月}]$ 的库容，用以存蓄水量，否则本年亏水期 6 个月就不能正常供水 20m^3/s。

求得水库调节库容后，根据水库的运行方式可得出水库各月的蓄水量变化情况 [表 11-1 中第（6）栏] 及水库弃水情况 [表 11-1 中第（7）栏]，水库从该年 3 月初库空开始蓄水，到 5 月下旬水库蓄满。由于 5 月下旬及 6~8 三个月来水仍超过用水需要，因此多余的水量被迫放弃，水库保持满库状态。9 月开始进入供水期，为了满足用水要求，水库蓄水量不断下降，一直到次年 2 月底放空，完成一次循环。

表 11-1 水库蓄水量系指有效蓄水量未包括死库容（表 11-2、表 11-3 中情况相同）。水库的蓄水量过程与水库运行操作方式密切相关，两种极端运行方式为早蓄

方案和迟蓄方案（或晚蓄方案）。所谓早蓄方案，就是水库在余水期，有余水就蓄，兴利库容蓄满后还有多余水量再弃水，早蓄方案一般采用顺时序计算。所谓迟蓄方案（或晚蓄方案），就是在保证蓄水期末水库蓄满的前提下，有多余的水先弃后蓄，迟蓄方案（或晚蓄方案）采用逆时序计算较为便利。表 11-1 中采用的是早蓄方案。早蓄方案和迟蓄方案或晚蓄方案都是理论上的操作方式。介绍这两种方式，主要是为了有助于对径流调节计算的理解，而在水库实际运行时，一般并不按这两种极端方式操作。

　　水库运行方式不同，水库的蓄水过程和弃水过程不同，但基本的水量平衡关系保持不变。表 11-1 中，年来水量 366.5 [（m³/s）月]，应等于该年用水量与弃水量之和，即 240+126.5=366.5 [（m³/s）月]；该年余水量 194.3 [（m³/s）月]，应等于亏水量与弃水量之和，即 67.8+126.5=194.3 [（m³/s）月]。这些可作为列表计算的校核。

表 11-1　　　　　　　　　　　　列表法年调节计算 （一回运用）

月份	来水流量 (m³/s)	用水流量 (m³/s)	余水量 [(m³/s)月]	亏水量 [(m³/s)月]	水库蓄水量 [(m³/s)月]	弃水量 [(m³/s)月]	备注
(1)	(2)	(3)	(4)	(5)	(6)	(7)	(8)
3	31.1	20.0	11.0		0		库空蓄水
4	40.4	20.0	20.4		11.1		
5	68.2	20.0	48.2		31.5		
6	85.8	20.0	65.8		67.8	11.9	库满弃水
7	58.2	20.0	38.2		67.8	65.8	
8	30.6	20.0	10.6		67.8	38.2	
9	13.4	20.0		6.6	67.8	10.6	
10	6.5	20.0		13.5	61.2		供水
11	3.2	20.0		16.8	47.7		
12	4.4	20.0		15.6	30.9		
1	9.2	20.0		10.8	15.3		
2	15.5	20.0		4.5	4.5		
合计	366.5	240.0	194.3	67.8	0	126.5	

　　例 11-1 中一年只有一个余水期和一个亏水期，称为一回运用。由于来水和年内分配不同，一年内可能有若干个余水期和亏水期。

　　【例 11-2】　已知某年来水与用水部门的需水量过程如表 11-2 中第 (2) 栏和第 (3) 栏，取计算时段 ΔT 为一个月，采用 3 月至次年 2 月作为水利年，求该年所需兴利库容。

　　解：建立计算表 11-2。

　　表 11-2 中有两个余水期、两个亏水期称为两回运用。该年 6、7 两个月亏水量为 12.8 [（m³/s）月]。10 月至次年 1 月亏水量为 48.6 [（m³/s）月]。这种情况确定该

年所需库容，主要看两个亏水期中间余水期的余水量。本例中为保证6、7月的用水，需要6月初水库蓄水12.8［(m³/s)月］，为保证10月至次年1月的用水需要10月初水库蓄水48.6［(m³/s)月］。如果6月初水库蓄满，由于8、9余水能够补充6、7月的亏水，则10月初水库仍然能够蓄满。所以，该年的兴利库容为10月至次年1月亏水量，等于48.6［(m³/s)月］。表11-2中9月末为库满点，即9月末水库必须蓄水48.6［(m³/s)月］，否则就不能保证该年10月至次年1月供水流量20m³/s。次年1月末为空库点，此时兴利蓄水恰好用完，2月不需水库供水。

表11-2中第(6)、第(7)两栏为确定该年兴利库容后，采用早蓄方案，顺时序计算的水库蓄水过程和弃水过程。第(8)、第(9)两栏为采用迟蓄(或晚蓄方案)，逆时序计算的水库蓄水过程和弃水过程，两种操作方式水库蓄水过程不同，但弃水总量相同。

表 11-2　　　　　　　　列表法年调节计算（多回运用）

月份	来水流量 (m³/s)	用水流量 (m³/s)	余水量 [(m³/s)月]	亏水量 [(m³/s)月]	（早蓄方案）		（迟蓄或晚蓄方案）	
					水库蓄水量 [(m³/s)月]	弃水量 [(m³/s)月]	水库蓄水量 [(m³/s)月]	弃水量 [(m³/s)月]
(1)	(2)	(3)	(4)	(5)	(6)	(7)	(8)	(9)
3	33.2	20.0	13.2		↓0		0	13.2
4	53.8	20.0	33.8		13.2		0	33.8
5	71.0	20.0	51.0		47.0	49.4	0	23.7
6	12.2	20.0		7.8	48.6		27.3	
7	15.0	20.0		5.0	40.8		19.5	
8	40.0	20.0	20.0		35.8	7.2	14.5	
9	34.1	20.0	14.1		48.6	14.1	34.5	
10	11.0	20.0		9.0	48.6		48.6	
11	8.1	20.0		11.9	39.6		39.6	
12	7.8	20.0		12.2	27.7		27.7	
1	4.5	20.0		15.5	15.5		15.5	
2	20.0	20.0		0	0			
合计	310.7	240.0	132.1	61.4	0	70.7	↑0	70.7

【例 11-3】　已知年来水与用水部门的需水量过程如表11-3中第(2)栏和第(3)栏，取计算时段 ΔT 为一个月，采用3月至次年2月为水利年，求该年所需兴利库容。

解：建立计算表11-3。

表11-3中有三个余期、三个亏水期。对于两回以上运用的情形，可以两两计算，将多回运用转化为若干个两回运用。本例中，先研究9月至12月这一段时间，

该段时间内 9 月和 11、12 月为亏水期，其中 10 月水量有余，因为 10 月的余水量大于 9 月的亏水量，因而在 9 月至 12 月这一段时间，为满足用水，库容只需 26.3 (m^3/s) 月（等于 11 月与 12 月的亏水量），无需为 9 月增设库容。再研究该年 11 月至次年 2 月的情况，因为次年 1 月的余水量既小于该年 11、12 月的亏水量，又小于次年 2 月的亏水量，这种情况，为满足该年全年供水不小于 $20m^3/s$，库容必须等于该年 11 月至次年 2 月余水、亏水量的代数和，即

$$V_{\text{兴}} = 26.3 + 10.0 - 8.5 = 27.8 [(m^3/s)\text{月}]$$

该年 10 月末为满库点，此时水库必须蓄水 27.8 [(m^3/s) 月]。2 月末为空库点，此时水库兴利蓄水量正好用完。表 11-3 中第 (6)、第 (7) 两栏为采用早蓄方案，顺时序计算的蓄水过程和弃水过程。第 (8)、第 (9) 两栏系采用迟蓄或晚蓄方案，逆时序计算的水库蓄水过程和弃水过程，两种操作方式水库蓄水过程不同，但弃水总量相同。

表 11-3　　　　　　　　　列表法年调节计算（多回运用）

月份	来水量 (m³/s)	用水量 (m³/s)	余水量 [(m³/s)月]	亏水量 [(m³/s)月]	早蓄方案 水库蓄水量 [(m³/s)月]	早蓄方案 弃水量 [(m³/s)月]	迟蓄或晚蓄方案 水库蓄水量 [(m³/s)月]	迟蓄或晚蓄方案 弃水量 [(m³/s)月]
(1)	(2)	(3)	(4)	(5)	(6)	(7)	(8)	(9)
3	31.2	20.0	11.2		↓0 / 11.2		0	11.2
4	48.0	20.0	28.0		27.8	11.4	0	28.0
5	52.1	20.0	32.1		27.8	32.1	0	32.1
6	65.0	20.0	45.0		27.8	45.0		45.0
7	42.0	20.0	22.0		27.8	22.0	7.6	14.4
8	39.0	20.0	19.0		27.8	19.0	26.6	
9	16.0	20.0		4.0	23.8		22.6	
10	25.2	20.0	5.2		27.8	1.2	27.8	
11	6.3	20.0		13.7	14.1		14.1	
12	7.4	20.0		12.6	1.5		1.5	
1	28.5	20.0	8.5		10.0		10.0	
2	10.0	20.0		10.0	0		↑0	
合计	370.7	240.0	171.0	40.3	0	130.7	↑0	130.7

概括表 11-1～表 11-3 中的计算情况可以知道，要正确推求各年所需库容，关键在于确定该年真正的供水期，表 11-1 比较简单，供水期为该年 9 月至次年 2 月。表 11-2 为该年 10 月至次年 1 月，该年 6、7 月虽然亏水，但 8、9 月余水量较大，可一起划入余水期。表 11-3 中供水期为该年 11 月至次年 2 月，9 月虽然亏水，但 10 月余水量较大也应划入余水期，次年 1 月虽满足用水有余，但从全年来讲还属于供水期。

　　某年供水期确定后，该年所需库容等于供水期的累积亏水量，如供水期内有余有亏，则求其代数和。

　　两回运用是多回运用列表法调节计算的基础，两个余水期与两个亏水期基本形式可以用图 11-4 表示。图中 T_2、T_4、T_3 分别表示第一个亏水期、第二个亏水期和两个亏水期之间的余水期，$T_供$ 为供水期。V_2、V_4、V_3 分别表示第一个亏水期亏水量、第二个亏水期亏水量和两个亏水期之间的余水期的余水量。兴利库容的确定如下：

　　(1) 当 $V_3 \leqslant \min(V_2, V_4)$　　$V_兴 = V_2 + V_4 - V_3$　　$T_供 = T_2 + T_3 + T_4$。

　　(2) 否则，当 $V_3 > \min(V_2, V_4)$，$V_兴 = \max(V_2, V_4) = V_k$　　$T_供 = T_k$　　$k=2$ 或 4。

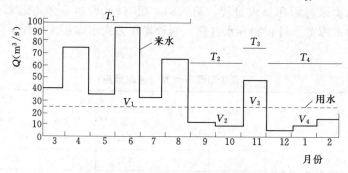

图 11-4　多回运用调节计算示意图

　　上述用分析余水量和亏水量确定库容的方法，有助于理解调节流量与所需库容的关系，但比较麻烦，下面介绍一种较为简单的方法。

　　另一种确定该年所需库容的方法是：不进行上述分析讨论，从空库点开始根据上述表中第 (4)、第 (5) 两栏的数值进行逆时序逐时段作水量平衡计算，就可直接求得所需库容和蓄水过程。表 11-2 中第 (8)、第 (9) 栏表示了从次年 1 月末空库点开始，用水量平衡公式逆时序计算，求得迟蓄方案水库蓄水过程和弃水过程。表 11-3 中第 (8)、第 (9) 栏表示了从次年 2 月末开始，根据第 (4)、第 (5) 两栏数值逆时序计算，求得迟蓄方案的蓄水过程和弃水过程。表 11-2、表 11-3 中第 (8) 栏的最大值就是所求的兴利库容。

　　图 11-5 和图 11-6 为例 11-2、例 11-3 调节计算结果图，图 11-5 (a) 和图 11-6 (a) 为来水和用水过程。分别与表 11-2 和表 11-3 中第 (2) 栏、第 (3) 栏数字相应，其中弃水过程只绘出了早蓄方案。图 11-5 (b) 和图 11-6 (b) 为水库蓄水过程，在蓄水期早蓄和迟蓄不同，在供水期早蓄和迟蓄过程相同。相应数据见表 11-2、表 11-3 中第 (6) 栏、第 (8) 栏。

11.2.2.2　简化水量平衡公式法

　　在规划设计中如果各月需水量为常数，或可简化为常数，则无需每年列表逐月计算，只需将每年划分成两个计算时段——蓄水期和供水期，然后进行水量平衡计算，就能求得所需结果。这就是下面所介绍的简化水量平衡公式调节计算方法。

　　前面已经说明，水库调节库容取决于供水期最大累积亏水量，即

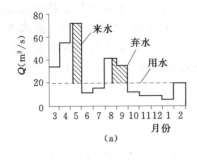
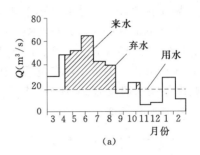
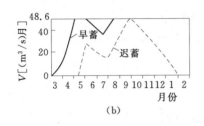
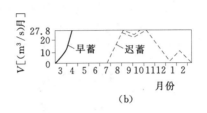

图 11-5　水库多回运用一　　　　图 11-6　水库多回运用二

$$V = Q_{调} T_{供} - W_{供} \tag{11-6}$$

式中　V——水库兴利库容或调节库容，m^3；

　　　$Q_{调}$——水库用水流量或调节流量，m^3/s；

　　　$W_{供}$——供水期水库天然来水量，m^3；

　　　$T_{供}$——供水期历时，s。

当调节流量已知时，利用式（11-6）可确定调节库容 V，反之，当已知调节库容 V 时，也可利用该式来计算调节流量 $Q_{调}$，即

$$Q_{调} = \frac{W_{供} + V}{T_{供}} \tag{11-7}$$

用这种方法进行计算虽很方便，但必须注意两个问题：

（1）所定供水期 $T_{供}$ 必须正确，特别是在多回运用时或已知库容求调节流量时，$T_{供}$ 往往要由试算确定。

（2）必须检验蓄水期末水库是否能保证蓄满，即下面不等式应成立

$$W_{蓄} - Q_{调} T_{蓄} \geqslant V \tag{11-8}$$

式中　$W_{蓄}$——蓄水期天然来水总量，m^3；

　　　$T_{蓄}$——蓄水期历时，s。

【例 11-4】　某水库坝址处有 30 年水文资料，表 11-4 所示是其中一年的来水流量过程，如果调节流量 $Q_{调} = 20 m^3/s$，试用简化水量平衡公式求该年所需库容。

表 11-4					某　年　来　水　过　程						单位：m^3/s	
月份	3	4	5	6	7	8	9	10	11	12	1	2
流量	31.2	48.0	52.1	65.0	42.0	39.0	16.0	25.2	6.3	7.4	28.5	10.0

解：（1）确定供水期。由于 $Q_{调}=20\text{m}^3/\text{s}$，所以从来水过程显然可以确定 11 月、12 月肯定属于供水期；9 月来水小于 $20\text{m}^3/\text{s}$，但 9 月、10 月两个月总来水量 $=16.0+25.0=41.0$（m^3/s）月，大于 $2\times20=40$（m^3/s）月，9 月不属供水期。

2 月来水小于 $20\text{m}^3/\text{s}$，1 月、2 月两个月总来水量 $28.5+10.0=38.5$（m^3/s）月，小于 40（m^3/s）月，2 月应包括在供水期之内。

因此该年供水期应为 11 月至次年 2 月，共 4 个月。

（2）确定所需库容

$$W_{供}=\sum_{11}^{2}Q\Delta t=6.3+7.4+28.5+10.0=52.2[(\text{m}^3/\text{s})\text{月}]$$

$$Q_{调}\ T_{供}=20\times4=80(\text{m}^3/\text{s})\text{月}$$

$$V=Q_{调}\ T_{供}-W_{供}=80-52.2=27.8[(\text{m}^3/\text{s})\text{月}]$$

（3）检验 $W_{蓄}-Q_{调}\ T_{蓄}$ 是否大于 V

$$W_{蓄}=\sum_{3}^{10}Q\Delta t=318.5[(\text{m}^3/\text{s})\text{月}]$$

$$Q_{调}\ T_{蓄}=20\times8=160[(\text{m}^3/\text{s})\text{月}]$$

$$W_{蓄}-Q_{调}\ T_{蓄}=318.5-160=158.5[(\text{m}^3/\text{s})\text{月}]>V$$

实际上本例来水、用水过程与表 11-3 相同，比较两种方法所求库容结果，可以看出两者是完全一致的，但本例计算过程较为简便。

下面介绍已知来水、兴利（调节）库容，应用简化水量平衡公式求调节流量的方法。

【例 11-5】　年来水过程同表 11-4，全年均匀供水，已知兴利库容 $V=40$ [（m^3/s）月]，试求该年可提供的调节流量。

解：（1）试算调节流量。

1）首先假定供水期为 11 月、12 月两个月，则由简化公式可得

$$Q_{调}=\frac{W_{供}+V}{T_{供}}=\frac{13.7+40}{2}=26.9(\text{m}^3/\text{s})$$

2）检验假定的供水期是否正确。由于在供水期之外的 9 月、10 月两个月平均流量只有 $20.6\text{m}^3/\text{s}$，1 月、2 月两个月平均流量只有 $19.3\text{m}^3/\text{s}$。显然，如果将兴利库容 40（m^3/s）月全部用于 11 月、12 月两个月，不能保证全年均匀供水 $26.9\text{m}^3/\text{s}$。于是重新假定供水期为 9 月至次年 2 月，并求得

$$Q_{调}=\frac{W_{供}+V}{T_{供}}=\frac{93.4+40}{6}=22.2(\text{m}^3/\text{s})$$

3）再检验新假定的供水期是否正确。由于求得的 $Q_{调}$ 大于 $20.6\text{m}^3/\text{s}$（9 月、10 月两个月平均流量）和 $19.3\text{m}^3/\text{s}$（1 月、2 月两个月平均流量），供水期之外的各月来水量大于 $22.2\text{m}^3/\text{s}$，说明这次假定的供水期和所求得的调节流量是正确的。

（2）检验蓄水期能否蓄满

$$W_{蓄}-Q_{调}\ T_{蓄}=277.3-22.2\times6=144.1[(\text{m}^3/\text{s})\text{月}]>V$$

从上面计算可以看出，对于已知来水和库容求调节流量的问题，用列表法或简化水量平衡公式法都需进行判别或试算，求解相当麻烦。而用图解法求解，在绘出差积曲线后，不管是已知调节流量求所需兴利库容，还是已知兴利库容求可提供的调节流

量，均较为方便。

11.2.2.3　差积曲线法

差积曲线是差累积曲线的简称，差积曲线的作法是，先将每个时段流量减去一个常数流量值（用 Q_0 表示），然后求各时段差量 $Q(i)-Q_0$ 的累积值，即得差积曲线的纵坐标值为

$$W(t) = \sum_{i=0}^{t} [Q(i) - Q_0] \Delta t \tag{11-9}$$

Q_0 通常采用接近于平均流量的某一整数值。

表 11-5 中第（6）栏根据第（2）栏数据和 $Q_0 = 30\text{m}^3/\text{s}$ 计算而得，第（7）栏的累积值由第（6）栏计算。第（7）栏中的数据就是差积曲线的坐标，依据第（7）栏数据绘出的差积曲线如图 11-7 所示。差积曲线具有的性质如下：

（1）差积曲线有升有降，$Q(i) \geqslant Q_0$ 曲线上升；当 $Q(i) < Q_0$，曲线下降。

（2）差积曲线上任意两点的纵坐标的差，等于该两点之间流过的水量与 Q_0 在同期内流过的水量之差。

（3）差积曲线上任意两点连线的斜率，为该两点之间的平均流量与 Q_0 的差。

表 11-5　　　　　　　　　　　　**累 积 曲 线 计 算 表**

月份	来水量 [(m^3/s)月]	累积来水量 [(m^3/s)月]	用水量 [(m^3/s)月]	累积用水量 [(m^3/s)月]	$(Q_\text{来}-Q_0)\Delta t$[1] [(m^3/s)月]	$\sum(Q_\text{来}-Q_0)\Delta t$ [(m^3/s)月]
(1)	(2)	(3)	(4)	(5)	(6)	(7)
3	31.1	↓0	20	↓0	1.1	0
4	40.4	31.1	20	20	10.4	1.1
5	68.2	71.5	20	40	38.2	11.5
6	85.8	139.7	20	60	55.8	49.7
7	58.2	225.5	20	80	28.2	105.5
8	30.6	283.7	20	100	0.6	133.7
9	13.4	314.3	20	120	−16.6	134.3
10	6.5	327.7	20	140	−23.5	117.7
11	3.2	334.2	20	160	−26.8	94.2
12	4.4	337.4	20	180	−25.6	67.4
1	9.2	341.8	20	200	−20.8	41.8
2	15.5	351.0	20	220	−14.5	21
合计	366.5	366.5	240	240	6.5	6.5

①　表中 $Q_0 = 30\text{m}^3/\text{s}$。

（4）差积曲线的性质（2）、（3）在差积曲线平移过程中保持不变。

利用差积曲线进行水库调节计算十分方便。现仍以表 11-5 中所列的来水及用水为例，予以说明。用差积曲线求调节库容的步骤如下：

（1）作来水的差积曲线，如图 11 - 8 所示。

（2）作用水（需水）差积曲线，如图 11 - 8 所示。

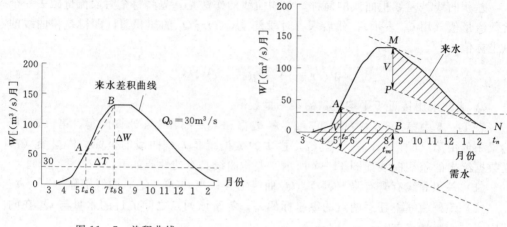

图 11 - 7　差积曲线　　　　　　　图 11 - 8　差积曲线求库容

（3）平移用水差积曲线与来水差积曲线外切于 M。

（4）平移用水差积曲线与来水差积曲线在 M 点的右下方切于 N，两条平行线的垂线截距即为兴利库容（图 11 - 8 中的 MP）。

图 11 - 8 中 MP 为什么是所求兴利库容呢？现补充说明如下：

根据差积曲线性质，差积曲线上任意两点连线的斜率，与该两点之间的平均流量成正比。M 点以左来水差积曲线的斜率大于需水差积曲线的斜率，表示 M 点以左来水流量大于需水流量，属于余水期；而 M 点以右来水差积曲线之斜率小于需水差积曲线之斜率，表示来水小于需水，因而属亏水期。M 点为余水期与亏水期的界点，为供水期初。

N 点以左来水差积曲线的斜率小于需水差积曲线的斜率，表示 N 点以左来水流量小于需水流量，属于亏水期，而 N 点以右来水差积曲线之斜率大于需水差积曲线之斜率，表示来水大于需水，属余水期。N 点为亏水期与余水期的界点，为供水期末。

综上，$[t_m, t_n]$ 为供水期。所以，$|MP| = \sum_{t_m}^{t_n} [q(t) - Q(t)] \Delta t$ 为供水期的累积亏水量，即为所需兴利库容 V。

如果水库在蓄水期的操作方式与前面列表法相同，采用早蓄方案，那么图 11 - 8 中 t_a 时刻，来水差积曲线与需水差积曲线之间纵坐标差值刚好等于调节库容 V 时，表示水库已蓄满，t_a 到 t_m 期间水库一直保持蓄满状态。图 11 - 8 中斜线部分表示水库各时刻的蓄水量，AB 线以上与来水差积曲线之间的纵坐标差值表示弃水量累积过程，这一年总弃水量为 MB。

这里必须再强调一下，调节库容取决于左上切点与右下切点两平行线之间的纵坐标差值，而决非左下切点与其后续之右上切点（图 11 - 8 中所示的 0 点与 M 点），因为这两点之间并非亏水期而是余水期，所以这两点两平行切线之间纵坐标差值为余水期总余水量，而不是所需兴利库容。

【例 11-6】　利用表 11-5 中数据，采用差积曲线法求兴利库容。

解：（1）作来水差积曲线。表 11-5 中第（6）与第（7）栏为来水差积曲线计算结果，利用表 11-5 中第（7）栏数据制作来水差积曲线（图 11-8）。

（2）作需水差积曲线。图 11-8 中需水差积曲线，系根据表 11-5 中第（4）栏数据绘制。其中 Q_0 采用 $30\text{m}^3/\text{s}$，由于该年需水量为 $20\text{m}^3/\text{s}$，小于 Q_0，故需水差积曲线之斜率为负。

（3）平移需水差积曲线。先平行移动需水累积曲线求其与来水累积曲线的切点 M，然后再在 M 的右下方求切点 N。

（4）求兴利库容。图 11-8 中 M 点及 N 点的纵坐标值分别为 134.3 和 6.5 ［（m^3/s）月］［见表 11-5 中第（7）栏］，9 月至次年 2 月的平均流量必然为 $\left(\dfrac{6.5-134.3}{6}\right)+30=8.7\text{m}^3/\text{s}$。又已知 N 点纵坐标值等于 6.5（m^3/s）月，9 月至次年 2 月的调节流量为 $20\text{m}^3/\text{s}$，则 P 点的纵坐标必定为 $6.5-(20-30)\times6=66.5$ ［（m^3/s）月］，库容必定为

$$V=MP=134.3-66.5=67.8[(\text{m}^3/\text{s})\text{月}]$$

差积曲线法对于多回运用调节计算特别方便，在多数情况下，该法不必去考虑水库是几回运用，以及余、亏水量的大小与排列次序等。只需按相同的方法去寻找外切点及其后续的右下切点。

【例 11-7】　利用表 11-2 中数据，采用差积曲线法求兴利库容。

解：（1）取 $Q_0=20\text{m}^3/\text{s}$，根据表 11-2 中第（2）栏的来水数据绘制来水差积曲线，如图 11-9 中 $AEBCD$。

（2）因为 $Q_{调}=Q_0=20\text{m}^3/\text{s}$，所以需水差积曲线为水平线，如图 11-9 中 CE。

（3）求该年所需调节库容。

由于需水差积曲线 CE 为水平线，显然图 11-9 最大纵坐标差值 BF 即为该年所需调节库容

$$V=BF=48.6[(\text{m}^3/\text{s})\text{月}]$$

E 点纵坐标高度 EJ 为晚蓄方案的累积弃水量；如果取 $HI=BF$，则 BH 为早蓄方案的累积弃水量。

【例 11-8】　利用表 11-3 中数据，采用差积曲线法求兴利库容。

解：（1）取 $Q_0=30\text{m}^3/\text{s}$，根据表 11-3 中第（2）栏的来水数据绘制来水差积曲线如图 11-10 中 $AEBCD$。

（2）因 $Q_{调}=20\text{m}^3/\text{s}$，小于 Q_0，所以需水差积曲线斜率为负，如图

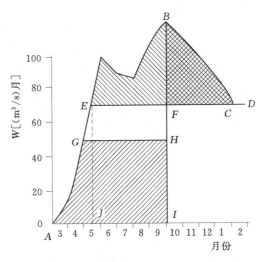

图 11-9　差积曲线求库容

11 - 10 中 DE。

（3）平移需水差积曲线与来水差积曲线相切于 C，平移需水差积曲线在 C 右下与来水差积曲线相切于 D，两平行线最大纵坐标差值 CF 为该年所需库容

$$V = 27.8[(m^3/s)月]$$

需水差积曲线 DE 在 E 点与差积曲线相交，据 EBCD 可确定迟蓄方案的水库蓄水过程。

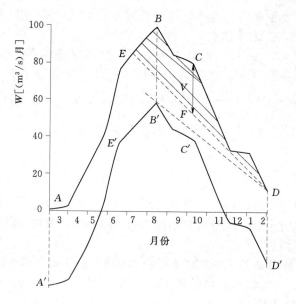

图 11 - 10　差积曲线求库容

将［例 11 - 7］、［例 11 - 8］的解题过程与列表法相比简单直观，图解法在处理多回运用时比列表法要简单得多。其中［例 11 - 7］比［例 11 - 8］更为简洁，原因是在［例 11 - 7］中 $Q_0 = Q_{调}$，需水差积曲线为水平线，M 点为来水差积曲线的最高点，N 点为来水差积曲线上 M 点右下的最低点，兴利库容为 M 点与 N 点的纵坐标之差。而例 11 - 8 中 $Q_0 \neq Q_{调}$，需水差积曲线为斜线，求两条平行线的最大纵截距比较困难。

特别提示，在已知来水与用水（可以是变动用水）过程，采用差积曲线法求兴利库容时，可以拓展常流量 Q_0 的含义，将式（11 - 10）定义为

$$W(t) = \sum_{i=0}^{t} [Q(i) - q(i)]\Delta t \tag{11 - 10}$$

利用式（11 - 10）制作差积曲线形式如图 11 - 9 所示，计算应该是最简便的，尤其适合于编写计算机程序。

对于另一类问题，即已知兴利库容，用差积曲线法求可提供的调节流量也很方便，其步骤是：①作来水差积曲线（Q_0 取接近多年平均流量的整数）；②将来水差积曲线向上或向下平移 V；③作两条差积曲线的公切线（先切下线后切上线），左切点

为 M ，右切点为 N ，当有多条公切线时选择斜率最小的（图 11 - 11）；④求公切线 MN 的斜率 k_{MN} ，所求调节流量为

$$Q_调 = k_{MN} + Q_0 \qquad\qquad (11 - 11)$$

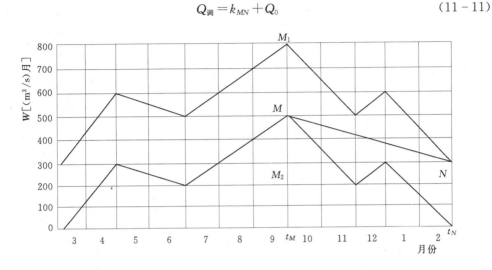

图 11 - 11　差积曲线求调节流量

【例 11 - 9】　已知 $V = 40$［(m^3/s) 月］，求图 11 - 10 中该年最大均匀调节流量。

解：（1）将来水差积曲线 $AEBCD$ 向下平移 $V = 40$［(m^3/s) 月］，得差积曲线的平行线 $A'E'B'C'D'$ ，图 11 - 10 中 $AA' = BB' = DD' = 40$［(m^3/s) 月］。

（2）作两平行曲线的公切线 $B'D$ ，$B'D$ 之间横坐标差值就是供水期。

（3）求调节流量

$$Q_调 = k_{B'D} + 30 = 22(m^3/s)$$

初学者必须特别注意做公切线时应先切下线后切上线，否则，得到的是蓄水期的一条公切线，计算结果只是相应蓄水期的平均调节流量，并非该年各月能达到的调节流量。因为供水期不可能达到这样的数值。

显然，用图解法调节计算过程要比前述列表法和简化水量平衡公式法直观得多。图解法的缺点是：作图比较费时；精度相对较差，且与图幅比尺有关；以上不足可以利用差积曲线原理，通过计算机程序来完成。

11.3　年调节水库保证供水量与设计库容之间的关系

11.2 节介绍了在已知某年来水的情况下，由调节流量求该年所需兴利库容或由兴利库容求该年调节流量的各种方法。

由于天然来水量每年不同，一年内径流分配亦多种多样，因此即使需水量每年固定不变，每年所需要的调节库容也是变化的，那么水库到底修多大才合适呢？或者在库容一定情况下，由于每年来水不同及径流年内分配不同，水库所能提供的调节流量亦是不同的，那么该水库到底能提供多大的调节流量呢？这就是本节所要回答的问

题。通常有两个途径，即长系列操作法和典型年法。

11.3.1　长系列操作法

　　假定有 N 年来水资料，用 11.2 节的三种方法中的任一种，可以对每一年来水资料，根据给定的需水，计算每年的所需调节库容。或者，根据已知调节库容求每年所能提供的调节流量。这样便可得到 N 个调节库容或 N 个调节流量。然后，将此 N 个调节库容或调节流量看成随机变量，用经验频率公式 $p=\dfrac{m}{n+1}$ 绘成调节库容或调节流量频率曲线，如图 11-12 所示。

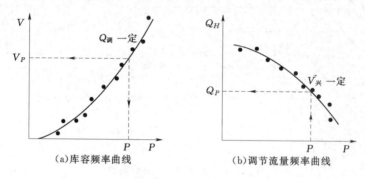

| （a）库容频率曲线 | （b）调节流量频率曲线 |

图 11-12　经验频率曲线

　　图 11-12（a）表示在需水一定的情况下，调节库容与设计保证率之间的关系；图 11-12（b）表示在库容一定的情况下，调节流量与设计保证率之间的关系。因此根据设计保证率 P，可以由图 11-12（a）查得相应的设计库容 V_P，或由图 11-12（b）查得保证的调节流量 Q_P。例如 $P=80\%$，根据查得的 V_P 来修建水库，表示今后在长期运行中平均每 100 年有 80 年所需要的调节库容不大于 V_P，因此这些年份肯定能保证正常供水而不遭受破坏。对于另外 20% 的年份，因来水很枯或年内分配很不利，所需库容大于 V_P，也就是说对这些特殊年份不能保证正常供水。如果实测资料（样本）能很好地代表总体的话，那么从长期运行角度来看，这样求得的 V_P 可使正常供水得到保证的概率正好符合设计保证率。

　　用相同的方法可以分析图 11-12（b）所求得的调节流量亦与设计保证率相符。但是有一点需要注意，即在绘制库容频率曲线时，库容是由小到大排序，表示在调节流量一定时，保证率愈高，所需兴利库容越大；而在绘制调节流量频率曲线时，调节流量是由大到小排序，表示在兴利库容一定时，保证率越高，所能提供的调节流量越小。

　　由此可见，长系列操作方法所求得的参数（即设计库容或保证供水量），其设计保证率的概念比较明确。所以凡条件许可均应按长系列操作法来确定参数。但是在下面两种情况下，可采用较简单的设计典型年法。

　　第一种情况是无资料地区，或资料不足时，无法采用长系列操作法。一般中小型水库常会遇到这种情况。

　　第二种情况是精度上要求不高，例如规划阶段，需要从大量方案中选几个可行的方案再进行详细计算，此时主要任务是选方案，而不是确定参数，为了简化计算同时又不影响方案之间相对优劣的比较。

11.3.2 典型年法

典型年法的要点是按设计保证率选择一条年来水过程线，作为设计典型年，然后根据此设计典型年去进行调节计算，求其调节库容或调节流量作为设计值。典型年法的成果决定于所选设计典型年。推求设计典型年过程线的方法有两种：一种是同倍比法，另一种是同频率法。

在水利计算时，典型年选择常用方法有两种：一种是以符合设计保证率的年水量为控制选择典型年，另一种是以符合设计保证率的水库供水期水量为控制选择典型年。

以年水量为控制的典型年法，其基本假定是调节库容或调节流量完全取决于相应设计保证率的年来水量，这个假定与一般情况不太符合，因为调节库容或调节流量不仅与年水量有关，还与年内分配有关，而且主要受供水期来水影响。只有在特殊情况下，即各年年内分配一致或变化不大的河流，水库的库容才与年水量呈比例关系，年水量的保证率才与调节库容（或调节流量）的保证率一致。相比之下，以供水期水量作控制选择典型年是比较合理的，因为水库库容取决于供水期的累积亏水量。

11.3.3 库容、调节流量与设计保证率三者之间的关系

前面主要是针对设计保证率 P 已选定情况下，如何根据需水量来计算设计库容，或根据调节库容来计算可以保证的供水量。但是在规划设计中更经常遇到的问题是：水库的正常蓄水位即兴利库容没有预先给定，水库所负担的供水任务也不是固定不变的。若水库修建得大一些，则水库的调节流量大，水头高，可以多发电，多灌溉，但水库的工程投资和淹没损失也将相应增大。这就需要通过效益和投资比较，从中选择最优方案。

所以径流调节计算的最一般任务是：在来水确定的情况下，推求调节库容，保证供水量和设计保证率三者之间的关系，为选择水利规划方案提供不同组合。

前面已解决在已知某调节流量的情况下，用长系列操作法或典型年法求不同设计保证率 P 与设计库容 V 的关系 [图 11-12 (a)]，若假定 n 个不同调节流量，用同样方法便可求得其相应 $V—P$ 关系，把它综合在一起，如图 11-13 (a) 所示，即为所求库容、调节流量与设计保证率三者之间的关系。

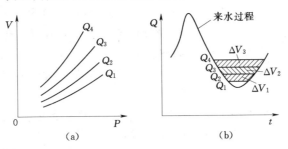

图 11-13 $V—Q—P$ 关系

由图 11-13 可见，$V-P$ 并非直线，随着保证率 P 的增加库容 V 增加很快。如果图中 Q_1、Q_2、Q_3、Q_4 为逐渐增加的等差数列，可以发现当 Q 越大时，图 11-13（a）中两条曲线之间的距离越大，即随着调节流量的增加，库容增加更迅速。在图 11-13（b）中可以清楚地看出，如果调节流量差值相等，即 $Q_2-Q_1=Q_3-Q_2=Q_4-Q_3=\Delta Q$，则库容差值必然是 $\Delta V_1<\Delta V_2<\Delta V_3$。同理，亦可证明在同一保证率的情况下，库容增值一定时，调节流量增加的速度是逐渐减小的，所以设计者应从中找出较为经济合理的调节库容和调节流量的配合方案。

11.4 时历法多年调节计算*

由水量平衡原理可知，当年需水量小于设计保证率所相应的年来水量时，水库不必跨年度蓄水，只需在每年汛期将一部分余水量蓄起来就能够补充枯水期用水之不足。这样的水库就是年调节水库。当需水量提高到刚好等于设计枯水年来水量时，或者需水量不变，随着设计保证率提高，设计枯水年来水随之减少，当减少到来水量与需水量相等时，只有将设计枯水年汛期多余的水量全部蓄起来，才能刚好补充枯水期用水之不足，水库无多余弃水，这时称该水库为完全年调节水库。如果需水量或设计保证率再提高，以至于设计枯水年总来水量小于年总需水量，这种情况要满足正常供水，必须跨年度调节，把丰水年多余的水量蓄起来，以补充枯水年水量之不足，这就需要多年调节。

若以 Q_P 表示来水频率曲线 $Q-P$ 上相应于设计保证率 P 的年平均流量，$Q_调$ 表示设计年平均需水流量，则：当 $Q_调<Q_P$ 时，水库为年调节；当 $Q_调=Q_P$ 时，水库为完全年调节；当 $Q_调>Q_P$ 时，水库为多年调节。

多年调节水库往往要经过若干个连续丰水年才能蓄满，再经过若干个连续枯水年才能使水库放空，因此完成一次蓄泄循环往往需要很多年。多年调节水库的调节库容或保证供水量取决于连续枯水年组的总亏水量，因此用时历法进行多年调节计算时，所需要的水文资料远较年调节为长，一般应具有 30 年以上，且能较好地代表多年变化情况的径流资料，否则所得结果与实际情况会相差较大。

时历法多年调节计算一般也是在已知来水过程的情况下，根据需水要求确定所需兴利库容，或根据已定调节库容推求能提供的调节流量。

【例 11-10】 假定某水库坝址断面有 35 年流量资料（表 11-6 中只列出了前 15 年），其多年平均流量 $Q=51.3\text{m}^3/\text{s}$。设计保证率 $P=90\%$ 时，相应设计年平均流量 $Q_P=27.5\text{m}^3/\text{s}$，若全年需水均匀，调节流量 $Q_调=40\text{m}^3/\text{s}$，求设计兴利库容。

解：（1）首先根据 $Q_调=40\text{m}^3/\text{s}$，按简化水量平衡公式将各水利年划分为余水期和亏水期。

（2）求各年余水期的余水量［表 11-7 第（3）栏］和亏水期的亏水量［表 11-7 第（4）栏］，并依次求其代数和［表 11-7 第（5）栏］。

根据表 11-7 中的资料求各年的兴利库容，有逐年分析法和差积曲线法两种，分别介绍如下。

表 11-6					某水库坝址断面月平均流量							单位：m³/s	
月份 年份	5	6	7	8	9	10	11	12	1	2	3	4	年平均
1937~1938	26.9	101.5	154.4	81.1	126.2	126.1	43.1	17.5	9.1	4.3	25.4	116.4	69.4
1938~1939	46.1	153.0	307.1	30.8	169.2	72.5	23.9	12.1	7.4	7.7	9.9	47.3	73.9
1939~1940	31.8	42.6	55.2	64.3	4.3	2.5	6.5	2.9	1.1	1.1	8.4	17.2	19.8
1940~1941	29.6	13.1	60.9	62.6	39.5	59.5	44.1	21.8	10.0	7.9	22.5	17.4	32.4
1941~1942	62.6	15.7	8.0	54.4	92.6	6.7	14.9	12.7	13.0	2.0	1.4	52.6	28.1
1942~1943	69.6	158.6	8.1	12.7	10.8	59.3	65.1	31.3	5.9	1.5	40.5	54.8	43.2
1943~1944	134.1	80.4	32.8	91.0	2.9	27.3	30.7	21.3	12.6	12.8	4.3	10.9	38.4
1944~1945	33.4	28.3	40.6	11.8	55.9	88.7	71.5	13.6	1.9	22.4	6.2	43.3	34.8
1945~1946	120.2	85.0	101.9	33.8	37.5	62.7	56.5	28.1	7.3	8.1	2.0	8.5	46.0
1946~1947	79.7	189.0	127.5	48.9	43.5	35.9	57.0	18.7	11.0	4.1	17.2	50.7	56.9
1947~1948	138.8	205.8	177.6	55.9	6.6	16.0	17.9	9.8	5.1	7.1	18.5	53.0	59.3
1948~1949	176.5	195.0	38.5	37.5	115.4	79.2	29.0	11.7	11.2	12.7	18.1	71.6	66.4
1949~1950	43.1	73.2	35.0	108.0	15.0	65.6	12.4	9.2	7.2	6.4	10.2	15.5	33.4
1950~1951	116.6	102.7	101.8	52.6	155.5	65.2	36.7	16.7	8.5	5.7	23.5	50.5	61.4
1951~1952	142.2	31.4	14.4	39.6	30.7	44.4	57.4	17.3	10.4	7.9	2.4	17.6	34.7

11.4.1 逐年分析法

(1) 比较本水利年的余水量和亏水量。

如余水量≥亏水量，则库容=亏水量，例如表 11-7 中 1938~1939 年，兴利库容为 139.9 [（m³/s）月]。

如余水量<亏水量，则表明本年水量不够，需与前一年一起分析。

(2) 分析本年与上一年两年的余水量和亏水量。

如Σ余水量≥Σ亏水量，则库容=两年中最大累积亏水量（类似于年调节中的两回运用），例如表 11-7 中 1939~1940 年，兴利库容为 139.9+313.3-42.1=411.1 [（m³/s）月]。

如Σ余水量<Σ亏水量，则表明两年来水不能满足两年需水要求，需将这两年与再前一年一起分析。

(3) 连续 3 年及多年情况依此类推（类似于年调节中的多回运用），库容均为其中最大累积亏水量。例如 1941~1942 年库容为 139.9+313.3+154.1+189.3-42.1-66.6-67.0=620.9 [（m³/s）月]。

表 11-7　　　　　　　　　　多 年 调 节 计 算 表

年份	起迄时间(月)	余水量(+)[(m³/s)月]	亏水量(-)[(m³/s)月]	累积水量[(m³/s)月]	库容[(m³/s)月]	年份	起迄时间(月)	余水量(+)[(m³/s)月]	亏水量(-)[(m³/s)月]	累积水量[(m³/s)月]	库容[(m³/s)月]
(1)	(2)	(3)	(4)	(5)	(6)	(1)	(2)	(3)	(4)	(5)	(6)
1937~1938	6~11	392.4		0		1945~1946	4~11	220.9			
	12~3		103.7	392.4	103.7		12~4		146.0	470.4	146.0
1938~1939	4~10	615.1		288.7		1946~1947	5~11	301.5		324.0	
	11~5		139.9	903.8	139.9		12~3		109.0	625.9	109.0
1939~1940	6~8	42.1		763.9		1947~1948	4~8	428.8		516.9	
	9~6		313.3	806.0	411.1		9~3		199.0	945.7	199.0
1940~1941	7~11	66.6		492.7		1948~1949	4~10	415.1		746.7	
	12~7		154.1	559.3	498.6		11~3		117.3	1161.8	117.3
1941~1942	8~9	67.0		405.2		1949~1950	4~10	131.5		1044.5	
	10~		189.3	472.2	620.9		11~4		179.1	1176.0	179.1
1942~1943	4~6	160.8		282.9		1950~1951	5~10	354.4		996.9	
	7~2		125.3	443.7	125.3		11~4		108.7	1351.3	108.7
1943~1944	3~8	193.6		318.4		1951~1952	4~5	112.7		1242.6	
	9~8		242.7	512.0	634.5		6~4		166.5	1188.8	166.5
1944~1945	9~	96.1		269.3							
	12~3		115.9	249.5	654.3						

11.4.2　差积曲线法

差积曲线求各年兴利库容的步骤如下:

(1) 点绘来水差积曲线(图 11-14),表 11-7 第(5)栏实际上就是 $Q_0 = Q_调 = 40 \text{m}^3/\text{s}$ 的来水差积曲线,图 11-14 中横坐标 1937 年、1938 年、…、1946 年分别代表表 11-7 中 1937~1938 年、1938~1939 年、…、1946~1947 年。

(2) 每年从亏水期末(设为 N 点)向前作水平线到与差积曲线第一次相交(交点设为 A);此步是为了判别余水量和亏水量,所作水平线与差积曲线交在何处,即表明到此处为止,$\sum$ 余水量已大于 $\sum$ 亏水量,不需再向前考虑。

(3) 在 AN 之间找最高点 M,M 点与 N 点的纵坐标之差即为该年的兴利库容。因为纵坐标差值就是最大累积亏水量。

例如:1938~1939 年的兴利库容为 $V = 903.8 - 763.9 = 139.9 [(\text{m}^3/\text{s})\text{月}]$。

1939~1940 年的兴利库容为 $V = 903.8 - 492.7 = 411.1 [(\text{m}^3/\text{s})\text{月}]$。

1941~1942 年库容为 $V = 903.8 - 282.9 = 620.9 [(\text{m}^3/\text{s})\text{月}]$。

(4) 对于 35 年资料每年都可求得所需兴利库容,得到 35 年兴利库容系列,然后根据求得的库容点绘库容频率曲线(库容频率曲线略)。由 $P = 90\%$ 查得设计库容 V_P

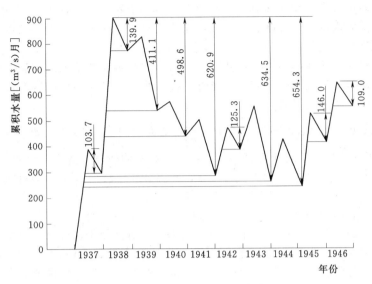

图 11-14　多年调节差积曲线

＝625 [(m³/s)月]。

　　当然，也可不必像表 11-7 那样划分水利年，分析余水期和亏水期，可直接逐月计算余亏水量点绘差积曲线，这样做的优点在于可省去判别和分析，缺点是绘制差积曲线的工作量较大。但可以通过计算机编程来减轻计算工作量。

　　对于多年调节水库，解决已知库容、设计保证率求调节流量的问题。可通过试算法解决。一般可先假定某一调节流量，求相应保证率的设计库容，如该值与已知库容相等，则假定的调节流量即为所求。如不等，可假定另一调节流量试算，当求得的设计库容等于已知库容时，则该调节流量即为所求设计调节流量。

　　为避免试算，对于已知库容、设计保证率求调节流量的问题，通过差积曲线求解要方便一些。例如图 11-15 所示为 39 年径流系列的差积曲线的一部分。所绘出的 24 年径流差积曲线已包含了 39 年中最不利连续枯水年组（如图中第 6～10 年）。

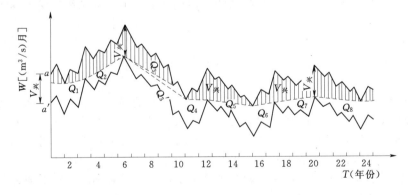

图 11-15　多年差积曲线求调节流量

多年调节求调节流量图解方法步骤如下：

(1) 将多年来水差积曲线垂直平移兴利库容相应距离（如图 11-15 中 aa' 所示）。

(2) 根据供水设计保证率，从系列中选出最枯的若干年，在两平行的差积曲线之间，作最小公切线（如图 11-15 中虚线所示）。

(3) 根据各公切线的斜率，按式（11-11）求得各年相应的均匀调节流量。

(4) 将各年求得调节流量 $Q_{调}$ 绘成流量频率曲线，然后根据设计保证率 P，便可求得相应的设计调节流量 Q_P。

为明确起见，通过经验频率公式 $P=\dfrac{m}{n+1}$ 来说明图 11-15 中的调节计算结果。由于本例总年数 $n=39$ 年，如果保证率 $P=95\%$，对本例而言，就是 $m=38$ 年，即 39 年中应保证 38 年正常供水，只允许破坏一年，允许破坏年数（$T_{破}$）一般可写成

$$T_{破}=T_{总}-P_{设}(T_{总}+1)$$

本例中 $T_{破}=n-m=n-P(n+1)=39-0.95\times40=1（年）$。

在图 11-15 中 Q_p 应为 Q_3。第 10 年允许破坏，其余年份调节流量均大于 Q_3。若设计保证率 $P=98\%$，即 39 年中不允许破坏，则 Q_p 应为图 11-15 中最小调节流量 Q_3'。

多年调节时历法，是先调节计算后频率统计的方法，对多年调节而言，时历法存在缺陷。首先，径流调节计算是为了预估水利工程未来的工作情况，主要任务在于确定调节流量、库容和保证率三者间的关系，对于多年调节水库，由于调节循环周期长达几年，即使有较长期的水文资料，多年调节中水库蓄满、放空的次数也不够多。因此，用时历法根据不太长时间的实测系列进行计算，其结果难免会有偶然性，特别是当用水保证率和调节性能较高时，用时历法来考虑稀遇的径流变化和组合情况，其成果可靠性更难保证。其次，时历法调节计算的结果（例如供水量、水库水位变化、弃水量等）进行统计分析是存在困难的，因为经过人工调节后的这些水利要素变化的频率往往服从于复杂而又难以用数学式子来表示的统计规律，例如水库水位只在一定范围内变化，上限为满库，下限为空库，且多年中放空与蓄满的概率都不等于零。再次，在不同河流上，不同水库间的时历法计算成果，也无法予以综合或推广应用。

河川径流变化可认为是随机事件，它的统计规律可用适当的线型和统计参数加以描述，利用这种统计规律根据概率组合理论，可以推求水库的供水保证率、水库多年蓄水量变化和弃水情况等。这就是所谓的数理统计法，关于数理统计法可参阅有关水利计算教材。

11.5　水 库 水 量 损 失 计 算*

前面介绍的各种方法，都没有考虑到水库的水量损失。实际上，水库建成后，坝上形成很大水体，水库的水面积远远大于原来的河面。一部分原来是陆面蒸发的地方变成了水面蒸发，因而要考虑水库建成后所增加的水量蒸发损失。另一部分水库蓄水量经过坝、建筑物和地基还有各种渗漏损失。在兴利库容确定的情况下，蒸发、渗漏损失常使调节流量减少，若保持调节流量不变，则所需兴利库容将增加。考虑水量损失的水库水量平衡公式为

$$Q_{入}-\sum Q_{用}-Q_{蒸}-Q_{渗}-Q_{弃}=\frac{\Delta V}{\Delta T} \tag{11-12}$$

式中 $Q_入$——ΔT 时段内平均入库流量，m^3/s；

$\sum Q_用$——ΔT 时段内各兴利部门的综合用水流量，m^3/s；

$Q_蒸$——ΔT 时段内蒸发损失流量，m^3/s；

$Q_渗$——ΔT 时段内渗漏损失流量，m^3/s；

$Q_弃$——ΔT 时段内水库的弃水流量，m^3/s；

ΔV——ΔT 时段内水库蓄水量的变化，m^3。

水库泄洪流量、灌溉引水流量、水电站的发电流量及水库蒸发、渗漏损失水量等，往往是随水库水位或引水水头而变化的。一般是水库蓄水量的函数。式（11-13）一般需通过多次试算才能求解。即先假定一个时段末水库水位，计算时段平均水位及相应的蓄水量，再用式（11-12）进行水量平衡计算，求出水库时段末的水位后，与假定值比较看是否相符，若不符，则应重新假定时段末水库水位重复试算，直至相符为止。

11.5.1 蒸发损失计算

蓄水工程的蒸发损失是指水库修建前后由陆面面积变成水面而增加的蒸发损失

$$Q_蒸 = \frac{1000 \times (E_水 - E_陆)F_V}{\Delta T}$$

$$E_水 = \eta E_皿$$

$$E_陆 = P_0 - R_0$$

式中 F_V——建库增加的水面面积，km^2；

$E_水$——ΔT 时段内的水面蒸发量，mm；

$E_皿$——ΔT 时段蒸发皿实测水面蒸发量，mm；

η——蒸发皿折算系数，以 E601 型蒸发皿为准，其他蒸发皿折算系数一般为 0.65～0.8；

$E_陆$——ΔT 时段陆面蒸发量，mm；

P_0——闭合流域多年平均年降雨量，mm；

R_0——闭合流域多年平均年径流深，mm。

11.5.2 渗漏损失计算

水库渗漏损失包括坝基渗漏、闸门止水不严、库底渗漏等，详细的渗漏损失计算可利用渗漏理论的达西公式估算，这里只介绍经验估算方法。

11.5.2.1 损失率法

$$Q_渗 = \alpha V$$

式中 α——渗漏损失系数，据水文地质条件其取值 0～3%／月；

V——ΔT 时段水库平均蓄水量。

11.5.2.2 渗漏强度法

$$Q_渗 = \beta h F$$

式中 β——单位换算系数；

h——渗漏强度，据水文地质条件取值 0～3mm/d；

F——ΔT 时段内的平均水面面积，km^2。

11.5.3 水库水量损失试算法

考虑水量损失径流调节计算，由于水量损失都与水库的蓄水量有关，一般需要通过逐时段试算求解。考虑各种水量损失，是为了酌量增大水库兴利库容或减小调节流量，以抵偿此部分耗水，保证正常供水。所以考虑水量损失重点是供水期，逐时段试算应逆时序进行。其求解步骤如下：

（1）已知时段末的水库蓄水量 V_t，起始时间 $V_t = V_{死}$。

（2）假设时段初蓄量 $V_{t-1} = V_t + W_{亏,t}$，其中 $W_{亏,t}$ 为不考虑损失的本时段亏水量。

（3）计算时段平均蓄量 $V = \dfrac{V_{t-1} + V_t}{2}$。

（4）计算时段蒸发、渗漏损失 $Q_{损} = Q_{蒸} + Q_{渗}$。

（5）重新计算时段初水库蓄水量 $V' = V_t + W_{亏,t} + Q_{损}$。

（6）如果 $|V' - V_{t-1}| < \varepsilon$，转（7）。否则，$V_{t-1} = V'$，转（3）。

（7）如果所有时段计算完毕，则输出计算结果，否则，$t = t - 1$，转（2）。

以上流程很适合编制计算机程序。

【例 11－11】 以表 11－1 中数据为例，考虑水量损失进行调节计算如表 11－8 所示。其中水库各月蒸发损失强度已知 [表 11－8 中第（6）栏]，每月渗漏损失水量为水库月平均蓄水量的 2%。$V_{死} = 32$ [(m³/s)月]。

表 11－8 　　　　　　　　　　　　　**水库水量损失计算（试算法）**

月份	来水 (m³/s)	用水 (m³/s)	余水量 [(m³/s)月]	亏水量 [(m³/s)月]	蒸发损失强度 (mm)	水库蓄水量 [(m³/s)月]	水库月平均蓄水量 [(m³/s)月]	水库月平均水面面积 (km²)	水量损失[(m³/s)月]			弃水量 [(m³/s)月]
									蒸发	渗漏	共计	
(1)	(2)	(3)	(4)	(5)	(6)	(7)	(8)	(9)	(10)			(11)
3	31.1	20.0	11.1		49	32.00	37.10	9.1	0.17	0.74	0.91	
4	40.4	20.0	20.4		85	42.19	51.68	12.4	0.40	1.03	1.43	
5	68.2	20.0	48.2		131	61.16	83.86	22.7	1.13	1.68	2.81	
6	85.8	20.0	65.8		140	106.55	108.56	32.2	1.72	2.17	3.89	57.88
7	58.2	20.0	38.2		148	110.58	110.58	33.0	1.86	2.21	4.07	34.13
8	30.6	20.0	10.6		150	110.58	110.58	33.0	1.88	2.21	4.09	6.51
9	13.4	20.0		6.6	105	110.58	105.60	31.0	1.24	2.11	3.35	
10	6.5	20.0		13.5	71	100.63	92.60	25.8	0.70	1.85	2.55	
11	3.2	20.0		16.8	38	84.58	75.29	19.5	0.28	1.50	1.78	
12	4.4	20.0		15.6	32	66.00	57.54	14.0	0.17	1.15	1.32	
1	9.2	20.0		10.8	36	49.08	43.19	10.0	0.12	0.86	0.98	
2	15.5	20.0		4.5	34	37.30	34.65	8.5	0.119	0.69	0.80	
合计	366.5	240.0	67.8			32.00			9.78	18.20	27.8	98.52
			126.5	126.5							126.5	

表 11-8 中第（1）～（5）栏的内容与表 11-1 相同，表 11-8 采用试算法进行水量平衡计算表，其步骤如下：

（1）从 2 月末库空开始，即从死库容 32 [(m³/s)月] 开始，逆时序进行水量平衡计算。表 11-8 中第（7）栏的最初及最后一行均为死库容。

（2）先假定 2 月初水库蓄水量为 37.30 [(m³/s)月]，填在表 11-8 中第（7）栏倒数第二行中。

（3）求得月平均蓄水量为 34.65 [(m³/s)月] 及相应水库面积为 8.5km²（该值通过查水位面积关系曲线获得，本例中省略了水库水位面积关系曲线），分别填在表中第（8）栏、第（9）栏相应位置。

（4）蒸发损失等于该月蒸发损失强度乘以该月水库平均水面面积，再除以一个月的秒数，得蒸发损失流量，即 $Q_{蒸}=\dfrac{0.034\times8.5\times10^6}{86400\times30.4}=0.11$（m³/s），将得数填在表中第（10）栏的相应位置。

（5）水库渗漏损失可根据库内地质情况取月平均水库蓄水量的 2%，即 $Q_{渗}=0.02\times34.65=0.69$m³/s，填在表中第（10）栏相应位置。

（6）计算本时段水量平衡，时段初（即 2 月初）水库蓄水量由下面的水量平衡方程式计算得

$$V_{初}=V_{末}-(Q_{来}-Q_{用})\Delta T+\sum Q_{损}\ \Delta T$$

$$=32.00+4.5+0.11+0.69=37.30[(m^3/s)月]$$

它与原来假定值相符，本时段试算结束，转入上一时段（即 1 月）进行水量平衡计算。

若计算结果与假定值不符，则应重新假定时段初水库蓄水量再按以上步骤重算。

（7）依次类推，一直计算到供水期开始时刻 9 月初，水库蓄水量为 110.58 [(m³/s)月]，此即为所求的考虑水量损失的水库库容。

（8）求得库容后，再从蓄水期开始时刻（本例为 3 月初），由死库容开始顺时序用同样方法进行逐时段水量平衡计算，到 6 月末水库蓄满，并有弃水。6 月末至 9 月初水库保持库满。

根据表 11-8 计算结果，可以得出以下结论：

（1）供水期水量损失影响兴利库容。表 11-8 中，考虑到水量损失后，所需之兴利库容（即调节库容）为 110.58-32.00=78.58 [(m³/s)月]，比不计损失时库容增大 10.78 [(m³/s)月]（表 11-1）。增大的库容值等于供水期的 9 月至次年 2 月的损失水量。

（2）蓄水期间的水量损失值对库容不起影响，只减少水库的无益弃水。

（3）全年损失的总水量，减少弃水量。

在不计损失时总弃水量为 126.5 [(m³/s)月]（表 11-1），而考虑损失后的总弃水量为 98.52 [(m³/s)月]，减少的弃水量正好等于该年所损失的水量 27.98 [(m³/s)月]。

11.5.4 水库水量损失简化算法

有些水库由于水量损失本身所占比重不大，或即使比重较大有时只要粗略地估

计，在这种情况下，一般不需采用详细的试算，而可用一些较简单的方法估计水量损失。水库水量损失简化算法，先按不计损失进行调节计算求得各月水库平均蓄水量，并按此平均蓄水量来计算损失，然后从各月天然来水中扣去此损失水量或将此损失水量加入到需水量中，再进行一次调节计算。

前已说明，对于年调节水库而言，影响库容或调节流量的是供水期的水库损失水量。而对于多年调节水库来说，则是整个设计供水期的损失水量，其数值有时颇为可观。多年调节水量损失具体计算方法与年调节水库类似，不过一般很少采用详细试算法，而较多地采用简化法或近似方法估算，求出损失水量后再增加兴利库容或减小调节流量。

简化算法求解步骤如下：

（1）不计损失计算水库蓄水量过程 V_t^0（$t=1$，2，$\cdots$，T），V_t^0 中包含死库容。

（2）逐时段计算时段平均蓄量 $\overline{V}_t=\dfrac{V_{t-1}^0+V_t^0}{2}$。

（3）计算蒸发、渗漏损失过程 $Q_{损,t}=Q_{蒸,t}+Q_{渗,t}$。

（4）重新计算水库蓄水量过程 V_t。

（5）如果 $|V_t-V_t^0|\leqslant\varepsilon\ \forall\,t$，则输出计算结果，否则 $V_t^0=V_t\ \forall\,t$，转（2）。

简化算法不仅可用于列表法，而且与图解法配合可编制出通用的考虑水量损失的径流调节计算机程序。

【例 11-12】 以表 11-9 中数据为例，各月蒸发损失强度已知，每月渗漏损失水量为水库月平均蓄水量的 2%，用简化法求考虑损失所需增加的兴利库容的计算步骤如下：

（1）先按不考虑损失进行调节计算，求得各月末水库蓄水量，列于表 11-9 中的第（6）栏，该栏与表 11-1 中第（6）栏不同之处，仅在于这里已加上死库容 32.0 [（m³/s）月]。

（2）求每月水库平均蓄水量和相应平均水库水面面积，并分别记入表 11-9 中的第（7）栏和第（8）栏。

（3）根据表 11-9 中第（7）栏和第（8）栏数值，求蒸发、渗漏损失量，分别记入表中第（10）栏和第（11）栏。

（4）考虑水量损失进行调节计算，求水库蓄水过程和弃水过程，分别记入表中第（12）栏和第（13）栏。

（5）由计算结果可以得出，考虑水库蒸发、渗漏损失增加的兴利库容为 $\Delta V=109.91-99.8=10.11$ [（m³/s）月]，该值为 9 月至次年 2 月的蒸发、渗漏损失水量之和。

显然，表 11-9 中计算由于不需试算，因此要比表 11-8 简单得多，但是，因为在计算过程中没有考虑本时段水量损失对计算成果的影响，会使计算损失偏小，不过影响一般不大，如果精度不满足要求，可用表中第（12）栏中数值代替表中第（6）栏数值进行迭代计算，直至满足精度要求为止。

表 11-9　　　　　　　　　　　　　　水库水量损失计算（简化法）

月份	来水量 (m³/s)	用水量 (m³/s)	余水量 [(m³/s) 月]	亏水量 [(m³/s) 月]	水库蓄 水量 [(m³/s) 月]	月平均 蓄水量 [(m³/s) 月]	水库 水面面积 (km²)	蒸发 损失 强度 (mm)	蒸发 损失 [(m³/s) 月]	渗漏 损失 [(m³/s) 月]	水库 蓄水量 [(m³/s) 月]	弃水量 [(m³/s) 月]
(1)	(2)	(3)	(4)	(5)	(6)	(7)	(8)	(9)	(10)	(11)	(12)	(13)
3	31.1	20.0	11.1		32.0	37.6	9.2	49	0.17	0.75	32.00	
4	40.4	20.0	20.4		43.1	53.3	12.8	85	0.41	1.07	42.18	
5	68.2	20.0	48.2		63.5	81.6	21.7	131	1.08	1.63	61.10	
6	85.8	20.0	65.8		99.8	99.8	28.7	140	1.53	2.00	106.59	58.85
7	58.2	20.0	38.2		99.8	99.8	28.7	148	1.62	2.00	109.91	34.58
8	30.6	20.0	10.6		99.8	99.8	28.7	150	1.64	2.00	109.91	6.96
9	13.4	20.0		6.6	99.8	96.5	27.4	105	1.10	1.93	109.91	
10	6.5	20.0		13.5	93.2	86.4	23.6	71	0.64	1.73	100.28	
11	3.2	20.0		16.8	79.7	71.3	18.2	38	0.26	1.43	84.41	
12	4.4	20.0		15.6	62.9	55.1	13.3	32	0.16	1.10	65.92	
1	9.2	20.0		10.8	47.3	41.9	10.2	36	0.14	0.83	49.06	
2	15.5	20.0		4.5	36.5	34.2	8.5	34	0.11	0.68	37.29	
合计	366.5	240.0		67.8	32.0				8.86	17.15	32.00	100.49
	126.5		126.5								126.5	

习　　题

[11-1]　某水库设计枯水年差积曲线如下图，其中 $Q_0 = 500\text{m}^3/\text{s}$，当该库的兴利库容 $V = 300$ [(m³/s)月] 时，求调节流量 q。

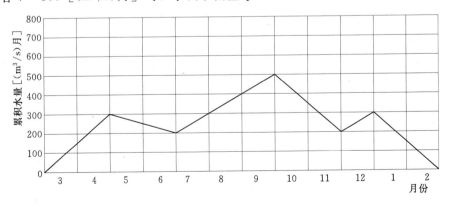

[11-2]　某水库有 39 年径流资料，下表所列为其中最枯之连续枯水段各年的余水期余水量及亏水期亏水量，试求各年所需兴利库容。

年	1	2	3	4	5	6	7	8	9	10
余水量 [(m³/s)月]	800	100	50	190	150	100	900	140	100	200
亏水量 [(m³/s)月]	200	300	150	90	250	200	250	190	200	200

[11-3]　某水库坝址处有 30 年水文资料，下表所示是其中一年的来水流量过程，求：

(1) 如果调节流量 $Q_{调}=23\text{m}^3/\text{s}$，试用简化水量平衡公式求该年所需库容。

(2) 若已知兴利库容 $V_{兴}=42$ [（m³/s）月]，试求该年可提供的调节流量。

月份	3	4	5	6	7	8	9	10	11	12	1	2
流量	31.2	48.0	52.1	65.0	42.0	39.0	16.0	27.0	6.3	7.4	28.5	13.0

第 12 章

灌溉工程水利计算

　　我国新疆、青海、甘肃、宁夏、陕西北部、内蒙古西部和北部地区以及青藏和云贵高原部分地区，降雨量稀少，绝大部分地区年降水量在 100～200mm 之间，有的地方甚至终年无雨，而蒸发量大，年蒸发量平均为 1500～2000mm，大部分地区没有灌溉就没有农业。华北平原、黄河中游黄土高原、东北松辽平原、淮北平原以及内蒙古南部和东部地区，这些地区大部分年均降水量在 500～700mm 之间，降水量虽然可以满足作物大部分需要，但由于年变差大和年内分布不均，因而经常出现干旱年份和干旱季节，水资源与作物需水不相适应（表 12-1），需要采取适当水利措施解决农业缺水问题。秦岭山脉和淮河以南地区雨量丰沛，年降水量为 800～2000mm，但年内雨量分布不均，由于降水过程分配与作物生长季节的田间需水不相适应，该地区经常会遭受不同程度的春旱或秋旱，也需要灌溉。由此可见，为了实现农业高产稳产，在全国范围内，都有通过灌溉来补充作物需水的要求。

表 12-1　　　　　　华北地区几种作物需水量与降水量对照表　　　　　　单位：mm

月　　份	1	2	3	4	5	6	7	8	9	10	11	12	合计
降水量	2.9	5.8	6.7	14.5	29.6	59.0	166.6	158.7	38.2	18.3	11.9	4.0	516.2
有效利用降水量	2.0	4.1	4.7	10.2	20.7	41.3	116.6	111.0	26.7	12.8	8.3	2.8	361.2
小麦田间需水量	17.7	16.4	42.0	114.3	152.9	21.0				80.0	27.6	28.1	500.0
小麦缺水量	15.7	12.3	37.3	104.1	132.2	—				67.3	19.3	25.3	413.4
棉花田间需水量				9.9	35.3	68.3	75.7	103.2	94.5	26.7	16.4		430.0
棉化缺水量				—	14.6	27.0	—	—	67.8	13.9	8.1		131.4
水稻田间需水量						95	2525	3380	74.4				760.0
水稻缺水量						53.7	1359	2270	47.7				464.3

注　生长期总缺水量为小麦 4134m³/hm²、棉花 1314m³/hm²、水稻 4642m³/hm²。

　　我国劳动人民兴修水利发展农业已有数千年历史。例如公元前 4 世纪，魏国的西门豹曾发动人民修建了 12 条渠道，引漳水灌溉，已出现较大的引水灌溉工程。公元前 3 世纪，秦朝李冰带领广大群众在四川兴建了我国古代最大的灌溉工程——都江堰，这项工程不仅具有完善的渠道枢纽，而且灌区有干、支渠道 500 余条，总长 1100 余 km，它是我国古代农田水利工程的杰出代表。新中国成立后，经过改建、扩建，都江堰已能灌溉 27 个县、市，53.3 万多 hm² 农田。

新中国成立 60 多年来，全国已建成大中小型水库 9.7 万多座，塘坝农村供水等工程 6300 多万座，蓄水工程总库容达 8400 多亿 m³；已建成地下水取水井 9700 多万眼，全国总灌溉面积已达 0.668 亿 hm²，其中设计灌溉面积 20000hm² 以上灌区 456 处，灌溉面积 0.187 亿 hm²，设计灌溉面积为 667～20000hm² 灌区 7316 处，灌溉面积 0.149 亿 hm²；灌溉面积中有一半以上耕地，已建设成为旱涝保收、高产稳产农田。

我国灌溉水利事业虽然已取得很大成绩，但与世界先进国家相比仍存在较大差距。例如，我国灌溉总面积仅为耕地面积的半数左右，即使在已灌溉的面积内，发展也不平衡，有些地区抗御自然灾害的能力还很不高。一些发达国家随着工农业生产的发展和科学技术的进步，已实行灌溉、发电、防洪等水利资源的全面综合开发，对地表水与地下水进行统一安排；田间灌溉技术的机械化与自动化已逐步完善，电子计算机技术在灌溉中的应用已较为广泛；灌溉方法方面，喷灌已获得迅速推广，滴灌也发展起来，有些国家并已实施地面及地下管道浸润灌溉；在水源利用方面已探索向大气层要水，从事开发和兴建地下水库、淡化海水等新途径的研究。我国对于全面规划、综合治理、重视生态平衡与环境保护、加强配套管理、提高灌溉工程经济效益等，只是近几年才比较重视；关于合理排灌和适当控制地下水位，爱惜水土资源，改善灌溉系统，对渠道进行衬砌，将明渠改为地下管道，发展喷灌、滴灌技术等也还处于初步阶段或试验阶段。从目前情况看，现有灌溉设施还远远不能适应农业生产的需要。因此，实现农业现代化，把农业水利事业推向新的高度，仍然是水利工作者面临的重要任务。

12.1　灌溉水源与取水方式

12.1.1　灌溉水源与水质要求
12.1.1.1　灌溉水源

灌溉水源主要有河川径流、当地地面径流、地下水及城市污水等。

河流、湖泊来水，为我国最主要的灌溉水源。这种水源集水面积在灌区以外，引用这种水源灌溉时，应尽可能考虑水电、航运与给水等各方面的要求，使河流水利资源得到合理的综合利用。

当地地面径流是指由当地降雨产生的径流。我国南方地区利用当地地面径流进行灌溉十分普遍，不仅小型灌溉工程（如塘坝、小水库）利用，而且大、中型灌区，往往也尽量利用，充分发挥其灌溉作用。

地下水一般指浅层地下水。我国广大地区地下水资源丰富，特别是西北、华北平原等地面径流不足的地区，开发利用地下水，对发展农业生产尤为重要。

城市污水一般包括工业废水和生活污水。污水经过净化处理以后，可作为灌溉水源。利用污水灌溉，不仅是解决灌溉水源的重要途径，而且也是防止水质污染的有效措施，现在我国已有一些大中城市开始利用城市废污水灌溉郊区农田。

12.1.1.2 水质要求

灌溉对水质的要求，主要指水中所含泥沙、盐类、其他有害物质及水源的温度。灌溉水源的水质应能满足和有利作物生长，维护生态平衡，防止环境污染等要求。

（1）关于泥沙，一般粒径小于 $0.0001 \sim 0.0005$mm 的泥沙，常具有一定的肥分，应适量输入田间，但不宜太多，因细泥沙大量淤积在地面，会减少土壤透水性与通气条件。粒径 $0.005 \sim 0.1$mm 的泥沙，可少量输入田间，以减少土壤的粘结性和改良土壤的结构，但肥分价值不大。至于河中粒径大于 $0.1 \sim 0.15$mm 的泥沙，由于容易淤积在渠道中，而且对农田有害，一般不允许引入渠道和送入田间。

（2）关于含盐量，各地试验与观测资料表明，矿化度（水中可溶性盐类的总量）小于 1.7g/L，一般对作物无害。当矿化度为 $1.7 \sim 3.0$g/L，则应对其中盐类进行分析化验，以判断其是否适宜灌溉。矿化度大于 5g/L 的水，不宜用于灌溉。钙盐对作物影响较小，钠盐危害性最大，几种钠盐极限含量为：$NaCO_3$ 为 1g/L，$NaCl$ 为 2g/L，Na_2SO_4 为 5g/L。如果这些盐类同时存在于水中，其极限值还应降低。

（3）关于有害物质，随着现代工业的发展，废水、废气、废渣日益增多，水源极易受到污染。如果对水中所含微量危害物质，没有进行分析测定和净化处理，而直接用于灌溉，其结果不仅会影响作物产量，而且会破坏土壤，污染环境，危及人民身体健康。

（4）关于水温，灌溉对水温也有一定要求。如三麦根系生长适宜温度为 $15 \sim 20℃$，最低允许温度为 $2℃$；水稻生长的适宜温度一般不低于 $20℃$，灌溉水温应尽量适应作物正常生长的要求，以增加产量。

12.1.2 取水方式和灌溉计算任务

12.1.2.1 灌溉取水方式

就灌溉而言，常见的取水方式和工程措施有下面几种：

1. 引水灌溉工程

（1）无坝引水。如河流水量丰富，且水位也能满足灌溉引水要求，则仅需在河段适宜位置修建引水渠，即可引水自流灌溉。

（2）有坝引水。如河流水量丰富，但水位不能满足自流灌溉要求，则要在河道上修建壅水建筑物（坝或闸），抬高水位以便引水入渠。

2. 提水灌溉工程

当河流水位不能满足自流灌溉要求时，也可修建抽水站将河水抽入引水渠。

3. 蓄水灌溉工程

（1）水库取水。当河流水位、水量均不能满足灌溉引水要求时，则要在河流上修建水库进行水位、水量调节，以满足灌溉需要。

（2）小型塘坝。利用灌区当地径流作为灌溉水源，是各地最普遍的灌溉措施。但小型塘坝一般集水面积较小，容积和来水量有限，干旱年份常不能满足农田缺水要求，因此常需与其他方式相结合。

4. 地下水灌溉工程

我国北方大部分地区地面水不足，需打井挖泉，利用地下水进行灌溉。

对于一个确定的灌区，可以选用上述某种取水方式，也可根据具体情况选用两种或多种方式和水源组成综合灌溉系统（图 12-1）。

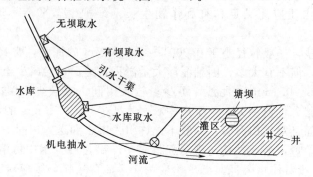

图 12-1　各种取水方式示意图

12.1.2.2　灌溉工程水利计算任务

灌溉工程措施是多种多样的，应根据当地实际情况、特点和具体条件，进行规划并通过水利计算进行方案比较，选用其中最合理、最经济的一种方案。

灌溉计算的主要任务如下：

（1）根据地区具体情况（包括灌区面积、农作物组成、地形及水源情况），规划安排各种可能取水方式与合理的灌溉工程措施方案。

（2）运用径流调节的基本原理与方法，对规划中各种灌溉工程措施进行分析，从而计算出所要求的水工建筑物参数（如水库库容、抽水机容量、拦河坝高、进水闸孔宽、渠道高程与断面等）与工程效益（如灌溉面积）。

（3）对各种方案进行技术经济比较和综合分析，根据当地具体情况选用最佳方案。

12.1.2.3　灌溉系统供水次序

本章主要讨论，以引进灌区外水量的骨干工程为主，配之以灌区内小型塘坝，共同满足灌区需水的常见灌溉系统（俗称长藤结瓜式灌溉系统）。对于这种灌溉系统，其灌溉计算任务主要可归纳为两种：①已知灌区面积、作物种类、灌区内塘坝库容，求解满足灌区在设计保证率年份内的需水要求，以及需要兴建的骨干工程规模；②已知骨干工程规模及灌区内塘坝库容，求解在设计保证率年份内能满足需水要求的灌溉面积。

长藤结瓜式灌溉系统供水、蓄水的先后次序往往与骨干工程的类型有关。对有坝或无坝引水工程，一般是先用外水后用塘水，外水闲时灌塘，忙时灌田；最紧张时外水与塘水同时灌田，塘坝起反调节作用。这样运用，可减轻在用水高峰时引用外水的水量，从而可减小引水渠道的断面。

对抽水工程，一般是先用塘水后抽外水，塘坝不起反调节作用。这样，在用水高峰时抽引外水较多，从而增加了抽水机容量及渠道断面面积，但因充分利用了塘坝来水量，总的抽引外水量较少，减小了经常性的机电费用开支。

对水库蓄水工程，先库后塘，可减小引水渠道断面，但多用库水增加了所需库容。反之，先塘后库可减小所需库容，但将增加引水渠断面面积。因此，究竟如何运用需经详细比较。

塘坝是很分散的，可假定其均匀分布在灌区内，计算时可概化作为一个"水库"，"水库"库容为灌区塘坝的容积之和，其容积一般可通过调查和测量求得。

12.1.3　灌溉设计标准

灌溉设计保证率 P 是当前灌溉工程规划设计采用的主要标准。它的含义是：在干旱期作物缺水的情况下，由灌溉设施供水抗旱的保证程度，即灌溉工程供水的保证率。

灌溉设计保证率常以正常供水的年数或供水不被破坏的年数占总年数的百分数来表示。例如 $P=80\%$，表示在平均每 100 年中有 80 年可由灌溉设施保证正常供水。灌溉设计保证率可参照规范选用。规范中规定灌溉设计保证率如表 12-2 所示。

表 12-2　　　　　　　　　　　　灌 溉 设 计 保 证 率

地　　区	作 物 种 类	灌溉设计保证率 P（%）
干旱地区	以旱作物为主	50～75
	以水稻为主	70～80
水源丰富地区	以旱作物为主	70～80
	以水稻为主	75～95

目前对灌溉设计保证率选用的情况是：南方地区较北方为高；远景较近期为高；自流灌溉较提水灌溉为高；大型工程较中小型工程为高。

12.1.4　塘坝产水量估算

塘坝是散布在流域面上的小型蓄水工程，塘坝蓄水是当地径流利用的主要形式，本节只对用于灌溉的塘坝产水量，即当地径流作补充说明。

塘坝产水量计算一般采用以下三种方法。

12.1.4.1　复蓄指数法

可用于灌溉的塘坝产水量为

$$W=nV \tag{12-1}$$

式中　W——可用于灌溉的塘坝产水量，m^3；

　　　n——塘坝一年内的复蓄次数，一般通过灌区调查获得；

　　　V——可用于灌溉的塘坝库容，m^3，等于总库容减去养鱼、种植水生作物等所需的死库容，V 值也可通过调查确定。

12.1.4.2　按"抗旱天数"计算

塘坝的抗旱天数综合反映了塘坝供水量的大小，即反映了塘坝的抗旱能力。通过对干旱年份的调查，可收集灌区内塘坝的抗旱天数 t 及作物耗水强度 e（mm/d），由此计算塘坝产水量的公式为

$$W=10teF_{水田} \tag{12-2}$$

式中　W——塘坝产水量，m^3；

　　$F_{水田}$——灌区内水田面积，hm^2；

　　　10——单位换算系数，$1hm^2 = 10000m^2$。

湖北省丘陵地区的塘坝抗旱天数一般为 30 天左右，但有些塘坝少的地区，只达 10～20 天，塘坝多的地区可达 40～50 天。湖南省作物耗水强度按 9mm/d 计算（即相当于每天每公顷水田耗水 $90m^3$）。

【例 12-1】　某灌区水田面积为 $800hm^2$，经调查得出干旱年中灌区塘坝抗旱天数 $t = 30$ 天，作物（水田）耗水强度 $e = 10mm/d$，试求该灌区塘坝产水量 W。

解：采用式（12-5）计算，即

$$W = 10teF_{水田} = 10 \times 30 \times 10 \times 800 = 2.40 \times 10^6 (m^3)$$

12.1.4.3　按塘坝集雨面积计算

各时段塘坝供水量的推求公式为

$$W_i = 10\alpha_i P_i F\eta_i \tag{12-3}$$

式中　W_i——某一时段的塘坝产水量，m^3；

　　P_i——同一时段降雨量，mm，根据灌区内或灌区附近降雨观测资料查得；

　　F——塘坝集雨面积，hm^2，常以每公顷水田的集雨面积表示，或以每个塘坝平均集雨面积表示；

　　η_i——塘坝有效利用系数，它与塘坝渗漏、蒸发、弃水等有关，一般采用 0.5～0.7；

　　α_i——同一时段的径流系数。

径流系数可根据灌区附近的径流站观测资料分析确定。例如湖北省汉北地区上年 9 月～次年 5 月的 $\alpha_i = 0.2～0.4$，6～8 月的 $\alpha_i = 0.4～0.6$。丰水年、山丘区用较大数值；枯水年、平原区用较小数值。

12.2　作物田间需水量计算

灌溉用水量是灌溉工程调节计算的基本依据之一，灌溉用水量的计算与预测任务为提供典型干旱年和相应于灌溉保证率 P 的综合灌溉用水过程。

12.2.1　基本概念

灌溉用水计算中常遇到一些极易混淆的基本概念，这些概念可能导致计算上的错误，必须明确。

12.2.1.1　作物需水量

作物在生长期中主要消耗于维持正常生长的生理用水量称为作物需水量。它包括叶面蒸腾和棵间（土壤或水面）蒸发两个部分，这两部分合在一起简称腾发量。

12.2.1.2　作物田间耗水量

对于旱作物，其田间耗水量为作物需水量和土壤深层渗漏量之和；而对于水稻田来说，除水稻需水量和水田渗漏量外，还应包括秧田用水和泡田用水量。

12.2.1.3　田间灌溉用水量

除有效降雨之外，需由灌溉工程提供的水量称为田间灌溉用水量，简称为灌溉用水量。灌溉用水量即为灌溉工程的净供水量。

12.2.1.4 泡田用水量

水稻在插秧前的泡田期间，应提供的水量称为泡田水量，或称为泡田定额。

12.2.1.5 灌水定额

农作物一次灌水所需水量称为灌水定额。一般以单位面积上的需水量来表示。

12.2.1.6 灌水模数

单位灌溉面积上所需要的灌溉净流量，又称灌水率。灌水模数的单位为 $m^3/(s \cdot 100hm^2)$，用于计算渠道的设计流量。不计入渠道输水、配水和田间损失的灌水模数称为净灌水模数。

12.2.1.7 灌溉定额

农作物在整个生长期中单位面积上所需的灌溉水量称为灌溉定额，它等于农作物在整个生长期中全部灌水定额之和。

12.2.1.8 灌溉制度

灌溉制度指农作物在播种前（或水稻栽秧前）及全生育期内的灌水次数、每次灌水日期和灌水定额及灌溉定额。例如水稻的灌溉制度是指水稻泡田日期、泡田水量、水稻栽秧后到收割各生育期所需控制的水层深浅、灌水日期、灌水次数、每次灌水定额及灌溉定额等。

12.2.1.9 耕地面积

耕地面积指种植农作物的实有面积。

12.2.1.10 播种面积

各种农作物种植面积的总和，称为播种面积。例如耕地面积 $5000hm^2$，先种早稻，早稻收割后再种晚稻，早稻种植面积为 $5000hm^2$，晚稻种植面积也为 $5000hm^2$，总和为 $10000hm^2$，因此播种面积为 $10000hm^2$。

12.2.1.11 复种指数

表示耕地面积在耕种方面的利用程度，其表达式为

$$复种指数 = \frac{播种面积}{耕地面积}$$

12.2.1.12 灌溉面积

一般系指由灌溉工程供水的耕地面积。灌溉面积上灌溉用水量的大小与灌溉标准、土壤气象条件、作物种类、播种面积等因素有关。

灌溉用水量可采用深度（mm）或体积（m^3）或流量（m^3/s）等单位。其中深度（mm）与单位面积上的体积（m^3/hm^2）之间的关系为：$1m^3/hm^2 = 0.1mm$。

采用深度单位时，必须将各种作物灌溉用水量化成同一面积的深度（例如化为总耕地面积上的深度），否则不能直接进行加、减等代数运算。

12.2.2 作物田间需水量估算方法

作物田间需水量的大小与气象（温度、日照、湿度、风速）、土壤含水状况、作物种类及其生长发育阶段、农业技术措施、灌溉排水方式等有关。这些因素对需水量的影响相互关联，错综复杂。因此，目前尚不能从理论上对作物田间需水量进行精确

的计算。在生产实践中，一方面通过建立试验站，直接测定某些点上的作物田间需水量；另一方面可根据试验资料采用某些估算方法来确定作物田间需水量。现有估算方法，大体可归纳为两类：一类方法是建立作物田间需水量与其影响因素之间的经验关系；另一类方法是根据能量平衡原理，推求作物田间腾发消耗的能量，再由能量换算为相应作物的田间需水量。

12.2.2.1　经验公式法

经验公式法的基本思路是：首先分析与作物田间需水量关系密切的因素，其次在试验站观测两者的同步资料，然后根据观测资料，分析它们之间的关系，并建立经验方程。

1. 以水面蒸发为参数的需水系数法（简称"α 值法"）

$$E = \alpha E_0 + b \tag{12-4}$$

式中　E——某时段内（或全生育期）的作物田间需水量，mm；

　　　E_0——同期水面蒸发量，mm，E_0 一般采用 E601 蒸发皿的蒸发值；

　　　α——需水系数，根据试验资料分析确定；

　　　b——经验常数，mm，根据试验资料分析确定。

该法只要求具有水面蒸发量资料，即可计算作物田间需水量。但该法中未考虑非气象因素（如土壤、水文地质、农业技术措施、水利措施等），因而在使用时应注意分析这些因素对 α 值的影响。表 12-3 所列数据为江苏省常熟试验站 1959～1966 年实测水稻生长期各阶段平均 α 值和安徽巢湖试验站相应各阶段平均 α 值。

表 12-3　　　　　　　　　试验站水稻需水系数 α 值表

地　区	返青	分蘖	拔节	孕穗	抽穗	乳熟	黄熟	全生长期
江苏（常熟）	1.15	1.35	1.55	1.65	1.70	1.65	1.55	1.50
安徽（巢湖）	1.10	1.20	1.48	1.55	1.57	1.23	1.07	1.28

2. 以气温为参数的需水系数法（简称"β 值法"）

$$E = \beta T + b \tag{12-5}$$

式中　E——水稻在某时段内（或全生育期）的田间需水量，mm；

　　　T——同期当地日平均气温的累积值，简称积温，℃；

　　　β——需水系数，mm/℃；

　　　b——经验常数，mm。

南方湿润地区，积温对腾发量影响较大，一般 β 值法能取得较为满意的结果。在干旱和半干旱地区，对腾发量起决定作用的是热风而不是积温，这些地区，不宜采用 β 值法。

3. 以多种因素为参数的公式

$$E = \sum \beta_i \phi_i = \sum \beta_i (\bar{t}_i + 50) \sqrt{E_0} \tag{12-6}$$

式中　E——水稻全生育期总需水量，mm；

　　　β_i——水稻各生育阶段的耗水系数，可根据试验资料求得；

ϕ_i——水稻各生育阶段中，消耗于腾发的太阳能累积值；

$\bar{t}_i$——水稻各生育阶段的日平均气温，℃；

E_0——E601 蒸发皿的水面蒸发值，mm。

12.2.2.2　能量平衡法

作物在腾发（包括植株蒸腾和株间蒸发）过程中，无论是体内液态水的输送，或是腾发面上水分的汽化和扩散，都需要消耗能量。作物需水量的大小与腾发消耗能量密切相关。腾发过程中的能量消耗，主要是以热能形式进行。例如气温为 25℃时，每腾发 1g 的水大约需消耗 2470J 的热量。因此只要测算出腾发消耗的热量，便可求出相应的作物田间需水量。

彭曼（Penman）根据热量平衡原理，先推求腾发所消耗的能，然后再将能量折算为水量，提出的计算公式为

$$E_p = \frac{1}{L} \times \frac{\left(\dfrac{\Delta}{\gamma}\right)H_0 + LE_a}{1 + \left(\dfrac{\Delta}{\gamma}\right)} \tag{12-7}$$

式中　　E_p——作物腾发量（即作物田间需水量），mm；

　　　　L——腾发单位重量的水所需热量，J/g，该值随气温而变，当气温为 25℃时 L 为 2470J/g；

　　　　Δ——气温—水汽压关系曲线上的斜率；

　　　　γ——湿度常数；

　　　　H_0——地面净幅射，J/(cm² · d)，可用专门气象仪器测定；

　　　　E_a——干燥力，mm/d，即蒸发面上的温度等于气温时的蒸发量。

对于自由水面

$$E_a = 0.35(0.5 + 5u/800)(e_s - e)$$

对于矮秆作物

$$E_a = 0.35(1 + 5u/800)(e_s - e)$$

式中　　u——风速，m/s；

　　　　e_s——饱和水汽压，hPa；

　　　　e——实际水汽压，hPa。

该式所求得的作物田间需水量，是在土壤水分充足，作物覆盖茂密条件下的最大可能腾发量，即所谓潜在腾发量。当不同作物于不同生育阶段达不到上述条件时，应根据作物和土壤的具体情况折算为实际腾发量。

目前，能量平衡法在欧美一些国家采用较多，且有所发展。尽管该方法本身还有待进一步完善，但现有试验资料已表明，它是从理论上研究作物田间需水量的一种可行途径。

表 12-4 综合各地灌溉试验站的资料，列举了我国不同地区几种主要作物生育期的需水量变化范围。

表 12-4　　　　　　　　　几种作物全生育期需水情况　　　　单位：m³/hm²

作　物	地　区	年　份		
		干旱年	中等年	湿润年
双季稻（每季）	华中、华东	4500～6750	3750～6000	3000～4500
	华南	4500～6000	3750～5250	3000～4500
中稻	华中、华东	6000～8250	4500～7500	3000～6750
一季晚稻	华中、华东	7500～10500	6750～9750	6000～9000
冬小麦	华北	3750～7500	3000～6000	2400～5250
	华中、华东	3750～6750	3000～5250	2250～4200
春小麦	西北	3750～5250	3000～4500	
	东北	3000～4500	2700～4200	2250～3750
玉米	西北	3750～4500	3000～3750	—
	华北	3000～3750	2250～3000	1950～2700
棉花	西北	5250～7500	4500～6750	—
	华北	6000～9000	5250～7500	4500～6750
	华中、华东	6000～9750	4500～7500	3750～6000

12.2.3　作物田间耗水量计算

旱作物和水稻的田间耗水量计算公式如下：

旱作物

$$田间耗水量＝作物需水量＋土壤深层渗漏量$$

水稻

$$田间耗水量＝作物需水量＋水田渗漏量＋育秧水＋泡田水$$

关于作物需水量的计算方法上面已进行详细讨论，下面补充说明水田渗漏量、育秧水和泡田水的计算。

12.2.3.1　水田渗漏量

水田渗漏包括田埂渗漏和田面渗漏两部分。田埂渗漏决定于田埂的质量和养护状况及田块的位置，分散的、位置较高的田块应予考虑。对于连片的、面积较大的稻田，田埂渗漏的水量只是从一个格田进入另一个格田，对整块农田来说，水量损耗甚微。一般所谓水田渗漏主要指田面渗漏部分，它取决于土壤质地、地下水位高低、水田位置、排灌措施等因素。由于影响水田渗漏的因素较多，土层质地往往又不均匀，因而很难从理论上进行推算，生产实践中均以实测和调查方法确定。根据江苏太湖湖西地区的调查资料，不同土质的渗漏情况如表 12-5 所示。

多年种植水稻的水田，一般在田面以下 20cm 左右处，存在有一透水性较弱的土层，即所谓"犁底层"。由于"犁底层"的影响，砂性大的稻田的渗漏量也会大大减小，稻田平均日渗漏量，一般为 2～3mm。丘陵地区的稻田大多属于重黏土，土壤差异不明显，其差别主要取决于稻田的类型。实际资料表明，磅田日平均渗漏量一般为

表 12-5   水稻田日渗漏量   单位：mm/d

土壤种类	地下水位距地面深（m）			
	0.5	1.0	1.5	2.0
黏壤土	0.9	1.4	2.0	2.5
中壤土	1.5	2.6	3.8	4.9
砂壤土	3.3	6.3	9.3	12.3

1～2mm，冲田为 0～1mm，畈田为 0.5～1.5mm。平原圩区稻田多为轻黏土，但地下水位很高，日平均渗漏量一般为 0.5～1.0mm。

12.2.3.2 育秧水

水稻的栽培过程，可分为秧田期和本田期两个阶段：

（1）秧田期。从播种、发芽、出苗到移栽前，一般历时 30～40 天。秧田面积与大田面积之比约为 1:7～1:10。

（2）本田期。从秧苗移栽，经返青、分蘖、拔节、孕穗、抽穗、乳熟至黄熟。

育秧水的计算公式为

$$育秧水＝秧田耗水量－有效降雨量$$

其中秧田耗水量等于秧田日耗水量乘以秧龄期。表 12-6 中所列为广东秧田日耗水强度。据江苏经验，每公顷秧田总耗水量约为 3000～4200m³。

表 12-6   广东秧田耗水强度   单位：mm/d

育秧方法	水播水育	水播湿润育	水播旱育	旱播旱育
早稻	5～7	3～5		
晚稻		5～7	4～6	2～3

有效降雨量等于秧田期降雨乘以利用系数。中小雨利用系数可取 0.5～0.7。由于 1hm² 秧田可插 7～10hm² 大田，所以每公顷大田分摊的育秧水只是秧田用水的 1/7～1/10。

12.2.3.3 泡田水

水稻在插秧前需耕翻耙平土地，在田间建立一定水层，这部分水量称为泡田水，其数值大小与土壤性质、泡前土壤湿度、地下水位高低、泡田方法、泡田天数有关。一般黏土和黏壤土为 750～1200m³/hm²；中壤土和砂壤土为 1050～1800m³/hm²；轻砂壤土为 1200～2400m³/hm²。

现以江苏太湖湖西地区，各种不同水稻田块泡田用水调查资料为例，具体说明如下：

全灌区泡田期约 10 天，泡田期的水面蒸发量为 3.3mm/d，10 天总蒸发量为 330m³/hm²，栽插时稻田水层深为 30mm，栽秧水层所需水量为 300m³/hm²。饱和土层及犁田水层，据不同土质情况所需水量平均为：黏壤土 600m³/hm²，中壤土 650m³/hm²，砂壤土 700m³/hm²。由此求得平均每公顷泡田水量如表 12-7 所示。

表 12 - 7　　　　　　　　　太湖湖西地区稻田泡田用水量　　　　　　　　单位：m^3/hm^2

土壤种类	饱和土层及犁田水层	渗　漏	蒸　发	栽插水层	泡田用水量
黏壤土	600	90～250	330	300	1320～1480
中壤土	650	150～490	330	300	1430～1770
砂壤土	700	330～1230	330	300	1660～2560

12.3　灌区综合灌溉用水过程计算

对于某一灌区而言，首先需选择适宜的作物种类，并确定各种作物的种植面积，然后计算各单种作物所需灌水量，最后将各种作物按种植面积汇总在一起，编制和调整全灌区的综合灌溉用水过程。

12.3.1　水稻灌溉用水量计算

12.3.1.1　水稻品种与生育阶段

不同的水稻品种，总生育时间和各生育阶段时间是不一样的，各阶段需水要求也不同。例如江苏省常熟地区几种水稻生育阶段划分如表 12 - 8 所示。

表 12 - 8　　　　　　江苏省常熟地区水稻各生长阶段天数分配表　　　　　　单位：天

稻种	生长期	返青	分蘖	拔节	孕穗	抽穗	乳熟	黄熟	全生长期
双季早稻	4 月 30 日～7 月 25 日	8	27	12	10	6	17	7	87
双季晚稻	7 月 25 日～11 月 5 日	10	31	8	10	14	18	16	107
单季晚稻	6 月 5 日～11 月 1 日	7	57	11	13	13	22	27	150

生育阶段确定后，为计算各旬水稻田间需水量，需将各生育阶段的需水系数换算为各旬需水系数。现以水面蒸发为参数的需水系数法（即"α 值法"）为例，将换算方法说明如下：

表 12 - 9 为江苏省常熟地区双季早稻各旬需水系数 α 换算表，表中各生育阶段需水系数 α 值采用表 12 - 3 中相应数值。不同生育阶段在各旬的天数可根据表 12 - 8 第一行确定。

现以 5 月上旬为例，说明表 12 - 9 中各旬需水系数 α 值的换算方法。

$$\alpha_{5,上} = \alpha_{返青} \times \frac{1}{10} \times （返青期在 5 月上旬的天数）$$

$$+ \alpha_{分蘖} \times \frac{1}{10} \times （分蘖期在 5 月上旬的天数）$$

$$= 1.15 \times \frac{7}{10} + 1.35 \times \frac{3}{10} = 1.21$$

各旬 α 值求得后，只需将灌区附近水文气象站实测的各旬水面蒸发量乘以各旬 α 值，即得双季早稻的各旬田间需水量。双季晚稻、单季稻计算方法类似。

表 12-9   双季早稻各旬 α 换算表

生育期		返青	分蘖	拔节	孕穗	抽穗	乳熟	黄熟	换算后 α 值
α		1.15	1.35	1.55	1.65	1.70	1.65	1.55	
4 月	下旬	$\frac{1}{10}\times1.15$							0.12
5 月	上旬	$\frac{7}{10}\times1.15$	$\frac{3}{10}\times1.35$						1.21
	中旬		$\frac{10}{10}\times1.35$						1.35
	下旬		$\frac{11}{11}\times1.35$						1.35
6 月	上旬		$\frac{3}{10}\times1.35$	$\frac{7}{10}\times1.55$					1.49
	中旬			$\frac{5}{10}\times1.55$	$\frac{5}{10}\times1.65$				1.60
	下旬				$\frac{5}{10}\times1.65$	$\frac{5}{10}\times1.70$			1.68
7 月	上旬					$\frac{1}{10}\times1.70$	$\frac{9}{10}\times1.65$		1.66
	中旬						$\frac{8}{10}\times1.65$	$\frac{2}{10}\times1.55$	1.63
	下旬							$\frac{5}{11}\times1.55$	0.78

12.3.1.2 稻田田面水层

为了不影响水稻正常生长，给生长创造适宜的条件，必须在田间经常维持一定的水层深度。起控制作用的田间水层深度有以下 3 种。

(1) 适宜下限 h_{min}。它表示田间最低水深，作用是控制作物不致因田间水深不足，失水凋萎影响产量，当田间实际水深低于下限时，应及时灌溉。

(2) 适宜上限 h_{max}。它表示在正常情况下，田间允许（最优）的最大水深。

(3) 雨后最大蓄水深度 h_p。在不明显影响作物正常生长的情况下，为提高降雨的利用率，允许雨后短期田间蓄水的极限水深（即耐淹深度）。超过 h_p 时，应及时排水。表 12-10 中所列为各生育阶段的适宜下限、适宜上限及雨后最大蓄水深度的相应数值。

表 12-10   各生育阶段 h_{min}—h_{max}—h_p 值表   单位：mm

作物名称	生 育 阶 段						
	返青	分蘖前期	分蘖末期	拔节孕穗	抽穗开花	乳熟	黄熟
早稻	5～30～50	20～50～70	20～50～80	30～60～90	10～30～80	10～30～60	10～20
中稻	10～30～50	20～50～70	30～60～90	30～60～120	10～30～100	10～20～60	落干
双季晚稻	20～40～70	10～30～70	10～30～80	20～50～90	10～30～50	10～20～60	落干

表 12-10 所列数据仅是一例，全国各地自然条件不同，水稻品种、灌溉方式及

生产经验也不一样，因而田面水层的适宜下限、适宜上限、雨后最大蓄水深度往往会存在一定差异，一般应根据当地情况选用。

12.3.1.3 水稻田水量平衡计算

水稻田水量平衡方程为

$$h_2 = h_1 + P + m - E - C \qquad (12-8)$$

式中 h_1——时段初田面水层深度，mm；

h_2——时段末田面水层深度，mm；

P——时段内降雨量，mm；

m——时段内灌水量，mm；

E——时段内田间耗水量，mm；

C——时段内排水量，mm。

当 $h_2 < h_{min}$ 时，则表示本时段内必须进行灌溉

$$h_{min} - h_2 \leqslant m \leqslant h_{max} - h_2$$

当 $h_2 > h_p$ 时，则表示本时段内必须排水

$$C = h_2 - h_p$$

例如，早稻分蘖前期，$h_{min} = 20mm$，$h_{max} = 50mm$，$h_p = 70mm$（表 12-10）。如果求得时段末田面水深 $h_2 = 10mm$，则表明本时段至少应灌水 $h_{min} - h_2 = 20 - 10 = 10$（mm），最多可灌 $h_{max} - h_2 = 50 - 10 = 40$（mm）。如果时段内降雨较大，求得时段末田面水深 $h_2 = 90mm$，则表明本时段应排水，排水量 $C = h_2 - h_p = 90 - 70 = 20mm$。

根据水稻田间耗水过程、降雨过程，通过上述水量平衡方程计算，便可求得各旬灌溉用水量。

12.3.2 旱作物灌溉用水量计算

12.3.2.1 土壤湿润层水量平衡方程

为了促进旱作物正常生长，要求土壤在作物根系活动层内保持一定的含水量。根系活动的范围称之为土壤湿润层。土壤湿润层的水量平衡方程为

$$W_2 = W_1 + P' + K + m - E \qquad (12-9)$$

式中 W_1——时段初湿润层储水量，mm 或 m³/hm²；

W_2——时段末湿润层储水量，mm 或 m³/hm²；

P'——时段内有效降雨量，mm 或 m³/hm²，降雨量与降雨有效利用系数之积；

K——时段内地下水补给量，mm 或 m³/hm²；

m——时段内灌溉水量，mm 或 m³/hm²；

E——时段内作物田间需（耗）水量，mm 或 m³/hm²。

12.3.2.2 湿润层深度与适宜含水量

一般说来，不同作物、不同生育阶段对土壤湿润层的深度、适宜含水量的要求是不一样的，表 12-11 为河南引黄灌溉试验场关于小麦的观测资料。表 12-12 为几种旱作物的一般土壤湿润层深度和适宜含水率。

表 12-11　　　　　　　　**小麦各生育阶段土壤湿润层深度和适宜含水率**

生育阶段	土壤湿润层深度（cm）	占干土重（%）			占田间持水率（%）
		青沙土	两合土	黏土	
出苗—返青	40	15~17	17~19	20~22	70~80
返青—拔节	60	15~17	17~19	20~22	70~80
拔节—抽穗	80	17~19	19~22	20~25	80~90
抽穗—乳熟	60	15~17	17~19	20~22	70~80
乳熟—黄熟	60	13~15	14~17	17~20	60~70
全生长期		15~19	17~22	20~25	70~90

　　土层含水率达到毛细管最大持水能力时，最大悬着毛管水的平均含水率，称为该土层的田间持水率（或田间持水量）。因小于凋萎系数的土壤含水量不能被作物吸收，故土壤允许最小含水率应大于凋萎系数。

　　土壤最小储水量可用 W_{min} 表示，北京地区的经验认为可取田间持水率的 60%。土壤允许最大含水率以不造成深层渗漏为原则，可采用土壤田间持水量，作物允许最大储水量用 W_{max} 表示。土壤湿润层含水量应经常保持在 W_{min} 与 W_{max} 之间。

表 12-12　　　　　　　**几种旱作物的土壤湿润层深度和适宜含水率**

作物名称	土壤湿润层深度（cm）	土壤适宜含水量（以田间持水量百分比计,%）
冬小麦	30~70	65~90
棉花	40~80	50~80
玉米	40~80	60~80
花生	30~40	40~70
甘蔗	40~60	50~70

12.3.2.3　旱作物灌溉用水计算

　　1. 播前用水

　　播前用水的一般计算公式为

$$m_0 = 100(\beta_{max} - \beta_0)\gamma h \tag{12-10}$$

式中　　m_0——播前用水量，m^3/hm^2；

　　　　100——单位换算系数；

　　　　β_{max}——土壤最大持水率，以占干土重的百分数计；

　　　　β_0——播前计划湿润层实际含水率，%；

　　　　γ——湿润层土壤干容量，t/m^3；

　　　　h——计划湿润层厚度，m。

　　2. 生育期用水

　　前面已经介绍式（12-9）为土壤湿润层水量平衡方程式，其中有效降雨量 P' 为降水量中扣除地面径流量和深层渗漏量以后，蓄存在湿润层中，可供作物利用的水量。实践中，常用下面简化公式计算

$$P' = \sigma P \tag{12-11}$$

式中　P——降雨量；

σ——降雨有效利用系数，它与降雨总量、降雨强度、土壤性质等因素有关，一般应通过试验测定，河南、山西资料表明可取 $\sigma = 0.7 \sim 0.8$。

地下水补给量 K，与地下水埋藏深度、土壤性质、作物种类有关，某些地区经验表明，地下水埋深在 $1 \sim 2m$ 之内，可考虑地下水利用量占总耗水量 20% 左右，地下水埋深超过 3m 可不予考虑。

当式（12-9）中时段末湿润层计算蓄水量 W_2 小于 W_{min} 时，表明本时段应进行灌溉，其灌溉水量至少为 $m = W_{min} - W_2$，最多为 $m = W_{max} - W_2$。这样，逐旬依次连续进行计算，便可求得旱作物的灌溉用水过程。

12.3.3　灌区综合灌溉用水过程计算

任何一种作物某次（或某时段）灌水定额求出后，就可根据该作物的种植面积，求得净灌溉用水量为

$$M_净 = m\omega \tag{12-12}$$

式中　$M_净$——净灌溉用水量，m^3；

m——灌水定额，m^3/hm^2；

ω——灌溉面积，hm^2。

一个灌区内作物往往种类很多，每种作物灌水定额求出后，以各种作物种植面积比例为权重，将同一时期各种作物的灌水定额进行加权平均，即可求得全灌区的综合灌水定额，其计算公式为

$$m_{综净} = \sum_{i=1}^{n} a_i m_i \tag{12-13}$$

式中　$m_{综净}$——某时段全灌区综合净灌水定额，m^3/hm^2 或 mm；

m_i——第 i 种作物在同时段内的灌水定额，m^3/hm^2 或 mm；

a_i——第 i 种作物灌溉面积占全灌区灌溉面积的比值，n 为作物种类数。

全灌区某时段净灌溉用水量 $M_净$ 的计算公式为

$$M_净 = m_{综净} \omega \tag{12-14}$$

式中　ω——全灌区的灌溉面积。

全灌区某时段毛灌溉用水量 $M_毛$ 的计算公式为

$$M_毛 = \frac{M_净}{\eta_水} \tag{12-15}$$

式中　$\eta_水$——灌溉水量利用系数，为田间净耗水量与渠道引水量之比，它反映了渠系的水量损失；$\eta_水$ 值与渠系长度、灌溉流量、沿渠土壤、水文地质条件、工程质量及管理水平有关，一般可取 $0.6 \sim 0.8$；目前已建成的某些灌区，实际上只有 $0.45 \sim 0.6$。

整个生育期各时段综合灌水定额之和，即为灌区综合灌溉定额。全年各时段灌区灌溉用水之和，即为灌区年灌溉用水量。

【例 12-2】　某灌区总面积 $A = 2670hm^2$，灌溉面积 $B = 1960hm^2$。灌溉面积中水田 $C_{水田} = 1666.67hm^2$，种植结构为：$C_{双旱} = 1373.33hm^2$，占灌区灌溉面积 70%；

$C_{双晚}=1373.33\text{hm}^2$，占灌区灌溉面积 70%；$C_{单晚}=293.33\text{hm}^2$，占灌区灌溉面积 15%。耕地中旱田面积为：4 月下旬至 11 月上旬，$D'=293.33\text{hm}^2$，占灌区灌溉面积 15%；11 月中旬至次年 4 月中旬，$D''=980\text{hm}^2$，占灌区灌溉面积 50%。试求该灌区某典型年的综合灌溉定额。

解：先分别计算该年度各种作物的灌水定额，现以双季稻为例计算其灌水定额（表 12-13）。

表 12-13 中第（2）、第（3）、第（4）栏分别为田间适宜水深 h_{max}、h_{min} 及雨后田间最大蓄水深度 h_p，引自表 12-10，第（8）栏稻田渗漏量和第（9）栏泡田水等数据均为附近灌溉试验站试验值。

第（6）栏 α（田间需水量 E 与 80cm 蒸发器水面蒸发量 E_{80} 的比值），也是附近灌溉试验站的试验值，其具体数据见表 12-9 中最后一栏。

第（5）栏水面蒸发量 E_{80}、第（11）栏降雨量 P 均为附近水文站的观测值。

第（7）栏作物需水量 $E=\alpha E_{80}$ 为第（5）、第（6）两栏同时期数值的乘积。

第（10）栏作物耗水量＝同时期第（7）、第（8）、第（9）三栏数值之和。

第（12）栏至第（14）栏数值系根据式（12-8）水稻田水量平衡公式计算而得。

表 12-13　　　　某典型年双季早稻灌水定额计算表　　　　单位：mm

时间	田间适宜水深		雨后最大水深 h_p	水面蒸发量 E_{80}	换算后的 α 值	作物需水量 E	渗漏	泡田水	作物耗水量 Σ_E	降水量 P	田间期末储水量 h_2	灌水定额 m	田间排水量 C
	h_{max}	h_{min}											
(1)	(2)	(3)	(4)	(5)	(6)	(7)	(8)	(9)	(10)	(11)	(12)	(13)	(14)
4月下旬	30	5	50	28.3	0.12	3.4	10	120	133.4	18.7	5	119.7	
5月上旬	50	20	70	38.0	1.21	46.0	10		56.0	22.5	20	48.5	
5月中旬	50	20	80	43.1	1.35	58.2	10		68.2	23.1	20	45.1	
5月下旬	50	20	80	48.2	1.35	65.1	11		76.1	19.9	20	56.2	
6月上旬	60	30	90	51.2	1.49	76.0	10		86.0	0.5	30	95.5	
6月中旬	60	30	90	52.4	1.60	83.8	10		93.8	8.3	30	85.5	
6月下旬	60	30	90	36.7	1.68	61.7	10		71.7	154.8	90	0	23.1
7月上旬	30	10	80	48.2	1.66	80.0	10		90.0	155.7	80	0	75.7
7月中旬	30	10	60	70.6	1.63	115.1	10		125.1	10.2	10	44.9	
7月下旬	20	0		59.4	0.78	46.3	11		57.3	32.3	0	15.0	
合计				635.6			102	120	857.6	446.0		510.4	98.8

假定 4 月 20 日田面水深为 0，由于 4 月下旬田间适宜水深至少必须为 5mm，所以由式（12-8）求得 4 月下旬灌水定额最低值为

$$m = h_2 - h_1 - P + E + C$$
$$= 5 - 0 - 18.7 + 133.4 + 0$$
$$= 119.7 \text{(mm)}$$

前面已经说明 4 月下旬 h_2 为 5～30mm 之间任一数值均可，所以，4 月末田间水深也可为 $h_2 = h_{\max} = 30$mm，这时 4 月下旬灌水定额为 119.7＋25＝144.7 (mm)。表 12 - 13 中所列数据系灌水到最低值。这样做法的优点是可充分利用降雨量，尽量减少排水量。缺点是灌水过程变化较大。实际中灌水应尽可能均匀，如何调整灌水过程后面再讨论。

现在讨论 6 月下旬如何计算灌水定额，按式（12 - 8）得

$$h_2 = h_1 + P + m - E - C$$
$$= 30 + 154.8 + 0 - 71.7 - 0$$
$$= 113.1 \text{(mm)}$$

若本旬不考虑排水，则旬末田面水层深度为 113.1mm。由于本旬雨后最大蓄水深度为 90mm，因而本旬必须排水，排水量 $C = 113.1 - 90 = 23.1$ (mm)。7 月上旬算法与 6 月下旬类似。

按旬连续计算，可求得各旬灌水量和排水量，全生长期灌水定额之和就是该作物本年的灌溉定额。求得该年双季早稻灌溉定额为 510.4mm［表 12 - 13 中第（13）栏最后一行］。

按同样方法，可求得该年双季晚稻、单季晚稻及旱作物各旬灌水定额，这几种作物的具体计算过程未一一列出，仅将计算结果分别列于表 12 - 14 中第（2）～（5）栏。

表 12 - 14 为灌区综合灌溉定额计算，计算公式见式（12 - 14），即

$$m_{综净} = a_1 m_1 + a_2 m_2 + a_3 m_3 + a_4 m_4$$

表中第（6）栏至第（9）栏分别为 $a_1 m_1$、$a_2 m_2$、$\cdots$、$a_4 m_4$，表中第（10）栏为第（6）栏至第（9）栏之和，即所求之 $m_{综净}$。

全年各阶段 $M_{综净}$ 之和，即为灌区综合灌溉定额，表 12 - 14 中第（10）栏乘以灌区灌溉面积 1960hm²，即为灌区综合灌溉用水量 $M_净$。

灌区净灌溉用水量 $M_净$ 除以灌溉水量利用系数 $\eta_水$，即得灌区毛灌溉用水量 $M_毛$。

同样将表 12 - 13 中第（13）栏灌水定额乘以双季早稻种植面积 1373.33hm²，即为双季早稻的净灌溉用水量。净灌溉用水量再除以灌溉水量利用系数，即为双季早稻的毛灌溉用水量。

表 12 - 13 中第（13）栏和表 12 - 14 中第（10）栏求得的灌水定额，一般是很不均匀的，实际灌水时应尽可能消除灌水高峰和短期停水现象。因此可在不影响作物需水要求，尽量保持主要作物关键用水期用水，适当提前增加灌水的条件下，将灌水过程进行调整修匀。例如表 12 - 13 中 4 月下旬至 6 月中旬总灌水量为 450.5mm，可修匀为每旬灌水量为 65mm 或 70mm，同样满足灌溉要求。修匀后的水量平衡计算方法

与前述相同。

表 12－14　　　　　　　　　灌区综合灌溉定额计算表　　　　　　　单位：mm

时间	双季早稻 m_1	双季晚稻 m_2	单季晚稻 m_3	旱作物 m_4	加权数 双早 a_1m_1 (70%)	双晚 a_2m_2 (70%)	单晚 a_3m_3 (15%)	旱作物 a_4m_4 (50%、15%)	合计 $m_{综净}$
(1)	(2)	(3)	(4)	(5)	(6)	(7)	(8)	(9)	(10)
11月中旬				1.9				1.0	1.0
11月下旬									
12月				0				0	0
1月				17.1				8.6	8.6
2月				13.6				6.8	6.8
3月				0				0	0
4月上旬				0				0	0
4月中旬				0				0	0
4月下旬	119.7			0	83.8			0	83.0
5月上旬	48.5			0	34.0			0	34.0
5月中旬	45.1			0	31.6			0	31.6
5月下旬	56.2			2.1	39.3			0.3	39.6
6月上旬	95.5		141.7	19.5	66.8		21.3	2.9	91.0
6月中旬	85.5		13.7	11.7	59.8		2.1	1.8	63.7
6月下旬	0		0	0	0		0	0	0
7月上旬	0		0	0	0		0	0	0
7月中旬	44.9		0	9.8	31.4		0	1.5	32.9
7月下旬	15.0	122.0	47.5	0	10.5	85.4	7.1	0	103.0
8月上旬		71.0	104.0	20.0		49.7	15.6	3.0	68.3
8月中旬		73.5	134.4	0		51.4	20.2	0	71.6
8月下旬		116.1	134.0	22.0		81.3	20.1	3.3	104.7
9月上旬		0	0	0		0	0	0	0
9月中旬		76.5	78.7	20.0		53.6	11.8	3.0	68.4
9月下旬		79.6	65.5	16.5		55.7	9.8	2.5	68.0
10月上旬		61.4	63.0	13.9		43.0	9.4	2.1	54.5
10月中旬		56.5	71.8	20.0		39.6	10.8	3.0	53.4
10月下旬		44.5	54.6	1.8		31.2	8.2	0.3	39.7
11月上旬		29.2	3.4	19.5		20.4	0.5	2.9	23.8
总计	510.4	730.3	912.3	209.4	357.2	511.3	136.9	43.0	1048.4

注　1. 11月中旬至4月中旬，(9) 栏＝(5) 栏×50%。

　　　2. 4月下旬至11月上旬，(9) 栏＝(5) 栏×15%。

12.4　引水灌溉工程水利计算

引水灌溉工程没有调蓄径流的能力，只能将河川径流引到其他地区，在空间上重新调配，以满足灌溉的需要，有坝引水与无坝引水的水利计算任务和方法基本相同，其任务主要是推求符合一定保证率的设计引水流量和保证灌溉面积。对于中小型工程一般采用固定灌溉用水量法与典型年法；规模较大的工程可考虑采用长系列法。

12.4.1　固定灌溉用水量法

一般可根据灌区附近灌溉试验站分析资料，确定某一灌溉保证率 P 的水稻及各种旱作物的综合灌溉定额，估算引水流量

$$Q_引=\frac{M_毛\,\omega}{86400t} \tag{12-16}$$

式中　$Q_引$——灌区一定保证率的灌溉引水流量，$\mathrm{m^3/s}$；

　　　$M_毛$——灌区一定保证率的毛灌溉定额，$\mathrm{m^3/hm^2}$；

　　　ω——灌溉面积，$\mathrm{hm^2}$；

　　　t——灌溉期中灌水总天数。

对于中等干旱年（灌溉保证率 $P=75\%$ 左右），一般水田每万公顷灌溉引水流量为 $9\sim15\mathrm{m^3/s}$，旱地为 $3\sim6\mathrm{m^3/s}$，具体数值视土壤情况而定。

12.4.2　典型年法

如果已知灌区需要灌溉的面积，作物组成及灌区内现有塘坝库容 $V_塘$，采用典型年法可求出满足一定设计保证率的灌溉引水流量，现将该法计算步骤说明如下：

（1）计算灌区综合需水过程。具体方法见 12.3 节。

（2）计算来水过程。当地可用径流计算方法，见 12.1 节。

（3）计算引水流量。前面已讲过引水工程与塘坝配合时，供水次序一般是，忙时灌田，闲时充塘，先用外水后用塘水，塘坝起反调节作用。灌水高峰的时候，由外水与塘坝共同供水，因此引水流量 $Q_引$ 的计算公式为

$$Q_引=\frac{W_灌-W_地-W_塘}{t} \tag{12-17}$$

式中　$W_灌$——调节时段 t 内灌区总灌溉用水量，$\mathrm{m^3}$；

　　　$W_地$——调节时段 t 内可利用的当地径流，$\mathrm{m^3}$；

　　　$W_塘$——灌区内可用以灌溉的塘坝蓄水量，$\mathrm{m^3}$，通过实地调查决定。

显然，在径流调节计算中这是已知库容求调节流量的问题，其中调节时段 t，一般要通过试算确定。

【例 12-3】　求引水工程引水流量。计算条件：

（1）表 12-15 中第（2）栏，灌区单位面积综合灌溉定额按 12.3 节所介绍方法计算，该项数据引自表 12-14 中第（10）栏的数据（假定该年为所选典型年）。

（2）第（3）栏数据，由第（2）栏数据乘以耕地面积 $1960\mathrm{hm^2}$，经单位换算求得。

（3）第（4）栏中为本灌区可用以灌溉的当地径流。

（4）第（5）栏、第（6）栏数据为塘坝来水量与净用水量的差值。

（5）灌区现有可用以灌溉的塘坝容积 $V_\text{塘} = 200$ 万 m^3，因此第（7）栏数据中的最大值为 200 万 m^3。

解：根据表 12-15 中数据，按径流调节计算中已介绍的方法，经试算求得本年度最大旬净引水量为 111.0 万 m^3，调节时段为 7 月下旬至 8 月下旬，因此，$t = 42 \times 86400$ s。调节时段 t 内灌区总灌溉用水量为 681.6 万 m^3，当地可利用径流量为 37.6 万 m^3。

表 12-15　　　　　　　　　　灌溉引水量计算表

时间	灌区综合定额（mm）	净用水量（万 m³）	塘坝来水量（万 m³）	余水（万 m³）	缺水（万 m³）	塘坝蓄水量（万 m³）	净引水量（万 m³）
(1)	(2)	(3)	(4)	(5)	(6)	(7)	(8)
11月中下旬	1.0	2.0	24.5	22.5		22.5	
12月	0	0	49.2	49.2		71.7	
1月	8.6	16.9	41.1	24.2		95.9	
2月	6.8	13.3	42.7	29.4		125.3	
3月	0	0	160.7	160.7		200.0	
4月上中旬		0	143.0	143.0		200.0	
4月下旬	83.8	164.3	116.3		48.0	152.0	
5月上旬	34.0	66.7	71.7	5.0		157.0	
5月中旬	31.6	62.0	59.8		2.2	154.8	
5月下旬	39.6	77.7	12.0		65.7	89.1	
6月上旬	91.0	178.4	6.2		172.2	20.9	104.0
6月中旬	63.7	124.9	0		124.9	0	104.0
6月下旬	0	0	91.6	91.6		91.6	
7月上旬	0	0	222.9	222.9		200	
7月中旬	32.9	64.5	141.4	76.9		200.0	
7月下旬	103.0	202.0	37.4		164.6	146.4	111.0
8月上旬	68.3	133.9	0.2		133.7	123.7	111.0
8月中旬	71.6	140.4	0		140.4	94.3	111.0
8月下旬	104.7	205.3	0		205.3	0	111.0
9月上旬	0	0	13.8	13.8		13.8	
9月中旬	68.4	134.1	39.0		94.2	19.6	100.0
9月下旬	68.0	133.3	25.0		108.3	11.3	100.0
10月上旬	54.5	106.9	2.3		104.6	6.7	100.0
10月中旬	53.4	104.7	0		104.7	2.0	100.0
10月下旬	39.7	77.9	0		77.9	0	75.9
11月上旬	23.8	46.7	0		46.7	0	46.7

　　试算的目的在于根据表 12 - 15 中第（6）栏中缺水过程，充分发挥塘坝容积的调节作用，使表中第（8）栏的最大引水流量尽可能减小。因为引水工程的规模取决于最大引水流量，该值越小，表示在满足灌溉引水要求的前提下，灌溉工程投资越小。怎样才能使最大引水流量尽可能减小呢？即应使控制时段内的引水流量尽可能均匀，同时引水开始前塘坝应处于蓄满状态。针对本例具体情况，7 月下旬至 8 月下旬缺水量最多，四旬共缺水 644 万 m³。考虑充分利用塘坝蓄水量 200 万 m³，使 7 月中旬末塘坝处于蓄满状态。这样四旬必须共引水 444 万 m³，因而每旬约为 111 万 m³。这是一个极限值，引水量小于该值即不能满足灌溉要求。7 月下旬至 8 月下旬引水量确定后，便可根据表中第（6）栏、第（8）栏数据按水量平衡公式计算第（7）栏塘坝蓄水量过程。由于各旬塘坝蓄水量均在 0～200 万 m³ 之间，它表示每旬引 111 万 m³ 水才能满足灌溉需要。经检验全年中其余各旬引水量均可小于 111 万 m³。因此 7 月下旬至 8 月下旬为对最大引水流量起控制作用的时段，111 万 m³ 即为本典型年最大旬引水量。

　　由式（12 - 17）求得灌溉净引水流量为

$$Q_{引} = \frac{W_{灌} - W_{地} - W_{塘}}{t}$$

$$= \frac{(681.6 - 37.6 - 200) \times 10^4}{42 \times 86400}$$

$$= 1.22 \text{m}^3/\text{s}$$

考虑引水渠输水损失，取灌溉水量利用系数为 0.75，故毛引水量 $Q_{毛}$ 为

$$Q_{毛} = \frac{1.22}{0.75} = 1.63 \text{m}^3/\text{s}$$

　　引水流量确定后，尚需进一步分析引水处河道各时段来水能否满足灌溉引水要求。如果不能满足，则需缩小灌溉面积或降低保证率，否则需另找水源或修建水库调节径流。

　　当工程规模较大，资料较多，需要采用比较详细的方法进行逐年计算时，可采用长系列法。

12.4.3　长系列法

　　所谓长系列法，就是首先计算历年渠首河流来水过程和灌区灌溉用水过程，将两者逐年进行比较，求出河流来水满足灌溉用水的保证年数及相应保证率。如果计算得到的灌溉保证率大于该灌区所要求的灌溉设计保证率，则可根据设计保证率选择引水渠道的设计过水能力；如果求得的保证率小于要求的设计保证率，则需调整灌溉面积或改变作物种植比例，重复以上计算，直到计算保证率与要求的设计保证率一致，由此可求得设计引水流量。长系列法考虑了历年引水流量的实际变化及配合，能较好地反映灌区多年水量平衡情况和设计保证率，其成果一般比较可靠，缺点是计算工作量较大。

12.4.4　灌区渠首水位计算

　　灌溉引水工程除了确定引水渠断面与水闸孔径需要知道引水流量外，为了确定引水口的位置或拦河坝的高度，还要进行灌区渠首水位 $H_{首}$ 的计算，其计算公式为

$$H_首 = h_田 + \Delta h_灌 + \Delta h_渠 + \Delta h_闸 \tag{12-18}$$

式中　$h_田$——灌区内最高田面高程，m；

$\Delta h_灌$——田面上的灌水深度，即适宜水深，一般取 0.02～0.05m；

$\Delta h_渠$——引水渠道上的水头损失，m，为渠道长度 L 与渠底坡降的乘积；

$\Delta h_闸$——水流通过进水闸及渠道上其他建筑物的水头损失，m。

12.5　蓄水灌溉工程水利计算

有调蓄库容的灌溉工程，主要任务在于研究来水、调节库容、供水量或灌溉面积及设计保证率之间的关系。关于径流调节计算的原理和方法在第 11 章已作过较详细的介绍。尽管在研究灌溉问题时，灌溉用水过程变化较大，不可能像第 11 章讨论时，假定全年用水均匀，在时段选取方面，灌溉期一般需按旬或候（5 天）进行水量平衡计算，但其调节计算的原理和方法基本上是相同的。

蓄水灌溉一般以水库为蓄水工程。当水库入流较多，超过水库供水时，将多余的水量蓄在库内；在作物需水量较大，干旱少雨的季节，水库将存蓄的水通过输水渠道送入田间，以补充有效降雨与塘坝供水的不足部分，保证农作物所需水量。灌溉水库调节计算任务主要有两类：①已知来水、灌溉用水、设计保证率，求灌溉库容；②已知来水、库容、设计保证率，求灌溉供水量或灌溉面积。

12.5.1　年调节灌溉水库调节计算

年调节水库是以一年作为调节周期，将一年内天然来水按灌溉用水要求由水库进行调蓄，因而水库必须有一定的灌溉库容。年调节水库灌溉调节计算一般采用时历法。对于大型水库，应采用长系列法，中小型水库可采用典型年法。

12.5.1.1　长系列法

先研究上述第一类问题，即已知来水、灌溉用水、设计保证率，求所需灌溉库容。为此，必须求每年所需库容，绘制库容频率曲线，最后方可根据设计保证率，求得所需设计灌溉库容。而在推求每年所需库容时，必须进行逐时段（月或旬）的水量平衡计算。

水量平衡计算公式为

$$\Delta V = (Q_来 - q_用 - q_损 - q_弃)\Delta t \tag{12-19}$$

式中　ΔV——计算时段（月或旬或候）内水库蓄水量变化值，m^3；

$Q_来$——计算时段内入库平均流量，m^3/s；

$q_用$——计算时段内毛灌溉用水流量，m^3/s，由上述综合毛灌溉用水过程确定；

$q_损$——计算时段内的水库水量损失，m^3/s；

$q_弃$——计算时段内的水库弃水量，m^3/s；

Δt——计算时段，s。

【例 12-4】　某灌溉水库共有 30 年水文资料，其中某一年水库来水量、水库水量损失、灌区综合毛灌溉用水量，如表 12-16 所示，试用列表法求该年所需灌溉库容。

解：计算步骤如下：

（1）计算净来水量。净来水量＝河川来水量－水库损失量［表 12 - 16 中第（4）栏＝第（2）栏－第（3）栏］。

（2）计算 ΔV。ΔV＝净来水量－毛灌溉用水量。$\Delta V > 0$ 时，将数字填入表中第（6）栏；$\Delta V < 0$ 时，将数字填入表中第（7）栏。

（3）计算灌溉库容 $V_{灌}$。从表中 ΔV 计算结果可知，3～6 月和 11 月～次年 2 月，净来水量大于毛灌溉用水量，而 7～10 月，净来水量小于毛灌溉用水量，其差值 ΔV 的总和为 145.1 万 m^3，应由水库供水，因此水库的灌溉库容 $V_{灌}$＝145.1 万 m^3。

该年只有一个亏水期，计算比较简单。如果有两个或三个亏水期，这时确定本年所需库容要复杂一些，但第 11 章中差积曲线法可以较好解决多回运用的问题。

表 12 - 16　　　　　　　　　灌溉水库水量平衡计算表　　　　　　单位：万 m^3

月份	水库来水量	水库水量损失	净来水量	毛灌溉用水量	ΔV	
					余水量	亏水量
(1)	(2)	(3)	(4)	(5)	(6)	(7)
3	14.9	2.12	12.78	0.12	12.66	
4	152.6	2.51	150.09	62.1	87.99	
5	210.2	2.60	207.60	73.2	134.4	
6	110.3	3.01	107.29	54.9	52.39	
7	19.6	3.32	16.28	68.7		52.42
8	25.2	3.20	22.00	56.2		34.20
9	21.7	2.81	18.89	59.6		40.71
10	6.24	2.61	3.63	21.4		17.77
11	20.3	2.16	18.14	0.09	18.05	
12	15.4	2.03	13.37	0	13.37	
1	7.1	1.92	5.18	4.24	0.94	
2	7.9	2.03	5.87	3.33	2.54	
总计	611.44	30.32	581.12	403.88	322.34	145.10

以上只说明了推求某灌溉库容的水量平衡计算方法，对于本例而言，30 年中的每年均可按同样方法求得所需库容，将 30 个库容由小到大排队，并绘成库容保证率曲线，由设计保证率在该曲线上查得相应的库容值，就是长系列法所要求的设计灌溉库容。

对于第二类问题，即已知来水、库容、设计保证率，求灌溉面积。一般可在一定范围内先假定几种可能的灌溉面积方案，每一方案在灌溉面积确定后，即可求出相应的综合灌溉用水过程，这时，可按第一类问题的求解步骤，求出相应的库容保证率曲线。由于每一个方案均可绘制一条库容保证率曲线，将其汇总在一起，可点绘成以灌溉面积为参数的库容保证率曲线（图 12-2），图中 ω 为灌溉面积。由图 12-2，可得到已知设计保证率条件下的库容与灌溉面积的关系，然后根据已知库容便可求得保证的灌溉面积。

12.5.1.2 典型年法

由上述可知，长系列法一般能较好地反映灌溉用水、库容及设计保证率之间的关系，但计算工作量较大。典型年法采用一个或几个典型年代替长系列计算，以节省工作量，而两者水量平衡计算方法相同。

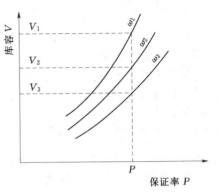

图 12-2 $V—\omega—P$ 关系

（1）当各年灌溉用水量和来水量之间关系比较密切时，可选取水库年来水量频率接近设计保证率，而在年内分配不同的几个典型年。灌溉用水量采用同年用水过程，进行逐时段水量平衡计算，求得各典型年所需库容，然后取其偏大值作为设计值。

（2）当各年灌溉用水量和来水量关系不密切时，可先在年来水量频率曲线上，选择年水量保证率在设计保证率左右的几年，灌溉用水量采用相应年用水过程，分别计算各典型年所需库容，再将所求库容按大小重新排列，根据设计保证率求其库容值。然后在用水量频率曲线上，选择用水量保证率在设计保证率左右的几年，来水过程采用相应年资料，计算这几年所需库容，再将所求库容按大小重新排列，根据设计保证率求其库容值。最后，可在两个库容中，选大者作为设计值。

（3）如果已对一个方案进行过长系列调节计算，为了比较更多方案，而采用典型年法，应选灌溉库容符合设计保证率的年份为典型年，因为这样的典型年与长系列法计算结果最接近。

【例 12-5】 某水库有 30 年资料，经分析年灌溉用水量和来水量关系不密切，灌溉工程设计保证率 $P=80\%$，试用典型年法求所需灌溉库容。

解：（1）根据年来水量大小选择年水量接近设计保证率 $P=80\%$ 的四年，列于表 12-17 第（1）、（2）行。

（2）灌溉用水过程也选 1974 年、1967 年、1962 年、1979 年这四年，对每年进行水量平衡计算，求各年所需库容，列于表中第（3）行。

（3）将求得的四个库容值，由小到大重新排列，填入表中第（4）行，由第（1）行和第（4）行求得 $P=80\%$ 时所需库容 $V_1=0.95$ 亿 m^3。

（4）根据灌溉用水量大小，另选用水量保证率接近 $P=80\%$ 的四年，来水采用新选四年的同年过程。

（5）按上述第（2）、（3）两个步骤，又可求出每年的相应库容，并重新排列求得另一个 $P=80\%$ 的库容 $V_2=0.93$ 亿 m^3（表略）。

（6）综合以上两种成果，取其大者 $V=0.95$ 亿 m^3，为灌溉库容设计值。

表 12-17　　　　　　　　　　典 型 年 法 库 容 频 率

保证率 P（％）	74.7	78.0	81.2	84.5
年来水量相应年份	1974	1967	1962	1979
该年所需灌溉库容 V_1（亿 m^3）	0.97	0.86	1.04	0.91
重新排列后的库容 V_1（亿 m^3）	0.86	0.91	0.97	1.04

12.5.1.3　抗旱天数法

抗旱天数法一般适用于资料缺乏的中小型灌溉工程。首先要对灌区过去的旱情和抗旱天数进行调查与统计分析，其次选择几个实际旱情接近设计抗旱天数的年份作为典型年，然后对选出的典型年进行水量平衡计算，求每年所需灌溉库容。最后，选用偏于安全的库容作为设计值。

12.5.2　多年调节灌溉水库调节计算

多年调节灌溉水库的调节计算有时历法与数理统计法，详见有关文献。另外，关于提水和地下水灌溉工程水利计算，因篇幅所限，不作介绍。

习　　　题

[12-1]　在引水灌溉工程调节计算中，为什么在满足灌溉要求的情况下，尽可能降低最大引水流量（表 12-15 中 7 月下旬至 8 月下旬的数据）？

[12-2]　根据 12.3 节和 12.4 节的算例，在条件改变的情况下，重新计算表 12-14、表 12-15 两张表中的结果。

(1) 如将原例中双季早稻、双季晚稻改为 1000hm²，单季晚稻改为 666.7hm²，其余数值及表 12-14 中前五栏数值不变，试求 12-14 中第（6）～（10）栏相应的数值。

(2) 表 12-15 中如塘坝容积不是 200 万 m³，而是 100 万 m³，其余数值不变，试求表 12-15 中第（7）、第（8）栏相应数值。

第 13 章

水电站水能计算

13.1 基 本 概 念

我国水力资源极其丰富,水能蕴藏量 6.76 亿 kW,技术可开发容量 4.93 亿 kW,居世界第一。我国水电建设从新中国成立初期装机 16.3 万 kW,到 2010 年底已突破 2 亿 kW 装机,水电装机容量占可开发容量的 36%,但与水电事业发展较先进的国家相比有相当大的差距,水电事业发展有着广阔的前景,预计到 2020 年,我国水电装机将达到 3.8 亿 kW。

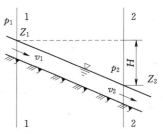

图 13-1 河段纵剖面图

13.1.1 水能计算基本方程

天然河道中的水流,在重力作用下不断从上游流向下游,它所具有的能量,在流动过程中消耗于克服沿程摩阻、冲刷河床及挟带泥沙等。

天然河道水流能量可用伯努里方程来表示。河段纵剖面如图 13-1 所示,水量从断面 1—1 流到断面 2—2 所耗去的能量的计算公式为

$$E = \left[\left(Z_1 + \frac{p_1}{\gamma} + \frac{\alpha_1 v_1^2}{2g} \right) - \left(Z_2 + \frac{p_2}{\gamma} + \frac{\alpha_2 v_2^2}{2g} \right) \right] W\gamma \tag{13-1}$$

式中 E——河段中消耗的能量,J;

Z——断面的水面高程,m;

$\dfrac{p}{\gamma}$——断面的压力水头,m;

v——断面平均流速,m/s;

α——断面流速不均匀系数;

γ——水的容重,取 1000kg/m^3;

g——重力加速度;

W——水体体积,m^3。

在实际计算时，两个断面上的大气压强相差甚微，可认为 $p_1 = p_2$。如流量一定，两断面面积相差不大，则 $\dfrac{\alpha_1 v_1^2}{2g}$ 与 $\dfrac{\alpha_2 v_2^2}{2g}$ 的差值所占比重很小，也可以忽略，因而，式 (13-1) 可写成

$$E = (Z_1 - Z_2)W\gamma = HW\gamma \tag{13-2}$$

其中
$$H = Z_1 - Z_2$$

式中　H——断面 1—1 至断面 2—2 的水位差，亦称水头或落差，m。

式 (13-2) 表示水量 W 下落 H 距离时所做的功，单位时间所做的功称为功率。在水能利用中通常称为出力，一般用 N 表示。由于 Δt 时段内流过某断面的水量 W（m³）等于断面流量 Q（m³/s）与时段 Δt（s）的乘积；1kg·m/s 的功率等于 0.00981kW，由式 (13-2) 可得到

$$N = \frac{E}{\Delta t} = H\left(\frac{W}{\Delta t}\right)\gamma = \gamma QH = 1000 \times 0.00981 QH$$

即
$$N = 9.81QH \tag{13-3}$$

式中　N——出力，kW。

在电力工业方面，习惯用 "kW·h"（俗称 "度"）为能量单位，因 $T(h) = \dfrac{1}{3600}\Delta t(s)$，于是能量公式可写成

$$E = NT = 9.81QH\left(\frac{\Delta t}{3600}\right)$$

即
$$E = 0.00272WH \tag{13-4}$$

式中　E——电能，kW·h。

当一条河流各河段的落差和多年平均流量为已知时，就可利用式 (13-3) 估算这条河流各段蕴藏的水力资源。如果知道可利用的水量和落差，就可利用式 (13-4) 估算其具有的电能。

由上述公式可以看出，水头和流量（或水量）是构成水能的两个基本要素，它们是水电站动力特性的重要参数。

由于河流能量在一般情况下是沿程分散的，为了利用水能，就必须根据河流各河段的具体情况，采用经济有效的工程措施，如水坝、引水渠、隧洞等，将分散的水能集中起来，让水流从上游通过压力引水管，经水轮机，再由尾水管流向下游。当水流冲击水轮机时，水能就变为机械能，再由水轮机带动发电机，将机械能变为电能。

水能转变为电能的过程中，经历了集中能量、输入能量、转换能量、输出能量四个阶段，不可避免地会损失一部分能量，这种损失表现在两个方面：一方面，在水流自上游到下游的过程中，水流要通过拦污栅、进水口、引水管道流至水轮机，并经尾水管排至下游河道，在整个流动过程中，由于摩擦和撞击会损失一部分能量，这部分损失通常用水头损失来表示，即从水头 H 中扣除水头损失 ΔH，才是作用在水轮机上的有效水头，有效水头又称为净水头，以 $H_{净}$ 净表示

$$H_{净} = H - \Delta H$$

另一方面，水轮机、发电机和传动设备在实现能量转换和传递的过程中，由于机械摩擦等原因，也将损失一部分能量，其有效利用的部分，分别用水轮机效率 $\eta_{水机}$、

发电机效率 $\eta_{电机}$ 及传动设备效率 $\eta_{传动}$ 来表示，如以 η 表示水电机组的总效率，则

$$\eta = \eta_{水机} \eta_{电机} \eta_{传动}$$

由于上述两方面的能量损失，所以水电站的实际出力总是小于由式（13-3）计算出的理论出力。水电站的实际出力和电能计算公式分别为

$$N = 9.81 \eta Q H_净 \qquad (13-5)$$

$$E = 0.00272 \eta W H_净 \qquad (13-6)$$

η 值的大小与设备类型、性能、机组传动方式、机组工作状态等因素有关，同时也受设备生产和安装工艺质量的影响。在进行水电站规划或水电站初步设计方案比较时，由于机电设备资料不全或者没有，可近似地认为总效率 η 是一个常数，则式（13-5）可改写为

$$N = K Q H_净 \qquad (13-7)$$

式中　K——出力系数，等于 9.81η。

对于大中型水电站，K 值可取为 8.0～8.5；对于小型水电站的同轴或皮带传动水电机组一般取为 6.5～7.5，两次传动的水电机组 K 值可取用 6.0。

净水头 $H_净 = H - \Delta H$，中水头 $H = Z_上 - Z_下$ 比较容易确定，而水头损失 ΔH 则与流道的长度、截面形状和尺寸、构造材料、敷设方式、施工工艺质量等因素有关，一般须在电站总体布置完成后才能作出比较精确的计算。在初步计算时，可参照已建成的同类型电站估计 ΔH 值，然后再作校核。根据一些工程单位的经验，ΔH 约为 H 的 3%～10%，输水道短的取小值，输水道长的取大值，还需指出，若在初步计算中用 H 代替 $H_净$，亦即略去水头损失 ΔH 不计，这时出力系数 K 值应相应减小，否则会使计算成果偏大。

13.1.2 水电站的设计保证率

由于水电站的出力与流量和水头有关，而河川径流各年各月都是变化的，这就使水电站各年各月的出力和发电量也不相同。水电站在多年工作期间正常供电得到保证的程度，称为水电站的设计保证率，即

$$P = \frac{正常供电时间}{总供电时间} \times 100\%$$

年调节和多年调节水电站保证率一般用保证正常供电年数占总年数百分数表示，无调节和日调节水电站则用保证正常供电的相对日数表示。

水电站的设计保证率，主要根据水电站所在电力系统的负荷特性、系统中水电容量的比重并考虑水库的调节性能、水电站的规模、水电站在电力系统中的作用，以及设计保证率以外的时段出力降低程度和保证系统用电可能采取的措施等因素，参照表13-1选用。

表13-1　　　　　　　　　　水电站设计保证率选用标准

电力系统中水电容量的比重（%）	<25	25～50	>50
水电站设计保证率（%）	80～90	90～95	95～98

对担负一般地方工业或农村负荷的小型水电站，其装机容量为 1000～12000kW

时，设计保证率可取 $80\% \sim 85\%$；如装机容量为 $100 \sim 1000 \mathrm{kW}$，则设计保证率一般可取 $75\% \sim 80\%$。对于更小的水电站，如只负担农村照明和农副产品加工，其设计保证率可以更低。

13.2 电力系统的负荷及其容量组成

13.2.1 电力系统与负荷图

13.2.1.1 电力系统及其用户特点

所有大中型电站一般都不单独地向用户供电，而是把若干电站（包括水电站、火电站及其他类型的电站）联合起来，共同满足各类用户的用电要求。在各电站之间及电站与用户之间用输电线连成一个网络，该网络称为电力系统。各种不同特性的电站联在一起，可以互相取长补短，改善各电站的工作条件，提高供电的可靠性。规划设计水电站时，应首先了解电力系统中各类用户的用电要求以及其他电站组成等情况。

电力系统中有各种用户，它们有着不同的用电要求，通常按其特点，可将用户分为工业用电、农业用电、交通运输用电及市政公用事业用电四种类型。

（1）工业用电。在一年之内负荷变化不大，而年际之间则由于工业的发展而增长。在一天之内，三班制生产的工矿企业用电也比较均匀。从产品种类来看，化学及冶金工业的负荷比较平稳，而机械制造工业及炼钢中的轧钢车间的负荷则是间歇性的，需电状况在短时间内有着剧烈的变动。

（2）农业用电。主要指农业排灌用电、农业耕作用电及农副产品加工用电，其次为农村生活、照明用电。它们都具有明显的季节性变化，特别在排灌季节用电较多，其余时间用电较少。

（3）交通运输用电。目前主要指电气火车用电，随着铁路运输电气化的发展，其用电量不断增长，这种负荷在一年之内和一天之内都很均匀，仅在电气火车起动时，负荷突然增加，才会出现瞬时的高峰负荷。

（4）市政公用事业用电。包括市内电车、给排水用电和生活、照明用电等。其中照明负荷在一天内和一年内均有较大变化，如冬季气温低、夜长，则用电较夏季较多；一天内晚间又比白天用电多。

13.2.1.2 负荷图

如上所述，电力系统的负荷在一日、一月及一年之内都是变化的，其变化程度与系统中的用户组成情况有关。将系统内所有用户的负荷变化过程叠加起来，再加上线路损失和本厂用电，即得系统负荷变化过程线。

一日的负荷变化过程线叫日负荷图；一年的负荷变化过程线称年负荷图。

1. 日负荷图

图 13-2 为一般大中型电力系统的日负荷图。在一天中，一般是 2 时至 4 时负荷最低；清晨照明负荷增加，随后工厂陆续投入生产，在 8 时左右形成第一用电高峰；12 时左右午休，负荷下降；傍晚到入夜时出现第二用电高峰；深夜以后，某些工厂企业结束生产，负荷再次下降。一日内峰谷大小和出现时间与系统内的生产特性及系

统所处的纬度有关，通常用电的第二高峰大于第一高峰。至于各地区的小型电力系统，其日负荷的变化则可能是各式各样的。

（1）日负荷图的分区及特征值。日负荷图的三个特征值为日最大负荷 N''、日平均负荷 $\overline{N}$ 及日最小负荷 N'。日平均负荷图所包围的面积就是日用电量。

$$E_日 = 24\,\overline{N} \qquad (13-8)$$

式中　$E_日$——日用电量，$kW \cdot h$；

　　　$\overline{N}$——日平均负荷，kW；

　　　24——一天的小时数。

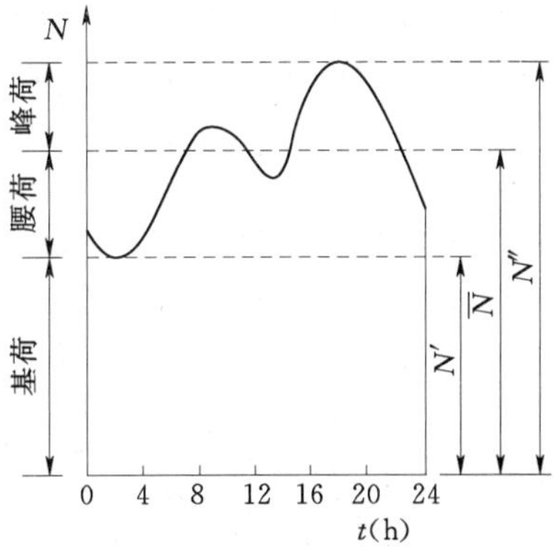

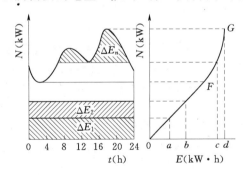

图 13-2　日负荷图

N''、$\overline{N}$ 及 N' 三个特征值将日负荷图划分成三个部分。在最小负荷 N' 以下的部分称为基荷；最小负荷 N' 与平均负荷 $\overline{N}$ 之间称为腰荷；N 以上至 N'' 部分称为峰荷。

（2）日负荷特征系数。为了表明日负荷图的变化情况，以及便于各日负荷图之间的比较，一般用以下三个特征系数来表示日负荷特性：

基荷指数 α 　　　　　　　$\alpha = N'/\overline{N}$
日最小负荷率 β 　　　　　$\beta = N'/N''$
日平均负荷率 γ 　　　　　$\gamma = \overline{N}/N''$

α 越大，表示基荷所占比重越大，说明用电户的用电情况比较稳定。β、γ 越大，表示日负荷变化越小，系统负荷比较均匀。大耗电工业占比重较大的系统，一般日负荷变化较均匀，γ 值往往较大；照明负荷占比重较大的系统，γ 值较小。

（3）日电能累积曲线。电力系统日平均负荷曲线下面所包含的面积，代表系统全日所需要的电量 $E_日$。如将日负荷曲线下的面积自下而上分段叠加，如图 13-3 中 ΔE_1，ΔE_2，…，ΔE_n 等。如果图 13-3 中右图纵坐标与左图相同，右图横坐标为电能，取 $oa = \Delta E_1$，$ab = \Delta E_2$，…，$cd = \Delta E_n$。则右图中 OFG 线称为日电能累积曲线，显然 F 点以下为基荷，因而 OF 为直线。基荷以上，随着负荷的增长，相应供电时间越短，电能增量逐渐减小，所以日电能累积曲线，越向上越陡。

图 13-3　日电能累积曲线示意图

2．年负荷图

年负荷图表示一年内负荷的变化过程，通常以日负荷特征值的年内变化来表示。

日最大负荷（N''）的年变化曲线称为年最大负荷图，如图 13-4（a）所示。年最大负荷反映系统负荷对各电站最大出力或发电设备容量的要求。显然，系统内各电站装机容量的总和至少应等于电力系统的最大负荷 N''，否则就不能满足系统负荷的要求。日平均负荷（$\overline{N}$）[图 13-4（b）中虚线]或各月平均负荷 [图 13-4（b）中实线]

年过程称为年平均负荷图，它反映系统负荷对各电站平均出力的要求。显然，年平均负荷图所包含的面积相当于系统用户的年需电量，也是系统内各电站年发电量的总和。

需要指出，图 13 - 4 只是年负荷图的一种典型形式，夏季处于一年的用电低谷，实际上由于经济发展和人民生活水平的提高，近年来夏季用电大幅增长，一些电力系统呈现夏季为负荷高峰的特征。

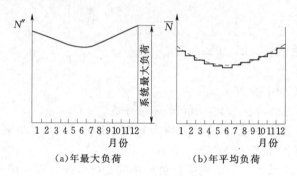

图 13 - 4　年负荷图

13.2.2　水电站容量组成

电站中的每台机组都有一个额定的发电机铭牌出力，电站的装机容量就是该电站全部机组铭牌出力的总和。水电站装机容量划分如下：

（1）工作容量。为了满足最大负荷要求而设置的容量称为最大工作容量。它承担负荷图的正常负荷。

（2）负荷备用容量。由于用电户负荷的突然投入和切除（如冶金工厂中大型轧钢机的启动和停机），都会使负荷突然跳动，所以系统的实际负荷是时刻波动而呈锯齿状变化。所以除工作容量外，还要增设一定数量的容量，来应付突然的负荷跳动。此部分容量称负荷备用容量。

（3）事故备用容量。任何一个电站工作过程中，都可能有一个甚至几个机组发生故障而停机。就全系统而言，也可能在某一时刻有几个电站若干个机组同时发生事故。为了避免因机组发生故障而影响系统正常供电，必须在电力系统中设置一定数量的事故备用容量。

（4）检修备用容量。为了保证电站机组正常运行，减少事故及延长设备的使用寿命，必须有计划地对所有机组进行定期检修。在停机检修时，为了代替检修机组工作而专门设置的容量叫检修备用容量。

在电力系统中，各电站的工作容量和备用容量都是保证系统正常供电所必需的。因而，这两部分容量之和，称为系统的必需容量。

（5）重复容量。水电站必需容量是保证系统正常供电所必需的，它是以设计枯水年的水量作为设计依据的。水电站在丰水年和平水年的全年或汛期若仅以必需容量工作会产生大量弃水。为了利用此部分弃水量来发电，只需要增加一部分机电容量，而不增加大坝等水工建筑物的规模。显然，此部分容量在枯水期或枯水年组是得不到保证的。其作用完全在于利用部分弃水量来替代和减少火电站煤耗。由于这部分容量并非保证电力系统正常供电所必需的，故称为重复容量。重复容量为水电站所特有。

13.3 保证出力和多年平均年发电量计算

13.3.1 水电站保证出力

水电站在长期工作中，供水期所能发出的相应于设计保证率的平均出力，称之为水电站的保证出力。例如某水电站设计保证率为95％，保证出力为3万kW，就表明该水电站在多年运行期间平均100年中，有95年供水期的平均出力大于3万kW。保证出力是确定水电站装机容量的重要依据。

13.3.1.1 年调节水电站的保证出力

在水库正常蓄水位和死水位已定的情况下，可用以下方法计算年调节水电站的保证出力。

1. 长系列操作法

对于年调节水电站来说，比较精确的计算方法是利用已有的全部水文资料，通过水能调节计算求出每年供水期的平均出力，然后将这些出力值按大小次序排列，绘成供水期的平均出力频率曲线，如图13-5所示。由设计保证率P在该曲线上查得相应平均出力值N_P，即为欲求的保证出力。

2. 设计枯水年法

设计枯水年是指年或者枯水期来水量的频率等于设计保证率的年份。在规划阶段，或进行大量方案比较时，为减少计算工作量，也可只计算设计枯水年的供水期平均出力，作为年调节水电站的保证出力。

长系列操作法与设计枯水年法不同之处在于，前者需每年求其供水期平均出力，然后点绘供水期平均出力频率曲线，最后再根据设计保证率，查得水电站的保证出力，而后者直接将设计枯水年供水期的平均出力作为保证出力。长系列操作法和设计枯水年法都需要计算供水期的平均出力，可采用简化等流量法、逐时段等流量法和等出力法，现以设计枯水年为例，将前两种方法分别介绍如下，等出力法参阅相关文献。

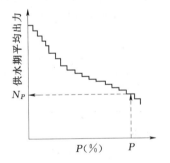

图13-5 供水期平均出力频率曲线

（1）简化等流量法。年调节水电站的保证出力，如用设计枯水年供水期的平均出力表示，则可根据设计枯水年供水期的调节流量Q_P和供水期的平均水头$\overline{H}_\text{供}$来估算

$$N_P = KQ_P\overline{H}_\text{供} \qquad (13-9)$$

设计枯水年供水期的调节流量的计算公式为

$$Q_P = \frac{W_\text{供} + V_\text{兴}}{T_\text{供}} \qquad (13-10)$$

式中　Q_P——设计枯水年供水期的调节流量，m³/s；

$W_供$——设计枯水年供水期的天然来水量，m^3 或 $[(m^3/s)月]$；

$V_兴$——水库的兴利库容，m^3 或 (m^3/s) 月；

$T_供$——设计枯水年供水期历时，s 或月。

$\overline{H}_供$ 的计算公式为

$$\overline{H}_供 = Z_上 - Z_下 - \Delta H \tag{13-11}$$

式中　$\overline{H}_供$——设计枯水年供水期平均水头，m；

　　　$Z_上$——设计枯水年供水期水库上游平均水位，m，可由 $\left(V_死 + \dfrac{1}{2}V_兴\right)$ 之值查水库水位容积曲线求得；

　　　$Z_下$——设计枯水年供水期水电站下游平均水位，m，可由 Q_P 查下游水位流量关系曲线求得；

　　　ΔH——水头损失，m，可根据同类水电站或水力学手册估算。

【例 13-1】　某水电站是一座以发电为主的年调节水电站，正常蓄水位为 112.00m，死水位为 91.50m，兴利库容 $V_兴 = 29.7$ (m^3/s) 月，死库容 $V_死 = 7.0$ (m^3/s) 月，水电站的设计保证率为 $P=90\%$，坝址流域面积为 $1311km^2$，有 30 年水文资料，坝址处多年平均流量为 $26.1 m^3/s$，选定的设计枯水年为 1960 年 4 月到 1961 年 3 月，流量过程见表 13-2，试确定该水电站的保证出力 N_P。

表 13-2　　　　　　　　　　　设计枯水年流量过程

月份	4	5	6	7	8	9	10	11	12	1	2	3
月平均流量（m^3/s）	15.2	42.1	54.4	30.8	2.8	27.7	9.6	8.4	4.7	2.8	3.3	18.3

解：

1）经试算（具体见第 11 章相关内容）求得供水期为 10 月至次年 2 月，供水期调节流量为 $Q_P = \dfrac{W_供 + V_兴}{T_供} = \dfrac{28.8 + 29.7}{5} = 11.7 m^3/s$。

2）由 $V_死 + \dfrac{1}{2}V_兴 = 7.0 + \dfrac{29.7}{2} = 21.8$ $[(m^3/s)月]$，根据库容曲线查得 $Z_上 = 106m$。

3）由 $Q_P = 11.7 m^3/s$，查下游水位流量关系曲线，得 $Z_下 = 59.5m$。

4）根据该水电站的具体情况取出力系数 $K=8.0$，水头损失 $\Delta H = 1.0m$。

5）供水期平均水头为 $\overline{H}_供 = Z_上 - Z_下 - \Delta H = 106 - 59.5 - 1.0 = 45.5$ （m）。

6）供水期平均出力为 $N_P = K Q_P \overline{H}_供 = 8.0 \times 11.7 \times 45.5 = 4258.8$ （kW）。

（2）逐时段等流量法。简化等流量法，将整个供水期当作一个时段进行水能调节计算，逐时段等流量调节计算原理与简化等流量法基本相同，区别在于逐时段等流量法，考虑了不同时段的水头差别。计算步骤如下：

1）按式（13-10）计算供水期平均流量 Q_P，各时段（月）的发电流量 $Q_t = Q_P$。

2）从供水期初 $V_0 = V_兴 + V_死$ 开始，逐时段（顺算）求时段出力 N_t，N_t 的计算原理与简化等流量法相同，区别在于将时段长由整个枯水期换成一个时段。

3）计算供水期平均出力 $N_P = \overline{N}_{供} = \dfrac{1}{T_{供}} \displaystyle\sum_{t=1}^{T_{供}} N_t$。

13.3.1.2 无调节和日调节水电站保证出力

前面介绍的主要是针对有较高调节能力的水电站的水能计算方法。这类水电站由于需要有较大的库容和相应的地形、地质条件，又常带来水库淹没迁移的困难，因此在河流的梯级或库群开发中，不能也不应要求所有的电站都设置较大的调节库容。也就是说，会有不少水电站是只具有日调节或无调节性能的。

对于无调节（也称径流式）水电站，因无调节库容来调蓄径流，所以来多少水就放多少水。这样，库水位一般保持不变，故坝前水位处在正常蓄水位（但在水库泄洪时，上游水位会被迫抬高，下泄流量也因水库调蓄而变化），而引用流量就是天然径流，因此水能计算比较简单。无调节水电站保证出力计算步骤如下：

（1）根据水文资料（日或旬平均流量）绘制多年流量过程线，如图 13 - 6（a）所示。流量过程线可用长系列，或代表期，或代表年，视需要而定。

（2）下游水位过程线 $Z_下—t$ 由图 13 - 6（a）的流量，查下游水位—流量关系曲线而得，如图 13 - 6（b）所示。

（3）绘制水头 $H—t$ 过程线，如图 13 - 6（c）所示，$H = Z_上 - Z_下$。其中 H 为发电水头，$Z_上$ 对于无调节水电站取正常蓄水位，对于日调节水电站由 $\left(\dfrac{1}{2}V_兴 + V_死\right)$ 查库容曲线确定。

（4）用出力公式 $N = kQH$ 计算水流出力过程线 $N—t$，如图 13 - 6（d）所示。其中 k 为出力系数，H、Q 由图 13 - 6（a）、（c）提供。

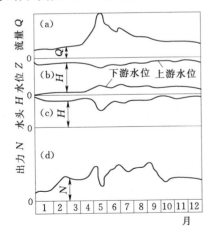

图 13 - 6 无调节水电站出力过程计算

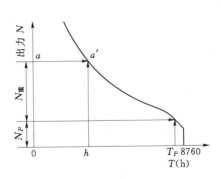

图 13 - 7 无调节电站保证出力计算

（5）根据水流出力过程线，可绘制水流出力持续（按大小排列）曲线（图 13 - 7）。该图纵标为出力，横标为时间，并取多年平均化算为一年（8760h）计。

（6）由 $T_p = 8760P$，查图 13 - 7 中曲线即得保证出力为 N_P，其中 P 为水电站设计保证率。

采用水文资料时，一般逐日计算较精确，但工作量大，故可先以旬平均计算，然后选几个典型年逐日计算，求得典型年的旬日之间的折算系数，最后修正之。

13.3.1.3　多年调节水电站保证出力

多年调节水电站，在正常蓄水位和死水位已定的情况下，计算保证出力的方法与年调节相同，可用等流量法，也可用等出力法，其差别只有一点，即不是对设计枯水年的供水期进行调节计算，而是对设计枯水段（或设计枯水年组）进行调节计算。关于设计枯水段的选择前面已经说明，不再赘述。

13.3.2　水电站多年平均年发电量

多年平均年发电量是水电站的一个重要动能指标，其计算方法有长系列法和代表年法。

13.3.2.1　长系列法

年调节和多年调节水电站，一般可根据长系列水文资料，逐年逐月按水库调度图（水电站水库调度图如何绘制，本章第六节有具体介绍）。进行水能调节计算，求出每个月的平均出力 N_i。

每年的发电量为 12 个月发电量之和，即

$$E_{年,i} = 730 \times \sum_{t=1}^{12} N_{i,t} \qquad (13-12)$$

式中　$E_{年,i}$——第 i 年发电量，kW·h；

　　　$N_{i,t}$——第 i 年第 t 月平均出力；

　　　730——1 个月的平均小时数。

系列中各年年发电量的平均值，即为多年平均年发电量，其计算公式为

$$\overline{E}_{年} = \frac{\sum_{i=1}^{n} E_{年,i}}{n} \qquad (13-13)$$

式中　$\overline{E}_{年}$——多年平均年发电量，kW·h；

　　　n——系列的年数。

应当注意，在装机容量已初步选定情况下，上面计算成果中凡是月平均出力大于装机容量 N_y 的应按 N_y 计算。

13.3.2.2　代表年法

选择丰、平、枯三个设计代表年，对每个设计代表年进行水能调节计算，求出三个设计代表年的年发电量 $E_枯$、$E_平$ 和 $E_丰$，则多年平均年发电量为

$$\overline{E}_{年} = \frac{1}{3}(E_枯 + E_平 + E_丰) \qquad (13-14)$$

同样，应注意将超过装机容量的部分扣除，因为超过装机容量的部分是弃水，水电站无法利用，不扣除会使多年平均发电量偏大。

日调节和无调节水电站一般应逐日进行计算，求各年年发电量。对于无调节水电站，在得到出力持续曲线后，多年平均发电量计算很简单，图 13-7 的装机容量水平线 aa' 以下所包围面积为多年平均电能 $\overline{E}_年$。

13.4 水电站装机容量选择

水电站装机容量由最大工作容量、备用容量和重复容量三部分组成。

13.4.1 水电站最大工作容量

为讨论方便起见，假定研究的电力系统只有水电站与火电站两种电源。前面已经说明，系统所需负荷和所要求的保证电能，应由系统内的各电站共同提供。一般而言，让调节性能较高的水电站担任峰荷，工作容量尽可能大些，以减少新建火电站的工作容量，一般总是有利的。

13.4.1.1 无调节水电站最大工作容量

无调节水电站没有调节库容，天然水流不及时利用就被弃去，这种水电站担任基荷比较合适。因此，无调节水电站工作容量就等于保证出力，即

$$N_{\text{工}} = N_P \tag{13-15}$$

13.4.1.2 日调节水电站工作容量

日调节水电站工作容量主要取决于两个因素：①日保证电能 $E_{\text{日}}$，其中，$E_{\text{日}} = 24N_P$；②水电站在电力系统负荷图上的工作位置。根据这两个因素，通过日电能累积曲线，便可确定其所担负的工作容量。

（1）水电站担负峰荷。已知水电站日保证电能 $E_{\text{日}}$，该水电站担负第一峰荷（日负荷图上最高位置），则在图 13-8（a）上取 $ab = E_{\text{日}}$，则 bc 就是该日调节水电站的最大工作容量，即

$$N_{\text{工}} = \overline{bc} = N''_{\text{工}}$$

（2）水电站担负基荷和峰荷。如果由于航运或灌溉等综合用水部门的要求，需要日保证电能中一部分（$E_{\text{日}1}$）担负基荷，另一部分（$E_{\text{日}2} = E_{\text{日}} - E_{\text{日}1}$）担负峰荷，见图 13-8（b），可分别由 $E_{\text{日}1}$ 和 $E_{\text{日}2}$ 在电能累积曲线上查得 $N''_{\text{工}_1}$ 和 $N''_{\text{工}_2}$，则该日调节水电站的最大工作容量为

$$N_{\text{工}} = N''_{\text{工}_1} + N''_{\text{工}_2}$$

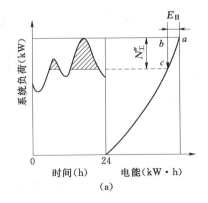
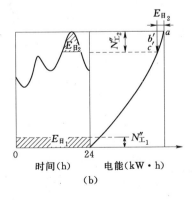

图 13-8 日调节水电站最大工作容量示意图

以上日调节水库均放在日负荷图上第一峰荷位置，当系统中有多个水电站可位于峰荷位置工作时，可以按水电站的调节性能从高到低排序，在计算设计电站的工作容量时，先从系统日负荷图中扣除前序各电站的工作容量，得到新的日负荷图和电能累积曲线，再按以上方法确定设计电站的最大工作容量。

13.4.1.3　年调节水电站最大工作容量

年调节水电站最大工作容量也取决于两个因素：①水电站设计枯水年供水期保证电能 E_P；②水电站在电力系统负荷图上的工作位置。

计算时主要根据系统电能平衡的要求，即在任何时段内，水电站提供的保证电能与火电站所发电能之和，必须满足电力系统所需电能，因而当水电站担任峰荷，加大工作容量时，便可相应地减少新建火电站的工作容量。

水电站供水期保证电能的计算公式为

$$E_P = N_P T_供 \tag{13-16}$$

式中：E_P——供水期保证电能，kW·h；

　　　　N_P——保证出力，kW；

　　　　$T_供$——供水期历时，h。

关于年调节水电站的工作位置，为了充分发挥它的作用，供水期一般总是尽量让它担负峰荷或腰荷。汛期为了减少弃水，节省燃料消耗，年调节水电站的工作位置往往向下移动，担负基荷还是腰荷视来水情况而定。汛期水电站的工作位置不影响水电站的最大工作容量。

年调节水电站最大工作容量的计算步骤如下：

（1）计算水电站供水期保证电能 E_P，见式（13-16）。

（2）根据水电站的工作位置，在电力系统年最大负荷图（图13-9）上假定几个水电站最大工作容量方案，如 $N''_{水1}$、$N''_{水2}$、$N''_{水3}$ 等。

（3）对第一方案 $N''_{水1}$，在年负荷图上摘取供水期各月相应的工作容量：$N''_{水1,t}$，$t \in$ 供水期（图13-9）。

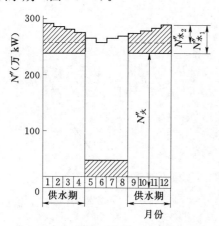

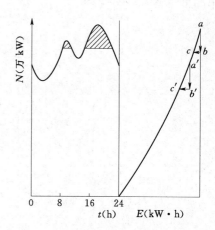

图13-9　年调节水电站最大工作容量示意图　　图13-10　1月典型日负荷图及电能累积曲线

（4）在每月选择一张典型日负荷图，利用典型日负荷图及电能累积曲线求各月相

应于 $N''_{水1,t}$ 的典型日电能 $E_{日,t}$。例如，图 13-10 为 1 月典型日负荷图及电能累积曲线，在电能累积曲线上取 $ab=N''_{水1,1}$，则 $E_{日,1}=cb$。

（5）各月典型日平均出力的计算公式为

$$\overline{N}_t=\frac{E_{日,t}}{24} \tag{13-17}$$

式中　$\overline{N}_t$——第 t 月典型日平均出力，kW。

（6）计算第一方案相应供水期电能，供水期电能计算公式为

$$E_{供,1}=730\sigma\sum_{i=1}^{T}\overline{N}_i \tag{13-18}$$

其中　　　　　　　　　　　$\sigma=\overline{N}_月/N_{日,\max}$

式中　$E_{供,1}$——第一方案供水期电能，kW·h；

　　　$\overline{N}_i$——第一方案供水期中第 i 月典型日平均出力，kW；

　　　σ——月负荷不均衡率，一般取 0.86～0.95；

　　　T——供水期的月数；

　　　730——每个月的平均小时数。

（7）重复步骤（1）～（6）可得最大工作空量 $N''_{水1}$、$N''_{水2}$、$N''_{水3}$，与所求得的相应供水期电能 $E_{供,1}$、$E_{供,2}$、$E_{供,3}$，点绘 $N''_水$—$E_供$ 关系曲线。

（8）由水电站供水期的保证电能 E_P，查 $N''_水$—$E_供$ 关系曲线，即可得最大工作容量。

【例 13-2】　某年调节水电站，供水期为 9 月至次年 4 月，已知供水期保证出力 $N_P=7.5$ 万 kW，系统年最大负荷如图 13-9 所示，具体数据见表 13-3 中第（2）栏。如果该水电站拟担负第一峰荷位置（即峰荷最高部分），试求该水电站最大工作容量。

解：（1）该水电站供水期保证电能为

$$E_P=N_PT_供=7.5\times8\times730=43800（万 kW·h）$$

（2）在图 13-9 上假定两个最大工作容量方案，即 $N''_{水1}=30$ 万 kW，$N''_{水2}=28$ 万 kW。因为电力系统中 12 月所需容量最大，为 290 万 kW，所以 12 月两个方案的系统中火电站和其他水电站的最大工作容量分别为 260 万 kW 和 262 万 kW，为简明起见，这部分容量以 $N''_火$ 表示，分别记在表 13-3 的第（3）栏和第（7）栏中。

表 13-3　　　　　　　　年调节水电站最大工作容量计算表

月份	N'' （万 kW）	第一方案				第二方案			
		$N''_火$ （万 kW）	$N''_水$ （万 kW）	$E_日$ （万 kW·h）	$\overline{N}$ （万 kW）	$N''_火$ （万 kW）	$N''_水$ （万 kW）	$E_日$ （万 kW·h）	$\overline{N}$ （万 kW）
(1)	(2)	(3)	(4)	(5)	(6)	(7)	(8)	(9)	(10)
1	288	260	28	232	9.7	262	26	210	8.8
2	284	260	24	195	8.1	262	22	171	7.1
3	280	260	20	156	6.5	262	18	124	5.2

月份	N'' （万 kW）	第一方案				第二方案			
		$N''_火$ （万 kW）	$N''_水$ （万 kW）	$E_日$ （万 kW·h）	$\overline{N}$ （万 kW）	$N''_火$ （万 kW）	$N''_水$ （万 kW）	$E_日$ （万 kW·h）	$\overline{N}$ （万 kW）
4	275	260	15	107	4.5	262	13	88	3.7
9	278	260	18	135	5.6	262	16	113	4.7
10	282	260	22	170	7.1	262	20	152	6.3
11	286	260	26	210	8.8	262	24	191	8.0
12	290	260	30	270	11.2	262	28	239	10.0
总计					61.5				53.8

（3）根据系统各月最大负荷及 $N''_火$，求得设计水电站供水期各月工作容量，分别记入表中第（4）栏［第（2）栏与第（3）栏之差］和第（8）栏［第（2）栏与第（7）栏之差］。

（4）根据各月典型日负荷图及相应电能累积曲线，求各月的典型日电能 $E_日$。现以 1 月为例说明（图 13-10）：由表 13-3 中第（4）栏查得 1 月 $N''_水 = 28$ 万 kW，于是在图（13-10）电能累积曲线上取垂直距离 $ab = 28$ 万 kW，b 点与电能累积曲线间的水平距离 $cb = 232$ 万 kW·h，就是欲求的 1 月相应的日电能（如该水电站不是担负最高峰荷，工作位置在图中 a' 以下，则求法类似，取 $a'b' = 28$ 万 kW，$b'c'$ 为所求日电能）。各月按同样的方法可求得日电能，分别记入表中第（5）栏和第（9）栏。同时，由式（13-16）计算平均出力 $\overline{N}$，并记入第（6）栏和第（10）栏。

（5）由式（13-17）求得两个方案的供水期电能分别为
$$E_{供,1} = 730 \sum N_i = 730 \times 61.5 = 44895（万 \ kW·h）$$
$$E_{供,2} = 730 \sum N_i = 730 \times 53.8 = 39274（万 \ kW·h）$$

（6）通过直线内插求得该水电站最大工作容量为
$$N''_水 = 28 + \frac{43800 - 39274}{44895 - 39274} \times 2 = 29.6（万 \ kW）$$

确定多年调节水电站最大工作容量的原则和方法，与年调节水电站基本相同，差别在于多年调节水电站是以设计枯水段（或设计枯水年组）的保证电能来确定最大工作容量。具体计算步骤可参阅相关文献。

13.4.2　电力系统备用容量

为了保证电力系统的正常工作，提高供电的可靠性，除满足电力系统年最大负荷所需最大工作容量外，还必须装设一定的备用容量。备用容量包括负荷备用、事故备用和检修备用。

13.4.2.1　负荷备用容量

电力系统中用户投入和切除，往往都会引起负荷的突然变化，如冶金工厂中大型轧钢机启动和停机，铁路上电气机车起动等，都会使负荷突然跳动，所以系统的实际负荷经常是剧烈变动的。为了适应这种负荷跳动，维持系统电流周波稳定，系统需要设置负荷备用容量，其数值可采用系统最大负荷的 5% 左右。

由于水电站机组启动灵活，担任负荷备用比较适宜。一般电力系统的负荷备用，总是尽量由靠近负荷中心，调节性能较好的大型水电站担任。只有在洪水期当水电站转移到基荷位置工作时，负荷备用才改由火电站担任，容量较大（大于 100 万 kW），输电距离较远的系统，一般应由两个或更多的电站分担负荷备用容量。

13.4.2.2　事故备用容量

电力系统事故备用容量的大小可采用系统最大负荷的 5%～10%，但不得小于系统最大一台机组的容量。在初步设计中，通常按系统中水、火电站的最大工作容量的比例来分配事故备用容量。分配给水电站的事故备用容量，应设置在水库调节性能好，靠近负荷中心的大型水电站上。

13.4.2.3　检修备用容量

一般检修尽可能安排在系统负荷较低的时间内进行。通常来水较丰的夏季，水电站充分利用天然径流发电，若此时系统年负荷图又处于低谷，则火电站有空闲容量可以安排检修。在系统年负荷图较低的冬春季里，水电站有空闲容量可以安排检修。经过安排和平衡，如果不能完成系统所有机组检修计划，这时才需在系统中某些电站上设置一定的检修备用容量。每台机组大修时间：水电机组检修时间平均为 15～20 天；火电机组检修时间平均为 20～30 天。

13.4.3　水电站重复容量

无调节水电站及调节性能较低的水电站，洪水期往往会产生大量弃水。为了利用弃水增发季节性电能，节省火电站的燃料消耗，可在水电站上增设一部分装机容量，由于它不能替代火电站的工作容量，因而称之为重复容量。水电站重复容量越大，增发的电能和节省的燃料费越多，但随着重复容量增加，电能的增率将越来越小。另一方面，随着水电站重复容量增加，弃水越来越少，所增加容量的设备利用率将越来越低，因而需进行经济比较。

13.4.3.1　重复容量年利用小时数

水电站增加单位装机容量在多年运行中，平均每年利用的小时数，称为重复容量年利用小时数。它决定于多年的弃水情况，一般可通过增加的装机容量和相应增加的多年平均年发电量来估算，具体计算过程见表 13-4。表 13-4 中第一行表明不考虑设置重复容量，在已知正常蓄水位和死水位的情况下，按前面介绍的方法求得多年平均年发电量为 17.56 亿 kW·h。然后每隔 5 万 kW（实际计算中可根据电站规模酌情确定）假定一个重复容量方案，按同样方法求得多年平均年发电量，列于表中第（4）栏。表中第（5）栏为第（4）栏相邻的方案差值，第（6）栏的利用小时数的计算公式为

$$t = \frac{\Delta E}{\Delta N} \tag{13-19}$$

式中　t——重复容量年利用小时数（或补充千瓦年利用小时数），h；

　　　ΔE——相邻装机容量方案年发电量差值，kW·h；

　　　ΔN——相邻装机容量方案重复容量差值，kW。

表 13-4   重复容量平均年利用小时数计算表

必需容量 （万 kW）	重复容量 （万 kW）	装机容量 （万 kW）	多年平均年发电量 （亿 kW·h）	年发电量差值 （亿 kW·h）	利用小时数 （h）
(1)	(2)	(3)	(4)	(5)	(6)
28	0	28	17.56		
28	5	33	19.57	2.01	4020
28	10	38	20.93	1.36	2720
28	15	43	21.81	0.88	1760
28	20	48	22.30	0.49	980

13.4.3.2 重复容量年经济利用小时数

根据表13-4计算结果可绘出重复容量与年利用小时数的关系曲线（图13-11）。

假如设置的重复容量 $N_重$ 是经济的，但在 $N_重$ 基础上再增大重复容量则不经济，则 $N_重$ 对应的年利用小时数，称为重复容量年经济利用小时数，并记为 $t_{经济}$。这样，只要求得 $t_{经济}$ 便可由图13-11确定水电站的重复容量。下面说明 $t_{经济}$ 的计算方法。

在图13-11中在某重复容量之外，设一容量增量为 $\Delta N_重$，$\Delta N_重$ 平均每年工作小时为 $t_{经济}$，则水电站因此而增加的年计算支出 $C_水$（参看有关工程经济书籍）为

$$C_水 = \Delta N_重 \cdot K_水 \left(\frac{1}{T_抵} + p \right) \tag{13-20}$$

式中 $K_水$——水电站单位千瓦补充投资，元/kW；

p——水电站单位千瓦年运行费占投资的百分数，可采用5%～8%；

$T_抵$——抵偿年限（或投资回收期），一般取 $T_抵 = 6～10$ 年。

$\Delta N_重$ 平均每年生产的电能为 $\Delta E = \Delta N_重 t_{经济}$，相应可节省火电站的年燃料费 $C_火$ 为

$$C_火 = \alpha \Delta N_重 t_{经济} bd \tag{13-21}$$

式中 α——考虑水火电站厂内用电差异的系数，通常取 $\alpha = 1.05～1.10$；

b——每千瓦时电能消耗的燃料，kg/(kW·h)；

d——每千克燃料到厂价格，元/kg。

设置 $\Delta N_重$ 的有利条件为

$$\alpha \Delta N_重 t_{经济} bd \geqslant \Delta N_重 K_水 \left(\frac{1}{T_抵} + p \right)$$

即

$$t_{经济} \geqslant \frac{K_水 \left(\frac{1}{T_抵} + p \right)}{abd} \tag{13-22}$$

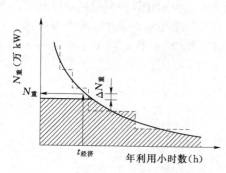

图 13-11 重复容量与年利用小时关系

【例13-3】 已知某水电站补充每千瓦装机容量投资 $K_水 = 300$ 元/kW，单位千瓦年运行费百分率 $p = 0.06$，$T_抵 = 10$ 年，$\alpha = 1.05$，所在系统中火电站 $b = 0.35$kg/(kW·h)，$d = 0.05$ 元/kg，求年经济利用小时数。

解：将已知数值代入式（13-22），则有

$$t_{经济} = \frac{300 \times \left(\dfrac{1}{10} + 0.06\right)}{1.05 \times 0.35 \times 0.05} = 2612(h)$$

13.5　正常蓄水位与死水位选择

13.5.1　正常蓄水位选择

正常蓄（高）水位是水电站非常重要的参数，它决定了水电站的工程规模。一方面，它决定了水库的大小和调节性能，水电站的水头、出力和发电量，以及其他综合利用效益；另一方面，它也决定了水工建筑物及有关设备的投资，水库淹没带来的损失。因此，需通过技术经济比较和综合分析论证，慎重决定。

13.5.1.1　正常蓄水位与经济指标的关系

随着正常蓄水位的增高，水电站的保证出力、装机容量和多年平均年发电量等指标也随之增加，但正常蓄水位较低时这些效益指标增加速率较快。随着正常蓄水位上升，这些指标增加速度越来越慢。正常蓄水位 $Z_{蓄}$ 与保证出力 N_P 及多年平均年发电量 E 的关系如图 13-12（a）所示。

另一方面，随着正常蓄水位的增高，水利枢纽的投资和运行费以及淹没损失不断增加，但正常蓄水位较低时，这些费用指标增加较慢。随着正常蓄水位上升，这些指标增加速度越来越快。正常蓄水位 $Z_{蓄}$ 与投资 K 及年运行费 U 关系如图 13-12（b）所示。

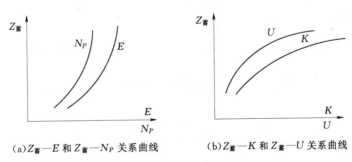

(a) $Z_{蓄}$—E 和 $Z_{蓄}$—N_P 关系曲线　　　(b) $Z_{蓄}$—K 和 $Z_{蓄}$—U 关系曲线

图 13-12　正常蓄水位与投资效益关系

由于随着正常蓄水位增高，其效益指标增加速度是递减的，费用指标增加速度是递增的。因此，正常蓄水位太高或太低，都不够经济，必须通过方案比较，从中选出经济合理的方案。

13.5.1.2　正常蓄水位影响因素

正常蓄水位比较方案应在正常蓄水位的上、下限值范围内选定。

正常蓄水位的下限值主要根据发电、灌溉、航运、供水等各用水部门的最低要求确定。例如，以发电为主的水库，必须满足系统对水电站的保证出力要求；以灌溉为主的水库，必须满足灌溉需水量等。

　　正常蓄水位的上限值，主要考虑如下因素：

　　（1）坝址及库区的地形地质条件。坝址处河谷宽窄将影响主坝的长度，当坝高到达一定高程后，由于河谷变宽或库区周边出现许多垭口，使主坝加长，副坝增多，工程量过大而显然不经济。坝址区内如地质条件不良不宜修筑高坝，以及水库某一高程有断层、裂隙会出现大量漏水，都会限制正常蓄水位的抬高。

　　（2）库区的淹没和浸没情况。由于水库区大片土地、重要城镇、矿藏、工矿企业、交通干线、名胜古迹等淹没，大量人口迁移，造成淹没损失过大，或安置移民有困难，往往限制正常蓄水位的提高。此外，如果造成大面积内水排泄困难，或使地下水抬高引起严重浸没和盐碱化，也必须认真考虑。

　　（3）河流梯级开发方案。上、下游衔接的梯级，上游水库往往对下游水库的正常蓄水位有所限制。

　　（4）径流利用程度和水量损失情况。当正常蓄水位到达某一高程后，调节库容较大，弃水量很少，径流利用率已较高，如再增高蓄水位，可能使水库蒸发损失和渗漏损失增加较多，亦应进行技术比较。

　　（5）其他条件。如资金、劳动力、建筑材料和设备的供应，施工期限和施工条件等因素，都可能限制正常蓄水位增高。

　　正常蓄水位上、下限值选定后，就可在其范围内选择若干个方案（一般选 3～5个）进行比较，通常在地形、地质、淹没情况发生显著变化的高程处选择方案。如在上、下限范围内无特殊变化，则各方案可等水位间距选取。

13.5.1.3　选择正常蓄水位的方法与步骤

　　在拟定正常蓄水位比较方案后，应对每个方案进行下列各项计算工作：

　　（1）拟定水库消落深度。在正常蓄水位比较阶段，一般采用较简化的方法拟定各方案的水库消落深度。对于以发电为主要任务的水库，可以根据水电站最大水头 H_{max} 某一百分数初步拟定消落深度。例如，坝式年调节水电站，水库消落深度 $h_消$ 可取（25%～30%）H_{max}。

　　（2）对各方案进行径流调节和水能计算，求出各方案水电站的保证出力、装机容量及多年平均年发电量。

　　（3）计算各方案的水利枢纽各项工程量，各种建筑材料的消耗量及机电设备投资。

　　（4）计算各方案的淹没和浸没的实物指标及其补偿费用。先根据回水计算资料确定淹没和浸没的范围，然后计算淹没耕地面积、房屋间数和迁移的人口数、铁路公路里程等指标，再根据拟定的移民安置方案，求出实际所需的移民补偿费用，工矿企业的迁移费和防护费以及防止浸没和盐碱化措施的费用等。

　　（5）水利动能经济计算。根据水电站各项效益指标及其应负担的投资数，计算水电站的年运行费及各种单位经济指标。例如总投资、年运行费、单位千瓦投资、单位电量投资、单位电量成本以及替代火电站有关经济指标等。

　　（6）经济比较。根据规范要求，选定适当的经济比较方法，进行各正常蓄水位方案经济比较，并结合其他非经济因素综合分析，从中选出最有利的方案。

　　如果水库除发电外，尚有灌溉、航运、给水等其他综合利用任务，则在选择正常蓄水位时，应同时考虑其他部门效益和投资的变化，并注意对各有关部门合理进行投资，效益分摊。

13.5.2 死水位选择

选择水库死水位应考虑哪些方面，在 11.1 节中已经介绍，这里再从水能利用的角度作进一步讨论。

在正常蓄水位一定的情况下，死水位决定着水库的工作（消落）深度和兴利库容，影响到水电站的利用水量和工作水头，死水位越低，兴利库容越大，水电站利用的水量越多，但水电站的平均水头却随着死水位的降低而减小。所以，对发电来说，考虑到水头因素的影响，并不总是死水位越低、兴利库容越大，对动能越有利，而应该通过分析进行选择。

13.5.2.1 水库消落深度与电能的关系

以年调节水电站为例，来说明水库消落深度与电能的关系。将水电站供水期电能 $E_{供}$ 划分为两部分：一部分为水库的蓄水电能（即水库电能）$E_{库}$；另一部分为天然来水所产生的不蓄电能 $E_{不蓄}$，即

$$E_{供} = E_{库} + E_{不蓄} \tag{13-23}$$

其中

$$E_{库} = 0.00272 \eta V_{兴} \overline{H}_{供}$$

$$E_{不蓄} = 0.00272 \eta W_{供} \overline{H}_{供}$$

式中　$E_{库}$——蓄水电能，$kW \cdot h$；

　　　$E_{不蓄}$——不蓄电能，$kW \cdot h$；

　　　$V_{兴}$——兴利库容，m^3；

　　　$W_{供}$——供水期天然来水量，m^3；

　　　$\overline{H}_{供}$——供水期水电站平均水头，m。

对水库蓄水电能 $E_{库}$ 而言，在正常蓄水位已定的情况下，死水位越低，$V_{兴}$ 越大，虽然供水期平均水头 $\overline{H}_{供}$ 小些，但其乘积还是增大的，只是所增加的速度随着消落深度加大而逐渐减小，水库消落深度与 $E_{库}$ 关系如图 13-13（b）中①线所示。

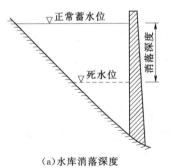
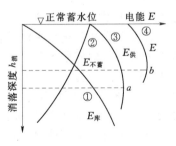

（a）水库消落深度　　　　　（b）水库消落深度与电能关系

图 13-13　死水位选择示意图

对天然来水产生的不蓄电能而言，情况恰好相反。由于设计枯水年供水期的天然

来水 $W_{供}$ 是定值,消落深度越大,$\overline{H}_{供}$ 越小,$E_{不蓄}$ 也越小。水库消落深度与 $E_{不蓄}$ 关系如图 13-13 (b) 中②线所示。

13.5.2.2 死水位选择方法

1. 根据保证电能或多年平均年发电量选择死水位

图 13-13 (b) 中③线和④线分别为供水期电能 $E_{供}$ 和多年平均年电能 E 与消落深度 $h_{消}$ 的关系。如该水电站考虑以供水期保证电能为主,可由 a 点确定死水位;如考虑以多年平均年发电量为主,可由 b 点确定死水位;如需同时兼顾两者,则可在 ab 之间选择。一般情况下,多年平均的年不蓄电能大于多年平均的供水期不蓄电能,为了减少不蓄电能损失,b 点总是高于 a 点。

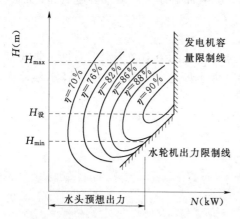

图 13-14 水轮机机组综合特性曲线

由于上述计算中,水头是采用平均水头,没有考虑最小水头的限制;效率系数 η 是采用近似值,并没有考虑机组效率对消落深度的影响。图 13-14 为水轮机机组综合特性曲线,由图 13-14 中可见,水头不同,水轮机的效率不同。发电机容量限制线为某水头下的最大可能出力,又称水头预想出力,水头预想出力线存在拐点,在设计水头以下,水头预想出力随水头减小而减小很快。图 13-14 中最大水头 H_{max} 相当于正常蓄水位的水头,最小水头 H_{min} 相当于死水位的水头。由图 13-14 中可以看出,如果死水位过低,水头预想出力将明显减小(容量受阻),水电站在低效率区工作时间增多而不能充分发挥河川径流的电能效益。为此,根据经验对不同水电站可拟定如下水库极限工作深度 $h_{消}''$,以保证水电站能在较优的状态下工作:

年调节水电站 $h_{消}'' = (25\% \sim 30\%) H_{max}$;

多年调节水电站 $h_{消}'' = (30\% \sim 40\%) H_{max}$;

混合式水电站 $h_{消}'' = 40\% H_{max}$。

其中 H_{max} 为坝所集中的最大水头。

以上数值一方面可供初步选择水电站消落深度时采用,另一方面也可作为一般选择消落深度范围的限制,即如果图 13-13 中③线或④线不存在极值点,或极值点太低时,应考虑用 $h_{消}''$ 作为控制。

2. 通过经济比较选择死水位

前面已经说明,大坝和溢洪道等主要水工建筑物的工程量及投资,主要取决于正常蓄水位,在正常蓄水位已定的情况下,不会因死水位不同而改变。但是,死水位不同,可能会引起水工建筑物的闸门和启闭设备、引水隧洞、水电站的土建和设备投资的变化,库区航深和码头也会有所不同,使替代措施的投资会有变化。例如水电站规模小了,需用增加火电厂规模来弥补,减少的部分自流灌溉要用抽水灌溉来替代等。这样,可像选择正常蓄水位一样,先建立几个死水位方案,然后计算各方案的动能经济指标,再从中选择最有利的方案,其计算方法和步骤大致如下:

（1）根据水电站设计保证率，选择设计枯水年或枯水段。

（2）在选定的正常蓄水位下，根据各水利部门的要求，假设几个死水位方案，求相应兴利库容和水库消落深度。

（3）对设计代表年（或代表段）进行径流调节计算，求各方案保证电能、必需容量和多年平均发电量。

（4）计算各方案的水工和机电投资，并求各方案的差值和经济指标。

（5）通过经济比较和综合分析选择最有利的死水位。

13.6　水电站水库调度图

13.6.1　水库调度图的组成与作用

水电站工作情况与水库入流密切相关，而天然河川径流变化往往比较复杂，目前由于科学水平所限，还不能准确地预报未来的长期径流过程，这就给水电站运行带来了很大困难。水电站水库调度图是指导年或多年调节水库运行的工具，它假定过去的径流资料反映未来的水文情势，利用历史径流资料绘制而成。它是一张以时间为横坐标，以蓄水量（或库水位）为纵坐标，包含有一些指示线和指示区的曲线图（图13-15）。

图13-15中有四种调度线，现分述如下：

（1）防破坏线。图中①线为防破坏线（有些书中称作上基本调度线），当水库水位低于此线时，水电站发电不得大于保证出力，以使设计枯水年正常工作不致遭到破坏。

（2）限制供水线。图中②线为限制供水线（或限制出力线，或下基本调度线），当水库水位低于此线时，应适当均匀地降低供水量或发电出力低于保证出力。

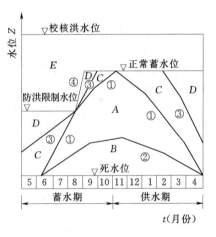

图13-15　年调节水库调度图

（3）防弃水线。图中③线为防弃水线，当水库水位介于①线和③线之间时，水库应逐步加大供水或加大出力；当水库水位超过③线时，水电站应以装机容量工作，以尽量减少弃水。

（4）防洪调度线。图中④线为防洪调度线，在汛期非洪水期间，水库水位不得超过防洪调度线，超过此线时，则按防洪要求泄流。

四条调度线将水电站水库调度图分为五个区。

（1）保证出力区。水库水位处于图13-15中A区时，水电站应按保证方式运行，即水电站应向系统提供保证容量和保证电量，这样凡来水大于设计枯水年的年份均能按保证出力工作，使系统正常工作不致遭到破坏。

（2）降低出力区。水库水位处于图13-15中B区时，水电站应以降低出力方式运行，以便在遭到设计枯水年以外的特殊枯水年时，水电站适当地、均匀地降低出力工作，可减轻电力系统遭到破坏的程度。

（3）加大出力区。水库水位处于图 13 - 15 中 C 区时，水电站应加大出力工作，适当向系统多提供电量。

（4）装机工作区。水库水位处于图 13 - 15 中 D 区时，水电站应以全部装机容量投入工作，以减少弃水，节省火电站的燃料消耗。

（5）防洪操作区。水库水位处于图 13 - 15 中 E 区时，必须按水库所规定的防洪要求放水，以保证大坝或下游地区的防洪安全。

13.6.2　调度图绘制方法

现仍以年调节水库为例，来说明调度图中各种调度线的绘制方法。

13.6.2.1　防破坏线

防破坏线的作用是保证来水在设计保证率范围内的年份其正常供水（或保证出力）不致遭受破坏，即来水大于、等于设计枯水年的年份，应保证正常供水，只有来水小于设计枯水年的特枯年份才允许破坏。

为便于理解，先对任一年进行等流量调节计算（表 13 - 5）。该水库有效库容为 60 (m^3/s) 月，每月要求正常供水 20 (m^3/s) 月，表 13 - 5 中第 4 行供水量负值表示为可蓄水量，第 5 行是第 4 行从供水期末（4 月末）逆时序计算的累计过程。将第 5 行的水库蓄水过程绘出，则为图 13 - 16 所示。

表 13 - 5 中数据表明，4 月初水库必须存水 5 (m^3/s) 月，否则就不能保证 4 月 20 (m^3/s) 月的正常供水。同理，3 月初水库至少必须存在水 13 (m^3/s) 月，2 月初水库至少必须存水 27 (m^3/s) 月等，方能保证供水。即为了保证该年正常供水，水库各月蓄水量不应低于图 13 - 16 中蓄水过程，该年供水期如果沿水库蓄水过程线正常供水，到 4 月末水库蓄水量正好用完。

表 13 - 5					防 破 坏 线 计 算 表					单位：(m^3/s) 月		
月　　份	5	6	7	8	9	10	11	12	1	2	3	4
来水量	52	201	222	41	39	30	17	11	4	6	12	15
正常供水量	20	20	20	20	20	20	20	20	20	20	20	20
水库供水量	-32	-181	-202	-21	-19	-10	3	9	16	14	8	5
水库有效蓄水量	0	0	0	5	26	45	55	52	43	27	13	5	0

以上通过任一年来水过程，说明了水库蓄水量与正常供水的关系。如果对所有应保证的年份（注意从径流系列中剔除破坏年份）仿表 13 - 5 进行同样计算，则每年可绘出一条蓄水过程线，如图 13 - 16 所示，取各年蓄水过程的外包线（或称上包线）即为防破坏线。为什么取外包线呢？因为来水越少的年份，需要水库存蓄水量越多，在图 13 - 17 中的蓄水过程线位置越高；反之，来水量较多的年份，需要水库存蓄水量较少，图中的蓄水过程线位置反而较低。如果水库蓄水量在外包线以下，都按正常供水进行工作，则所有应保证的年份将不致遭到破坏。因此防破坏线

是防止不适当地加大供水而引起破坏的限制线，即库水位只有在此调度线以上，方可加大供水。

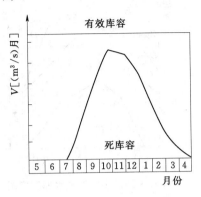

图 13-16　水库蓄水过程

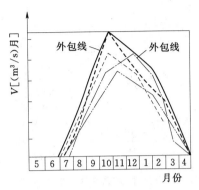

图 13-17　防破坏线示意图

　　表 13-5 是按照等流量法计算水库蓄水过程线的，对于发电站的防破坏线，可以采用逆时序等出力法（各时段出力等于保证出力）计算水库蓄水过程线，采用等出力操作需要试算，计算步骤可参阅相关教科书关于等出力法计算保证出力的内容。

13.6.2.2　限制出力线

　　限制出力线可用求防破坏线的类似方法推求，选取保证正常供水的那些年份，按保证出力工作，顺时序进行调节计算，绘出各年水库蓄水过程，然后取下包线就是限制出力线。限制出力线与防破坏线求法上的主要差别在于，防破坏线是逆时序计算，取上包线；限制出力线是顺时序计算，取下包线。顺时序计算，来水越丰，蓄水过程线越高，顺时序取下包线表示，水库水位在此线以下，对于历史资料而言，正常供水肯定要破坏，因而需要缩减供水，降低出力工作。

13.6.2.3　防洪调度线

　　先通过实测和调查历史洪水资料，分析洪水发生最迟时刻 t_k，再根据 t_k 在防破坏线上查得 a 点（图 13-18），a 点以左水平线为防洪限制水位，即在汛期中，为了防洪的需要，水库兴利蓄水不应超过此水位。然后从 a 点起，对水库设计洪水进行调洪演算，得到的蓄水过程线，就是防洪调度线（图 13-15 中的④线）。调洪演算方法将在第 14 章详细介绍。由于水库设计洪水过程流量很大，历时很短，因而 t_k 以后防洪调度线一般都很陡，非常接近垂直线。

　　对于前、后期洪水在成因上和数量上有明显差异的水库，为充分发挥水库的防洪、兴利作用，可分期拟定防洪限制水位和分别确定防洪调度线（图 13-19）。

13.6.2.4　防弃水线

　　防弃水线可选用年水量或蓄水期水量的保证率为（1−P）的典型年径流过程（其中 P 为水电站设计保证率），水电站以装机容量（或可用容量）工作，一般可从图 13-18 中 a 点开始，逆时序计算到 b，再从 c 点逆时序计算到 d，然后由 a 点顺时序计算到 e。防弃水线理论依据并不充分，目前作法不完全相同，在绘制过程中经常会遇到问题（如与防破坏线相交时，只能令它与防破坏线重合）。

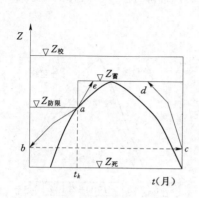

图 13-18　防洪调度线与防弃水线

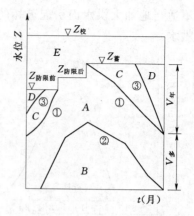

图 13-19　多年调节水库调度图

以上为年调节水库各调度线的绘制方法。多年调节水库调度图绘制方法与年调节水库相似，所不同的只是保证出力区较大，图 13-19 为某多年调节水库调度图，图中所注调度线和分区符号的含义与图 13-15 相同。

调度图是指导水电站运行的工具，而规划设计时水电站有一些参数与运行方式密切相关，如多年平均年发电量、机组设备的利用率等，在调度图绘出后，必须重新按调度图进行调节计算，才能求得比较精确的数据。水能计算中许多参数是互相联系、互相制约的，往往需由粗到细反复计算才能确定。

习　　题

[13-1] 设水电站的设计保证率 $P=90\%$，$P=90\%$ 的年入库平均流量 $q=170 \mathrm{m}^3/\mathrm{s}$，选取典型年的各月流量资料如表 13-6 所示。

表 13-6　　　　　　　　　　　典型年各月平均流量

月份	4	5	6	7	8	9	10	11	12	1	2	3	年平均
流量（m^3/s）	244	292	330	241	189	123	134	106	98	102	87	173	177

水库的正常高水位为 166.00m，死水位为 147.00m，水库的水位—库容值如表 13-7 所示。

表 13-7　　　　　　　　　　　水 库 水 位—库 容 值

水位(m)		147.00	149.00	150.00	152.00	154.00	156.00
库容	（亿 m^3）	7.49	8.15	8.50	9.23	10.03	10.75
	[（m^3/s）月]	285.2	310.3	323.7	351.4	380.0	400.3
水位(m)		158.00	160.00	162.00	164.00	166.00	
库容	（亿 m^3）	11.56	12.40	13.30	14.30	15.35	
	[（m^3/s）月]	440.1	472.1	506.4	544.4	584.4	

电站在供水期（9月、10月、11月、12月、1月、2月）担任系统的峰荷，汛期（4～9月）担任系统的基荷。已知设计水平年电力系统各月的最高负荷如表13-8所示。

表13-8　　　　　　　　　　电力系统各月的最高负荷

月　份	1	2	3	4	5	6	7	8	9	10	11	12
最高负荷（万kW）	100	99	98	97	96	95	95	96	97	98	99	100

各月典型日负荷如表13-9所示，水电站下游平均水位为 $Z=92.00$m。

表13-9　　　　　　　　　　各月典型日负荷分配表

时段	1～2	3～4	5～6	7～8	9～10	11～12	13～14	15～16	17～18	19～20	21～22	23～24
N%	75	70	80	85	88	90	86	90	95	100	95	85

注　N%表示日最高负荷的百分比。

试求：（1）水电站的保证出力及相应的枯水期保证电能。

（2）水电站的最大工作量。

第14章 防洪工程水利计算

14.1 概　述

洪水灾害主要是指河水泛滥，影响工农业生产，冲毁和淹没耕地；或洪水猛涨，中断交通，危及人民生命安全；或山洪暴发，泥石流造成破坏；以及冰凌带来的灾害等。我国地处季风活动剧烈地带，洪水灾害十分频繁。据记载，自公元前 206 年至 1949 年的 2155 年间，我国发生较大洪水灾害共 1029 次，平均大约每两年一次。仅黄河 1933 年一次洪水，就使黄河下游决口 54 处，河南、河北、山东、江苏等省 67 个县受灾面积达 11000km²，造成 360 万人受灾，18000 人死亡。新中国成立后，全国整修各类堤防 41.3 万 km；兴建各类水闸 26.8 万余座（过闸流量超过 1m³/s），疏浚整治了许多河道，开辟了一些分洪、滞洪区；增辟了海河和淮河的排洪出路；兴建各类水库 98000 余座，总库容 9300 亿 m³ 以上。这些工程对于减免洪水灾害，保护工农业生产和交通运输，保卫国家财产和人民生命安全起了很大作用。但是对于较大洪水，尤其是特大洪水灾害目前还不能抵御。因此，今后采取各种措施防洪减灾仍将是长期而艰巨的任务。

修建防洪工程是防洪减灾的重要措施，常见的防洪工程有：水库、堤防、分洪河道、滞洪区等。

14.1.1　水库

在防洪区上游河道适当位置，兴建能调蓄洪水的综合利用水库，利用水库库容拦蓄洪水，削减进入下游河道的洪峰流量，达到减免洪水灾害的目的。对于一年中可能出现数次洪水的河流，可在洪峰过后将滞留在水库中的洪水在确保下游安全的前提下下泄到原河道，使水库水位回落到防洪限制水位，以迎接下一次洪水，多次发挥水库防洪库容的调蓄作用。同时综合利用水库汛期拦蓄的水量，还可用以提高发电、灌溉、航运等兴利部门枯水期的调节流量和供水保证率，这是我国广泛采用的防洪措施之一，例如新中国成立后修建的丹江口、大伙房、密云等水库。但兴建水库调蓄洪水必须有适当的地形、地质条件。在防护区附近有适宜建库的坝址最为理想，如水库离防护区较远，水库与防护区之间不能控制的区间面积较大，则水库的防洪作用将明显减小。此外，随着生产的发展，人口的增长，库区的移民和淹没损失已成为一个非常突出的问题。

14.1.2 堤防

堤防的主要作用在于防止河水泛滥，加大河槽泄洪能力。堤防可以直接筑于防护区附近，防洪效果明显，它是我国历史最久，广为应用的一种防洪措施，仍是目前大中型河流、中下游平原地区的主要防洪措施之一，例如我国黄河下游两岸大堤及长江中游的荆江大堤等。这种措施的不足之处是堤线较长，工程浩大，坚固性差，需年年培修，汛期防汛任务艰巨。疏浚与整治河道的目的在于，拓宽与浚深河槽，裁弯取直，除去阻碍水流的障碍物等，以使河床平顺通畅，它与筑堤一样，最终也是为了加大河槽的泄洪能力。这种措施同时可以缩短河道长度，增加枯水期航道水深，改善水运交通条件。

14.1.3 分洪河道、蓄滞洪区

为了减轻洪水对某一段重要城镇的威胁，使其控制在河槽安全泄量之内，可在重要城镇上游适当地点，修建分洪闸和分洪道，有计划地将部分洪水引向别处，以减轻洪水损失。暂时滞留洪水的地区一般为湖泊、洼地等，这些地区的土地，一般年份仍然可以利用，但必须加以限制，以便在发生大洪水时，做出必要的牺牲，确保重要城镇、工矿以及江河沿线广大地区的安全，把洪水灾害限制在最小范围之内，例如长江中游的荆江分洪工程及黄河下游的北金堤分洪工程等。

14.2 水库防洪水利计算

14.2.1 水库防洪计算任务

有调节能力的水库在作水利水能计算的同时，还要作防洪计算。水库防洪设计分两种情况：

一种为水库下游无防洪要求。有的水库下游没有重要的防护对象，因此下游对水库无防洪要求；有的水库下游虽有防护对象，但水库控制流域面积太小或本身库容很小，难以担负下游防洪任务。这种情况的防洪计算比较简单，水库主要考虑本身的安全，一般只要对坝高和泄洪建筑物规模进行比较和选择。若泄洪建筑物规模大些，水库可多泄少蓄，所需调洪库容较小，坝可修得低一些；反之，若泄洪建筑物规模小些，坝就要修得高一些。

另一种为水库下游有防洪要求。当水库下游有防洪要求时，水库除担负本身的防洪任务外，还应考虑下游的防洪任务。如果下游防洪标准和河道允许泄量均已确定，则应首先对下游防洪标准的设计洪水，满足下游防洪要求，通过调节计算，求水库的防洪高水位，然后再对相应于大坝设计标准的设计洪水进行调节计算。在计算过程中，当水库水位达到防洪高水位前，应满足下游防洪要求。在水位超过防洪高水位后，为了大坝本身安全则应全力泄洪。据此，通过方案比较可选择坝高和泄洪建筑物的规模。如果下游防洪标准和河道允许泄量均未定，则应配合下游防洪规划综合比较水库、堤防、分洪、蓄洪、河道整治等各种可能措施及其互相配合的可能性，统一分

析防洪和兴利，上游和下游的矛盾，通过综合比较合理确定下游防洪标准和河道允许泄量，以及水库和泄洪建筑物的规模。

水库防洪计算的主要内容如下：

（1）搜集基本资料。根据规范确定防护对象的防护标准，搜集所需基本资料。① 设计洪水过程线，例如与大坝设计标准相应的设计洪水过程线，与校核标准相应的校核洪水过程线。当下游有防护要求时，尚需与下游防洪标准相应的设计洪水过程线，坝址至下游防护区的区间设计洪水过程线，上、下游洪水遭遇组合方案或分析资料。② 库容曲线。③ 防洪计算有关经济资料。

（2）拟定比较方案。根据地形、地质、建筑材料、施工设备条件等，拟定泄洪建筑物型式、规模及组合方案，初步确定溢洪道、隧道、底孔的型式、位置、尺寸、堰顶高程和底孔进口高程等，同时还需拟定几种可能的水库防洪限制水位（起调水位），并通过水力学计算，推求各方案的溢洪道及泄洪底孔的泄洪能力曲线。

（3）拟定合理的水库防洪运行方式。例如按最大泄洪能力下泄，控制不超过安全泄量下泄，根据不同防洪标准分级调节，考虑区间来水进行补偿调节，考虑预报预泄等。有时在一次洪水调节计算中需根据防洪任务分别采用几种运行方式。

（4）推求水库水位和最大泄量。通过调洪演算确定各种防洪标准的库容和相应水位及最大下泄流量。如设计洪水位及相应最大泄量，校核洪水位及相应最大泄量，当下游有防洪要求时，还应推求防洪高水位。

（5）分析投资和效益。根据上述求得的各种水库水位和相应下泄量，计算各方案的大坝造价，上游淹没损失，泄洪建筑物投资，下游堤防造价，下游受淹的经济损失及各方案所能获得的防洪效益等，进行综合比较和分析。

（6）选择参数。通过各方案的经济比较和综合分析，从而选择技术上可行，经济上合理的水库泄洪建筑物及下游防洪工程的规模和有关参数。

14.2.2　水库调洪作用

水库之所以能防洪调洪，是因为它设有调节库容。当入库洪水较大时，为使下游地区不遭受洪灾，可临时将部分洪水拦蓄在水库之中，等洪峰过后再将其放出，这就是水库的调洪作用。图 14-1 为一次洪水的调节过程。

为便于说明，假定水库溢洪道无闸门控制，水库防洪限制水位与溢洪道堰顶高程齐平。图中 $Q{-}t$ 为入库流量过程，$q{-}t$ 为水库下泄过程，$Z{-}t$ 为水库蓄水位变化过程。

t_0 时刻，Z_0 为防洪限制水位，$q_0=0$。随后，入流增大，水库水位被迫上升，溢洪道开始溢流，q 随水位升高而逐渐增大。t_1 为入库洪峰出现时间，t_1 以后入流虽然减小，但仍大于下泄流量，因而水库水位继续抬高，下泄量不断加大，一直到 t_2 时刻，$Q=q$ 时水库出现最高水位和最大泄量。此后，由于入流小于出流，水位便逐渐下降，下泄流量也随之减小，直至 t_4 时刻，水库回到防洪限制水位，本次洪水调节完毕。图 14-1 中阴影面积 V 是本次洪水拦蓄在水库中的水量，这部分水量在 t_2 至 t_4 期间逐渐放出。例如河南薄山水库在"75·8"特大洪水中，入库洪峰为 10200m³/s，最大下泄流量为 1600 m³/s，入库洪水总量 4.28 亿 m³，水库拦蓄洪水达 3.56 亿 m³，可见水库的调洪作用是非常明显的。

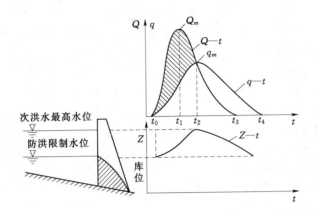

图 14-1　水库调洪示意图

14.2.3　水库调洪演算方法

14.2.3.1　洪水调节计算原理

由水量平衡原理可知，在某一时段内（$\Delta t = t_2 - t_1$），进入水库的水量与水库下泄水量之差，应等于该时段内水库蓄水量的变化值（图 14-2），用数学式表示为

$$\frac{Q_1 + Q_2}{2}\Delta t - \frac{q_1 + q_2}{2}\Delta t = V_2 - V_1 \tag{14-1}$$

式中　Q_1、q_1——时段初入库、出库流量，m^3/s；

$\quad\quad\quad Q_2$、q_2——时段末入库、出库流量，m^3/s；

$\quad\quad\quad V_1$、V_2——时段初、时段末水库蓄水量，m^3。

一般情况下，入库洪水过程 $Q-t$ 为已知，即式（14-1）中 Q_1、Q_2 为已知数，Δt 可根据计算精度要求选定，时段初下泄量 q_1 和水库蓄水量 V_1 由前一段求得，在式（14-1）中亦为已知数，因此方程中只有 q_2、V_2 是未知数，但是一个方程不能确定两个未知数，还需要一个方程。在无闸门控制的情况下，水库下泄量 q 和蓄水量 V（或水库水位 Z）是单一函数关系，即一个 V 值（或 Z 值）对应一个 q 值，如用公式表示可写成

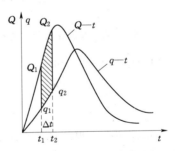

图 14-2　水量平衡示意图

$$q = f(V) \tag{14-2}$$

或
$$q = f_1(Z) \tag{14-3}$$

于是联解式（14-1）、式（14-2）便可求得 q_2、V_2。

这里，具体说明一下 q 和 V 的关系。在无闸门控制或闸门全开的情况下，表面溢洪道与有压底孔的泄流公式分别如下：

溢洪道泄流公式

$$q' = \varepsilon m \sqrt{2g}Bh_1^{3/2} \tag{14-4}$$

底孔泄流公式

$$q'' = \mu\omega \sqrt{2gh_2} \tag{14-5}$$

其中
$$h_1 = Z - Z_{堰顶}$$
$$h_2 = Z - Z_{孔中心}$$

式中　ε——侧向收缩系数；

　　　m——流量系数；

　　　B——溢洪道净宽，m；

　　　Z——坝前水位，m；

　$Z_{堰顶}$——堰坝高程，m；

　　　h_1——堰顶水头，m；

　　　ω——底孔断面面积，m²；

　　　μ——流量系数；

　$Z_{孔中心}$——底孔中心高程，m；

　　　h_2——孔中心以上水头，m。

在泄洪建筑物型式、尺寸已定的情况下，ε、m、μ 可由水力学手册查得，因而溢洪道和底孔的泄流量都是水位（或库容）的单值函数，总下泄量必定也是水位（或库容）的单值函数。所以假定不同水位，便可求得 $q = f(V)$ 或 $q = f_1(Z)$ 关系曲线。如图 14-3 中的 $Z—q$ 线所示。

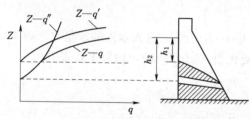

图 14-3　泄洪建筑物水力特性示意图

14.2.3.2　水库调洪演算方法

一般所谓水库调洪演算，就是逐时段联解式（14-1）和式（14-2）两个方程，即

$$\begin{cases} \dfrac{Q_1 + Q_2}{2}\Delta t - \dfrac{q_1 + q_2}{2}\Delta t = V_2 - V_1 \\ q = f(V) \end{cases}$$

解这两个方程的具体方法非常之多。下面先说明试算法，然后介绍一种比较简单的半图解法。

1. 试算法

对于某一计算时段来说，式（14-1）中的 Q_1、Q_2 及 q_1、V_1 为已知，q_2、V_2 为未知。因此，如果假定一个时段末水库蓄水量 V_2，即可由式（14-1）求得相应时段末出流量 q_2。同时由假定的 V_2 根据式（14-2）的 $q = f(V)$ 关系可查出 q'_2，如果 $|q'_2 - q_2| < \varepsilon$（此处 ε 为任意小正数），则 V_2、q_2 即为所求，否则重新假定 V_2，直至满足 $|q'_2 - q_2| < \varepsilon$ 为止。因第一时段的 V_2、q_2 为第二时段的 V_1、q_1，于是可连续进行计算。图 14-4 为某计算时段试算程序框图。

2. 半图解法

为避免试算，可先将式（14-1）改写成

$$\left(\frac{V_1}{\Delta t} + \frac{q_1}{2}\right) + \overline{Q} - q_1 = \frac{V_2}{\Delta t} + \frac{q_2}{2} \tag{14-6}$$

其中 $\overline{Q}$ 为时段平均入流 $\overline{Q} = \dfrac{Q_1 + Q_2}{2}$。

式（14-6）右端项如果利用式（14-2）代入，显然可化为 q 的函数。也就是说，可以事先绘制 $q—\left(\dfrac{V}{\Delta t}+\dfrac{q}{2}\right)$ 关系曲线，此线被称为调洪演算工作曲线。由于式（14-6）中左边各项均为已知数，因此右端两项之和 $\dfrac{V_2}{\Delta t}+\dfrac{q_2}{2}$ 的总数也就可求出，于是根据 $\dfrac{V_2}{\Delta t}+\dfrac{q_2}{2}$ 值，通过刚才已作出的曲线 $q—\left(\dfrac{V}{\Delta t}+\dfrac{q}{2}\right)$ 便可查出 q_2。因第一时段 V_2、q_2 即为第二时段 V_1、q_1，于是可重复以上步骤连续进行计算。

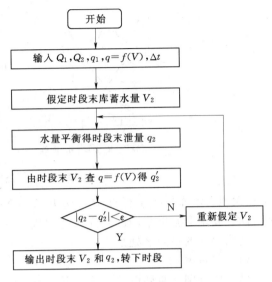

图 14-4 试算法程序框图

14.2.4 水库防洪计算

14.2.4.1 溢洪道尺寸选择

水库防洪计算的主要内容，是根据设计洪水推求防洪库容和选择溢洪道尺寸。

水库泄洪建筑物的型式主要有底孔、溢洪道和泄洪隧洞三种。底孔可位于不同高程，可结合用以兴利放水、排沙、放空，一般都设有闸门控制。底孔的缺点是造价高，操作管理不便，泄洪能力小。泄洪隧洞的性能与泄洪孔类似。溢洪道的特点则相反，它泄洪量大，操作管理方便，易于排泄冰凌和漂浮物。溢洪道可以设闸门加以控制也可无闸门控制。小型水库为节省工程投资，多数采用无闸门控制溢洪道。大中型水库为了提高防洪操作的灵活性，增加工程综合效益，特别是当下游有防洪要求时，多采用有闸门控制。无闸门控制溢洪道堰顶高程一般采用与正常蓄水位齐平。有闸门控制溢洪道，往往正常蓄水与溢洪道闸门顶高一致。溢洪道宽度和堰顶高程，通常与坝址地形与下游地质条件所允许的最大单宽泄量有关，一般通过技术经济比较确定。

1. 水库下游无防洪要求

水库下游无防洪要求的计算步骤如下：

（1）假定不同溢洪道宽度方案 B_1，B_2，…。

（2）根据大坝设计洪水分别对各宽度方案用上述调洪演算方法求相应防洪库容 V_1，V_2，…和最大泄量 q_{m_1}，q_{m_2}，…。

（3）然后点绘 $B—V$ 和 $B—q_m$ 关系线［图 14-5（a）所示］。图 14-15（a）中表明，在其余条件相同的情况下，B 越大，下泄流量越大，防洪库容越小。

（4）设溢洪道和消能设施的造价及管理维修费为 S_B，大坝造价和淹没损失及管理维修费为 S_V，下游堤防培修费为 S_D，则总费用 $S=S_B+S_V+S_D$，它们与 B 的关系如图 14-5（b）所示，那么由总费用最小点 $S_{\min}$ 便可查得最佳溢洪道宽度 B_p 和相应防洪库容 V_P。

2. 水库担负下游防洪任务

当水库担负下游防洪任务时，防洪标准一般有两种，即下游防护对象的防洪标准

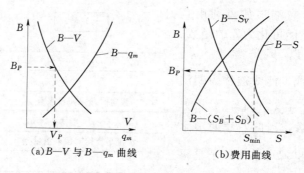

图 14 - 5   防洪各参数关系

P_1 和大坝（水库）防洪标准 P_2（水库设计标准 P_2 一般均高于下游防洪标准 P_1），
下游防护要求通常以某断面允许达到的泄量 $q_安$（或水位）来反映。下游有防洪要求
与无防洪要求的不同之处是：

（1）要考虑 $q_安$ 的限制。

（2）要分别对两种设计标准（下游防洪标准和大坝防洪标准）的洪水进行调洪演
算，具体计算步骤和经济比较方法与上述基本相同。

14.2.4.2   防洪多级调节

由于下游防护对象的防洪标准和水库防洪设计标准及校核标准不一致，水库泄洪
方式又随防洪标准而有所不同，在不能确知未来洪水大小的情况下，只能先按最低标
准控制下泄，当肯定本次洪水超过较低标准时，再按较高标准控制下泄，这样由低到
高分级控制泄洪，称为防洪多级调节。防洪多级调节是在不考虑预报的情况下，尽量
满足不同防洪标准要求，处理各种洪水的一种调节方式。

本节着重讨论有闸门的情况下，水库担负下游防洪任务时，不同设计标准的洪水
的多级调节方法。

有闸门控制的闸门在全开的情况下，水库蓄水位所对应的泄量，称为该水位的下
泄能力。显然，通过改变闸门的开度可以使水库下泄量小于下泄能力，但任何时候水
库的下泄量绝不能超过泄洪设备的下泄能力。

假如下游防洪标准为 P_1，下游要求凡发生小于 P_1 的洪水，水库下泄流量不得超
过 $q_安$，超过下游防洪标准的洪水，水库泄流可不受 $q_安$ 的限制。此时，为了大坝本身
的安全，应尽量下泄，以降低库水位，这说明不同标准的洪水，水库下泄方式是不一
样的。但是怎样判别水库当时所发生洪水的大小呢？一般可根据库水位、入库流量、
流域降雨量等指标进行判别。为便于讨论，这里假定以常用的库水位作为判别指标。

具体方法如下：

（1）对下游防洪标准 P_1 的设计洪水过程进行调节计算。开始尽量维持防洪限制
水位［图 14 - 6 （a）中 $0 \rightarrow t_1$］。当入库流量大于防洪限制水位相应的下泄能力时，按
下泄能力下泄［图 14 - 7 （a）中 $t_1 \rightarrow t_2$］，此时下泄能力随水库水位上升而加大。当
下泄能力超过 $q_安$ 时，为满足下游防洪要求，应控制泄流，使水库下泄流量不超过 $q_安$
［图 14 - 6 （a）中 $t_2 \rightarrow t_3$］。于是可求得所需防洪库容 V_{P_1} 及水库防洪高水位。此水位
为今后判别所发生洪水是否超过 P_1 的指标。

（2）对水库设计标准 P_2 的设计洪水过程进行调节计算。按多级调节方法求水库设计洪水位步骤如下：设大坝设计防洪标准为 P_2，其设计洪水过程线如图 14-6（b）中 $Q_{P_2}-t$ 所示。在不考虑洪水预报时，是否发生大坝设计洪水，事先不能预知。因此，开始仍应使水库出流 q 等于入流 Q，尽量使水库维持在防洪限制水位［图 14-6（b）中 $0\rightarrow t_1$］，当入流大于防洪限制水位相应下泄能力时，只能按泄洪设备的下泄能力泄流［图 14-6（b）中 $t_1\rightarrow t_2$］。当下泄能力超过 $q_安$ 时，先控制下泄，使其不超过 $q_安$［图 14-6（b）中 $t_2\rightarrow t_3$］。当库水位达到防洪高水位（即蓄洪量达到 V_{P_1}）时，如果入库流量仍较大，说明该次洪水已超过下游设计标准 P_1，此时，为了大坝本身的安全，应将闸门打开全力泄洪［图 14-6（b）中 t_3 时刻］。因此，所需设计拦洪库容为 V_{P_1} 与 ΔV 之和，即 $V_{P_2}=V_{P_1}+\Delta V$，由此可求得水库设计洪水位。

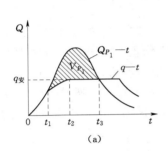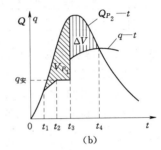

图 14-6　防洪多级调节

（3）对水库校核标准 P_3 的设计洪水过程进行调节计算。水库校核标准为非常运用标准，在一定的条件下需要启用非常泄洪设施，调节计算方法与设计标准的洪水相似，差别在于在拦洪库容装满后，在一定条件下，加入非常泄洪设施的泄流能力，最后得校核洪水位和调洪库容。

水库防洪的多级调节方法，在生产实践中具有现实意义。由于长期精确的洪水过程预报并非易事，为了避免出现中小洪水时，水库操作不当造成人为洪水，引起下游防汛的紧张，故一般应采用分级调洪的方法。即把洪水分为寻常洪水、下游标准设计洪水、大坝安全设计洪水以及非常校核洪水等几级。水库下游按防护对象不同亦可分数级。这样依次进行分级调节，在没有可靠情报的条件下，可一定程度上实现大水大放，小水小放的原则，避免在中小洪水时，人为地加重下游防汛负担或农田排涝的困难。

14.2.4.3　坝顶高程计算

坝顶高程计算公式为

坝顶高程 $1=$ 设计洪水位 $+$ 风浪高$_1+$ 安全超高$_1$

坝顶高程 $2=$ 校核洪水位 $+$ 风浪高$_2+$ 安全超高$_2$

为安全起见，一般取其中较高的数据为设计值。

风浪高的一般计算公式为

$$\Delta h=0.0208\ V^{5/4}D^{1/3} \tag{14-7}$$

式中　V——发生设计洪水时可能出现的设计风速，m/s，考虑发生校核洪水时，不一定同时发生设计风速，常取较低风速，如取 $0.8V$ 等；

D——吹程，km。

安全超高可根据坝的级别、坝型及运用情况由规范确定。

【例 14-1】 某水库安全设计标准为 $P_2=1\%$（百年一遇），下游对水库有防洪要求，下游防洪标准为 $P_1=5\%$（20 年一遇），与该标准相应的下游堤防安全泄量 $q_{安}=480\text{m}^3/\text{s}$。泄洪建筑物型式和尺寸已选定，河岸一侧设有溢洪道，其堰顶高程为 22.00m，净宽为 20m，有闸门控制，同时设有一个过水面积为 10m^2，洞心高程为 12.00m 的泄洪隧洞，两者流态均不受下游水位影响，为自由泄流。求防洪库容和防洪高水位。

水库水位容积关系已知，见表 14-1。

表 14-1 　　　　　　　　　　水库水位—容积关系

水库水位 Z（m）	22	24	26	28	30	32
容积 V（亿 m³）	0.610	0.694	0.876	1.133	1.450	1.852

解： 水库发生 20 年一遇洪水时，下泄量不超过 $480\text{m}^3/\text{s}$，求得防洪库容为 $V_{P_1}=0.696$ 亿 m³，相应防洪高水位为 29.2m（计算过程略，参照 [例 14-2]）。

【例 14-2】 基本条件同例 14-1，水库发生百年一遇设计洪水过程线已知，见表 14-2，汛期水库防洪限制水位为 22.00m，试用半图解法求水库设计洪水位 Z_{P_2} 和设计拦洪库容 V_{P_2}。

表 14-2 　　　　　　　　　　百年一遇设计洪水过程

时间（日、时）	6、8	10	12	14	16	18	20	22
流量（m³/s）	28	69	105	367	1320	2440	2760	3020
时间（日、时）	6、24	7、2	4	6	8	10	12	14
流量（m³/s）	3140	2900	2750	1870	1300	1100	980	820

解：（1）求水库水位与闸门全开时的下泄流量关系。

溢洪道下泄流量公式为

$$q_1=\varepsilon m\sqrt{2g}Bh_1^{3/2}$$

由于已知 $B=20\text{m}$，$h_1=Z_上-22$，取 $\varepsilon m=0.4$，并代入式中进行计算。

泄洪隧洞下泄流量公式为

$$q_2=\mu\omega\sqrt{2gh_2}$$

由于已知 $\omega=10\text{m}^2$，$h_2=Z_上-12$，取 $\mu=0.75$，并代入式中进行计算。

根据假定不同水库上游水位，便可求得相应溢洪设备泄洪能力如表 14-3 所示。表 14-3 中先根据假定的 $Z_上$ 求 h_1 和 h_2，然后分别求相应的 q_1 和 q_2，最后一栏为 q_1 与 q_2 之和。

（2）绘制调洪演算工作曲线。根据水库容积曲线（表 14-1）和水位与下泄量关系（表 14-3），取 Δt 为 2h，可计算半图解法调洪演算工作曲线，计算过程见表 14-4，表中水库蓄水位 $Z_上$ 为假定数值，V 由库容曲线查得，$\Delta t=2\text{h}=7200\text{s}$。将其中 q 与 $\left(\dfrac{V}{\Delta t}+\dfrac{q}{2}\right)$ 点绘成相关图，就是所需绘制的工作曲线（图 14-7）。

表 14-3　　　　　　　　　　**水库水位与下泄流量关系**

水库上游水位 $Z_\text{上}$ (m)	堰顶水头 h_1 (m)	溢洪道流量 q_1 (m³/s)	洞心水头 h_2 (m)	泄洪隧洞流量 q_2 (m³/s)	总下泄流量 q (m³/s)
22	0	0	10	105.1	105.1
24	2	100.2	12	115.1	215.3
26	4	283.5	14	124.3	407.8
28	6	620.9	16	132.9	653.8
30	8	801.9	18	141.0	942.9
32	10	1120.7	20	148.6	1269.3

表 14-4　　　　　　　　$q - \dfrac{V}{\Delta t} + \dfrac{q}{2}$ **工作曲线计算表**

$Z_\text{上}$ (m)	V (亿 m³)	$\dfrac{V}{\Delta t}$ (m³/s)	q (m³/s)	$\dfrac{q}{2}$ (m³/s)	$\dfrac{V}{\Delta t} + \dfrac{q}{2}$ (m³/s)
22	0.610	8472	105.1	53	8525
24	0.694	9639	215.3	108	9747
26	0.876	12167	407.8	204	12371
28	1.133	15736	653.8	327	16063
30	1.450	20139	942.9	471	20610
32	1.852	25722	1269.3	635	26357

（3）水库调洪演算。已知汛期水库防洪限制水位为 22.00m，对于 20 年一遇设计洪水已进行过调节计算，求得防洪高水位为 29.20m。现根据已知百年一遇设计洪水过程（表 14-2）和绘制的工作曲线（图 14-7）求水库设计洪水位，计算过程见表 14-5。

由表 14-3 可知，当库水位为 22.00m 时，其泄洪设备的下泄能力为 105.1m³/s。由于表 14-5 中 6 日 8～12 时水库来水小于此值，因而可使泄量等于来量，使库水位维持在防洪限制水位 22.00m。6 日 12 时

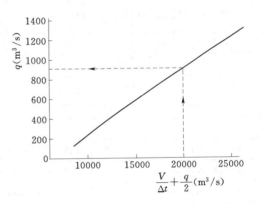

图 14-7 调洪演算工作曲线

以后，欲使水位维持 22.00m 已不可能，这时应按闸门全开的情况，用工作曲线进行调洪演算。表 14-5 中的 $\dfrac{V}{\Delta t} + \dfrac{q}{2}$ 栏第一个数字（8525）为表 14-4 中 $Z_\text{上} = 22.00\text{m}$ 的相应值，因为 $\left(\dfrac{V_1}{\Delta t} + \dfrac{q_1}{2}\right) + \overline{Q} - q_1 = \dfrac{V_2}{\Delta t} + \dfrac{q_2}{2}$ ［式（14-6）］，所以表 14-5 中 8656＝8525＋236 －105，于是可由 $\dfrac{V_2}{\Delta t} + \dfrac{q_2}{2} = 8656$ 在工作曲线上查得 $q_2 = 117\text{m}^3/\text{s}$。由于本时段末 q_2 即下

一时段初 q_1，因此可通过半图解法连续演算。到 6 日 20 时，下泄量已达到下游堤防的安全泄量（480m³/s），由于不知道未来入库流量大小，这时应使泄量等于 $q_安$。6 日 20～24 时闸门并未全开泄量，$q_2 = q_安$ 为已知，不必通过工作曲线求解，可直接由水量平衡方程式求时段末蓄水量，表 14-5 中第（7）栏为第（3）栏与第（6）栏之差，即时段末蓄水量 $\frac{\Delta V}{\Delta t} = \bar{Q} - \bar{q}$ 为时段初蓄水量与蓄水增量之和 $\frac{V_2}{\Delta t} = \frac{V_1}{\Delta t} + \frac{\Delta V}{\Delta t}$。6 日 24 时库水位已达防洪高水位 29.20m，而且入库流量仍很大，表明这次洪水已超过 20 年一遇，这时为了水库本身的安全，应将泄洪闸全部打开，全力泄洪。此后需用调洪演算工作曲线进行演算。闸门全部打开时，表 14-5 中第（4）栏 $\frac{\Delta V}{\Delta t} = \bar{Q} - \bar{q} = 18548$m³/s 和第（5）栏 $q = 815$m³/s 两项数值，系分别按表 14-4 中已求得的 $Z_上$ 与 $\frac{V}{\Delta t} + \frac{q}{2}$ 关系曲线和 $Z_上$ 与 q 关系曲线，由 $Z_上 = 29.2$m 求得。6 日 24 时以后泄洪流量全部用工作曲线计算，求得百年一遇洪水的水库设计洪水位为 31.35m（7 日 10 时），相应水库蓄水量为 1.71 亿 m³，设计拦洪库容为 1.71－0.61＝1.10 亿 m³（其中 0.61 为 22.00m 时相应的库容）。

如绘出水库的入流、出流过程，则与图 14-6（b）相似。

表 14-5　　　　　　　　　　**百年一遇洪水调洪计算表**

(1)	(2)	(3)	(4)	(5)	(6)	(7)	(8)	(9)	(10)
t (日、时)	Q (m³/s)	$\bar{Q}$ (m³/s)	$\frac{V}{\Delta t} + \frac{q}{2}$ (m³/s)	q (m³/s)	$\bar{q}$ (m³/s)	$\frac{\Delta V}{\Delta t}$ (m³/s)	$\frac{V}{\Delta t}$ (m³/s)	$Z_上$ (m)	说明
6、8	28			28			8472	22.00	
		48	(8525)		48	0			泄量等于来量维持防洪
10	69			69			8472	22.00	限制水位
		87			87	0			
12	105			105			8472	22.00	
		236							
14	367		8656	117					
		844							
16	1320		9383	176					闸门全开
		1880							
18	2440		11087	317					
		2600							
20	2760		13370	480			13130		
		2890			480	2410			
22	3020			480			15540		泄量等于 $q_安$
		3080			480	2600			
24	3140		(18548)	480			18140	29.20	
		3020							
7、2	2900		20753	(815) 950					
		2825							
4	2750		22628	1060					水库已达到防洪高位，
		2310							闸门全开
6	1870		23878	1130					
		1585							
8	1300		24333	1153					
		1200							
10	1100		24380	1160			23800	31.35	
		1040							
12	980		24260	1150					水库达到最高水位
		900							
14	820		24010	1140					

14.3 水库防洪计算有关问题

14.3.1 防洪限制水位

在综合利用水库中，一般可先根据最迟发生的设计洪水进行调洪演算，绘出防洪调度线。为简明起见，图 14-8 中系假定入库流量小于 $q_安$ 均可下泄，$q_安$ 以上部分留在库内，从而可求得库位变化过程 ab 和防洪库容 $V_防$。ab 是防洪调度线。将调度图中的防破坏线 cde 与防洪调度线 ab 绘在一起，当两线相切时，便可求得防洪限制水位 aa'。如果两线不正好相切，可通过变动设计洪水位或变动正常蓄水位使其相切。正常蓄水位与防洪限制水位之间的库容既可用以防洪，又可用来兴利，称之为结合库容。

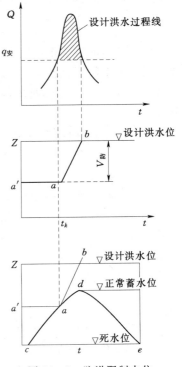

图 14-8 防洪限制水位

防洪限制水位与设计洪水位、正常蓄水位及死水位之间的关系一般如图 14-8 所示，即设计洪水位高于正常蓄水位，防洪限制水位位于正常蓄水位与死水位之间，其他情况有以下几类。

（1）防洪限制水位与正常蓄水位重合。当洪水无定期、大洪水任何时候都可能出现时，防洪与兴利完全不能结合，防洪库容全部位于兴利库容之上。

（2）设计洪水位与正常蓄水位重合。这种情况发生于洪水变化规律较为明显、稳定，或溢洪道泄流能力很大，或所需防洪库容较小的河流，其防洪库容与兴利库容完全可以结合。

（3）防洪限制水位低于死水位。某些低水头河床式水电站，由于各方面条件限制，不容许建造高坝大库，以及平时为了增加发电效益，死水位定得较高。但在洪水期时为了防洪需要，只得牺牲某些发电效益，短期将防洪限制水位降到死水位以下，如长江三峡、葛洲坝水电站就是如此。

（4）分期防洪限制水位。有些河流，具有比较明显的前后期洪水规律或下游河道允许泄量不同时期有不同的要求，则各时期预留防洪库容可有所不同，可以分期设置不同的防洪限制水位。分期定防洪限制水位的优点非常明显，可使防洪兴利更好地结合，既可在不同时期留有足够防洪库容，又可防止汛末兴利库容蓄不满。但它存在一定经验性，到目前为止，洪水分期后，总的防洪破坏率究竟是多少？是否恰好符合防洪设计标准？从理论上讲这些问题还不太明确。

14.3.2 水库动库容调洪演算

前面所介绍的试算法和半图解法，所用库容曲线一般称为静库容曲线，即近似地假定水库水面始终为水平面，库面随水位变化水平升降，但实际上水库水面的变化是比较复杂的。水面非但不一定水平，而且有时水面坡度变化还相当大，因此一般说来库容曲线应采用水面坡度变化的动库容曲线。水库对洪水的调节作用是由静库容和楔形库容共同完成的。根据一些大型水库实测结果表明，采用动库容曲线调洪比静库容曲线调洪更接近实际。

水库实际水面线以下与坝前水位水平面以上之间所包含的容积称为楔形库容。楔形库容一般为库区流量和坝前水位的函数，其变化表示为

$$dV = \frac{\partial V}{\partial Q}dQ + \frac{\partial V}{\partial Z}dZ \tag{14-8}$$

楔形库容的特性是：同一坝前水位，库区稳定流量愈大，水库末端所形成的水面就愈高，楔形库容也就愈大；同一库区入流，坝前水位愈高，整个水面线就愈平缓，楔形库容也愈小，在其他条件基本相同的条件下，水库下泄流量愈大，楔形库容愈大。

采用动库容进行调洪演算和采用静库容演算相比较，两者所求得的最高洪水位有高有低，主要取决于调洪终止时间（指最高洪水位出现时间）与起始时间（指入流开始大于泄量的时间）楔形库容之差，其次是泄流设备的泄流能力特性。对于重要水库，尤其是库尾地形比较开阔的水库，楔型库容数值占调洪库容比重较大时，应分析动库容和静库容的差别。

在调洪演算中如何考虑动库容的影响呢？对于库面宽度变化不大的水库，可用坝前水位涨率与入库站水位涨率的均值代表时段内库水位的变化，这样可以近似地考虑动库容的影响；另一种方法可在上述静库容半图解法的基础上考虑动库容的影响，即根据动库容曲线，绘制以入库流量为参数的一组

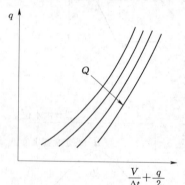

图 14-9　动库容调洪演算工作曲线

工作曲线（图 14-9），然后进行调洪计算。演算时，根据入库流量 Q 大小选用相应曲线，再由 $\frac{V}{\Delta t} + \frac{q}{2}$ 值确定下泄量 q，其余与前述半图解法完全相同，不再赘述。

当然，动库容法也是一种近似方法，更严格的方法是进行库区不稳定流计算。

14.3.3　防洪补偿调节

如果在上游水库与下游防洪区之间有一定距离，两者之间的区间来水又不可忽略，区间有洪水预报方案，能及时提供较精确的预报成果，并有一定的预见期的情况下，为了充分发挥水库防洪库容的作用和充分利用下游堤防的泄洪能力，可考虑进行补偿调节，以便将洪峰错开。设图 14-10 中水库 A 至防护区 B 与区间来水 $Q_区$ 至 B 的洪水传播时间之差为 τ，则 A 库补偿放水的计算公式为

$$q_{A,t} \leqslant q_安 - Q_{区\,t+c} \tag{14-9}$$

至于如何由式（14-9）确定 A 库的下泄流量过程，现通过一个简单的算例说明（表 14-6）。表 14-6 中 $Q_{A,t}$ 为 A 库入流过程，$Q_区$ 为区间入流过程，水库与区间洪水传播时间差 $\tau = 2h$，$q_安 = 2000\,\mathrm{m^3/s}$。21 日 6 时入库流量 $300\,\mathrm{m^3/s}$，可使泄量等于来

量，使水库维持防洪限制水位，这是因为 300m³/s 入库流量 8 时到达 B 处时与区间 1000m³/s 流量相遇未超过 2000m³/s。由于 7 时水库泄流量将与 9 时的区间来水在 B 处相遇，为使两部分流量之和不超过 $q_安$，7 时水库只能下泄 700m³/s。同理，考虑 8 时放水和 10 时区间来水相遇，水库 8 时只能下泄 400m³/s，否则会超过安全泄量，其余各时段计算方法相同。表 14－6 的计算过程可用作图法表示。在图 14－10 上可先将区间入流向前平移 τ，然后将其倒置于 $q_安$ 水平线之下，即可求得 A 库考虑补偿情况的下泄流量过程。由图 14－10 可以看出，不考虑补偿所需防洪库容为 V_1，考虑区间来水进行补偿调节需增加库容 V_2，因此实际所需防洪库容为 V_1+V_2。

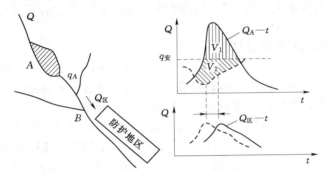

图 14－10　水库防洪补偿调节示意图

表 14－6　　　　　　　　　　水库防洪补偿调节计算　　　　　　　　单位：m³/s

t (h)	$Q_{A,t}$	$Q_{区t}$	$Q_{区t+\tau}$	$q_{A,t}$	备注
6	300	100	1000	300	
7	800	600	1300	700	
8	1400	1000	1600	400	$\tau=2h$
9	2500	1300	1400	600	$q_安=2000m³/s$
10	3000	1600	⋮	⋮	
11	3500	1400			
⋮	⋮	⋮			

14.4　堤防和分（蓄）洪工程水利计算[*]

14.4.1　堤防工程水利计算

14.4.1.1　堤防设计标准

堤防工程的设计标准，可根据防护对象的重要性参照《防洪标准》（GB 50201—94）中的标准选定，一般采用实际年法（如长江干流堤防常以 1954 年洪水位为标准）和频率法（防御多少年一遇的洪水）两种表示方法。如果单靠堤防不能满足规定设计标准要求，则应配合采取其他防洪措施。

若河道两岸防护对象的重要性差别较大，两岸堤防可采用不同的设计标准，这样可减小投资，确保主要对象的安全。

校核时可采用比设计标准更高的洪水或已发生过的较大的洪水作为标准。

14.4.1.2 堤线选择

堤线选择需要考虑保护区的范围、地形、土质、河道情况、洪水流向等因素，一般应注意：

(1) 少占耕地、住房。

(2) 堤线应短直平顺，尽可能与洪水流向平行。堤线位置不应距河槽太近，以保证堤身安全。在满足防洪要求的前提下，尽可能减少工程量。

(3) 堤线尽可能选在地势较高，土质较好，基础较为坚实的土层上，以确保堤基质量。

14.4.1.3 堤防间距和堤顶高程

堤距与堤顶高程紧密相关。在设计洪水过程线已定的情况下，一般堤距越宽，河槽过水断面增大，河槽对洪水的调蓄作用也大一些，因而将使最高洪水位降低，堤顶也可低一些，修堤土方量会有所减少，对防汛抢险也较为有利，但河流两岸农田面积损失将增大。反之，堤距越窄，河槽过水断面随之减小，则堤顶要高一些，修堤土方量要大些，但河流两岸损失的农田会少一些。因此堤距和堤顶高程的选择，应在可能的堤线方案的基础上，依据河道地形、地质条件拟定不同堤距和堤顶高程的组合方案，并对各方案的工程量、投资、占用土地面积等因素进行综合分析和经济比较，以便从中选择最优方案。在规划局部地区堤防拟定方案时，尚应考虑上、下游河段堤距、堤高的现实情况。

堤顶高程的计算公式为

$$Z = Z_1 + h + \Delta \tag{14-10}$$

式中 Z——堤顶高程，m；

Z_1——设计洪水位，m；

h——波浪爬高，m，与堤的护坡情况，临水面边坡系数及风浪高有关，可参照水工建筑物设计规范确定；

Δ——安全超高，m，一般为 0.5～1.0m。

有些设计将 $h + \Delta$ 统称为超高，对于干堤常取 1.5～2.0m。

14.4.2 分（蓄）洪工程规划

我国许多江河中下游平原地区人口密集，经济比较发达，这些地区主要采取堤防的方式防洪，现有堤防只能防御一定标准的设计洪水，一旦发生大洪水或特大洪水，必须牺牲部分地区的利益，以确保沿江重要城镇、工矿企业的安全。因此分洪、蓄洪对于江河中下游地区而言，是一项极为重要的战略性防洪措施。

分洪、蓄洪工程规划主要包括：分析原有河道泄洪能力；拟定设计分洪标准；选择分洪、蓄洪区；研究分洪、蓄洪工程（进洪闸、排洪闸、分洪道、围堤、安全区等）的合理布局；对各种可行方案进行分析论证和经济比较；最终确定各种工程的规模。图 14-11 为长江某分洪工程示意图，其中扒口是预先计划并建有适当工程，供紧急过水的地方。

一般分洪区的位置应选在被保护区的上游，尽可能邻近被保护区，以便发挥它的最大防护作用。

引洪道和蓄洪区尽量利用湖泊、废垸、坑塘、洼地等，以减少淹没损失和少占耕地。

进洪处最好有控制工程，进洪闸闸址一般选在河岸稳定的凹岸或直段，闸孔轴心尽量与河道水流方向一致。

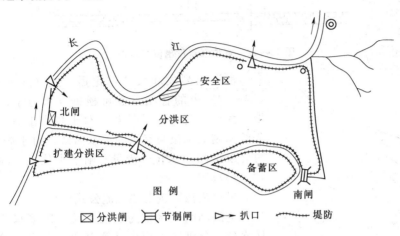

图 14-11　长江某分洪工程示意图

14.4.3　分（蓄）洪工程水利计算

分洪、蓄洪区的进洪闸和排洪闸，其闸门底板一般为宽顶堰（平底闸也属宽顶堰，它是上、下游堰高为零的宽顶堰）和实用堰。过闸水流状态开始为自由出流，然后逐渐变为淹没出流。当闸门局部开启，过闸水流受闸门控制，上、下游水面不连续时，为闸孔出流；当闸门逐渐开启，过闸水流不受闸门控制，上、下游水面为一光滑曲面时，为堰流。

矩形堰出流计算的普遍公式为

$$Q=\sigma\varepsilon mB\sqrt{2g}H_0^{\frac{3}{2}} \tag{14-11}$$

其中

$$H_0=H+\frac{v^2}{2g}$$

式中　σ——淹没系数，自由出流时取 $\sigma=1$；

　　　ε——侧向收缩系数；

　　　m——堰流流量系数；

　　　B——闸孔净宽，m；

　　　H_0——堰上总水头，m，如图 14-12 所示；

　　　v——水流速度。

闸孔出流计算的普遍公式为

$$Q=\sigma\mu Be\sqrt{2gH_0} \tag{14-12}$$

式中　μ——闸孔自由出流流量系数；

　　　e——闸门开启度，m。

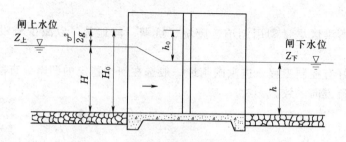

图 14-12　宽顶堰淹没出流示意图

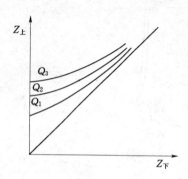

图 14-13　闸上水位—流量—闸下
水位关系曲线

泄洪闸型式和尺寸选定后，式（14-11）、式（14-12）中的各项系数可根据《水力学手册》选取。为便于进行调节计算，对于自由出流，一般可先绘出闸上水位与流量的关系曲线；对于淹没出流，可先绘出闸上水位—流量—闸下水位关系曲线（图 14-13）。

扒口流量可按上述堰流公式估算。

进洪闸闸上水位为江河水位，闸下水位为分洪区水位。分洪区水位由计算时段内分洪区蓄水量的变化及分洪区容积曲线确定，像水库调洪计算一样通常需要试求。排洪闸相反，闸上水位为分洪区水位，闸下水位为排入河道的水位。

由此可见，当分洪区容积曲线确定后，假定不同进洪闸和排洪闸方案，即可对设计洪水进行分（蓄）洪调节计算，从而求得各方案的水位、流量过程，然后对于满足设计要求的方案进一步作分析论证和经济比较，最后从中找出最佳方案。

【例 14-3】　某分洪区有进洪闸和排洪闸各一座，其闸上水位—过闸流量—闸下水位曲线及分洪区容积曲线均为已知，试述任一时段的计算步骤。

解：假定时段初进洪闸流入分洪区的流量为 Q_1，时段初排洪闸排出分洪区流量为 q_1，时段初分洪区水位 Z_1，计算时这三个数值均为已知，时段末进洪闸闸上水位和排洪闸闸下水位若为已知，则可先假定时段末分洪区水位 Z_2。

知道时段末分洪区水位后，便可根据进洪闸泄流曲线查得时段末进入分洪区的流量 Q_2，同时可根据排泄闸泄流曲线查得时段末分洪区的排洪量 q_2。

由水量平衡公式计算时段末分洪区蓄水量为

$$V_2 = V_1 + \frac{Q_1 + Q_2}{2}\Delta t - \frac{q_1 + q_2}{2}\Delta t$$

由 V_2 查分洪区容积曲线，看查得的水位是否与假定的 Z_2 值相等，若不相等时，需重新假定 Z_2 值进行计算，直至计算结果满足精度要求为止。

由于本时段 Q_2、q_2、Z_2 即为下一时段的 Q_1、q_1、Z_1，因而可连续演算。

当然，以上介绍的只是一种近似方法，并没有考虑分洪区内洪水的传播情况，实际分洪也许比本例复杂，具体计算时，可根据设计要求和资料情况选用适宜的方法。

习　　题

[14-1]　长江流域某防洪骨干水库，正常蓄水位与防洪限制水位等高为 64.00m，大坝设计洪水标准为 200 年一遇、校核洪水标准为 1000 年一遇。同时水库还承担下游防洪任务，防洪标准为 20 年一遇，下游河道控制断面的安全泄量为 6500m³/s。各种标准的设计洪水过程见表 14-7～表 14-9，水库的水位库容及下泄能力关系曲线见表 14-10 和表 14-11，试确定该水库的防洪高水位、设计洪水位及校核洪水位。

表 14-7　　　　　　　　　　　20 年一遇设计洪水过程

时间（日、时）	15、2	8	14	20	16、2	8	14	20	17、2	8
流量（m³/s）	700	1500	3000	4000	4500	5500	7200	8500	9800	11290
时间（日、时）	14	20	18、2	8	14	20	19、2	8	14	20
流量（m³/s）	10000	8600	7000	6000	4500	3000	2200	1600	1300	1000

表 14-8　　　　　　　　　　　200 年一遇设计洪水过程

时间（日、时）	15、2	8	14	20	16、2	8	14	20	17、2	8
流量（m³/s）	1000	2500	4500	6500	8000	9500	10500	12000	14500	16800
时间（日、时）	14	20	18、2	8	14	20	19、2	8	14	20
流量（m³/s）	14500	12500	10500	9000	7500	5500	4000	3000	2000	1800

表 14-9　　　　　　　　　　　1000 年一遇设计洪水过程

时间（日、时）	15、2	8	14	20	16、2	8	14	20	17、2	8
流量（m³/s）	2000	4000	6500	8000	9000	11000	13000	15500	18000	20500
时间（日、时）	14	20	18、2	8	14	20	19、2	8	14	20
流量（m³/s）	18500	15500	13000	11000	9000	6000	4500	3000	2500	2000

表 14-10　　　　　　　　　　水库水位—库容关系曲线

水位（m）	64.00	65.00	66.00	67.00	68.00	69.00	70.00	71.00	72.00	73.00
库容（×10⁶m³）	4720	5020	5320	5640	5990	6340	6720	7110	7510	7920

表 14-11　　　　　　　　　　水库下泄能力关系曲线

水位（m）	64.00	65.00	66.00	67.00	68.00	69.00	70.00	71.00	72.00	73.00
流量（m³/s）	4830	5370	5960	6610	7320	8050	8810	9610	10440	11270

附表 1

皮尔逊 III 型频率曲线的离均系数 Φ 值表

C_s \ $P(\%)$	0.001	0.01	0.1	0.2	0.333	0.5	1	2	3	5	10	20	25	30	40	50	60	70	75	80	85	90	95	97	99	99.9	100
0.0	4.26	3.72	3.09	2.88	2.71	2.58	2.33	2.05	1.88	1.64	1.28	0.84	0.67	0.52	0.25	0.00	−0.25	−0.52	−0.67	−0.84	−1.04	−1.28	−1.64	−1.88	−2.33	−3.09	−∞
0.1	4.56	3.94	3.23	3.00	2.82	2.67	2.40	2.11	1.92	1.67	1.29	0.84	0.66	0.51	0.24	−0.02	−0.27	−0.53	−0.68	−0.85	−1.04	−1.27	−1.62	−1.84	−2.25	−2.95	−20.0
0.2	4.86	4.16	3.38	3.12	2.92	2.76	2.47	2.16	1.96	1.70	1.30	0.83	0.65	0.50	0.22	−0.03	−0.28	−0.55	−0.69	−0.85	−1.03	−1.26	−1.59	−1.79	−2.18	−2.81	−10.0
0.3	5.16	4.38	3.52	3.24	3.03	2.86	2.54	2.21	2.00	1.73	1.31	0.82	0.64	0.48	0.20	−0.05	−0.30	−0.56	−0.70	−0.85	−1.03	−1.24	−1.55	−1.75	−2.10	−2.67	−6.67
0.4	5.47	4.61	3.67	3.36	3.14	2.95	2.62	2.26	2.04	1.75	1.32	0.82	0.64	0.47	0.19	−0.07	−0.31	−0.57	−0.71	−0.85	−1.03	−1.23	−1.52	−1.70	−2.03	−2.54	−5.00
0.5	5.78	4.83	3.81	3.48	3.25	3.04	2.68	2.31	2.08	1.77	1.32	0.81	0.62	0.46	0.17	−0.08	−0.33	−0.58	−0.71	−0.85	−1.02	−1.22	−1.49	−1.66	−1.96	−2.40	−4.00
0.6	6.09	5.05	3.96	3.60	3.35	3.13	2.75	2.35	2.12	1.80	1.33	0.80	0.61	0.44	0.16	−0.10	−0.34	−0.59	−0.72	−0.85	−1.02	−1.20	−1.45	−1.61	−1.88	−2.27	−3.33
0.7	6.40	5.28	4.10	3.72	3.45	3.22	2.82	2.40	2.15	1.82	1.33	0.79	0.59	0.43	0.14	−0.12	−0.36	−0.60	−0.73	−0.85	−1.01	−1.18	−1.42	−1.57	−1.81	−2.14	−2.86
0.8	6.71	5.50	4.24	3.85	3.55	3.31	2.89	2.45	2.18	1.84	1.34	0.78	0.58	0.41	0.12	−0.13	−0.37	−0.60	−0.73	−0.85	−1.00	−1.17	−1.38	−1.52	−1.74	−2.02	−2.50
0.9	7.02	5.73	4.39	3.97	3.65	3.40	2.96	2.50	2.22	1.86	1.34	0.77	0.57	0.40	0.11	−0.15	−0.38	−0.61	−0.73	−0.85	−0.99	−1.15	−1.35	−1.47	−1.66	−1.90	−2.22
1.0	7.33	5.96	4.53	4.09	3.76	3.49	3.02	2.54	2.25	1.88	1.34	0.76	0.55	0.38	0.09	−0.16	−0.39	−0.62	−0.73	−0.85	−0.98	−1.13	−1.32	−1.42	−1.59	−1.79	−2.00
1.1	7.65	6.18	4.67	4.20	3.86	3.58	3.09	2.58	2.28	1.89	1.34	0.74	0.54	0.36	0.07	−0.18	−0.41	−0.62	−0.74	−0.85	−0.97	−1.10	−1.28	−1.38	−1.52	−1.68	−1.82
1.2	7.97	6.41	4.81	4.32	3.95	3.66	3.15	2.62	2.31	1.91	1.34	0.73	0.52	0.35	0.05	−0.19	−0.42	−0.63	−0.74	−0.84	−0.96	−1.08	−1.24	−1.33	−1.45	−1.58	−1.67
1.3	8.29	6.64	4.95	4.44	4.05	3.74	3.21	2.67	2.34	1.92	1.33	0.72	0.51	0.33	0.04	−0.21	−0.43	−0.63	−0.74	−0.84	−0.95	−1.06	−1.20	−1.28	−1.38	−1.48	−1.54
1.4	8.61	6.87	5.09	4.56	4.15	3.83	3.27	2.71	2.37	1.94	1.33	0.71	0.49	0.31	0.02	−0.22	−0.44	−0.64	−0.73	−0.83	−0.93	−1.04	−1.17	−1.23	−1.32	−1.39	−1.43
1.5	8.93	7.09	5.23	4.68	4.24	3.91	3.33	2.74	2.39	1.95	1.33	0.69	0.47	0.30	0.00	−0.24	−0.45	−0.64	−0.73	−0.82	−0.92	−1.02	−1.13	−1.19	−1.26	−1.31	−1.33
1.6	9.25	7.31	5.37	4.80	4.34	3.99	3.39	2.78	2.42	1.96	1.32	0.68	0.46	0.28	−0.02	−0.25	−0.46	−0.64	−0.73	−0.81	−0.90	−0.99	−1.10	−1.14	−1.20	−1.24	−1.25
1.7	9.57	7.54	5.50	4.91	4.43	4.07	3.44	2.82	2.44	1.97	1.32	0.66	0.44	0.26	−0.03	−0.27	−0.47	−0.64	−0.72	−0.81	−0.89	−0.97	−1.06	−1.10	−1.14	−1.17	−1.18
1.8	9.89	7.76	5.64	5.01	4.52	4.15	3.50	2.85	2.46	1.98	1.32	0.64	0.42	0.24	−0.05	−0.28	−0.48	−0.64	−0.72	−0.80	−0.87	−0.94	−1.02	−1.06	−1.09	−1.11	−1.11

续表

C_s \ $P(\%)$	0.001	0.01	0.1	0.2	0.333	0.5	1	2	3	5	10	20	25	30	40	50	60	70	75	80	85	90	95	97	99	99.9	100
1.9	10.20	7.98	5.77	5.12	4.61	4.23	3.55	2.83	2.49	1.99	1.31	0.63	0.40	0.22	−0.07	−0.29	−0.48	−0.64	−0.72	−0.79	−0.85	−0.92	−0.98	−1.01	−1.04	−1.05	−1.05
2.0	10.51	8.21	5.91	5.22	4.70	4.30	3.61	2.91	2.51	2.00	1.30	0.61	0.39	0.20	−0.08	−0.31	−0.49	−0.64	−0.71	−0.78	−0.84	−0.895	−0.949	−0.970	−0.989	−0.999	−1.000
2.1	10.83	8.43	6.04	5.33	4.79	4.37	3.66	2.93	2.53	2.00	1.29	0.59	0.37	0.19	−0.10	−0.32	−0.49	−0.64	−0.71	−0.76	−0.82	−0.869	−0.914	−0.935	−0.945	−0.952	−0.952
2.2	11.14	8.65	6.17	5.43	4.88	4.44	3.71	2.96	2.55	2.00	1.28	0.57	0.35	0.17	−0.11	−0.33	−0.50	−0.64	−0.70	−0.75	−0.80	−0.844	−0.879	−0.900	−0.905	−0.909	−0.909
2.3	11.45	8.87	6.30	5.53	4.97	4.51	3.76	2.99	2.56	2.00	1.27	0.55	0.33	0.15	−0.13	−0.34	−0.50	−0.64	−0.69	−0.74	−0.78	−0.820	−0.849	−0.865	−0.867	−0.870	−0.870
2.4	11.76	9.08	6.42	5.63	5.05	4.58	3.81	3.02	2.57	2.01	1.26	0.54	0.31	0.13	−0.15	−0.35	−0.51	−0.63	−0.68	−0.72	−0.77	−0.795	−0.820	−0.830	−0.831	−0.833	−0.833
2.5	12.07	9.30	6.55	5.73	5.13	4.65	3.85	3.04	2.59	2.01	1.25	0.52	0.29	0.11	−0.16	−0.36	−0.51	−0.63	−0.67	−0.71	−0.75	−0.772	−0.791	−0.800	−0.800	−0.800	−0.800
2.6	12.38	9.51	6.67	5.82	5.20	4.72	3.89	3.06	2.60	2.01	1.23	0.50	0.27	0.09	−0.17	−0.37	−0.51	−0.62	−0.66	−0.70	−0.73	−0.748	−0.764	−0.769	−0.740	−0.769	−0.769
2.7	12.69	9.72	6.79	5.92	5.28	4.78	3.93	3.09	2.61	2.01	1.22	0.48	0.25	0.08	−0.18	−0.37	−0.51	−0.61	−0.65	−0.68	−0.71	−0.726	−0.736	−0.740	−0.740	−0.741	−0.741
2.8	13.00	9.93	6.91	6.01	5.36	4.84	3.97	3.11	2.62	2.01	1.21	0.46	0.23	0.06	−0.20	−0.38	−0.51	−0.61	−0.64	−0.67	−0.69	−0.702	−0.710	−0.714	−0.714	−0.714	−0.714
2.9	13.31	10.14	7.03	6.10	5.44	4.90	4.01	3.13	2.63	2.01	1.20	0.44	0.21	0.04	−0.21	−0.39	−0.51	−0.60	−0.63	−0.66	−0.67	−0.680	−0.687	−0.690	−0.690	−0.690	−0.690
3.0	13.61	10.35	7.15	6.20	5.51	4.96	4.05	3.15	2.64	2.00	1.18	0.42	0.19	0.03	−0.23	−0.39	−0.51	−0.59	−0.62	−0.64	−0.65	−0.658	−0.665	−0.667	−0.667	−0.667	−0.667
3.1	13.92	10.56	7.26	6.30	5.59	5.02	4.08	3.17	2.64	2.00	1.16	0.40	0.17	0.01	−0.24	−0.40	−0.51	−0.58	−0.60	−0.62	−0.63	−0.639	−0.644	−0.645	−0.645	−0.645	−0.645
3.2	14.22	10.77	7.38	6.39	5.66	5.08	4.12	3.19	2.65	2.00	1.14	0.38	0.15	−0.01	−0.25	−0.40	−0.51	−0.57	−0.59	−0.61	−0.62	−0.621	−0.625	−0.625	−0.625	−0.625	−0.625
3.3	14.52	10.97	7.49	6.48	5.74	5.14	4.15	3.21	2.65	1.99	1.12	0.36	0.14	−0.02	−0.26	−0.40	−0.50	−0.56	−0.58	−0.59	−0.60	−0.604	−0.606	−0.606	−0.606	−0.606	−0.606
3.4	14.81	11.17	7.60	6.56	5.80	5.20	4.18	3.22	2.65	1.98	1.11	0.34	0.12	−0.04	−0.27	−0.41	−0.50	−0.55	−0.57	−0.58	−0.58	−0.587	−0.588	−0.588	−0.588	−0.588	−0.588
3.5	15.11	11.37	7.72	6.65	5.86	5.25	4.22	3.23	2.66	1.97	1.09	0.32	0.10	−0.06	−0.28	−0.41	−0.50	−0.54	−0.55	−0.56	−0.56	−0.570	−0.571	−0.571	−0.571	−0.571	−0.571
3.6	15.41	11.57	7.83	6.73	5.93	5.30	4.25	3.24	2.66	1.96	1.08	0.30	0.09	−0.07	−0.29	−0.41	−0.49	−0.53	−0.54	−0.55	−0.552	−0.555	−0.556	−0.556	−0.556	−0.556	−0.556
3.7	15.70	11.77	7.94	6.81	5.99	5.35	4.28	3.25	2.66	1.95	1.06	0.28	0.07	−0.09	−0.29	−0.42	−0.48	−0.52	−0.53	−0.53	−0.537	−0.540	−0.541	−0.541	−0.541	−0.541	−0.541
3.8	16.00	11.97	8.05	6.89	6.05	5.40	4.31	3.26	2.66	1.94	1.04	0.26	0.06	−0.10	−0.30	−0.42	−0.48	−0.51	−0.52	−0.522	−0.524	−0.525	−0.526	−0.526	−0.526	−0.526	−0.526
3.9	16.29	12.16	8.15	6.97	6.11	5.45	4.34	3.27	2.66	1.93	1.02	0.24	0.04	−0.11	−0.30	−0.41	−0.47	−0.50	−0.506	−0.510	−0.511	−0.512	−0.513	−0.513	−0.513	−0.513	−0.513

续表

C_s \ P(%)	0.001	0.01	0.1	0.2	0.333	0.5	1	2	3	5	10	20	25	30	40	50	60	70	75	80	85	90	95	97	99	99.9	100
4.0	16.58	12.36	8.25	7.05	6.18	5.50	4.37	3.27	2.66	1.92	1.00	0.23	0.02	-0.13	-0.31	-0.41	-0.46	-0.49	-0.495	-0.498	-0.499	-0.500	-0.500	-0.500	-0.500	-0.500	-0.500
4.1	16.87	12.55	8.35	7.13	6.24	5.54	4.39	3.28	2.66	1.91	0.98	0.21	0.00	-0.14	-0.32	-0.41	-0.46	-0.48	-0.484	-0.486	-0.487	-0.488	-0.488	-0.488	-0.488	-0.488	-0.488
4.2	17.16	12.74	8.45	7.21	6.30	5.59	4.41	3.29	2.65	1.90	0.96	0.19	-0.02	-0.15	-0.32	-0.41	-0.45	-0.47	-0.473	-0.475	-0.475	-0.476	-0.476	-0.476	-0.476	-0.476	-0.476
4.3	17.44	12.93	8.55	7.29	6.36	5.63	4.44	3.29	2.65	1.88	0.94	0.17	-0.03	-0.16	-0.33	-0.41	-0.44	-0.46	-0.462	-0.464	-0.464	-0.465	-0.465	-0.465	-0.465	-0.465	-0.465
4.4	17.72	13.12	8.65	7.36	6.41	5.68	4.46	3.00	2.65	1.87	0.92	0.16	-0.04	-0.17	-0.33	-0.40	-0.44	-0.45	-0.453	-0.454	-0.454	-0.455	-0.455	-0.455	-0.455	-0.455	-0.455
4.5	18.01	13.30	8.75	7.43	6.46	5.72	4.48	3.30	2.64	1.85	0.90	0.14	-0.05	-0.18	-0.33	-0.40	-0.43	-0.44	-0.444	-0.444	-0.444	-0.444	-0.444	-0.444	-0.444	-0.444	-0.444
4.6	18.29	13.49	8.85	7.50	6.52	5.76	4.50	3.30	2.63	1.84	0.88	0.13	-0.06	-0.18	-0.33	-0.40	-0.42	-0.43	-0.435	-0.435	-0.435	-0.435	-0.435	-0.435	-0.435	-0.435	-0.435
4.7	18.57	13.67	8.95	7.56	6.57	5.80	4.52	3.30	2.62	1.82	0.86	0.11	-0.07	-0.19	-0.33	-0.40	-0.42	-0.42	-0.426	-0.426	-0.426	-0.426	-0.426	-0.426	-0.426	-0.426	-0.426
4.8	18.85	13.85	9.04	7.63	6.63	5.84	4.54	3.30	2.61	1.80	0.84	0.09	-0.08	-0.20	-0.33	-0.39	-0.41	-0.41	-0.417	-0.417	-0.417	-0.417	-0.417	-0.417	-0.417	-0.417	-0.417
4.9	19.13	14.04	9.13	7.70	6.68	5.88	4.55	3.30	2.60	1.78	0.82	0.08	-0.10	-0.21	-0.33	-0.39	-0.40	-0.40	-0.408	-0.408	-0.408	-0.408	-0.408	-0.408	-0.408	-0.408	-0.408
5.0	19.41	14.22	9.22	7.77	6.73	5.92	4.57	3.30	2.60	1.77	0.80	0.06	-0.11	-0.22	-0.33	-0.379	-0.395	-0.399	-0.400	-0.400	-0.400	-0.400	-0.400	-0.400	-0.400	-0.400	-0.400
5.1	19.68	14.40	9.31	7.84	6.78	5.95	4.58	3.30	2.59	1.75	0.78	0.05	-0.12	-0.22	-0.32	-0.374	-0.387	-0.391	-0.392	-0.392	-0.392	-0.392	-0.392	-0.392	-0.392	-0.392	-0.392
5.2	19.95	14.57	9.40	7.90	6.83	5.99	4.59	3.30	2.58	1.73	0.76	0.03	-0.13	-0.22	-0.32	-0.369	-0.380	-0.384	-0.385	-0.385	-0.385	-0.385	-0.385	-0.385	-0.385	-0.385	-0.385
5.3	20.22	14.75	9.49	7.96	6.87	6.02	4.60	3.29	2.57	1.72	0.74	0.02	-0.14	-0.23	-0.32	-0.363	-0.373	-0.376	-0.377	-0.377	-0.377	-0.377	-0.377	-0.377	-0.377	-0.377	-0.377
5.4	20.46	14.92	9.57	8.02	6.91	6.05	4.62	3.28	2.56	1.70	0.72	0.00	-0.14	-0.23	-0.32	-0.358	-0.366	-0.369	-0.370	-0.370	-0.370	-0.370	-0.370	-0.370	-0.370	-0.370	-0.370
5.5	20.76	15.10	9.66	8.08	6.96	6.08	4.63	3.28	2.55	1.68	0.70	-0.01	-0.15	-0.23	-0.32	-0.353	-0.360	-0.363	-0.364	-0.364	-0.364	-0.364	-0.364	-0.364	-0.364	-0.364	-0.364
5.6	21.03	15.27	9.74	8.14	7.00	6.11	4.64	3.27	2.53	1.66	0.67	-0.03	-0.16	-0.24	-0.32	-0.349	-0.355	-0.356	-0.357	-0.357	-0.357	-0.357	-0.357	-0.357	-0.357	-0.357	-0.357
5.7	21.31	15.45	9.82	8.21	7.04	6.14	4.65	3.27	2.52	1.65	0.65	-0.04	-0.17	-0.24	-0.32	-0.344	-0.349	-0.350	-0.351	-0.351	-0.351	-0.351	-0.351	-0.351	-0.351	-0.351	-0.351
5.8	21.58	15.62	9.91	8.27	7.08	6.17	4.67	3.27	2.51	1.63	0.63	-0.05	-0.18	-0.25	-0.32	-0.339	-0.344	-0.345	-0.345	-0.345	-0.345	-0.345	-0.345	-0.345	-0.345	-0.345	-0.345
5.9	21.84	15.78	9.99	8.32	7.12	6.20	4.68	3.26	2.49	1.61	0.61	-0.06	-0.18	-0.25	-0.31	-0.334	-0.338	-0.339	-0.339	-0.339	-0.339	-0.339	-0.339	-0.339	-0.339	-0.339	-0.339
6.0	22.10	15.94	10.07	8.38	7.15	6.23	4.68	3.25	2.48	1.59	0.59	-0.07	-0.19	-0.25	-0.31	-0.329	-0.333	-0.333	-0.333	-0.333	-0.333	-0.333	-0.333	-0.333	-0.333	-0.333	-0.333
6.1	22.37	16.11	10.15	8.43	7.19	6.26	4.69	3.24	2.46	1.57	0.57	-0.08	-0.19	-0.26	-0.31	-0.325	-0.328	-0.328	-0.328	-0.328	-0.328	-0.328	-0.328	-0.328	-0.328	-0.328	-0.328
6.2	22.63	16.28	10.22	8.49	7.23	6.28	4.70	3.23	2.45	1.55	0.55	-0.09	-0.20	-0.26	-0.31	-0.320	-0.322	-0.323	-0.323	-0.323	-0.323	-0.323	-0.323	-0.323	-0.323	-0.323	-0.323
6.3	22.89	16.45	10.30	8.54	7.26	6.30	4.70	3.22	2.43	1.53	0.53	-0.10	-0.20	-0.26	-0.30	-0.315	-0.317	-0.317	-0.317	-0.317	-0.317	-0.317	-0.317	-0.317	-0.317	-0.317	-0.317
6.4	23.15	16.61	10.38	8.60	7.30	6.32	4.71	3.21	2.41	1.51	0.51	-0.11	-0.21	-0.26	-0.30	-0.311	-0.312	-0.313	-0.313	-0.313	-0.313	-0.313	-0.313	-0.313	-0.313	-0.313	-0.313

附表 2—1

瞬时单位线 S 曲线查用表（一）

t/K \ n	1.0	1.1	1.2	1.3	1.4	1.5	1.6	1.7	1.8	1.9	2.0	2.1	2.2	2.3	2.4	2.5	2.6	2.7	2.8	2.9	3.0
0	0	0	0	0	0	0	0	0	0	0	0	0	0	0	0	0	0	0	0	0	0
0.1	0.095	0.072	0.054	0.041	0.030	0.022	0.017	0.012	0.009	0.007	0.005	0.003	0.002	0.002	0.001	0.001	0.001	0	0	0	0
0.2	0.181	0.147	0.118	0.095	0.075	0.060	0.047	0.036	0.029	0.022	0.018	0.014	0.010	0.008	0.006	0.004	0.003	0.002	0.002	0.001	0.001
0.3	0.259	0.218	0.182	0.152	0.126	0.104	0.086	0.069	0.057	0.045	0.037	0.030	0.024	0.019	0.015	0.012	0.010	0.007	0.006	0.005	0.004
0.4	0.330	0.285	0.244	0.209	0.178	0.150	0.127	0.107	0.089	0.074	0.061	0.051	0.042	0.034	0.028	0.023	0.019	0.015	0.012	0.010	0.008
0.5	0.393	0.346	0.305	0.266	0.230	0.198	0.171	0.146	0.126	0.106	0.090	0.076	0.065	0.054	0.045	0.037	0.031	0.025	0.022	0.018	0.014
0.6	0.451	0.403	0.360	0.318	0.281	0.237	0.216	0.188	0.164	0.142	0.122	0.104	0.090	0.076	0.065	0.055	0.046	0.039	0.033	0.028	0.023
0.7	0.503	0.456	0.411	0.369	0.331	0.294	0.261	0.231	0.200	0.178	0.156	0.136	0.117	0.101	0.088	0.075	0.065	0.056	0.044	0.039	0.034
0.8	0.551	0.505	0.461	0.418	0.378	0.340	0.306	0.273	0.243	0.216	0.191	0.169	0.149	0.130	0.113	0.098	0.086	0.074	0.064	0.056	0.047
0.9	0.593	0.549	0.505	0.464	0.423	0.385	0.349	0.315	0.285	0.255	0.228	0.202	0.180	0.160	0.141	0.124	0.109	0.096	0.084	0.073	0.063
1.0	0.632	0.589	0.547	0.506	0.466	0.428	0.392	0.356	0.324	0.293	0.264	0.238	0.213	0.190	0.170	0.151	0.134	0.118	0.104	0.092	0.080
1.1	0.667	0.626	0.585	0.545	0.506	0.468	0.431	0.396	0.363	0.331	0.301	0.273	0.247	0.222	0.200	0.179	0.160	0.143	0.127	0.113	0.100
1.2	0.699	0.660	0.621	0.582	0.544	0.506	0.470	0.436	0.400	0.368	0.337	0.308	0.281	0.255	0.231	0.209	0.188	0.169	0.151	0.135	0.121
1.3	0.728	0.691	0.654	0.616	0.579	0.543	0.506	0.471	0.447	0.405	0.373	0.343	0.315	0.288	0.262	0.239	0.216	0.196	0.171	0.159	0.143
1.4	0.753	0.719	0.684	0.648	0.612	0.577	0.541	0.507	0.473	0.440	0.408	0.378	0.348	0.321	0.294	0.269	0.246	0.224	0.203	0.184	0.167
1.5	0.777	0.744	0.711	0.677	0.643	0.608	0.574	0.540	0.507	0.474	0.442	0.411	0.382	0.353	0.326	0.300	0.275	0.252	0.231	0.210	0.191
1.6	0.798	0.768	0.736	0.704	0.671	0.638	0.605	0.572	0.539	0.507	0.475	0.444	0.414	0.385	0.357	0.331	0.305	0.281	0.258	0.237	0.217
1.7	0.817	0.789	0.759	0.729	0.698	0.666	0.634	0.602	0.570	0.538	0.507	0.476	0.446	0.417	0.389	0.361	0.335	0.310	0.287	0.264	0.243
1.8	0.835	0.808	0.781	0.752	0.722	0.692	0.661	0.630	0.599	0.568	0.537	0.507	0.477	0.448	0.419	0.392	0.365	0.339	0.315	0.292	0.269
1.9	0.850	0.826	0.800	0.773	0.745	0.716	0.687	0.657	0.627	0.596	0.566	0.536	0.507	0.478	0.449	0.421	0.395	0.368	0.343	0.319	0.296
2.0	0.865	0.842	0.818	0.792	0.766	0.739	0.710	0.682	0.653	0.623	0.594	0.566	0.536	0.507	0.478	0.451	0.423	0.397	0.372	0.347	0.323
2.1	0.878	0.856	0.834	0.810	0.785	0.759	0.733	0.706	0.679	0.649	0.620	0.592	0.565	0.535	0.507	0.479	0.452	0.425	0.400	0.375	0.350
2.2	0.890	0.870	0.849	0.826	0.803	0.778	0.753	0.727	0.700	0.673	0.645	0.618	0.590	0.562	0.534	0.507	0.480	0.454	0.427	0.402	0.377
2.3	0.900	0.882	0.862	0.841	0.819	0.796	0.772	0.748	0.722	0.696	0.669	0.642	0.615	0.588	0.560	0.533	0.507	0.480	0.454	0.429	0.404
2.4	0.909	0.895	0.875	0.855	0.835	0.813	0.790	0.767	0.742	0.717	0.692	0.665	0.639	0.613	0.586	0.559	0.533	0.507	0.481	0.455	0.430

续表

t/K \ n	1.0	1.1	1.2	1.3	1.4	1.5	1.6	1.7	1.8	1.9	2.0	2.1	2.2	2.3	2.4	2.5	2.6	2.7	2.8	2.9	3.0
2.5	0.918	0.902	0.886	0.868	0.849	0.828	0.807	0.784	0.761	0.737	0.713	0.688	0.662	0.636	0.610	0.584	0.558	0.532	0.506	0.481	0.456
2.6	0.926	0.912	0.896	0.879	0.861	0.842	0.822	0.801	0.779	0.756	0.733	0.708	0.684	0.659	0.634	0.608	0.582	0.557	0.532	0.506	0.482
2.7	0.933	0.920	0.905	0.890	0.873	0.855	0.836	0.816	0.796	0.774	0.751	0.728	0.704	0.680	0.656	0.631	0.606	0.581	0.556	0.531	0.506
2.8	0.939	0.928	0.914	0.899	0.884	0.867	0.849	0.831	0.811	0.790	0.769	0.747	0.724	0.701	0.677	0.653	0.629	0.604	0.579	0.555	0.531
2.9	0.945	0.934	0.922	0.908	0.894	0.878	0.862	0.844	0.825	0.806	0.785	0.764	0.742	0.720	0.697	0.674	0.650	0.626	0.602	0.578	0.554
3.0	0.950	0.940	0.929	0.916	0.903	0.888	0.873	0.856	0.839	0.820	0.801	0.781	0.760	0.738	0.716	0.694	0.671	0.648	0.624	0.600	0.577
3.1	0.955	0.946	0.935	0.924	0.911	0.898	0.883	0.868	0.851	0.834	0.815	0.796	0.776	0.756	0.734	0.713	0.691	0.668	0.645	0.622	0.599
3.2	0.959	0.951	0.941	0.930	0.919	0.906	0.893	0.878	0.863	0.846	0.829	0.811	0.792	0.772	0.752	0.731	0.709	0.688	0.665	0.643	0.620
3.3	0.963	0.955	0.946	0.936	0.926	0.914	0.902	0.888	0.873	0.858	0.841	0.824	0.806	0.787	0.768	0.748	0.727	0.706	0.685	0.663	0.641
3.4	0.967	0.959	0.951	0.942	0.932	0.921	0.910	0.897	0.883	0.869	0.853	0.837	0.820	0.802	0.783	0.764	0.744	0.724	0.703	0.682	0.660
3.5	0.970	0.963	0.956	0.947	0.938	0.928	0.917	0.905	0.892	0.879	0.864	0.849	0.832	0.815	0.798	0.779	0.760	0.741	0.721	0.700	0.679
3.6	0.973	0.967	0.960	0.952	0.944	0.934	0.924	0.913	0.901	0.888	0.874	0.860	0.844	0.828	0.811	0.794	0.776	0.757	0.738	0.718	0.697
3.7	0.975	0.970	0.963	0.956	0.948	0.940	0.930	0.920	0.909	0.897	0.884	0.870	0.856	0.840	0.824	0.807	0.790	0.772	0.753	0.734	0.715
3.8	0.978	0.973	0.967	0.960	0.953	0.945	0.936	0.926	0.916	0.905	0.893	0.880	0.866	0.851	0.836	0.820	0.804	0.786	0.768	0.750	0.731
3.9	0.980	0.975	0.970	0.964	0.957	0.950	0.941	0.932	0.923	0.912	0.901	0.889	0.876	0.862	0.848	0.834	0.817	0.800	0.783	0.765	0.747
4.0	0.982	0.977	0.973	0.967	0.961	0.954	0.946	0.938	0.929	0.919	0.908	0.897	0.885	0.872	0.858	0.844	0.829	0.813	0.796	0.779	0.762
4.2	0.985	0.981	0.977	0.973	0.967	0.962	0.955	0.948	0.940	0.931	0.922	0.912	0.901	0.890	0.877	0.864	0.841	0.837	0.822	0.806	0.790
4.4	0.988	0.985	0.981	0.977	0.973	0.968	0.962	0.956	0.949	0.942	0.934	0.925	0.915	0.905	0.894	0.883	0.870	0.857	0.844	0.830	0.815
4.6	0.990	0.987	0.985	0.981	0.975	0.973	0.968	0.963	0.957	0.951	0.944	0.936	0.928	0.919	0.909	0.899	0.888	0.876	0.864	0.851	0.837
4.8	0.992	0.990	0.987	0.985	0.981	0.978	0.974	0.969	0.964	0.958	0.952	0.946	0.938	0.930	0.922	0.913	0.903	0.892	0.881	0.870	0.857
5.0	0.993	0.992	0.990	0.987	0.984	0.981	0.978	0.974	0.970	0.965	0.960	0.954	0.947	0.940	0.933	0.925	0.916	0.907	0.897	0.886	0.875
5.5	0.996	0.995	0.994	0.992	0.990	0.988	0.986	0.983	0.980	0.977	0.973	0.969	0.965	0.960	0.955	0.949	0.942	0.935	0.928	0.920	0.912
6.0	0.998	0.997	0.996	0.995	0.994	0.993	0.991	0.989	0.987	0.985	0.983	0.980	0.977	0.973	0.969	0.965	0.961	0.956	0.950	0.944	0.938
7.0	0.999	0.999	0.998	0.998	0.998	0.997	0.996	0.996	0.995	0.994	0.993	0.991	0.990	0.988	0.986	0.984	0.982	0.980	0.977	0.974	0.970
8.0	0.999		0.999	0.999	0.999	0.999	0.999	0.998	0.998	0.997	0.997	0.996	0.996	0.995	0.994	0.993	0.992	0.991	0.989	0.988	0.986
9.0								0.999	0.999	0.999	0.999	0.999	0.998	0.998	0.997	0.997	0.997	0.996	0.995	0.995	0.994

附表 2－2

瞬时单位线 S 曲线查用表（二）

t/K \ n	3.0	3.1	3.2	3.3	3.4	3.5	3.6	3.7	3.8	3.9	4.0	4.1	4.2	4.3	4.4	4.5	4.6	4.7	4.8	4.9	5.0
0	0	0	0	0	0	0	0	0	0	0	0	0	0	0	0	0	0	0	0	0	0
0.5	0.014	0.012	0.010	0.008	0.006	0.005	0.004	0.003	0.003	0.002	0.002	0.001	0.001	0.001	0.001	0.001	0	0	0	0	0
1.0	0.080	0.070	0.061	0.053	0.046	0.040	0.035	0.030	0.026	0.022	0.019	0.016	0.014	0.012	0.010	0.009	0.007	0.006	0.005	0.004	0.004
1.1	0.100	0.088	0.077	0.068	0.060	0.052	0.045	0.040	0.034	0.030	0.026	0.022	0.019	0.016	0.014	0.012	0.010	0.009	0.008	0.006	0.005
1.2	0.121	0.107	0.095	0.084	0.074	0.066	0.058	0.051	0.044	0.039	0.034	0.029	0.026	0.022	0.019	0.017	0.014	0.012	0.011	0.009	0.008
1.3	0.143	0.128	0.114	0.102	0.091	0.081	0.071	0.063	0.056	0.049	0.043	0.038	0.033	0.029	0.025	0.022	0.019	0.017	0.014	0.012	0.011
1.4	0.167	0.150	0.135	0.121	0.109	0.097	0.087	0.077	0.069	0.061	0.054	0.047	0.042	0.037	0.032	0.028	0.025	0.022	0.019	0.016	0.014
1.5	0.191	0.173	0.157	0.142	0.128	0.115	0.103	0.092	0.083	0.074	0.066	0.058	0.052	0.046	0.040	0.036	0.031	0.028	0.024	0.021	0.019
1.6	0.217	0.198	0.180	0.164	0.148	0.134	0.121	0.109	0.098	0.088	0.079	0.070	0.063	0.056	0.050	0.044	0.039	0.035	0.031	0.027	0.024
1.7	0.243	0.223	0.204	0.186	0.170	0.154	0.140	0.127	0.115	0.103	0.093	0.084	0.075	0.067	0.060	0.054	0.048	0.043	0.038	0.033	0.030
1.8	0.269	0.248	0.228	0.210	0.192	0.175	0.160	0.146	0.132	0.120	0.109	0.098	0.089	0.080	0.072	0.064	0.058	0.051	0.046	0.041	0.036
1.9	0.296	0.274	0.253	0.234	0.215	0.197	0.181	0.166	0.151	0.138	0.125	0.114	0.103	0.093	0.084	0.076	0.068	0.061	0.055	0.049	0.044
2.0	0.323	0.301	0.279	0.258	0.239	0.220	0.203	0.186	0.171	0.156	0.143	0.130	0.119	0.108	0.098	0.089	0.080	0.072	0.065	0.059	0.053
2.1	0.350	0.327	0.305	0.283	0.263	0.244	0.225	0.208	0.191	0.176	0.161	0.148	0.135	0.123	0.112	0.102	0.093	0.084	0.076	0.069	0.062
2.2	0.377	0.354	0.331	0.309	0.287	0.267	0.248	0.230	0.212	0.196	0.181	0.166	0.153	0.140	0.128	0.117	0.107	0.097	0.088	0.080	0.072
2.3	0.404	0.380	0.356	0.334	0.312	0.291	0.271	0.252	0.234	0.217	0.201	0.185	0.171	0.157	0.144	0.132	0.121	0.111	0.101	0.092	0.084
2.4	0.430	0.406	0.382	0.359	0.337	0.316	0.295	0.275	0.256	0.238	0.221	0.205	0.190	0.175	0.161	0.149	0.137	0.125	0.115	0.105	0.096
2.5	0.456	0.432	0.408	0.385	0.362	0.340	0.319	0.299	0.279	0.260	0.242	0.225	0.209	0.194	0.179	0.166	0.153	0.141	0.129	0.119	0.109
2.6	0.482	0.457	0.433	0.410	0.387	0.364	0.343	0.322	0.302	0.283	0.264	0.246	0.229	0.213	0.198	0.183	0.170	0.157	0.145	0.133	0.123
2.7	0.506	0.482	0.458	0.434	0.411	0.389	0.367	0.346	0.325	0.305	0.286	0.268	0.250	0.233	0.217	0.202	0.187	0.174	0.161	0.149	0.137
2.8	0.531	0.506	0.482	0.459	0.436	0.413	0.391	0.369	0.348	0.328	0.308	0.289	0.271	0.253	0.237	0.221	0.206	0.191	0.178	0.165	0.152
2.9	0.554	0.530	0.506	0.483	0.460	0.437	0.414	0.392	0.371	0.350	0.330	0.311	0.292	0.274	0.257	0.240	0.224	0.209	0.195	0.181	0.168
3.0	0.577	0.553	0.530	0.506	0.483	0.460	0.438	0.416	0.394	0.373	0.353	0.333	0.314	0.295	0.277	0.260	0.244	0.228	0.213	0.198	0.185
3.1	0.599	0.576	0.552	0.529	0.506	0.483	0.461	0.439	0.417	0.396	0.375	0.355	0.335	0.316	0.298	0.280	0.263	0.246	0.231	0.216	0.202
3.2	0.620	0.603	0.574	0.552	0.528	0.506	0.484	0.462	0.440	0.418	0.397	0.377	0.357	0.338	0.319	0.301	0.283	0.266	0.250	0.234	0.219

续表

n ＼ t/K	5.0	4.9	4.8	4.7	4.6	4.5	4.4	4.3	4.2	4.1	4.0	3.9	3.8	3.7	3.6	3.5	3.4	3.3	3.2	3.1	3.0
3.3	0.237	0.253	0.269	0.286	0.304	0.321	0.340	0.359	0.379	0.399	0.420	0.441	0.462	0.484	0.506	0.528	0.551	0.573	0.596	0.618	0.641
3.4	0.256	0.272	0.289	0.306	0.324	0.342	0.361	0.380	0.400	0.421	0.442	0.463	0.484	0.506	0.528	0.550	0.572	0.594	0.616	0.638	0.660
3.5	0.275	0.291	0.308	0.326	0.344	0.363	0.382	0.404	0.422	0.442	0.462	0.485	0.506	0.528	0.549	0.571	0.593	0.615	0.636	0.658	0.679
3.6	0.293	0.311	0.328	0.346	0.365	0.384	0.403	0.423	0.443	0.464	0.484	0.506	0.527	0.549	0.570	0.592	0.613	0.634	0.656	0.677	0.697
3.7	0.313	0.330	0.348	0.366	0.385	0.404	0.424	0.444	0.464	0.485	0.506	0.527	0.548	0.569	0.590	0.612	0.633	0.653	0.674	0.695	0.715
3.8	0.332	0.350	0.368	0.387	0.406	0.425	0.445	0.465	0.485	0.506	0.527	0.547	0.568	0.589	0.610	0.631	0.651	0.672	0.692	0.712	0.731
3.9	0.352	0.370	0.388	0.407	0.426	0.446	0.465	0.485	0.506	0.526	0.548	0.567	0.588	0.609	0.629	0.649	0.670	0.689	0.709	0.728	0.747
4.0	0.371	0.389	0.408	0.427	0.446	0.466	0.486	0.506	0.526	0.546	0.567	0.587	0.607	0.627	0.647	0.667	0.687	0.706	0.725	0.744	0.762
4.2	0.410	0.429	0.448	0.467	0.486	0.506	0.525	0.545	0.565	0.585	0.605	0.624	0.644	0.663	0.682	0.701	0.720	0.738	0.756	0.773	0.790
4.4	0.449	0.468	0.486	0.506	0.525	0.544	0.563	0.582	0.602	0.621	0.641	0.660	0.678	0.697	0.715	0.733	0.750	0.767	0.783	0.799	0.815
4.6	0.487	0.505	0.524	0.543	0.562	0.581	0.600	0.619	0.637	0.656	0.674	0.692	0.710	0.728	0.745	0.761	0.778	0.793	0.809	0.823	0.837
4.8	0.524	0.542	0.560	0.579	0.598	0.616	0.634	0.653	0.671	0.688	0.706	0.723	0.740	0.756	0.772	0.788	0.803	0.817	0.831	0.845	0.857
5.0	0.560	0.578	0.596	0.614	0.632	0.650	0.667	0.683	0.702	0.718	0.735	0.751	0.767	0.782	0.797	0.811	0.825	0.838	0.851	0.864	0.875
5.2	0.594	0.612	0.629	0.647	0.664	0.681	0.698	0.714	0.731	0.746	0.762	0.777	0.792	0.806	0.820	0.833	0.846	0.858	0.870	0.881	0.891
5.4	0.627	0.644	0.661	0.678	0.694	0.710	0.726	0.742	0.757	0.772	0.787	0.801	0.814	0.828	0.840	0.852	0.864	0.875	0.886	0.896	0.905
5.6	0.658	0.674	0.691	0.707	0.722	0.738	0.753	0.768	0.782	0.796	0.809	0.822	0.835	0.847	0.859	0.870	0.880	0.891	0.900	0.909	0.918
5.8	0.687	0.703	0.719	0.734	0.749	0.763	0.777	0.791	0.805	0.818	0.830	0.842	0.854	0.865	0.875	0.885	0.895	0.904	0.913	0.921	0.928
6.0	0.715	0.730	0.745	0.759	0.773	0.787	0.800	0.813	0.825	0.837	0.849	0.860	0.870	0.881	0.890	0.899	0.908	0.916	0.924	0.930	0.938
6.5	0.776	0.789	0.802	0.814	0.826	0.837	0.843	0.859	0.869	0.879	0.888	0.897	0.905	0.913	0.921	0.927	0.935	0.941	0.947	0.952	0.957
7.0	0.827	0.838	0.848	0.859	0.868	0.878	0.887	0.895	0.903	0.911	0.918	0.925	0.932	0.938	0.943	0.949	0.954	0.958	0.963	0.967	0.970
7.5	0.868	0.877	0.886	0.894	0.902	0.911	0.916	0.923	0.929	0.935	0.941	0.946	0.951	0.956	0.960	0.964	0.968	0.971	0.974	0.977	0.980
8.0	0.900	0.908	0.915	0.921	0.927	0.933	0.939	0.944	0.949	0.953	0.958	0.962	0.965	0.969	0.972	0.975	0.978	0.980	0.982	0.984	0.986
9.0	0.945	0.950	0.954	0.958	0.961	0.965	0.968	0.971	0.974	0.976	0.979	0.981	0.983	0.985	0.986	0.988	0.989	0.990	0.991	0.993	0.994
10.0	0.971	0.973	0.976	0.978	0.980	0.982	0.984	0.985	0.987	0.988	0.990	0.991	0.992	0.993	0.994	0.994	0.995	0.996	0.996	0.997	0.997
11.0	0.985	0.986	0.988	0.989	0.990	0.991	0.992	0.993	0.994	0.994	0.995	0.996	0.996	0.997	0.997	0.997	0.998	0.998	0.998	0.999	0.999
12.0	0.992	0.993	0.994	0.994	0.995	0.996	0.996	0.997	0.997	0.997	0.998	0.998	0.998	0.998	0.999	0.999	0.999	0.999	0.999		

附表 2-3

瞬时单位线 S 曲线查用表（三）

t/K＼n	5.0	5.1	5.2	5.3	5.4	5.5	5.6	5.7	5.8	5.9	6.0	6.1	6.2	6.3	6.4	6.5	6.6	6.7	6.8	6.9	7.0
0																					
0.5	0	0	0	0	0	0	0	0	0	0	0	0	0	0	0	0	0	0	0	0	0
1.0	0.004	0.003	0.003	0.002	0.002	0.002	0.001	0.001	0.001	0.001	0.001	0	0	0	0	0	0	0	0	0	0
1.5	0.019	0.016	0.014	0.012	0.011	0.009	0.008	0.007	0.006	0.005	0.004	0.004	0.003	0.003	0.002	0.002	0.002	0.001	0.001	0.001	0.001
2.0	0.053	0.047	0.042	0.038	0.034	0.030	0.027	0.024	0.021	0.019	0.017	0.015	0.013	0.011	0.010	0.009	0.008	0.007	0.006	0.005	0.004
2.5	0.109	0.100	0.091	0.083	0.076	0.069	0.063	0.057	0.051	0.047	0.042	0.038	0.034	0.031	0.028	0.025	0.022	0.020	0.018	0.016	0.014
3.0	0.185	0.172	0.160	0.148	0.137	0.127	0.117	0.108	0.099	0.091	0.084	0.077	0.071	0.065	0.059	0.054	0.049	0.045	0.041	0.037	0.034
3.2	0.219	0.205	0.192	0.179	0.166	0.155	0.144	0.133	0.123	0.114	0.105	0.098	0.090	0.083	0.076	0.070	0.064	0.059	0.053	0.049	0.045
3.4	0.256	0.240	0.226	0.211	0.198	0.185	0.173	0.161	0.150	0.139	0.129	0.120	0.111	0.103	0.095	0.088	0.081	0.075	0.069	0.063	0.058
3.6	0.294	0.277	0.261	0.246	0.231	0.217	0.204	0.191	0.179	0.167	0.156	0.146	0.135	0.126	0.117	0.109	0.100	0.093	0.086	0.080	0.073
3.8	0.332	0.315	0.298	0.282	0.266	0.251	0.237	0.223	0.210	0.197	0.184	0.173	0.162	0.151	0.141	0.132	0.122	0.114	0.106	0.098	0.091
4.0	0.371	0.353	0.336	0.319	0.303	0.287	0.271	0.256	0.242	0.228	0.215	0.202	0.190	0.178	0.167	0.157	0.146	0.137	0.128	0.119	0.111
4.1	0.391	0.373	0.355	0.338	0.321	0.305	0.289	0.274	0.259	0.244	0.231	0.218	0.205	0.193	0.181	0.170	0.159	0.149	0.139	0.130	0.121
4.2	0.410	0.392	0.374	0.357	0.340	0.323	0.307	0.291	0.276	0.261	0.247	0.233	0.220	0.208	0.195	0.184	0.172	0.162	0.151	0.142	0.133
4.3	0.430	0.411	0.393	0.375	0.358	0.341	0.325	0.309	0.293	0.278	0.263	0.249	0.236	0.223	0.210	0.198	0.186	0.175	0.164	0.154	0.144
4.4	0.449	0.430	0.412	0.394	0.377	0.360	0.343	0.327	0.311	0.295	0.280	0.266	0.251	0.238	0.225	0.212	0.200	0.189	0.177	0.167	0.156
4.5	0.468	0.449	0.431	0.413	0.395	0.378	0.361	0.345	0.328	0.312	0.297	0.282	0.268	0.254	0.240	0.227	0.214	0.203	0.191	0.180	0.169
4.6	0.487	0.469	0.450	0.432	0.414	0.397	0.379	0.363	0.346	0.330	0.314	0.299	0.284	0.270	0.256	0.243	0.229	0.217	0.205	0.193	0.182
4.7	0.505	0.487	0.469	0.451	0.433	0.415	0.398	0.381	0.364	0.348	0.332	0.316	0.301	0.286	0.272	0.258	0.244	0.232	0.219	0.207	0.195
4.8	0.524	0.505	0.487	0.469	0.451	0.433	0.416	0.399	0.382	0.365	0.349	0.333	0.318	0.303	0.288	0.274	0.260	0.247	0.234	0.221	0.209
4.9	0.542	0.524	0.505	0.487	0.469	0.452	0.434	0.417	0.400	0.383	0.366	0.350	0.335	0.320	0.304	0.290	0.276	0.262	0.249	0.236	0.223
5.0	0.560	0.541	0.523	0.505	0.487	0.470	0.452	0.435	0.418	0.401	0.384	0.368	0.352	0.336	0.321	0.306	0.292	0.278	0.264	0.251	0.238
5.1	0.577	0.559	0.541	0.523	0.505	0.488	0.470	0.453	0.435	0.418	0.402	0.385	0.369	0.353	0.338	0.323	0.308	0.294	0.279	0.266	0.253
5.2	0.594	0.576	0.558	0.541	0.523	0.505	0.488	0.470	0.453	0.436	0.419	0.403	0.386	0.370	0.354	0.339	0.324	0.310	0.295	0.281	0.268
5.3	0.610	0.593	0.575	0.558	0.540	0.523	0.505	0.488	0.471	0.453	0.437	0.420	0.403	0.387	0.371	0.356	0.340	0.326	0.311	0.297	0.283

续表

t/K \ n	5.0	5.1	5.2	5.3	5.4	5.5	5.6	5.7	5.8	5.9	6.0	6.1	6.2	6.3	6.4	6.5	6.6	6.7	6.8	6.9	7.0
5.4	0.627	0.609	0.592	0.575	0.557	0.540	0.522	0.505	0.488	0.471	0.454	0.437	0.421	0.404	0.388	0.373	0.357	0.342	0.327	0.313	0.298
5.5	0.642	0.626	0.608	0.591	0.574	0.557	0.539	0.522	0.505	0.488	0.471	0.454	0.438	0.421	0.405	0.389	0.374	0.358	0.343	0.328	0.314
5.6	0.658	0.641	0.624	0.607	0.590	0.573	0.556	0.539	0.522	0.505	0.488	0.471	0.455	0.438	0.422	0.406	0.390	0.375	0.359	0.345	0.330
5.7	0.673	0.656	0.640	0.623	0.606	0.590	0.573	0.556	0.539	0.522	0.505	0.488	0.472	0.455	0.439	0.423	0.407	0.391	0.376	0.361	0.346
5.8	0.687	0.671	0.655	0.639	0.622	0.606	0.589	0.572	0.555	0.538	0.522	0.505	0.488	0.472	0.456	0.439	0.423	0.408	0.392	0.377	0.362
5.9	0.701	0.686	0.670	0.654	0.638	0.621	0.605	0.588	0.571	0.555	0.538	0.522	0.505	0.489	0.472	0.456	0.440	0.424	0.408	0.393	0.378
6.0	0.715	0.700	0.684	0.668	0.652	0.636	0.620	0.604	0.587	0.571	0.554	0.538	0.521	0.505	0.489	0.472	0.456	0.440	0.425	0.409	0.394
6.2	0.741	0.726	0.712	0.696	0.681	0.666	0.650	0.634	0.618	0.602	0.586	0.570	0.553	0.537	0.521	0.505	0.489	0.473	0.457	0.441	0.426
6.4	0.765	0.751	0.737	0.723	0.708	0.693	0.678	0.663	0.648	0.632	0.616	0.600	0.585	0.568	0.553	0.537	0.521	0.505	0.489	0.473	0.458
6.6	0.787	0.774	0.761	0.748	0.734	0.720	0.705	0.690	0.676	0.661	0.645	0.630	0.614	0.597	0.583	0.568	0.552	0.536	0.520	0.505	0.489
6.8	0.808	0.796	0.783	0.771	0.758	0.744	0.730	0.716	0.702	0.688	0.673	0.658	0.643	0.628	0.613	0.597	0.582	0.566	0.551	0.536	0.520
7.0	0.827	0.816	0.804	0.792	0.780	0.767	0.754	0.741	0.727	0.713	0.699	0.685	0.671	0.656	0.641	0.626	0.611	0.596	0.581	0.566	0.550
7.2	0.844	0.834	0.823	0.812	0.800	0.788	0.776	0.764	0.751	0.738	0.724	0.710	0.697	0.682	0.668	0.654	0.639	0.624	0.610	0.595	0.580
7.4	0.860	0.851	0.841	0.830	0.819	0.808	0.797	0.785	0.773	0.760	0.747	0.734	0.721	0.708	0.694	0.680	0.666	0.652	0.637	0.623	0.608
7.6	0.875	0.866	0.857	0.845	0.837	0.826	0.816	0.805	0.793	0.781	0.769	0.757	0.744	0.732	0.718	0.705	0.691	0.678	0.664	0.650	0.635
7.8	0.888	0.880	0.871	0.862	0.853	0.843	0.833	0.823	0.812	0.801	0.790	0.778	0.766	0.754	0.741	0.729	0.716	0.702	0.689	0.675	0.662
8.0	0.900	0.893	0.885	0.877	0.868	0.859	0.850	0.840	0.830	0.819	0.809	0.798	0.786	0.775	0.763	0.751	0.738	0.725	0.713	0.700	0.687
8.5	0.926	0.920	0.913	0.907	0.899	0.892	0.884	0.876	0.868	0.859	0.850	0.841	0.831	0.821	0.811	0.800	0.790	0.778	0.767	0.755	0.744
9.0	0.945	0.940	0.935	0.930	0.924	0.918	0.912	0.906	0.899	0.892	0.884	0.876	0.869	0.860	0.851	0.842	0.833	0.823	0.814	0.804	0.793
9.5	0.960	0.956	0.952	0.948	0.943	0.938	0.933	0.928	0.923	0.917	0.911	0.905	0.898	0.891	0.884	0.877	0.869	0.861	0.853	0.844	0.835
10.0	0.971	0.968	0.965	0.962	0.958	0.955	0.951	0.946	0.942	0.938	0.933	0.928	0.922	0.917	0.911	0.905	0.898	0.892	0.885	0.877	0.870
11.0	0.985	0.983	0.982	0.979	0.978	0.975	0.973	0.971	0.968	0.965	0.962	0.959	0.956	0.952	0.949	0.945	0.940	0.936	0.931	0.926	0.921
12.0	0.992	0.992	0.991	0.990	0.988	0.987	0.986	0.985	0.983	0.981	0.980	0.978	0.976	0.974	0.971	0.969	0.966	0.963	0.961	0.957	0.954
13.0	0.996	0.995	0.995	0.995	0.994	0.993	0.993	0.992	0.991	0.990	0.989	0.988	0.987	0.986	0.984	0.983	0.981	0.980	0.978	0.976	0.974
14.0	0.998	0.998	0.998	0.997	0.997	0.997	0.996	0.996	0.996	0.995	0.994	0.994	0.993	0.993	0.992	0.991	0.990	0.989	0.988	0.987	0.986
15.0	0.999	0.999	0.999	0.999	0.999	0.998	0.998	0.998	0.998	0.997	0.997	0.997	0.997	0.996	0.996	0.995	0.995	0.994	0.994	0.993	0.992

参 考 文 献

[1] 詹道江，徐向阳，陈元芳．工程水文学．4 版．北京：中国水利水电出版社，2010．

[2] 鲁子林．水利计算．南京：河海大学出版社，2003．

[3] GB 50201—2014《防洪标准》．北京：中国计划出版社，2014．

[4] SL 278—2002《水利水电工程水文计算规范》．北京：中国水利水电出版社，2002．

[5] SL 44—2006《水利水电工程设计洪水计算规范》．北京：中国水利水电出版社，2006．

[6] SL 250—2000《水文情报预报规范》．北京：中国水利水电出版社，2000．

[7] SL 104—95《水利工程水利计算规范》．北京：中国水利水电出版社，1996．

[8] 刘光文．水文分析与计算．北京：中国水利电力出版社，1989．

[9] 梁忠民，钟平安，华家鹏．水文水利计算．2 版．北京：中国水利水电出版社，2008．

[10] SL 72—94《水利建设项目经济评价规范》．北京：水利电力出版社，1994．

[11] 叶守泽．水文水利计算．北京：中国水利电力出版社，1995．

[12] 严义顺．水文测验学．北京：水利电力出版社，1987．

[13] 李世镇，林传真．水文测验学．北京：水利电力出版社，1993．

[14] 张留柱，赵志贡，等．水文测验学．郑州：黄河水利出版社，2003．

[15] 周忠远，舒大兴．水文信息采集与处理．南京：河海大学出版社，2005．

[16] 谢悦波．水信息技术．北京：中国水利水电出版社，2009．

[17] 水利部水文司．水文测验规范．南京：河海大学出版社，1994．

[18] 水利部水文司．ISO 标准手册 16，明渠水流测量．北京：中国科学技术出版社，1992．

[19] SL 219—98《水环境监测规范》．北京：中国水利水电出版社，1998．

[20] SL 21—2006《降雨量观测规范》．北京：中国水利水电出版社，2006．

[21] SD 265—88《水面蒸发观测规范》．北京：水利电力出版社，1988．

[22] GBJ 138—90《水位观测标准》．北京：中国计划出版社，1991．

[23] SL 59—93《河流冰情观测规范》．北京：水利电力出版社，1994．

[24] GB 50179—93《河流流量测验规范》．北京：中国计划出版社，1994．

[25] SL 20—92《水工建筑物测流规范》．北京：水利电力出版社，1992．

[26] SL 24—91《堰槽测流规范》．北京：水利电力出版社，1992．

[27] SD 121—84《水文缆道测验规范》．北京：水利电力出版社，1985．

[28] SD 185—86《动船法测流规范》．北京：中国水利水电出版社，1987．

[29] SD 174—85《比降—面积法测流规范》．北京：水利电力出版社，1985．

[30] SL 195—97《水文巡测规范》．北京：中国水利水电出版社，1997．

[31] GB 5019—92《河流悬移质泥沙测验规范》．北京：中国计划出版社，1992．

[32] SL 43—92《河流推移质泥沙及床沙测验规范》．北京：水利电力出版社，1994．

[33] SL 42—92《河流泥沙颗粒分析规程》．北京：水利电力出版社，1994．

[34] SL 58—93《水文普通测量规范》．北京：中国水利水电出版社，1994．

[35] SL 257—2000《水道观测规范》．北京：中国水利水电出版社，2000．

[36] SL/T 183—2005《地下水监测规范》．北京：中国水利电力出版社，2006．

[37] SL 196—97《水文调查规范》．北京：中国水利水电出版社，1997．

[38] SL 247—1999《水文资料整编规范》. 北京：中国水利水电出版社，2000.

[39] GB/T 50095—98《水文基本术语和符号标准》. 北京：中国计划出版社，1999.

[40] 水利部水文局. 水文测验国际标准译文集. 北京：中国水利水电出版社，2005.

[41] S. E. Rantz and Others. Measurement and Computation of Stream Flow, Geological Surver Water—Supply Paper 2175, United States Government Printing Office, Washington, 1982.

[42] R. G. Kazmann. Modern Hydrology, Harper and Row, publishers, New York, 1965.

[43] R. K. Linsley and Others. Hydrology for Engineering, McGraw—Hill, New York , 1982.

[44] E. M. Wilson. Engineering Hydrology (Fourth Edition), Macmillan Education LTD, 1990.

[45] W. Boiten. Hydrometry, A. A. Balkema Publishers, 2000.

[46] 詹道江，叶守泽. 工程水文学. 北京：中国水利水电出版社，2000.

[47] 詹道江，谢悦波. 古洪水研究. 北京：中国水利水电出版社，2001.

[48] 中国长江三峡开发总公司. 三峡工程水文预报及设计洪水研究（第六卷）. 1994.

[49] 国家防汛抗旱总指挥部办公室，水利部南京水文水资源研究所. 中国水旱灾害. 北京：中国水利水电出版社，1997.

[50] 马秀峰. 计算水文频率参数的权函数法 [J]. 水文，1984（3）.

[51] 陈元芳. 一种可考虑历史洪水权函数估计方法研究 [J]. 水科学进展，1994（2）.

[52] 丁晶，宋德敦，等. 估计 P—Ⅲ型分布参数估计新方法—概率权重矩法 [J]. 成都科技大学学报，1988（2）.

[53] 黄振平，陈元芳. 水文统计学. 北京：中国水利水电出版社，2011.

[54] V. Yevjevich. Probability and Statistics in Hydrology, Water Resources Publications, FortCollins, Colorado, 1972.

[55] C. T. Haan. Statistical Method in Hydrology, The Iowa State University Press, Ames, Iowa State, 1977.

[56] 胡明思，骆承政. 中国历史大洪水（上卷）. 北京：中国书店，1988.

[57] 胡明思，骆承政. 中国历史大洪水（下卷）. 北京：中国书店，1992.

[58] 华家鹏，林芸. 水文辗转相关插补延长研究. 河海大学学报，2003.

[59] 王国安. 可能最大暴雨和洪水计算原理与方法. 北京：中国水利水电出版社，1999.

[60] 詹道江，邹进上. 可能最大暴雨与洪水. 北京：水利电力出版社，1983.

[61] 陈家琦，等. 小流域暴雨洪水计算问题. 北京：地质出版社，1989.

[62] National Academy of Science. Safety of Dams, Flood and Earthquake Criteria, 1985.

[63] Hansen E. M. Probable Maximum Precipitation for Design Floods in the United States, U. S.—China Bilateral Symposium on the Analysis of Extraordinary Flood Events, 1985.

[64] 徐建新. 灌溉排水新技术. 北京：中央广播电视大学出版社，2005：201—204.

[65] 汪志农. 灌溉排水工程学. 北京：中国农业出版社，2000：198-231.

[66] 丁晶，刘权授. 随机水文学. 北京：中国水利水电出版社，1997.

[67] 包为民. 水文预报. 北京：中国水利水电出版社，2009.

[68] 丛树铮. 水科学技术中的概率统计方法. 北京：科学出版社，2010.

[69] 叶秉如. 水利计算及水资源规划. 北京：水利电力出版社，1995.

[70] 黄永基，马滇珍. 区域水资源供需分析方法. 南京：河海大学出版社，1990.

[71] 水利部淮河水利委员会. 淮河流域及山东半岛水资源综合规划技术细则. 2003.

[72] 施成熙，粟宗嵩. 农业水文学. 北京：农业出版社，1984.

[73] M. E. Jensen. 耗水量与灌溉需水量（中译本）. 北京：农业出版社，1982.

[74] 李芳英，城镇防洪．北京：中国建筑工业出版社，1983.

[75] 周之豪，沈曾源，等．水利水能规划．2版．北京：中国水利水电出版社，1997.

[76] 雒文生，宋星原．工程水文及水利计算．2版．北京：中国水利水电出版社，2009.

[77] 武鹏林．水利计算与水库调度，北京：地震出版社，2000.

[78] 成都科技大学，等．工程水文及水利计算．北京：水利电力出版社，1981.

[79] 长江流域规划办公室水文处．水利工程实用水文水利计算．北京：水利电力出版社，1980.

[80] 季山，等．水利计算及水利规划．北京：中国水利电力出版社，1998.

[81] 水电部成都勘测设计院．水能设计．北京：电力工业出版社，1981.

[82] 武汉水利电力学院，等．水能利用．北京：电力工业出版社，1981.

[83] 华东水利学院，等．水电站．北京：水利电力出版社，1980.

[84] 钟平安，李伟，等．差积曲线径流调节计算程序设计与应用，水利水电技术，2003（11）.

[85] 钟平安，陈筱云，陈凯．工业需水量综合预测方法，河海大学学报，2001（4）.

[86] 钱正英，张光斗．中国可持续发展水资源战略研究综合报告及各专题报告．北京：中国水利水电出版社，2001.